ER WEI DONG HUA ZHI ZUO

二维动画制作

Flash CS5

职 业 教 育 计 算 机 专 业 教 学 用 书

主编 陆 莹

华东师范大学出版社
ECNUP
上海

图书在版编目(CIP)数据

二维动画制作:Flash CS5/陆莹主编. —上海:华东师范大学出版社,2014.8
ISBN 978-7-5675-2491-0

Ⅰ.①二… Ⅱ.①陆… Ⅲ.①动画制作软件-中等专业学校-教材 Ⅳ.①TP391.41

中国版本图书馆 CIP 数据核字(2014)第 196451 号

二维动画制作 Flash CS5

职业教育计算机专业教学用书

主　　编　陆　莹
责任编辑　蒋梦婷
装帧设计　徐颖超

出版发行　华东师范大学出版社
社　　址　上海市中山北路 3663 号　邮编 200062
网　　址　www.ecnupress.com.cn
电　　话　021-60821666　行政传真 021-62572105
客服电话　021-62865537　门市(邮购)电话 021-62869887
地　　址　上海市中山北路 3663 号华东师范大学校内先锋路口
网　　店　http://hdsdcbs.tmall.com

印 刷 者　常熟市文化印刷有限公司
开　　本　787 毫米×1092 毫米　1/16
印　　张　22.5
字　　数　430 千字
版　　次　2015 年 4 月第 1 版
印　　次　2023 年 7 月第 7 次
书　　号　ISBN 978-7-5675-2491-0/G·7596
定　　价　39.00 元

出 版 人　王　焰

出版说明

CHUBANSHUOMING

本书是职业学校计算机专业的教学用书。

本书将 Adobe Flash CS5 作为教学软件介绍，贯彻“任务引领，项目驱动”的编写原则，任务的设计贴近学生的生活，生动有趣，在吸引学生的同时培养其实际的操作能力。

全书共 11 章，具体章节栏目设计如下：

知识点和技能：各章节要求掌握的知识要点和操作技能。

范例：针对知识点和技能的实例项目，配以详细的操作步骤。

小试身手：模仿范例的活动项目，使学生巩固相关知识，拓展视野。

初露锋芒：综合的活动项目，考察学生实践能力。

在每个实例中又设计以下栏目：

- 设计结果：给出任务目标，配以效果图展现完成后的动画效果。
- 设计思路：将复杂的操作步骤归纳为一个操作流程。
- 范例解题引导：通过图文并茂的形式，详细讲解实例项目的制作过程，引导学生完成项目任务。
- 小贴士：在讲解过程中给予学生的一些技术和关键性知识的提示。

本书相关的素材和资料，请到 have. ecnupress. com. cn 搜索“flash CS5”下载，或请与我社客服部联系：service@sblzwh. com，13671695658。

华东师范大学出版社

2015 年 4 月

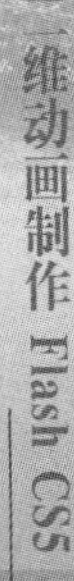

编者的话

BIANZHEDEHUA

本书主要以目前常用的二维动画制作软件 Adobe Flash CS5 作为介绍对象，使学生通过学习，掌握基本的动画制作技能。

党的二十大报告指出，“职业教育应优化类型定位，突出职业教育特点，促进提质培优”。根据二十大“坚持教育质量的生命线”“教育要注重以人为本、因材施教，注重学用相长、知行合一”的精神，本书以任务驱动为主旨，将知识点融入到实际的 Flash 制作中去。本书最大的特点是让学生通过多个实例的操作，掌握相应章节的知识点，书中对各知识点的讲解都是由浅入深、循序渐进的，让学生在做中学、学中做。

为了适应中职学生的现有能力水平和今后的就业需求，本书在内容安排上以操作为主、理论为辅，着重培养学生的实际动手能力。让学生在完成具体项目的同时，逐步领会相关知识点，从而掌握相关技能和技巧，做到举一反三、融会贯通。

本书在章节的栏目上做了以下安排：

(1) 知识点和技能

该栏目设置在章节的开头，主要介绍当前章节实例中涉及的知识点，目的是让学生对接下来的实例操作能有一个初步的了解。

(2) 范例

每节安排一个针对知识点的实例项目，并设计了详细的操作步骤，让学生能循序渐进地完成任务。

(3) 小试身手

在每个范例项目之后，还安排了一个使用相同知识点的实例项目。让学生进一步巩固相关的知识点，拓展自己的视野。

(4) 初露锋芒

在完成范例项目和“小试身手”的基础上，进一步安排一个略为综合的活动项目，以此来考察学生的实践能力。

每个实例中又设计了以下栏目：

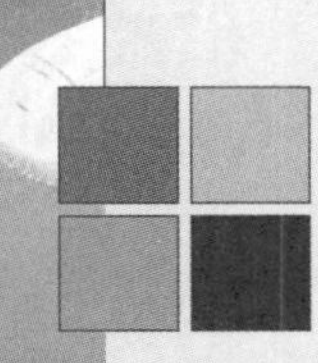

● 设计结果

在讲解具体实例项目前，给出任务目标，用效果图配以文字说明，展现完成后的动画效果。

● 设计思路

将复杂的操作步骤整理归纳成为一个操作流程，使学生在完成实例项目时，不是一味按部就班地操作，而是对项目本身有个总体的认识和规划。

● 范例解题引导

这是范例项目中最重要的部分，通过图文并茂的形式，详细讲解了实例项目的制作过程。在“小试身手”和“初露锋芒”项目中，本栏目变为了“操作提示”，以简洁的语句给予学生操作上的提示。

● 小贴士

在活动具体的讲解中，根据需要，给予学生的一些操作技巧和关键性知识的提示信息。

本书根据中职学生的特点，让学生多动手、多参与，充分发挥他们的自主学习能力，激发他们尝试创新的积极性。每章所涉及的实例项目都贴近实际，为学生今后就业积累了实战的经验。使学生从以往只会单一的软件操作变为具有一定设计及编程能力的动画制作人员。

本书由陆莹主编，参与编写的有：陆莹（第1、11章），倪珺（第5、6章），沈贤（第3、4、7、8章），何烨（第2、9、10章）。

由于编者学识所限且时间仓促，书中不妥和错误之处在所难免，敬请广大读者批评指正。

陆　莹

2015年5月

目　录

MULU

第1章　Flash CS5 基础知识

1.1　初识 Flash CS5　1
1.2　文档的创建、发布与导出　3
1.3　制作简单的动画　5

第2章　简单动画

2.1　逐帧动画　10
2.2　形状补间动画　16
2.3　传统补间与补间动画　25

第3章　绘图工具

3.1　线条、椭圆、矩形和多角星形工具　33
3.2　滴管、墨水瓶、颜料桶和渐变变形工具　41
3.3　钢笔、橡皮擦工具　48
3.4　铅笔、刷子工具　55
3.5　Deco 工具　62

第4章　对象的编辑

4.1　选择对象　70
4.2　变形与合并　80
4.3　排列与对齐、组合与分离　91
4.4　3D 旋转和平移对象　105

第5章　基本动画

5.1　传统文本　113
5.2　TLF 文本　122

第6章　元件、实例和库

6.1　创建引导层动画　131
6.2　制作基础遮罩动画　139
6.3　骨骼运动　148

第 7 章　幻灯片演示文稿

7.1　图形元件　159
7.2　影片剪辑　170
7.3　按钮　185
7.4　库的应用　195

第 8 章　声音和视频动画

8.1　添加声音　216
8.2　添加视频　225

第 9 章　ActionScript 语言

9.1　ActionScript 语言概述　237
9.2　基本语句　242
9.3　影片剪辑属性　264
9.4　条件语句　282
9.5　循环语句　296
9.6　鼠标特效　311

第 10 章　组件

10.1　组件应用(一)　325
10.2　组件应用(二)　337
10.3　行为应用　343

第1章 Flash CS5基础知识

1.1 初识 Flash CS5

1.1.1 Flash CS5 简介

Adobe公司于2011年5月发布了Adobe Flash Professional CS5。在现阶段,Falsh应用的领域主要有娱乐短片、片头、广告、MTV、导航条、小游戏、产品展示、应用程序开发的界面、开发网络应用程序等几个方面。目前,Flash已经大大增加了网络功能,可以直接通过XML读取数据,又加强了与ColdFusion、ASP、JSP和Generator的整合,所以用Flash开发网络应用程序肯定会越来越广泛。

Flash CS5是一款优秀的二维动画制作软件。我们通过它可以制作出不同形式的动画,如:Flash MTV、Flash网页、Flash游戏、Flash动画短片等,这些都是当今Internet上最流行的动画作品。Flash已经成为实际运用中的交互式矢量动画标准,微软公司也在Internet Explorer中内嵌了Flash播放器。

由于在Flash中采用的是矢量作图技术,因此只用少量的数据就可以描述一个复杂的对象,从而大大压缩了动画文件的大小。同时,矢量图像的缩放不会使图像的质量受损。Flash之所以在网上广为流传,还有一个很重要的原因是它采用了流控制技术,也就是边下载边播放的技术,不用等整个动画下载完,就可以开始播放。

Flash动画是以时间为顺序,由一系列的帧组成的。每一秒中包含的帧数,我们称之为帧频。Flash除了制作传统的逐帧动画外,还支持过渡变形技术,包括动画补间和形状补间。我们利用过渡变形技术,只需制作出动画的第一帧和最后一帧,中间的过渡帧可通过计算自动生成。例如,要制作小球从左侧滚动到右侧的动画,我们只要设置小球起始和终止的位置,剩下的工作交给计算机就可以了。这样不仅可以大大减少动画制作的工作量,压缩动画文件的大小,而且过渡效果非常平滑。

Flash动画与过去的传统动画最大的区别就是它具有交互性。用户可以通过使用键盘、鼠标等工具,使动画更加人性化。目前很多网上流行的Flash小游戏和多媒体的动画教学软件就是充分利用Flash的这一特性开发制作的。Flash的交互特性是通过Action Script实现的。Action Script是Flash的脚本语言,随着其版本的不断更新而日趋完美。我们可以通过Action Script来控制Flash动画中的对象、创建导航和交互元素,制作更具吸引力的作品。

Adobe Flash Professional CS5中的新特性包括以下几点:

Deco工具:它具有一些扩展的,富有表现力的选项,可以帮助你轻松、自动地创建复杂的图案和装饰。

文本工具:它已经被彻底革新了,可以支持更复杂的布局,比如多栏和文本绕行。

弹簧:一个物理模拟选项,用于利用反向运动学创建动画。

代码片段:一个新面板,其提供了准备就绪的ActionScript代码,并且提供了保存以及与其他人共享代码的方式。

新的 XML 文件格式：它展示了 Flash 文件资源，并使得开发人员团队更容易处理单个文件。

尽管 Flash 功能强大，但学习 Flash 并不是一件很难的事。Flash 的设计界面友好，操作方便。对于初学者来说是很容易入门的，只要经过短期的培训，就可以轻松地用 Flash 做出简单的动画。如果要想成为 Flash 高手，则要花更多的时间在 Action Script 的理解与应用上。

1.1.2 了解 Flash CS5 的工作环境

Flash CS5 包含了两种版本：Flash CS5 和 Flash Professional CS5。前者主要是针对设计人员开发的，而后者主要是针对高级设计人员和程序开发者的。在本书中我们使用的是 Flash Professional CS5 版本，下面我们就对它的界面做一个简单的介绍，如图 1-1-1 所示。

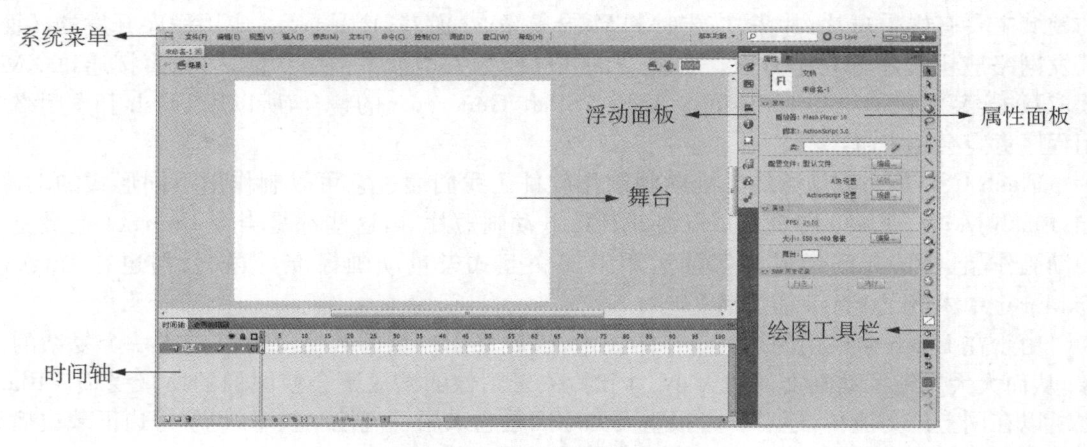

图 1-1-1 操作界面

1. 系统菜单

系统菜单主要包含了“文件”、“编辑”“视图”、“插入”、“修改”、“文本”、“命令”、“控制”、“调试”、“窗口”、“帮助”等菜单。通过这些菜单中的命令，我们可以实现文件管理、图形和动画的编辑、文本的制作，以及界面设置、动画测试等多项操作。

2. 绘图工具栏

绘图工具栏包含了多种工具，用于绘图、上色、选择、修改插图和更改舞台视图等多项工作。绘图工具栏被划分为“工具”、“查看”、“颜色”和“选项”四个区域。“工具”区域包含了绘图、上色和选择工具。“视图”区域包含了在应用程序窗口内进行缩放和移动的工具。“颜色”区域包含用于笔触颜色和填充颜色的功能键。“选项”区域显示用于当前所选工具的功能键。

3. 舞台

在操作界面中心的白色矩形区域被称为舞台。我们在创建 Flash 文档时，在该区域中放置图形内容，这些图形内容包括矢量插图、文本框、按钮、导入的位图图形或视频剪辑等。所有的动画元素将在这个区域内呈现出来，因此，我们在具体制作时，一定要注意当前动画元素是否在舞台上，如果超出舞台的范围，就无法看到动画效果了。为了制作方便，可以在工作时放大和缩小以调整舞台的视图。

4. 时间轴

时间轴用于组织和控制文档内容在一定时间内播放的图层数和帧数。与胶片一样，Flash

文档也将时长分为帧。图层就像堆叠在一起的多张幻灯胶片一样，每个图层都包含一个显示在舞台中的不同图像。时间轴的主要组件是图层、帧和播放头。时间轴左侧显示的是图层列，右侧为其对应的帧。时间轴顶部的时间轴标题指示帧编号。播放头指示当前在舞台中显示的帧。播放 Flash 文档时，播放头从左向右通过时间轴。时间轴状态显示在时间轴的底部，它指示所选的帧编号、当前帧频，以及到当前帧为止的运行时间。

5. 属性面板

通过属性面板，我们可以快速地设定当前选定对象的属性，而不用访问用于控制这些属性的菜单或面板。属性面板中的显示内容取决于当前选定的对象，它可以显示当前文档、文本、元件、形状、位图、视频、组、帧或工具的信息和设置。当选定了两个或多个不同类型的对象时，属性面板会显示选定对象的总数。

6. 浮动面板

Flash 中的各种面板可帮助我们查看、组织和更改文档中的元素。面板中的可用选项控制着元件、实例、颜色、类型、帧和其他元素的特征。我们可以通过显示特定任务所需的面板并隐藏其他面板来自定义 Flash 界面。通过浮动面板可以处理对象、颜色、文本、实例、帧、场景和整个文档。默认情况下，面板以组合的形式显示在 Flash 工作区的右侧。

1.2 文档的创建、发布与导出

1.2.1 文档的创建

每次打开 Flash CS5 时，都会显示起始页界面，如图 1-2-1 所示。在起始页界面，可以快速打开最近编辑过的项目、创建不同类型的项目，以及根据需要利用现有的模板建立项目。

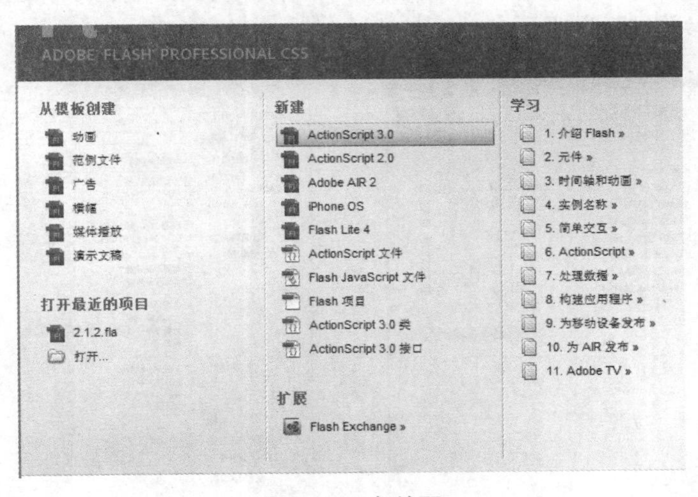

图 1-2-1 起始页

例如，我们要制作一个 Flash 广告，可以通过选择起始页中"从模板创建"选项的"广告"来快速建立测验项目。我们所要做的工作就是将模板里的内容进行修改即可。

除了通过起始页来建立新文档外，还可以通过执行"文件/新建"命令，在弹出的"新建文档"对话框中选取文档的类型，如图 1-2-2 所示。

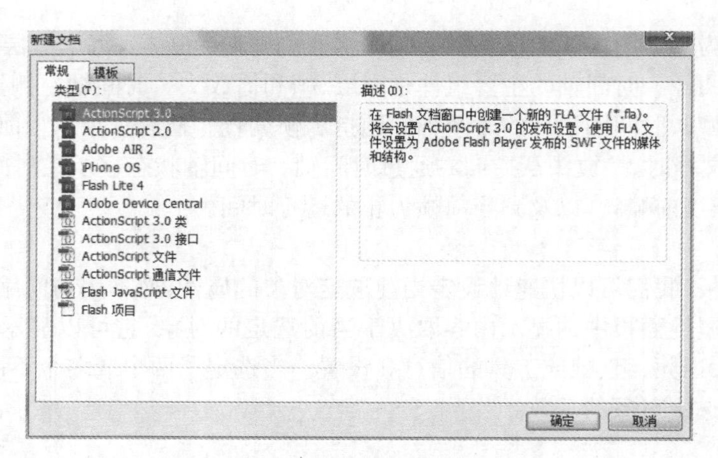

图 1-2-2 新建文档

1.2.2 文档的发布与导出

Flash 文档的保存与其他的一些应用软件相同，通过执行"文件/保存"命令，选择相应的保存路径即可。Flash 的保存文件格式为 *.fla。

Flash 的原文件是无法直接插入网页或者直接打开播放的。因此，要将它转换为其他格式。执行"文件/发布设置"命令，在弹出的"发布设置"对话框中勾选所要发布文件的格式即可，如图 1-2-3 所示。

Flash 在提供这些不同的发布格式时，同时提供了该文件格式一些参数的选择。如：选择了 *.swf 和 *.html 格式后，在当前对话框中自动会出现相应的选项卡 Flash 和 HTML，如图 1-2-4 所示。我们可以单击该选项卡，对发布的文件进行相关参数的设置。下面我们来对常用文件格式的参数进行说明。

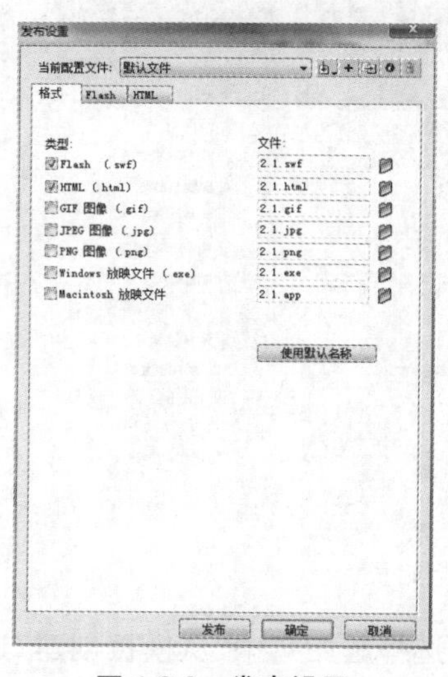

图 1-2-3 发布设置

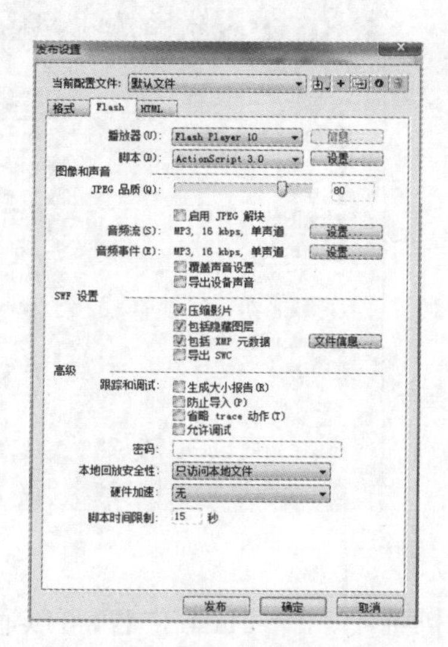

图 1-2-4 Flash 格式发布参数

Flash(*.swf)文件格式的参数设置如图 1-2-4 所示，主要参数说明如下：

播放器：选择一个播放器版本，版本为 Flash Player1—Flash Player10 以及 Flash lite 2.1。

脚本:用以反映文档中使用的版本。

JPEG 品质:控制位图压缩,图像品质越低,生成的文件就越小;图像品质越高,生成的文件就越大。

音频流:为 SWF 文件中的所有声音流设置采样率和压缩方式。

音频事件:为 SWF 文件中的所有事件声音设置采样率和压缩方式。

生成大小报告:可按文件列出的最终 Flash 内容中的数据量生成一个报告。

防止导入:用于防止他人导入 SWF 文件并将其转换回 FLA 文档。选择此选项后,可以为 Flash SWF 文件加密。

省略 trace 动作:使 Flash 忽略当前 SWF 文件中的跟踪动作。

允许调试:激活调试器并允许远程调试 Flash SWF 文件。

压缩影片:压缩 SWF 文件以减小文件大小和缩短下载时间。此选项为默认选项,当文件包含大量文本或 ActionScript 时,使用此选项十分有益。经过压缩的文件只能在 Flash Player 6 或更高版本中播放。

还可以利用"文件/导出"命令,将 Flash 内容直接导出为单一的格式。例如,要导出静止图像格式时,执行"文件/导出/导出图像"命令,可将当前帧内容或当前所选图像导出为一种静止图像格式或导出为单帧 Flash Player 应用程序。而执行"文件/导出/导出影片"命令,选取"JPEG 序列文件",则可以将 Flash 文档导出为静止图像格式,并且为文档中的每一帧都创建一个带有编号的图像文件。

1.3 制作简单的动画

我们可以在 Flash 中直接使用绘图工具绘制动画元素,也可利用现有的一些素材来完成动画的制作。因为我们对绘图工具还不熟悉,因此,在下面的例子中将使用现有的素材来完成小猴耍球的动画制作。

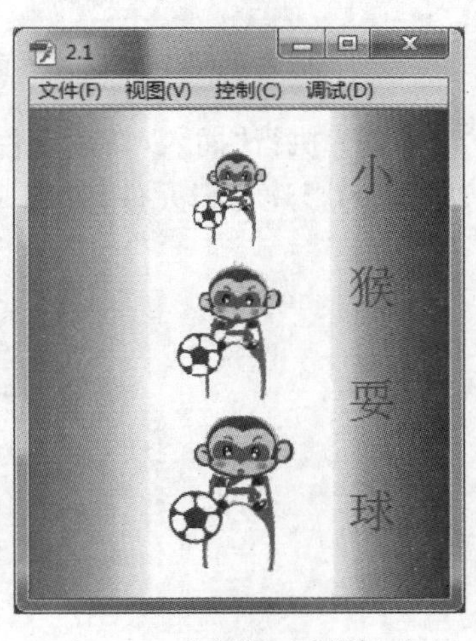

图 1-3-1 "小猴耍球"效果图

设计结果

制作卡通小猴耍球的动态效果,表现出小猴活灵活现的肢体语言,实用又可爱,如图 1-3-1 所示。

设计思路

(1) 导入素材小猴,设置背景属性。

(2) 制作动画并利用元件可重复性排列小猴。

(3) 导出动画。

范例解题引导

Step1 首先要进行的工作是导入全部素材,当然也可以设计自己喜爱的卡通造型。

(1) 执行“文件/新建”命令,创建一个新的 Flash 文档,如图 1-3-2 所示。

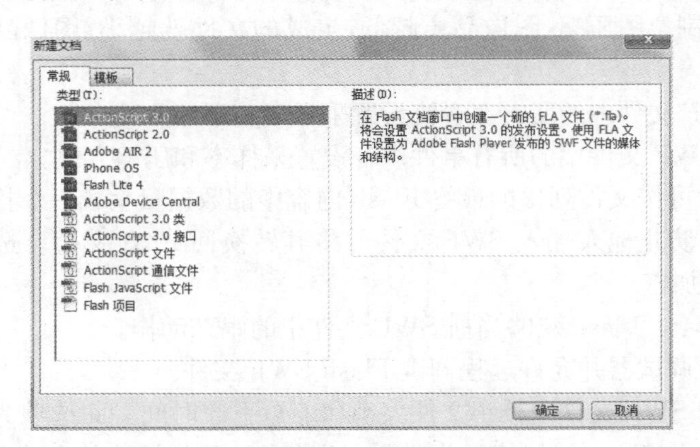

图 1-3-2　创建新文档

(2) 设置舞台大小为 250×300 像素,背景为渐变色,如图 1-3-3、1-3-4 所示。

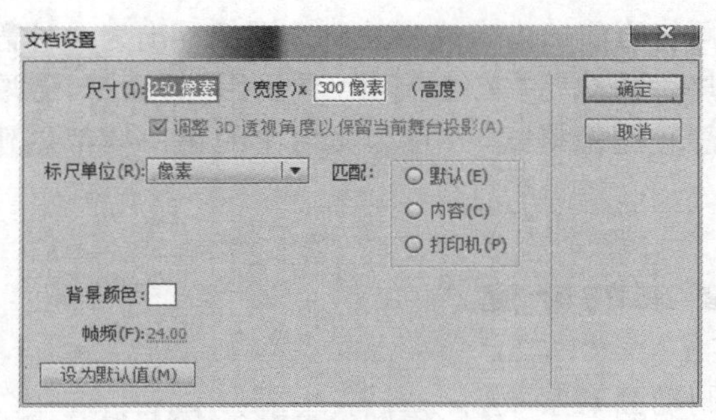

图 1-3-3　属性面板

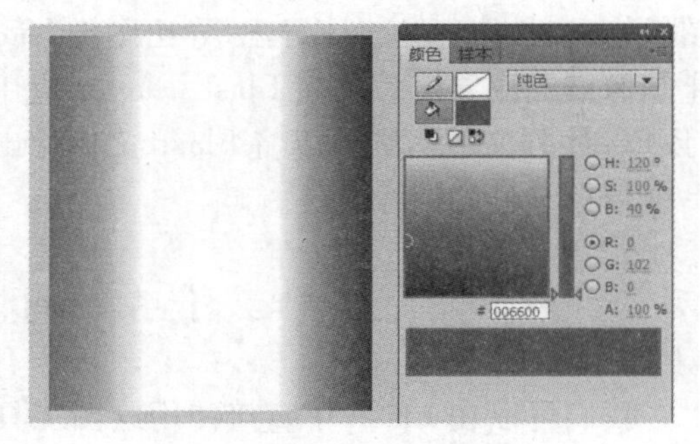

图 1-3-4　渐变面板与效果

(3) 执行“插入/新建元件”命令,打开“创建新元件”对话框,在其中创建一个名称为“小猴耍球”的影片剪辑元件,如图 1-3-5 所示。

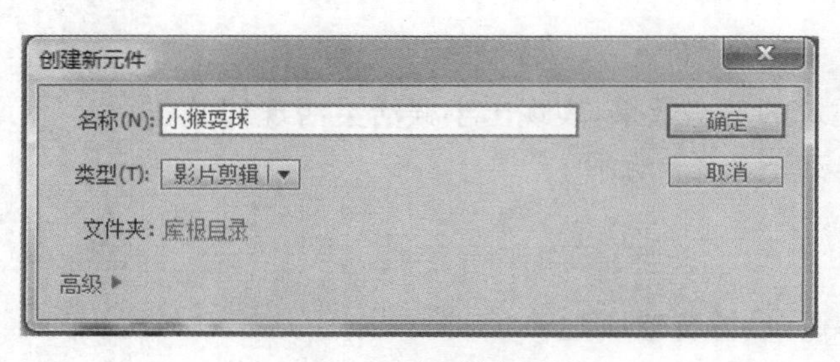

图 1-3-5　创建新元件

(4) 执行“文件/导入/导入到库”命令,选择素材文件夹中的“1.3.1a.gif”～“1.3.1k.gif”导入到库待用,如图 1-3-6 所示。

(5) 在“库”面板中选中“1.3.1a”素材,将其拖动到影片剪辑编辑场景的中央,如图 1-3-7 所示。

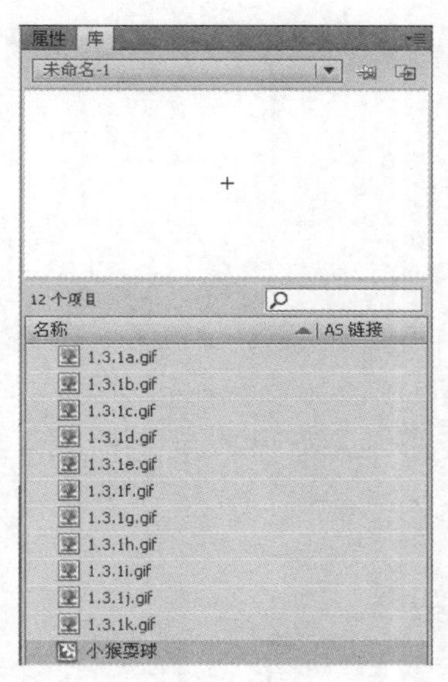

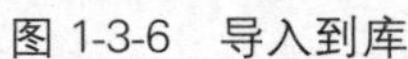
图 1-3-6　导入到库

图 1-3-7　对齐

Step2　下面我们来依次建立空白关键帧并把小猴对齐。

(1) 在第 3 帧插入空白关键帧，单击时间轴中“绘图纸外观”按钮，然后在“库”面板中将“1. 3. 1b”素材拖动到编辑场景中，参照第 1 帧中的图形外观边框并利用“对齐”面板使对象在舞台上居中对齐，如图 1-3-8 所示。

(2) 依次在第 5～21 帧插入空白关键帧，然后使用同样的方法依次将“库”面板中“1. 3. 1b”～“1. 3. 1k”素材拖动到影片剪辑编辑场景的中央，时间轴如图 1-3-9 所示。

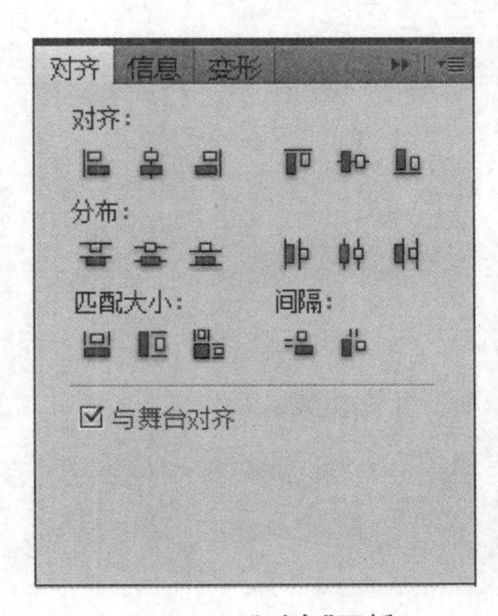

图 1-3-8　“对齐”面板

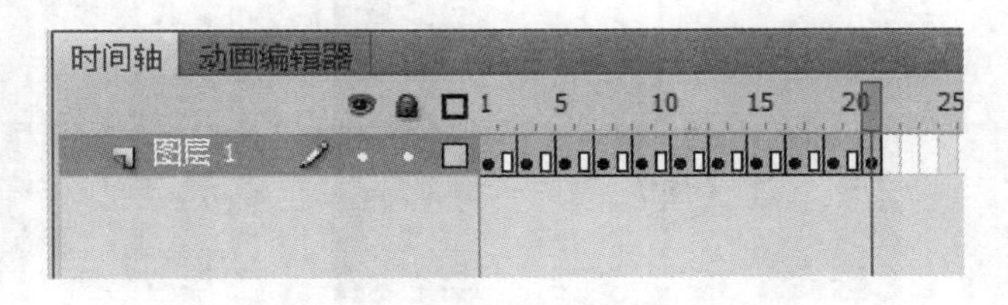

图 1-3-9　插入空白关键帧

(3) 回到场景，把影片剪辑拖动到场景并使用缩放工具 同比例缩放，形成三个大小不同的小猴，如图 1-3-10 所示。

图 1-3-10 缩放小猴

Step3 最后我们需要添加文字、保存并测试影片。

在场景中新建一层时间轴，并利用文本工具在文档中添加“小猴耍球”的关键帧文字，如图 1-3-11、1-3-12 所示。

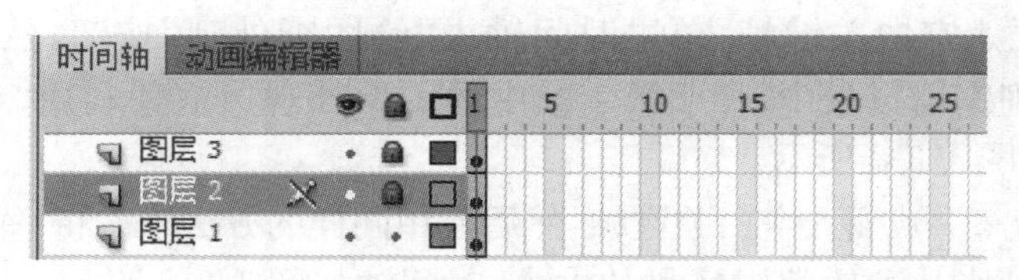

图 1-3-11 新建时间轴

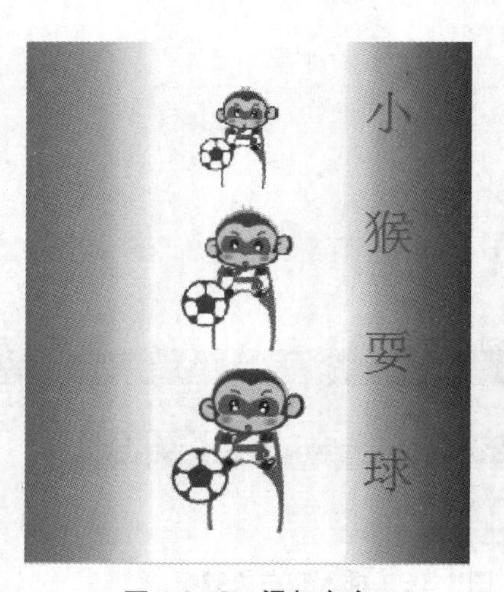

图 1-3-12 添加文字

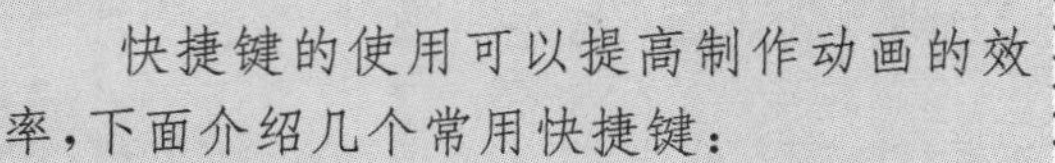

小贴士

快捷键的使用可以提高制作动画的效率，下面介绍几个常用快捷键：

F5 为插入帧；

F6 为插入关键帧；

F7 为插入空白关键帧。

Step4 第一个动画已经完成了，下面我们将制作的动画分别导出为不同的格式，来看一下效果有什么不同。

(1) 执行“文件/保存”命令，由于是第一次保存该文档，因此系统将直接弹出“另存为”对话框，选择保存的路径，设置保存的文件名为“小猴耍球”，保存类型为 Flash CS5 文档，如图 1-3-13 所示。

(2) 执行“文件/发布设置”命令，在弹出的对话框中，我们勾选 Flash 和 HTML，并单击“发布”按钮确认，如图 1-3-14 所示。

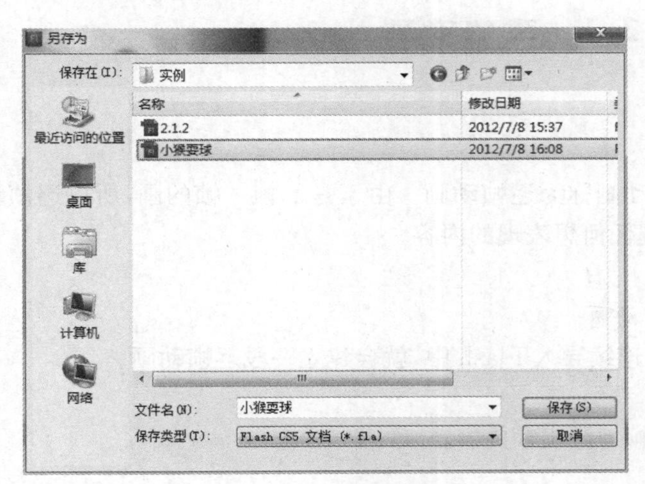

图 1-3-13　保存动画

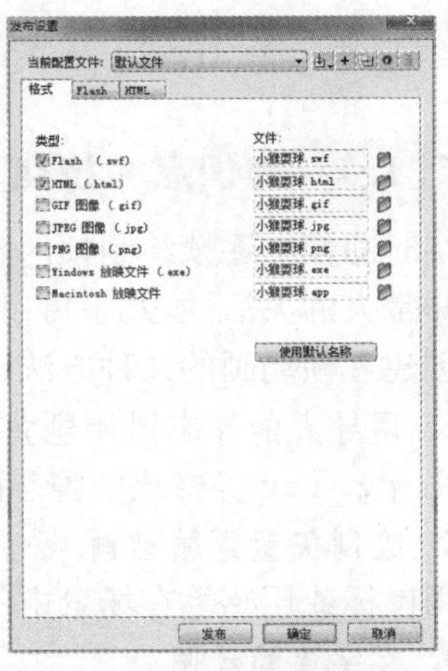

图 1-3-14　设置发布格式

(3) 发布的文件将自动保存在原文件的同一路径下，如果我们只要生成 *.swf 格式的话，可以在保存完当前文档后，直接按快捷方式 Ctrl+Enter 键，在测试影片的同时，生成 *.swf 格式的文档。

第2章　简单动画

2.1　逐帧动画

2.1.1　知识点和技能

在时间帧上逐帧绘制帧内容的动画称为逐帧动画。由于是一帧一帧的画，所以逐帧动画具有非常大的灵活性，几乎可以表现任何想表现的内容。

创建逐帧动画的几种方法：

1. 用导入的静态图片建立逐帧动画

将 jpg、png 等格式的静态图片连续导入 Flash 中，就会建立一段逐帧动画。

2. 绘制矢量逐帧动画

用鼠标或压感笔在场景中一帧帧地画出帧内容。

3. 文字逐帧动画

用文字作为帧中的元件，实现文字跳跃、旋转等特效。

4. 导入序列图像

可以导入 gif 序列图像、swf 动画文件或者利用第 3 方软件（如：SWiSH、Swift 3D 等）产生动画序列。

由于逐帧动画的每个帧序列的内容都不一样，不仅制作繁琐且最终输出的文件占空间也很大，但它的优势也很明显，因为它与电影播放模式相似，很适合于表演细腻的动画，如：3D 效果、人物极速转身等效果。

2.1.2　范例——调皮小兔

设计结果

制作调皮小兔眨眼吐舌头的动态效果，表现出小兔调皮的表情，如图 2-1-1 所示。

图 2-1-1　“调皮小兔”效果图

设计思路

(1) 利用绘图工具中的形状工具和选择工具绘制小兔的局部形状。

(2) 利用逐帧动画与空白关键帧完成调皮小兔眨眼的系列动作。

(3) 设置静态文本。

范例解题引导

Step1 我们首先要进行的工作是导入小兔轮廓的素材到库。

(1) 创建一个新的 Flash 文档,设置舞台大小为 550×400 像素,背景为白色。

(2) 执行“插入/新建元件”命令,打开“创建新元件”对话框,在其中创建一个名称为“调皮小兔”的影片剪辑元件,如图 2-1-2 所示。

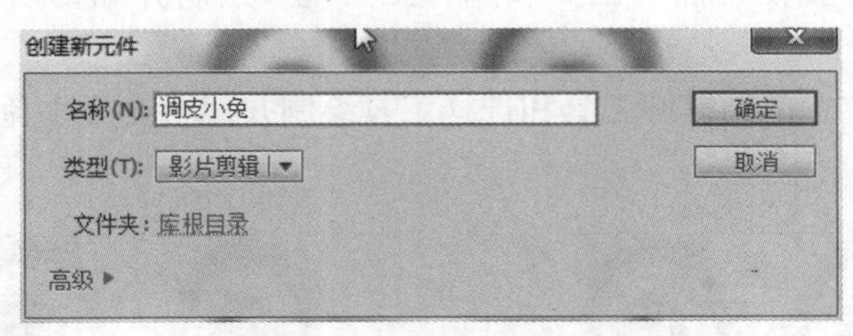

图 2-1-2 创建新元件

(3) 执行“文件/导入/导入到库”命令,选择素材文件夹中的“2.1.2a”导入到库待用,如图 2-1-3 所示。

(4) 进入元件的编辑状态,在“库”面板中选中“2.1.2a”素材,将其拖动到影片剪辑编辑场景的中央,如图 2-1-4 所示。

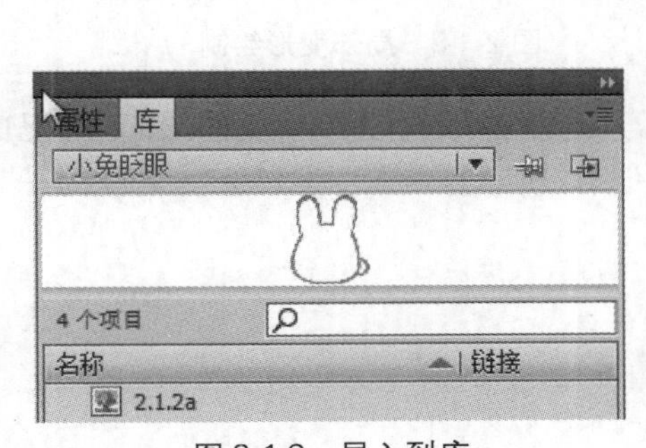

图 2-1-3 导入到库

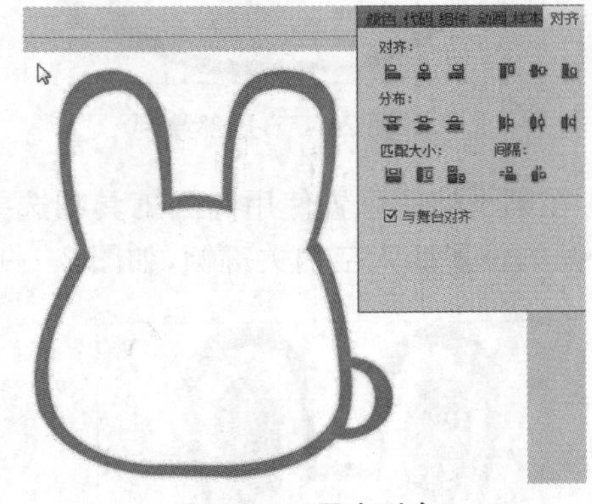

图 2-1-4 居中对齐

Step2 下面我们来依次建立空白关键帧并居中对齐。

(1) 在第 1 帧插入关键帧,使用椭圆工具 绘制小兔耳朵的内部结构并编辑,使用颜料桶工具 填充,如图 2-1-5 所示。

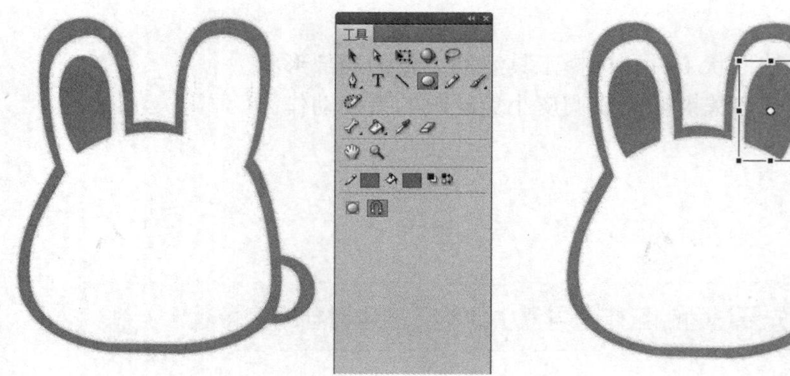

图 2-1-5　绘制小兔耳朵内部结构

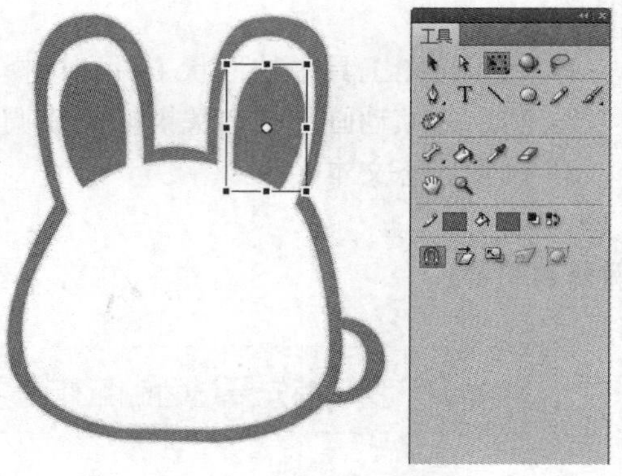

图 2-1-6　复制并翻转

（2）使用任意变形工具复制并水平翻转，绘制出第二只耳朵，内部结构如图 2-1-6 所示。

（3）在第一帧的位置使用椭圆工具和选择工具 绘制并编辑小兔的眼睛、嘴巴，如图 2-1-7所示。

（4）在第五帧的位置使用椭圆工具和选择工具绘制并编辑变形小兔的眼睛、嘴巴的形状，如图 2-1-8 所示。

图 2-1-7　局部绘制

图 2-1-8　局部变形绘制

（5）在第十帧的位置使用椭圆工具和选择工具绘制并编辑变形小兔的眼睛、嘴巴的形状并在 20 帧的位置插入空白关键帧，如图 2-1-9、2-1-10 所示。

图 2-1-9　局部变形绘制

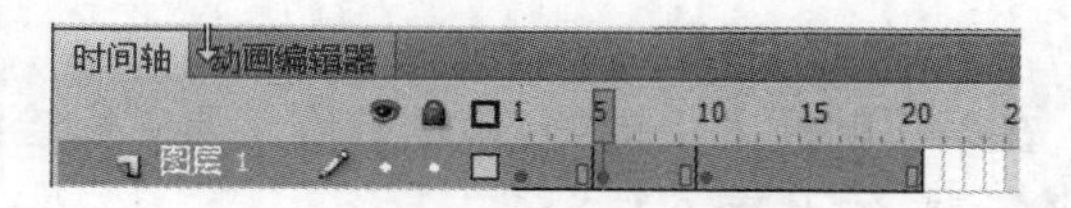

图 2-1-10　关键帧的设置

Step3 最后我们需要添加文字。

(1) 在场景中新建一个图层，单击工具栏上的文字工具按钮，设置"属性"面板上的文本参数如下：文本类型为静态文本，字体为隶书，字体大小33，颜色为棕黄色。在文档中添加文字"调皮小兔"，如图2-1-11和2-1-12所示。

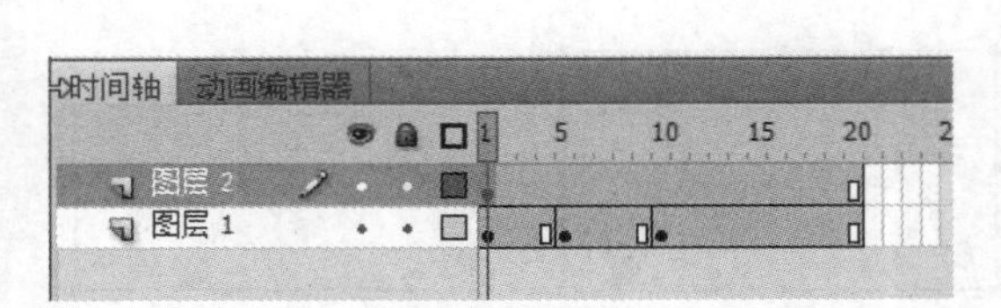

图2-1-11 新建时间轴

图2-1-12 添加文字

(2) 回到场景，将影片剪辑元件拖到场景第一帧并发布，文件将自动保存在原文件的同一路径下。如果只要生成 *.swf 格式的话，可以在保存完当前文档后，直接按快捷方式 Ctrl+Enter 键，在测试影片的同时生成 *.swf 格式的文档。

2.1.3 小试身手——神马

设计结果

绚丽的背景下，一匹神马从天而降，如图2-1-13所示。

图2-1-13 "神马"效果图

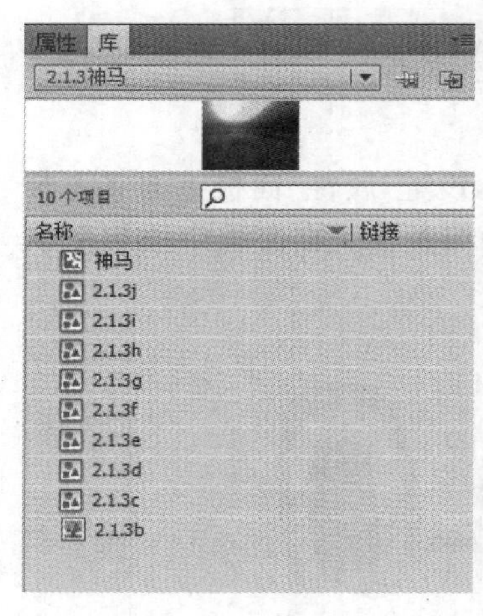

图 2-1-14　库文件

设计思路

（1）导入连续位图，创建逐帧动画。

（2）利用橡皮擦工具逐步擦除文字并使用翻转帧让文字逐步出现。

操作提示

（1）新建文档，设置舞台大小为550×400像素，背景为白色。

（2）创建影片剪辑“神马”，选择第一帧，执行“文件/导入到场景”命令，将素材中的“2.1.3b”～“2.1.3j”导入到库备用，如图2-1-14所示。

（3）进入元件编辑状态，将导入后的动画序列逐帧插入到8个关键帧中，并使用任意形状工具排列大小，并根据需要调整每个动作的Alpha数值，如图2-1-15所示。

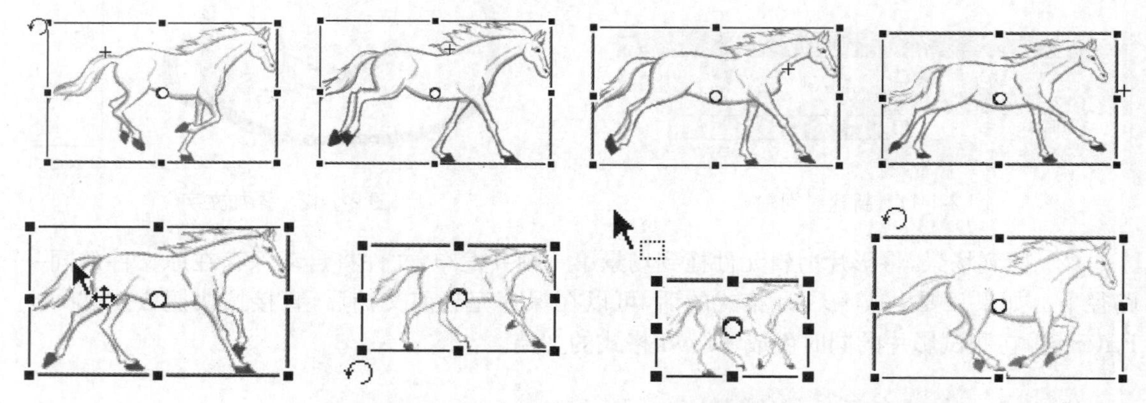

图 2-1-15　八个关键帧的Alpha效果图

（4）此时，时间帧区出现连续的关键帧，从左向右拉动播放头，就会看到一匹骏马在向前奔跑，但是，被导入的动画序列位置尚未处于我们需要的地方，导入的对象被放在场景坐标(0, 0)处，我们必须移动它们。先把背景图层加锁，然后按下时间轴面板下方的“绘图纸显示多帧”按钮 ，再单击“修改绘图纸标记”按钮 ，在弹出的菜单中选择“显示全部”选项，如图2-1-16所示。

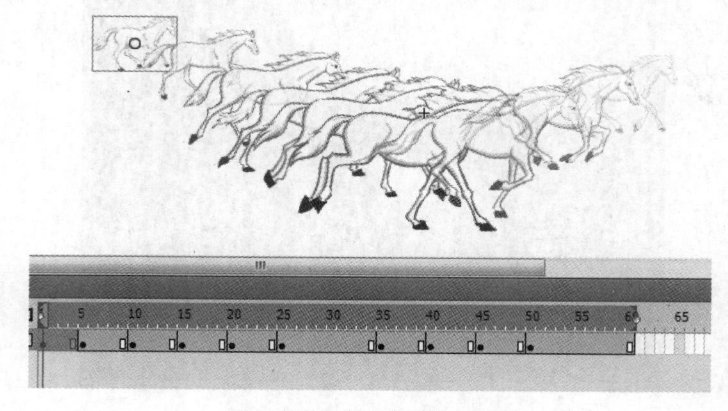

图 2-1-16　绘图纸显示多帧

(5) 在场景中新建一个图层，单击工具栏上的文字工具按钮，输入文字“神马”，设置“属性”面板上的文本参数如下：文本类型为静态文本，字体为隶书，字体大小为62，颜色为深咖啡色。随后按Ctrl+B打散，如图2-1-17所示。

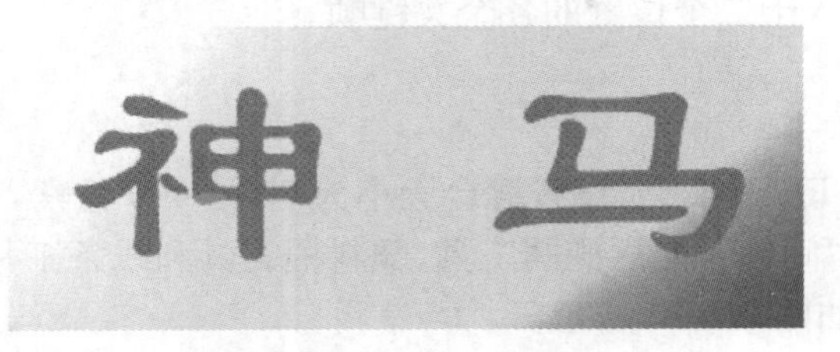

图2-1-17 打散文字

(6) 返回到主场景，将库中的影片剪辑拖入到主场景中，利用橡皮擦工具逐帧反向擦除文字后使用翻转帧的命令，如图2-1-18所示。

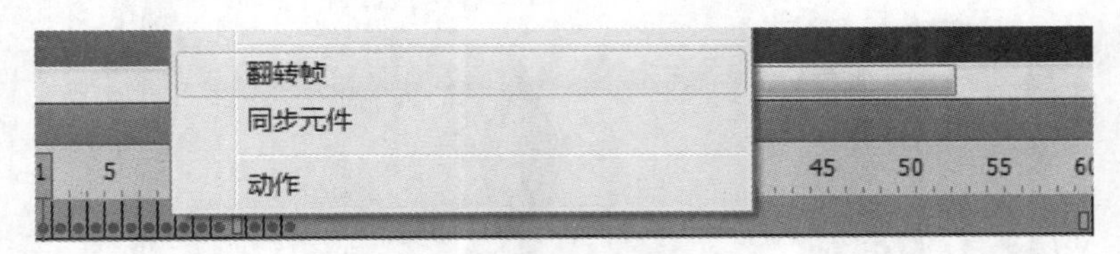

图2-1-18 翻转帧

(7) 执行“控制/测试影片”命令，观察本例swf文件生成的动画有无问题，如果满意，执行“文件/保存”命令，将文件保存为“神马.fla”；如果要导出Flash的播放文件，执行“导出/导出影片”命令，保存为“神马.swf”。

2.1.4 初露锋芒——十二点咯

设计结果

设计时钟，让它走一圈到十二点停下，如图2-1-19所示。

图2-1-19 “十二点咯”效果图

设计思路

（1）利用绘图工具和变形工具完成闹钟的底盘。

（2）使用绘图工具完成各类指针。

（3）逐帧将分针插入十二个位置的各个关键帧。

操作提示

（1）创建一个新的 Flash 文档，设置舞台大小为 550×400 像素，背景为白色。

（2）创建影片剪辑“闹钟”，使用椭圆工具、颜料桶工具和线条工具，完成闹钟的底盘，具体制作过程与前例相似，如图 2-1-20 所示。

（3）使用多角星形工具和线条工具完成各指针的制作，使各指针作为独立的影片剪辑，如图 2-1-21、2-1-22 所示。

图 2-1-20 闹钟底盘

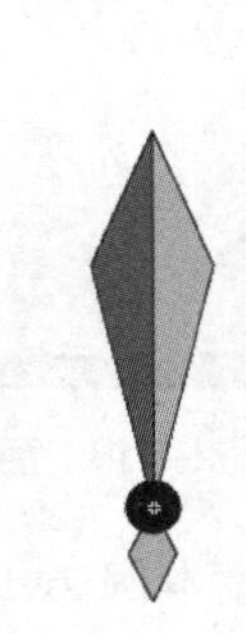

图 2-1-21 时针

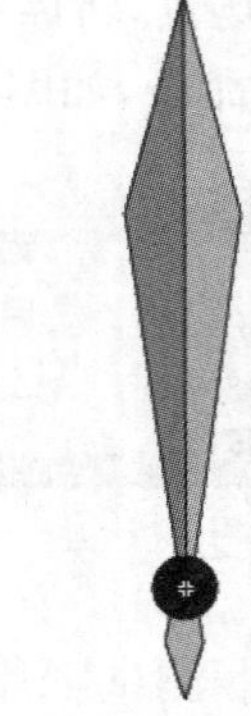

图 2-1-22 分针

（4）将素材中的“2.1.4 小猫咪”导入闹钟的元件中并复制、变形，如图 2-1-23 所示。

（5）在闹钟影片剪辑中拖入做好的指针，利用任意变形工具将时针的中心点移动到闹钟中心，并逐帧复制、旋转时针，形成从 1 到 12 的移动，如图 2-1-24 所示。

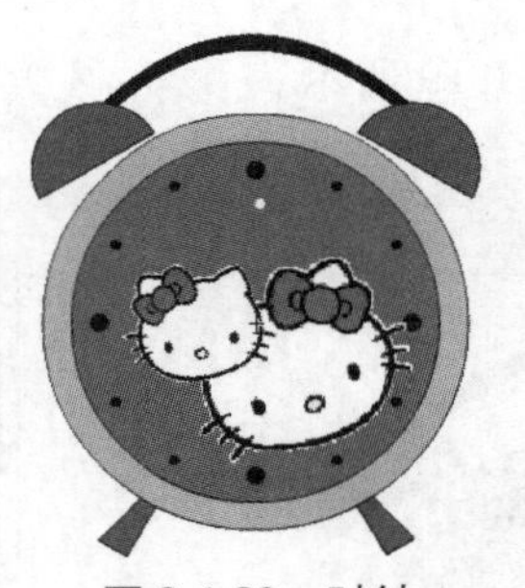

图 2-1-23 时钟

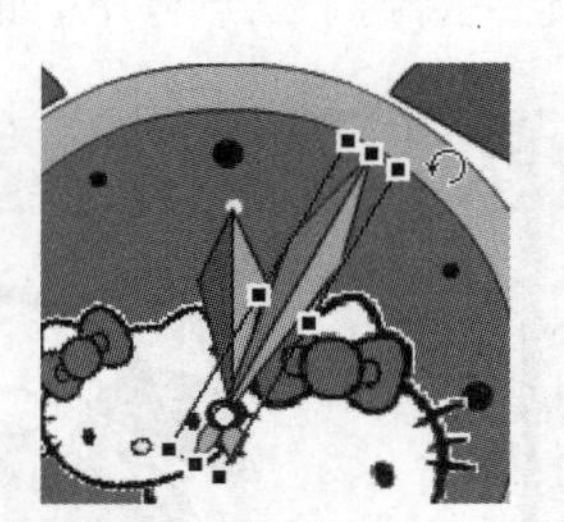

图 2-1-24 旋转时针

（6）测试动画，并以文件名“十二点咯.fla”保存。

2.2 形状补间动画

2.2.1 知识点和技能

形状补间动画是 Flash 中非常重要的表现手法之一，运用它，可以制作出各种奇妙的变形效果。

1. 形状补间动画的概念

在 Flash 的时间帧面板上，在一个时间点（关键帧）绘制一个形状，然后在另一个时间点（关键帧）更改该形状或绘制另一个形状，Flash 根据两者之间的帧的值或形状来创建的动画被称为“形状补间动画”。

2. 构成形状补间动画的元素

形状补间动画可以实现两个图形之间颜色、形状、大小、位置的相互变化，其变形的灵活性介于逐帧动画和动作补间动画之间，使用的元素多为用鼠标或压感笔绘制出的形状，如果使用图形元件、按钮、文字，则必先“打散”再变形。

3. 形状补间动画在时间帧面板上的表现

形状补间动画建好后，时间帧面板的背景色变为淡绿色，在起始帧和结束帧之间有一个长长的绿色的箭头。

4. 创建形状补间动画的方法

在时间轴面板上动画开始播放的地方创建或选择一个关键帧并设置要变形的形状，一般一帧中以一个对象为宜，在动画结束处创建或选择一个关键帧并设置要变成的形状，再单击开始帧，在“属性”面板上单击“补间”旁边的小三角，在弹出的菜单中选择“形状”，此时，一个形状补间动画创建完毕。

2.2.2 范例——新年快乐贺卡

设计结果

设计制作具有节日气氛的动态新年贺卡，如图 2-2-1 所示。

图 2-2-1 “新年快乐贺卡”效果图

设计思路

(1) 利用绘图工具和渐变填充工具完成红灯笼的造型。

(2) 设置文本“新年快乐”并打散字体。

(3) 使用形状补间动画完成红灯笼到文字的动态画面。

范例解题引导

> **Step1** 首先要进行的工作是绘制一个红灯笼的造型,当然也可以设计自己喜爱的灯笼造型,但注意要留出显示时间的位置。

(1) 创建一个新的 Flash 文档,设置舞台大小为 550×400 像素,背景为白色。

(2) 执行"文件/导入到库"命令,将素材中的"2.2.1a 烟花.jpg"图片导入到场景中,在第 70 帧处按下 F5,添加普通帧,如图 2-2-2 所示。

图 2-2-2　背景图片

(3) 先画灯笼,执行"窗口/设计面板/混色器"命令,打开混色器面板,设置"混色器"面板的各项参数,如图 2-2-3 所示。

(4) 选择椭圆工具,去掉边线 ,在场景中画一个椭圆做灯笼的主体,如图 2-2-4 所示。

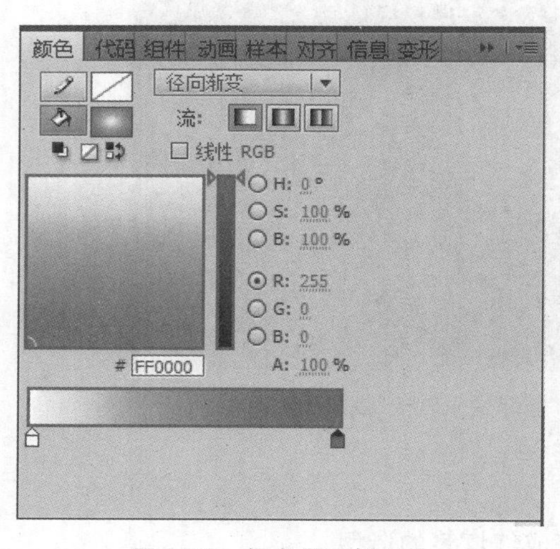

图 2-2-3　混色器面板属性

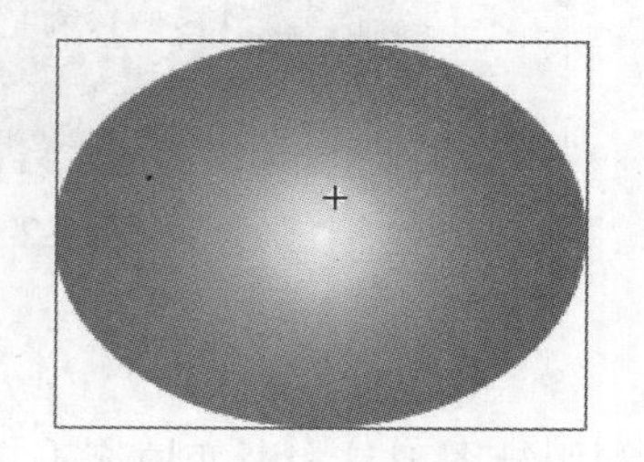

图 2-2-4　椭圆填充

（5）接着画灯笼上下的边，打开“混色器”面板，如图 2-2-5 所示设置参数。

（6）选择工具栏上的矩形工具，去掉边线，画一个矩形，大小为 30×10 像素，复制这个矩形，分别放在灯笼的上下方，再画一个小的矩形，大小为 7×10 像素，作为灯笼上面的提手。最后用直线工具在灯笼的下面画几条黄色线条做灯笼穗，一个漂亮的灯笼就画好了。然后将其转换为图形元件，如图 2-2-6 所示。

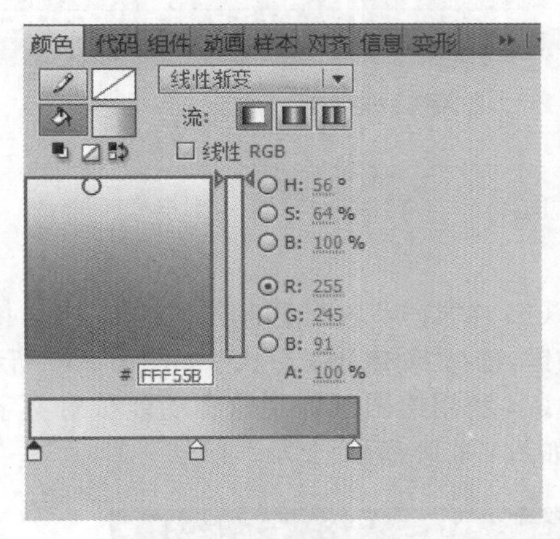

图 2-2-5　矩形填充

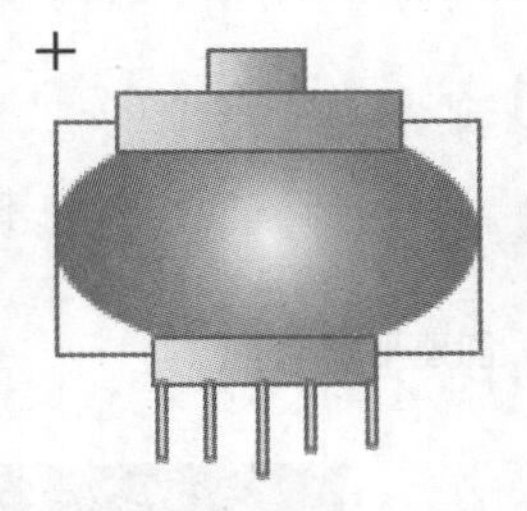

图 2-2-6　灯笼效果图

Step2　下面来设置灯笼的位置及文字。

（1）新建图层，在第一帧的位置插入灯笼元件。复制灯笼元件，新建三个图层，在每个图层中粘贴一个灯笼，调整灯笼的位置，使其错落有致地排列在场景中，如图 2-2-7 所示。

（2）选取第一个灯笼，在第 29 帧处用文字“新”取代灯笼，文字的属性如下：“文本类型”为静态文本，“字体”为隶书，“字体大小”为 80，“颜色”为红色。

（3）对“新”字执行“修改/分散”命令，把文字转为形状，如图 2-2-8 所示。

图 2-2-7　灯笼效果图

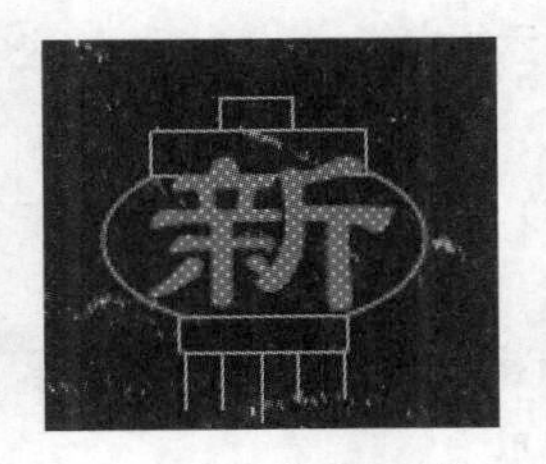

图 2-2-8　打散文字

(4) 依照以上步骤，在第 29、39、49、59 帧处的相应图层上依次用“年”、“快”、“乐”三个字取代另外三个灯笼，并执行“分散”操作，其结果如图 2-2-9 所示

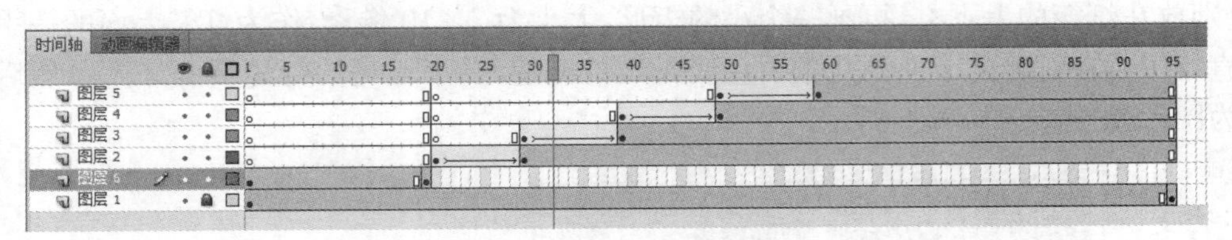

图 2-2-9　各关键帧的位置

Step3　最后，创建形状补间动画。

图 2-2-10　创建形状补间

(1) 在“灯笼”各图层的第 15、25、35、45 帧处单击鼠标右键，选择“创建补间形状”，如图 2-2-10 所示。

(2) 利用绘图纸外观轮廓功能核对文字与灯笼的位置，如图 2-2-11 所示。

图 2-2-11　核对位置

小贴士

形状补间动画看似简单，实则不然，Flash 在“计算”2 个关键帧中图形的差异时，远不如我们想象中的“聪明”，尤其前后图形差异较大时，变形结果会显得乱七八糟。这时，“形状提示”功能会大大改善这一情况。

(3) 测试动画，并以文件名“新年快乐. fla”保存。

2.2.3　小试身手——超级变变变

设计结果

设计制作文字与位图的形状变换，位图可以是自己的照片哦！效果如图 2-2-12 所示。

图 2-2-12 “超级变变变”效果图

设计思路

(1) 完成背景以及镜框的绘制,并制作镜框的投影效果。

(2) 设置文字字体的变换。

(3) 将位图转换为矢量图并打散,交替变换人物。

操作提示

(1) 创建一个新的 Flash 文档,舞台大小为默认。

(2) 导入背景素材图到舞台,将背景素材图的左上角与舞台左上角对齐,如图 2-2-13 所示。

(3) 单击属性面板中的文档属性按钮 大小: 550 x 400 像素 编辑... ,在打开的文档属性对话框中勾选匹配项中的内容选项,使舞台大小自动调节为背景图大小,如图 2-2-14 所示。

图 2-2-13 设置导入图片位置

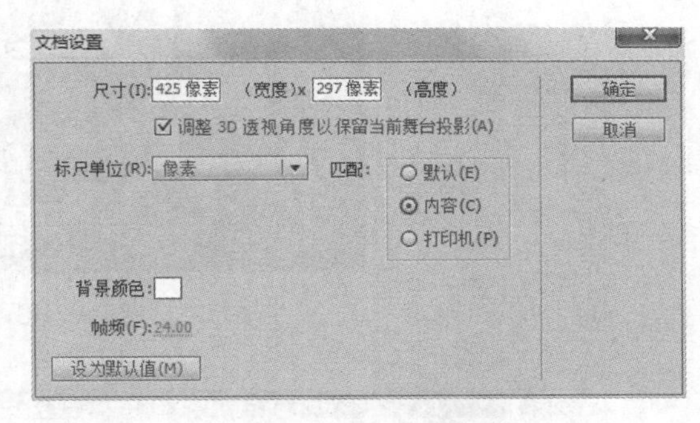

图 2-2-14 设置文档属性

(4) 使用椭圆工具创建图形元件“镜框”,把笔触颜色设置为渐变色,调整中心位置,如图 2-2-15 所示。

图 2-2-15　镜框造型

图 2-2-16　添加投影滤镜

(5) 添加滤镜，制作镜框的投影效果，如图 2-2-16 所示。

(6) 返回到主场景中，将影片剪辑“镜框”拖入主场景，利用 T 形文字工具在第一帧位置输入隶书、第十五帧位置输入华文楷体的字体“变变变”并创建形状补间动画。

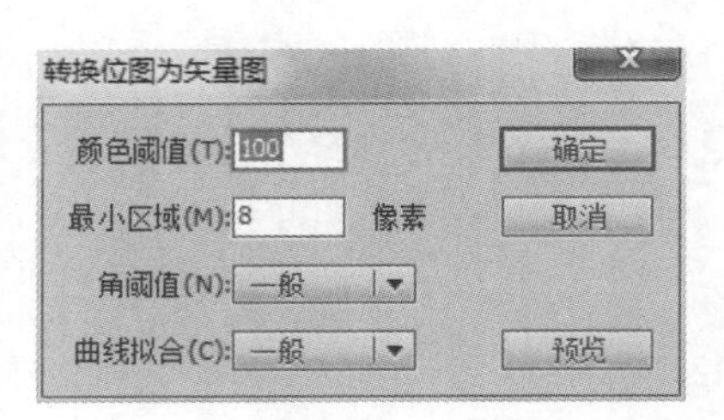

图 2-2-17　转换位图

(7) 新建图层 3，在第十五帧的位置建立关键帧并拖入素材“2.2.3b”，利用任意变形工具调整素材的大小和位置，然后执行“修改/位图/转换位图为矢量图”命令，如图 2-2-17 所示。

(8) 在第三十帧的位置建立关键帧并拖入素材“2.2.3c”，利用任意变形工具调整素材的大小和位置，在第十五帧与第三十帧之间创建形状补间动画，如图 2-2-18、2-2-19 所示。

(9) 最后测试动画，并以文件名“超级变变变.fla”保存。

图 2-2-18　将素材拖入

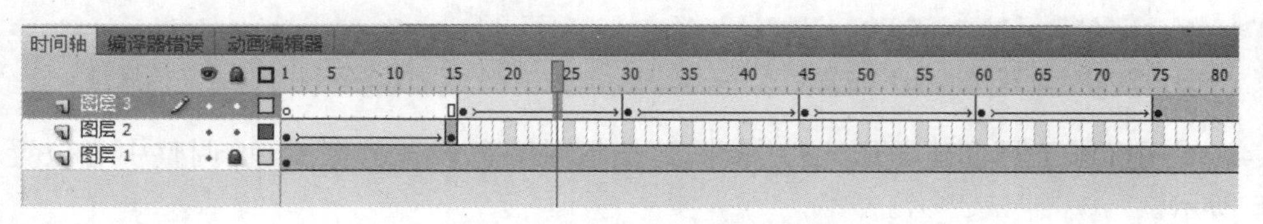

图 2-2-19　关键帧与形状补间

小贴士

层级打散(逐步打散),也就是打散两次。输一行文字,然后选中它,按 Ctrl+B 打散,会打散成一个一个单独的字,再按一次 Ctrl+B,文字就会打散成矢量图,可以直接拉伸编辑成各形状。

2.2.4 初露锋芒——烛光闪闪

设计结果

设计制作摇曳的烛光,如图 2-2-20 所示。

图 2-2-20 "烛光闪闪"效果图

设计思路

(1) 绘制影片剪辑元件"烛光"、"蜡烛"、"光圈"。

(2) 此设计的关键一是必须是矢量图,二是必须在形状状态下建立形状补间。

操作提示

(1) 新建影片剪辑,名为"光圈"。

(2) 设置笔触色为禁止,填充色为放射状,三个色标分别为:左 FFFF00, Alpha100%;中 FFFF6E, Alpha77%;右 FFFFCC, Alpha0%。用椭圆工具画个圆,居中对齐,如图 2-2-21 所示。

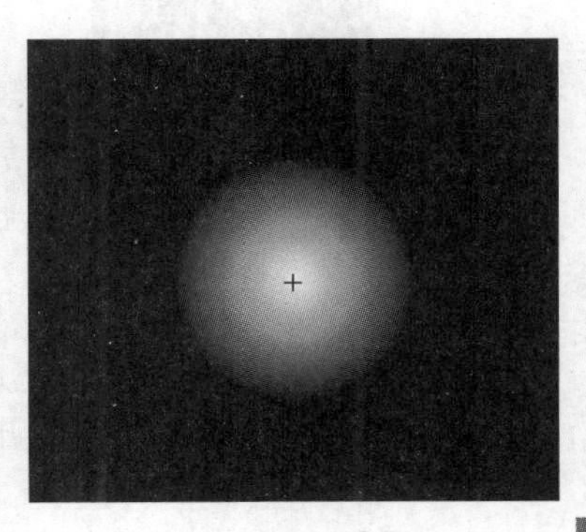

图 2-2-21 光圈

(3) 第 15、第 30 帧加上关键帧,点中第 15 帧,执行"修改/变形/缩放和旋转"命令,缩放 150%,如图 2-2-22 所示。

(4) 创建"形状补间",时间帧面板的背景色变为淡绿色,在起始帧和结束帧之间有一个长长的实线箭头,表示形状补间动画创建好了,如图 2-2-23 所示。

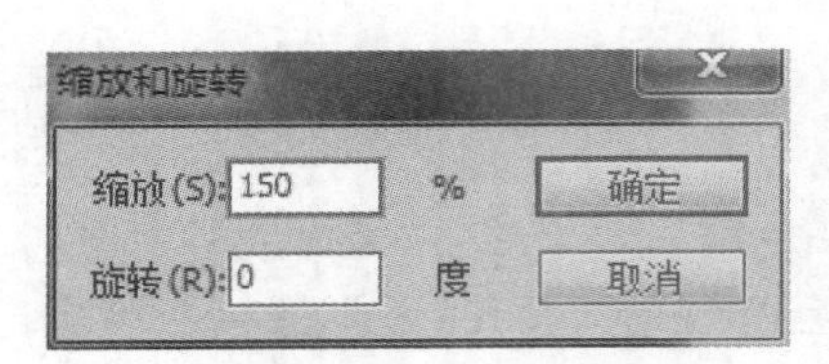

图 2-2-22　缩放对话框

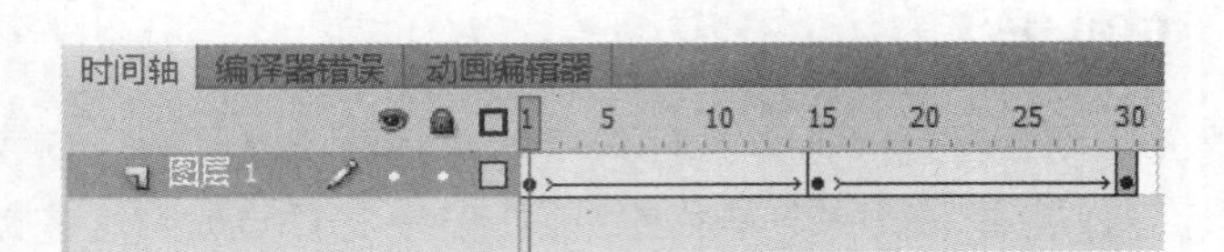

图 2-2-23　时间轴面板

(5) 新建影片剪辑,名为"蜡烛"。禁止填充色,笔触色为 CF8453 选择椭圆工具,在属性面板里设置实线,大小为 2。先画一个椭圆,再复制两个放在合适的位置,用直线连接,如图 2-2-24 所示。

(6) 放射状填充,填充后,再用填充变形工具调整颜色的位置,如图 2-2-25 所示。

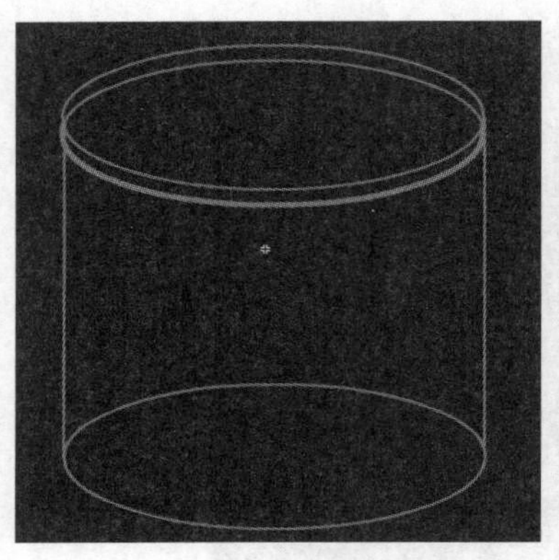

图 2-2-24　蜡烛外形

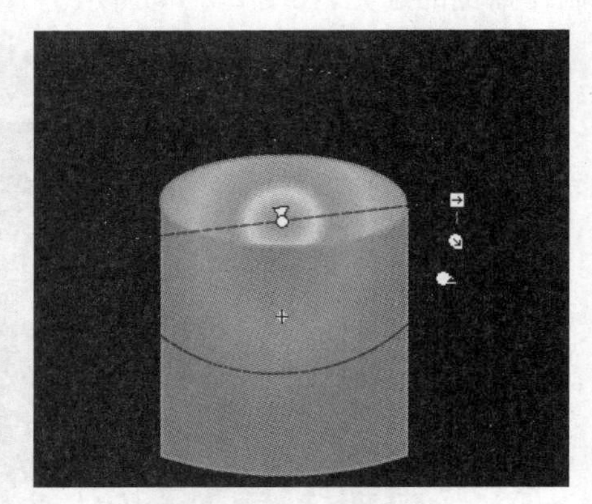

图 2-2-25　径向渐变填充

(7) 新建影片剪辑,名称为"烛光"。

(8) 画椭圆,调整形状。在第 30 帧插入关键帧,创建形状补间动画。在第 1 帧插入关键帧,用选择工具调整形状,注意不能调整太过,以免变形不规则。在第 5、10、15、20、25、30 帧都插入关键帧并调整,可以根据自己的感觉去调整,怎么自然就怎么去调,可以只做火苗伸长和压缩,做成上下窜动,也可以再加上左右摆动,如图 2-2-26、2-2-27 所示。

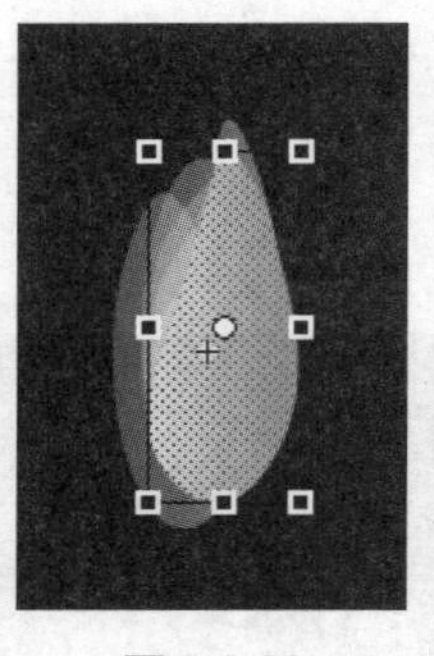

图 2-2-26

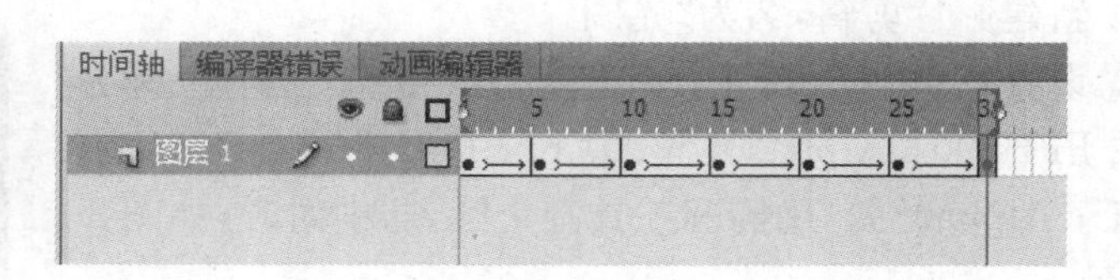

图 2-2-27

(9) 回到场景中,从库里把蜡烛元件拖到场景中,摆放好,按快捷键 Ctrl+Enter 测试。将作品另存为"烛光闪闪. fla",导出影片格式为 *. swf。

2.3 传统补间与补间动画

2.3.1 知识点和技能

新的补间动画基于影片剪辑元件，而传统补间基于关键帧。如果直接带着之前操作传统补间的思维去操作新的补间动画，将会无法理解新补间动画的设计。

传统补间基于帧，意思是两个关键帧是两个元件实例，它们之间相互独立，更改其中某个关键帧不会对其他关键帧造成改变。这是传统补间的优势，灵活且易于理解。缺点是不利于创建曲线动画，需要使用引导线。

新补间动画基于影片剪辑元件，而关键帧则只是此影片剪辑实例属性的改变，所有关键帧只是当前这个影片剪辑元件宽、高、透明度、大小、颜色等属性，所以从头到尾都是在编辑同一个元件。其优势是易于创建曲线动画、补间复用、伪 3D 和更易于与 as3 代码结合等。

2.3.2 范例——荷塘秋雨

设计结果

设计标题的文字一个个旋转、缩放、消失，如图 2-3-1 所示。

图 2-3-1 “荷塘秋雨”效果图

设计思路

(1) 将文字分放在不同的层上。

(2) 分别制成渐变动画。

(3) 利用颜色样式调整 Alpha 值。

范例解题引导

Step1 我们首先要进行的工作是将背景素材导入场景，编辑文字。

(1) 创建一个新的 Flash 文档，设置舞台大小为 550×400 像素，背景为白色。

(2) 单击图层 1 第 1 帧，执行“文件/导入到库”命令，选择一张满意的图片作为背景，如图 2-3-2 所示。

图 2-3-2　导入素材

(3) 背景做好了，现在该加入标题了。使用文字工具输入“荷塘秋雨”，在“属性”对话框中设定字体为方正魏碑，字号为 100，颜色为蓝色。把这个四字打散分散到图层放在四层上，如图 2-3-3、2-3-4 所示。

图 2-3-3　打散文字

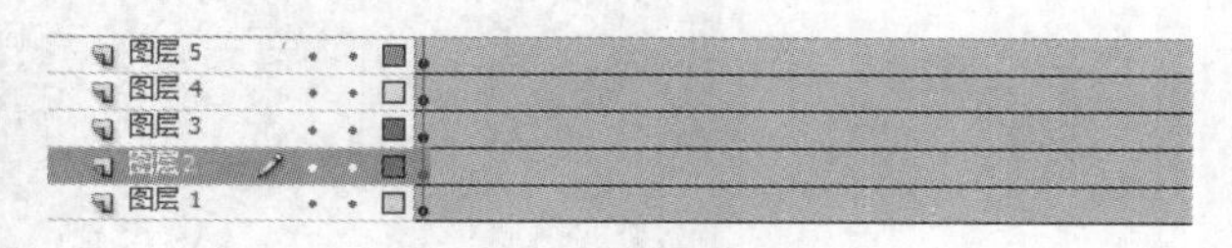

图 2-3-4　分散到图层

Step2　下面来设置文字的旋转和缩放。

(1) 在第 10 帧插入一个关键帧，在 10 到 20 帧、20 到 30 帧之间单击鼠标右键，执行“创建传统补间”命令，如图 2-3-5 所示。

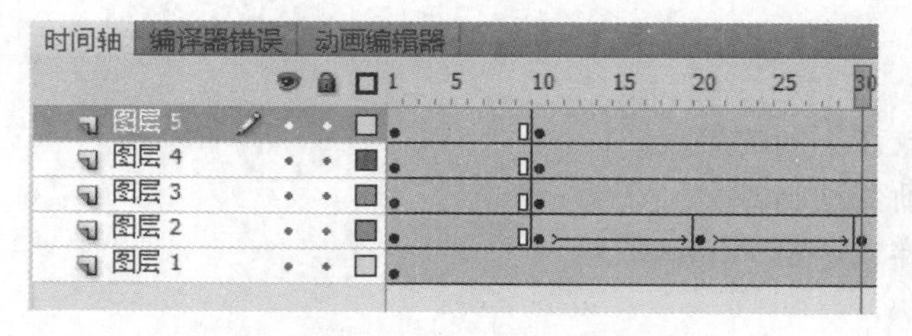

图 2-3-5　建立关键帧创建补间动画

(2) 在 10 到 20 帧的属性面板中进行如下设置：“补间”右侧的下拉菜单选择动作，“旋转”右侧的下拉菜单选择顺时针。在 20 到 30 帧的“属性”面板中进行如下设置：“补间”右侧的下拉菜单选择动作，“旋转”右侧的下拉菜单选择逆时针，如图 2-3-6、2-3-7 所示。

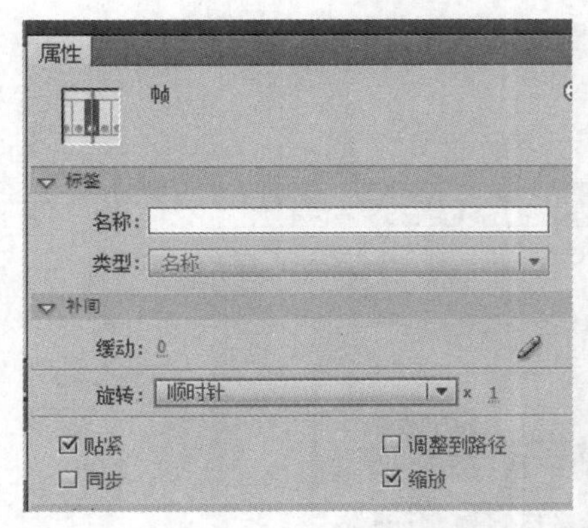

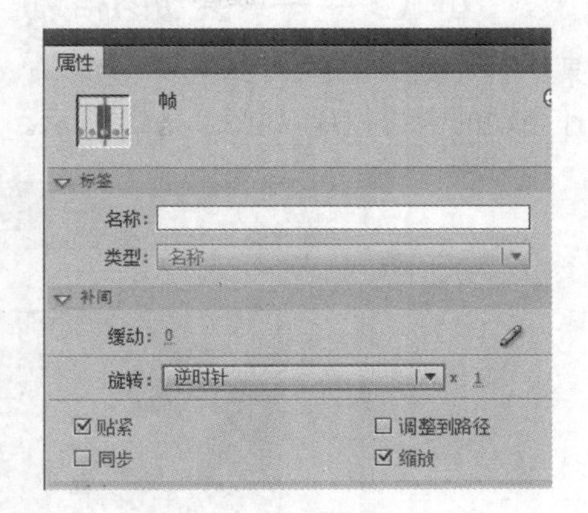

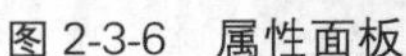

图 2-3-6　属性面板　　　　图 2-3-7　属性面板

（3）在 20 帧设置“缩放”为 150，30 帧设置“缩放”为 50，如图 2-3-8 所示。

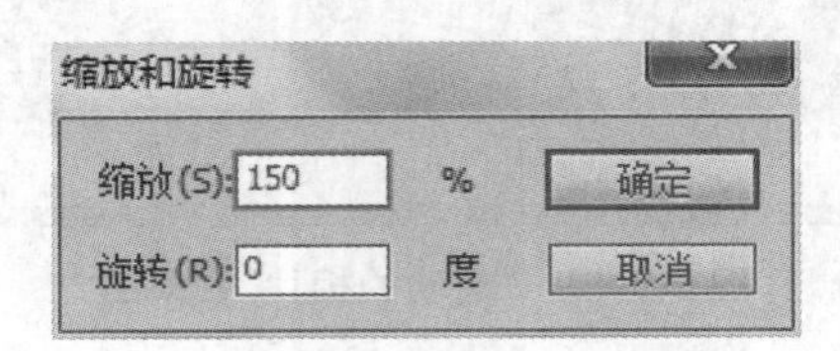

图 2-3-8　缩放面板

Step3　最后完成后面几个飞出的文字效果。

（1）按照第 2 步、第 3 步的方法，分别将汉字“塘”、“秋”、“雨”放在 3、4、5 层上，并把 3、4、5 层的图层名称分别命名为“塘”、“秋”、“雨”，如图 2-3-9 所示。

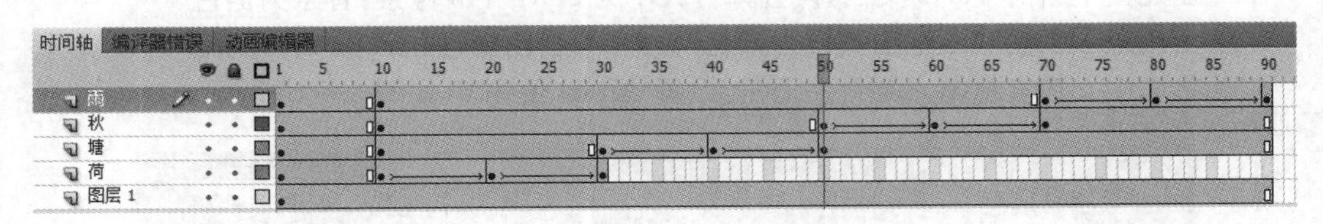

图 2-3-9　时间轴面板

（2）按快捷键 Ctrl＋Enter 测试一下效果，将作品另存为“荷塘秋雨. fla”，导出影片格式为 ＊. swf。

小贴士

动画补间是针对元件来使用的，形状补间是针对绘制的图形来使用的。补间创建成功时显示一条实线箭头，失败时显示的是虚线箭头！

2.3.3 小试身手——会动的相片

设计结果

设计会动的卡通相片，如图 2-3-10 所示。

图 2-3-10 “会动的相片”效果图

设计思路

(1) 利用画笔工具和任意变形工具完成相片的描边。
(2) 利用形状工具绘制星形并建立传统补间。
(3) 尝试利用新补间动画制作运动的卡通女孩。

操作提示

(1) 创建一个新的 Flash 文档，设置舞台大小为 550×400 像素，背景为白色。
(2) 使用矩形工具和画笔工具设为素材“2. 3. 3a”画轮廓，如图 2-3-11 所示。
(3) 将库中女孩素材拖入舞台左上角，设置 Alpha 值为 0，如图 2-3-12 所示。

图 2-3-11 轮廓图

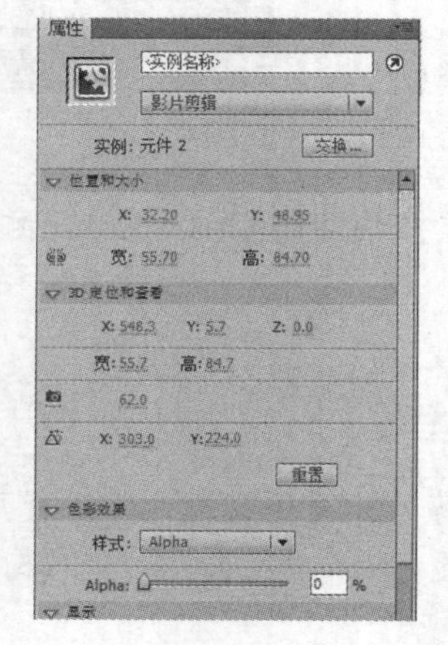

图 2-3-12 女孩位于左上角

(4) 接下来创建补间动画，这时会弹出如图 2-3-13 所示对话框。

(5) 确定后将女孩素材转换为元件，拖拉至中间靠下，调整 Alpha 值为 100，如图 2-3-14 所示。

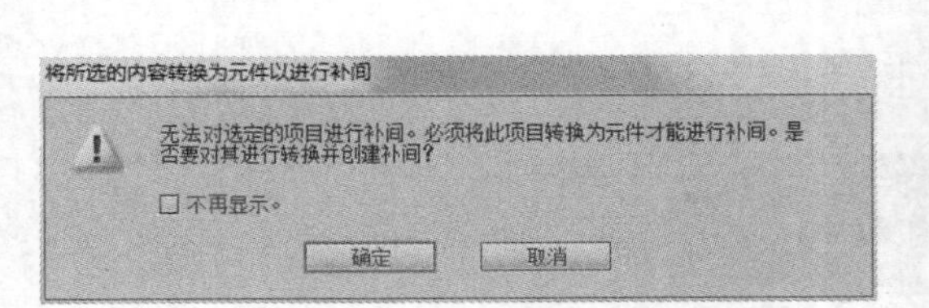

图 2-3-13　提示对话框

图 2-3-14　自动建立补间

(6) 在补间中任意建立一个或多个关键帧，调整其 X/Y/ZJ 和 Alpha 数值，如图 2-3-15 所示。

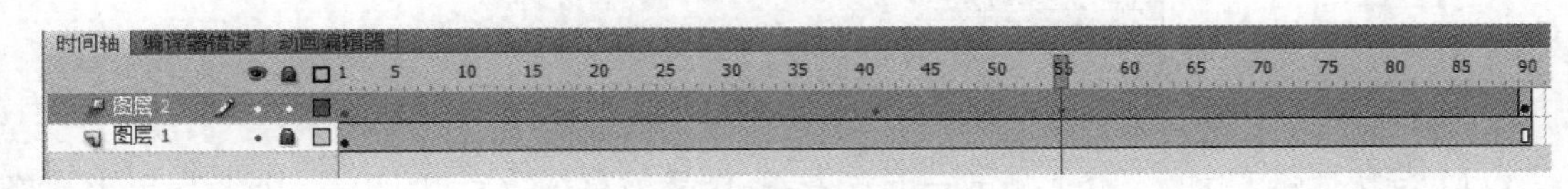

图 2-3-15　任意建立关键帧

(7) 返回到主场景中，利用形状工具绘制五角星，如图 2-3-16、2-3-17 所示。

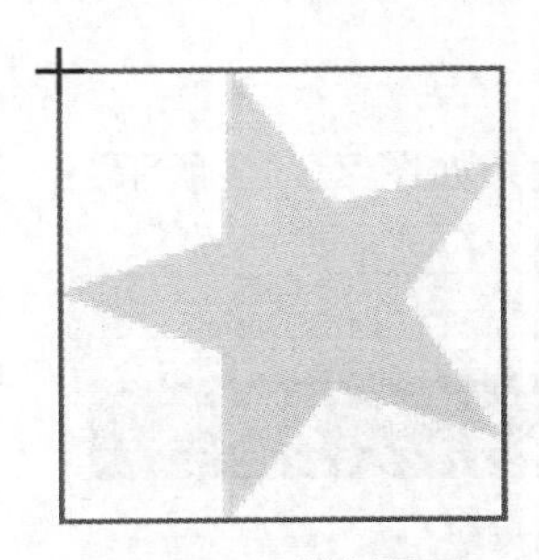

图 2-3-16　绘制星星

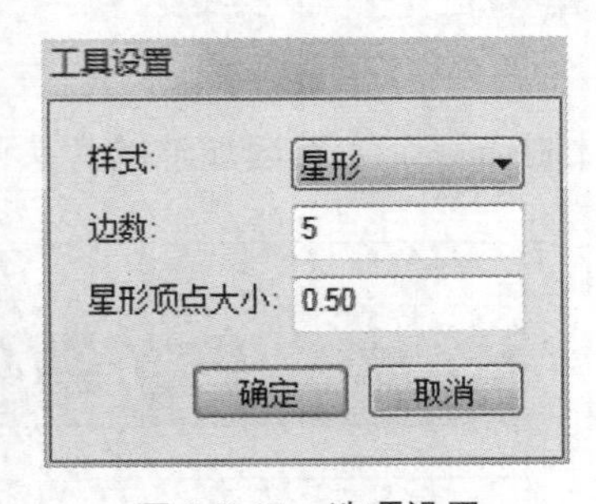

图 2-3-17　选项设置

(8) 在第一帧中为星星设置“滤镜”模糊，如图 2-3-18、2-3-19 所示。

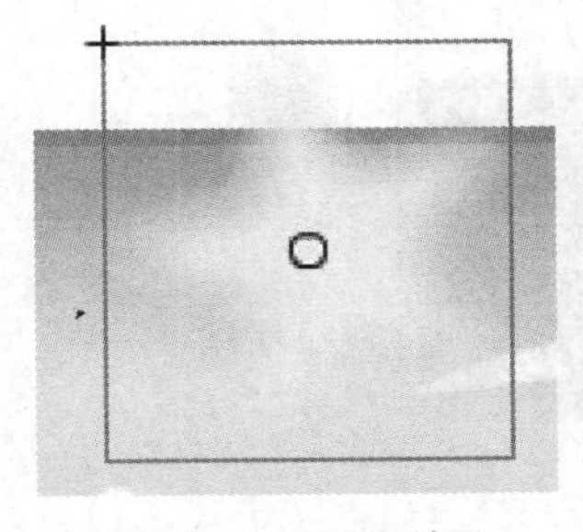

图 2-3-18　模糊效果

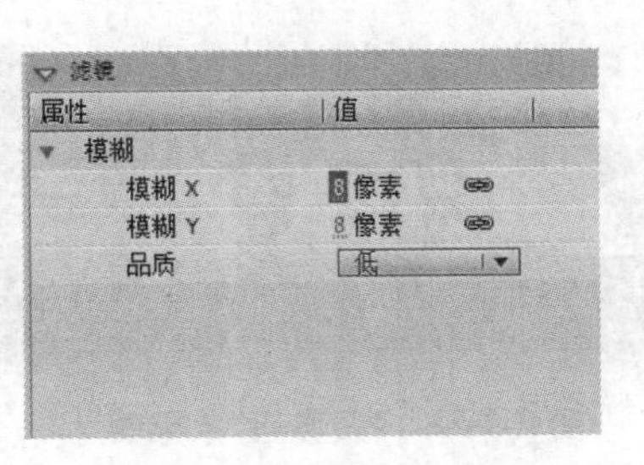

图 2-3-19　“滤镜”面板

小贴士

FLASH 中只有影片剪辑元件才能执行滤镜效果。

(9) 复制多个图层 3，调整星星的起始点和结束点，如图 2-3-20 所示。

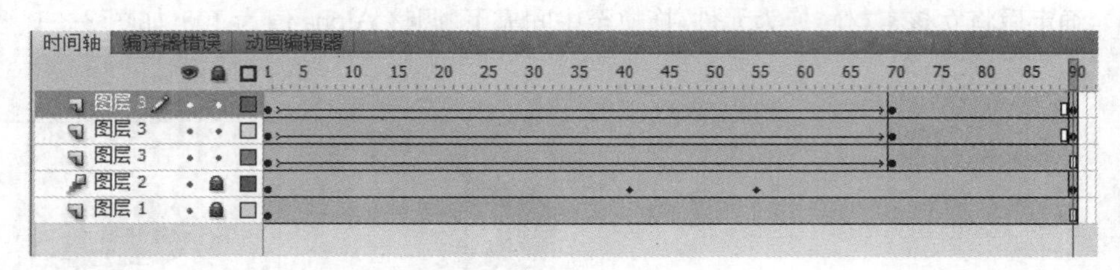

图 2-3-20　复制时间轴

(10) 执行“修改/文档”命令，设置“帧频”为 12，如图 2-3-21 所示。

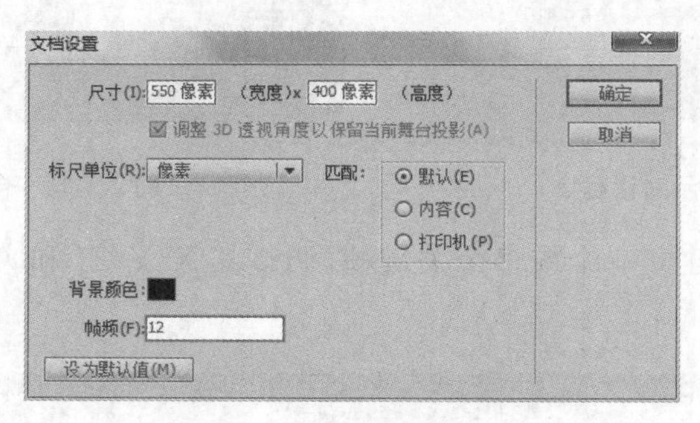

图 2-3-21　文档设置

(11) 按快捷键 Ctrl＋Enter 测试一下效果，将作品另存为“会动的相片. fla”，导出影片格式为 *. swf。

2.3.4　初露锋芒——贺奥运

设计结果

让我们来设计制作一个为奥运加油的片头吧，效果如图 2-3-22 所示。

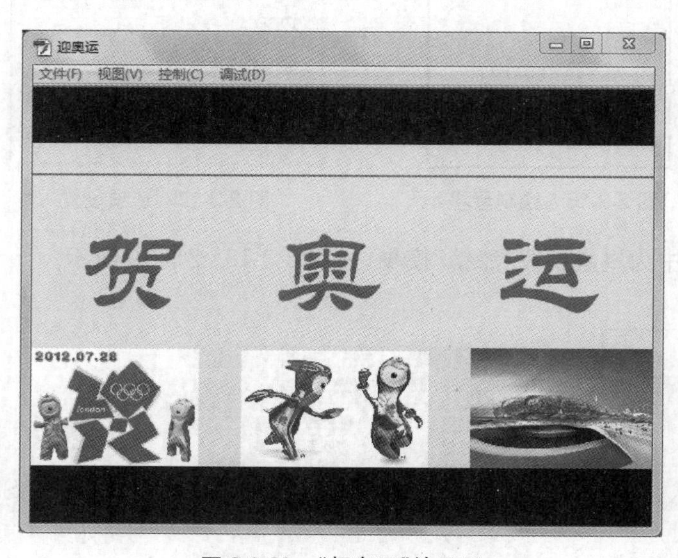

图 2-3-22　“贺奥运”效果图

设计思路

(1) 利用补间动画和传统补间分别完成图片运动的效果。

(2) 将文字分散到图层。

(3) 利用传统补间动画完成线条的缩放。

操作提示

(1) 创建一个新的 Flash 文档,设置舞台大小为 550×400 像素,背景为黑色。

(2) 利用矩形工具绘制一个黄色矩形,如图 2-3-23 所示。

图 2-3-23　黄色矩形

(3) 将素材“2.3.4a”~“2.3.4c”导入到库,新建图层,命名为“大图 1”、“大图 2”、“大图 3”,利用补间动画实现大图 1、2、3 从左到右的运动,如图 2-3-24 所示。

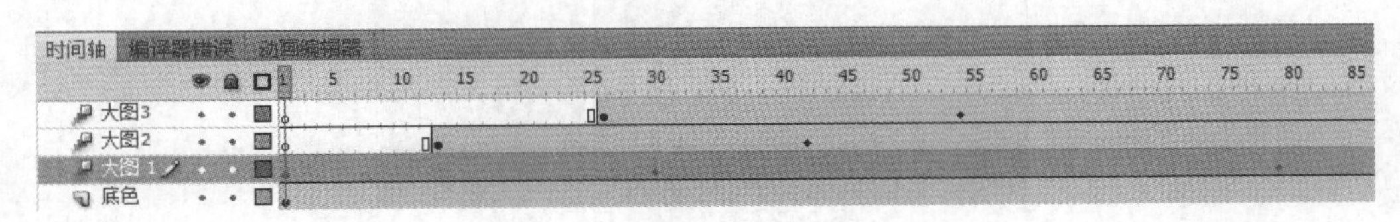

图 2-3-24　时间轴

(4) 新建图层,利用 T 形文字工具输入文字“贺奥运”,字号适中。

(5) 将文字分散到图层,分别命名三个图层为“贺”、“奥”、“运”。在第 45 帧、60 帧、70 帧分别建立关键帧,利用传统补间动画实现从左到右旋转运动。在第 60 帧处将 Alpha 值调整为 30%,如图 2-3-25、2-3-26 所示。

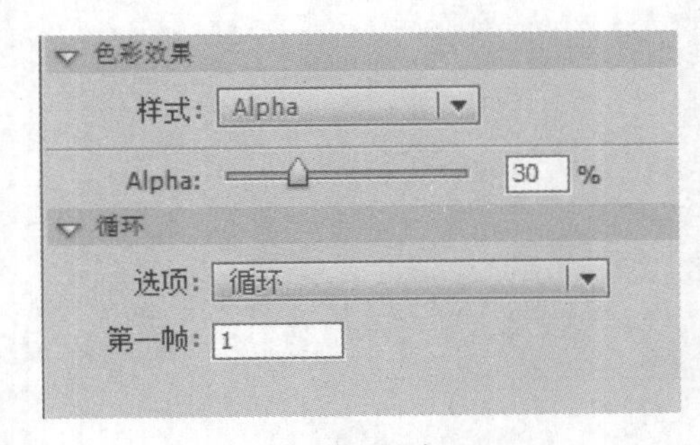

图 2-3-25　透明度为 30%

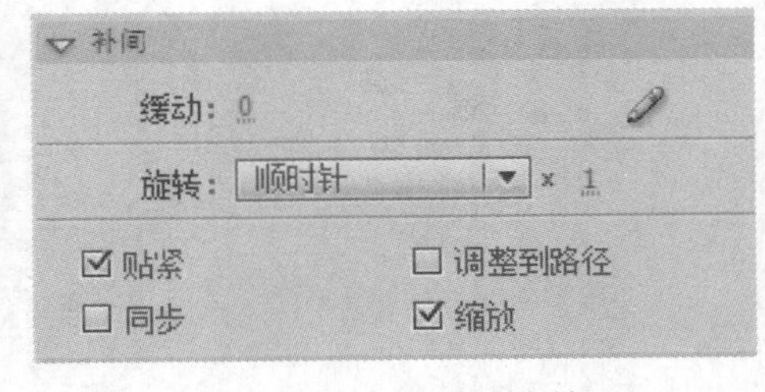

图 2-3-26　顺时针旋转

(6) 参照步骤(5)为图层“奥”、“运”建立传统补间动画,如图 2-3-27 所示。

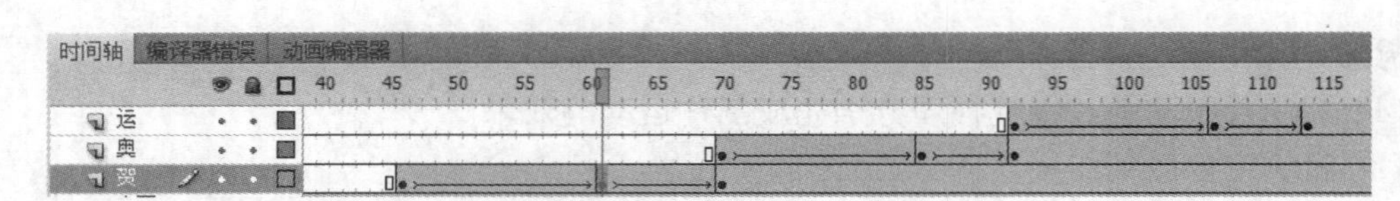

图 2-3-27　时间轴帧的位置

(7) 将素材“2.3.4d”～“2.3.4f”，导入到库，新建图层命名为“小图 1”、“小图 2”、“小图 3”，利用传统补间动画实现小图 1、2、3 从左到右的依次运动，如图 2-3-28 所示。

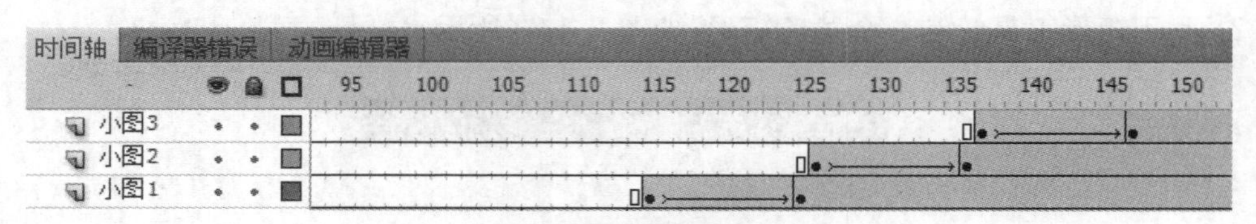

图 2-3-28　时间轴帧的位置

(8) 添加线条，制作若隐若现的延长线，让画面更生动(也可以根据画面需要多添加几根)，如图 2-3-29、2-3-30 所示。

图 2-3-29　线条

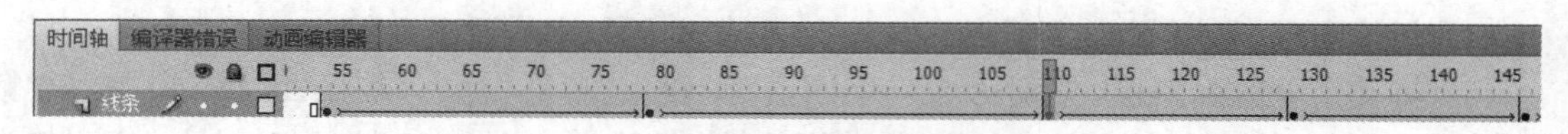

图 2-3-30　时间轴

(9) 测试动画，并以文件名“贺奥运.fla”保存。

第3章　绘图工具

作为一款优秀的交互性矢量动画制作软件，丰富的矢量绘图和编辑功能是必不可少的。在Flash中，创建和编辑矢量图形主要是通过绘图工具箱提供的绘图工具来进行的，工具箱中的工具可以绘制、涂色、选择和修改图形，并且可以更改舞台的视图。Flash自身的矢量绘图功能很强大，可以方便、快捷地绘制出各种各样的图形。Deco工具是在Flash CS4版本中首次出现的。Flash CS5中大大增强了Deco工具的功能，增加了众多的绘图工具，使得绘制丰富背景变得方便而快捷。

在这一章里，我们将通过Flash基本绘图工具的学习，绘制出一些简单的矢量图。另外，Flash也具备一定的位图处理能力，虽然比不上专业的位图处理软件，但是对于制作动画过程的一些简单处理，它还是能够胜任的。Flash提供了各种工具来绘制自由形状或准确的线条、形状和路径，并可用来对填充对象。在本章里，我们学习线条、滴管、墨水瓶、箭头、刷子、任意变形、颜料桶、Deco等工具的基本用法。

3.1　线条、椭圆、矩形和多角星形工具

3.1.1　知识点和技能

绘图工具箱中，线条工具、钢笔工具和铅笔工具是专门用来绘制曲线的，椭圆工具、矩形工具和多角星形工具是专门用来画几何图形的，而选择工具、部分选取工具和墨水瓶工具等则可以用来编辑曲线。

3.1.2　范例——故乡月更明

设计结果

本例要制作中秋月圆之夜效果，效果如图3-1-1所示。

图3-1-1　“故乡月更明”效果图

设计思路

(1) 利用绘图工具中的椭圆工具绘制圆月形状并添加模糊滤镜效果。

(2) 利用补间形状制作圆月缓缓上升效果。

(3) 设置静态文本,并利用传统补间动画使其文字若隐若现。

范例解题引导

Step1 首先要进行的工作是导入背景素材到库。

(1) 创建一个新的 Flash 文档,设置舞台大小为 550×400 像素,背景为白色。

(2) 执行"文件/导入/导入到库"命令,选择素材文件夹中的"3.1.2a"导入到库待用。

(3) 进入元件的编辑状态,打开"库"面板,在"库"面板中选中"3.1.2a"素材,将其拖动到影片剪辑编辑场景的中央,如图 3-1-2 所示。

图 3-1-2 导入到舞台

Step2 下面来绘制圆月朦胧的效果。

(1) 当选中椭圆工具时,Flash 的"属性"面板中将出现与椭圆工具有关的属性,如图 3-1-3 所示。

(2) 新建影片剪辑元件,选择工具箱中的椭圆工具,按住 Shift 键画出一个正圆。

(3) 执行"窗口/颜色"命令,在"颜色"面板中将填充设为由黄到白色的渐变,类型为放射状,注意渐变条上黄色色块的位置,用填充变形工具调整渐变大小,形成带光晕的月亮,如图 3-1-4 所示。

(4) 为圆月添加模糊的滤镜效果,如图 3-1-5 所示。

(5) 利用补间动画制作圆月升起的运动轨迹并在第 80 帧添加 stop 动作,如图 3-1-6 所示。

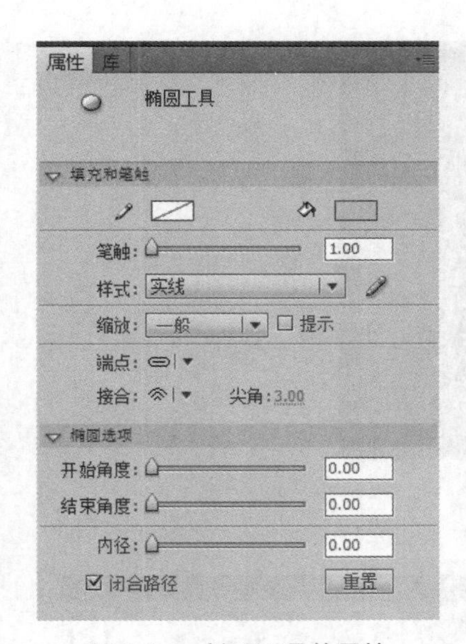

图 3-1-3 椭圆工具的属性

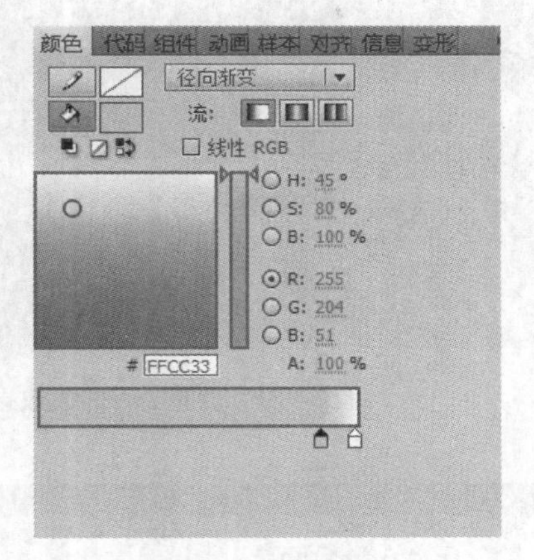

图 3-1-4 颜色面板

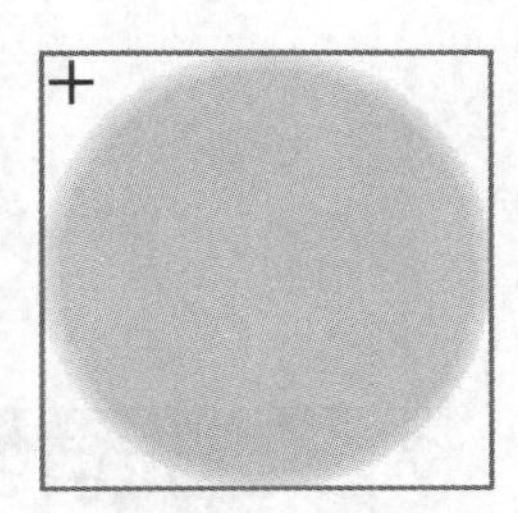

图 3-1-5 圆月

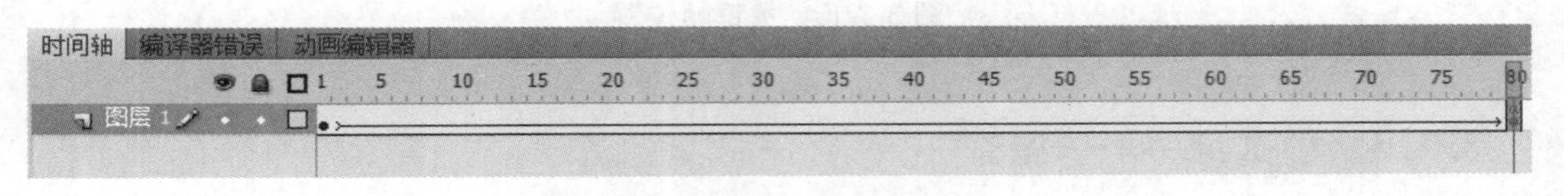

图 3-1-6 动作时间轴

Step3 最后我们需要添加文字效果。

(1) 在场景中新建一个图层，单击工具栏上的文字工具按钮，设置文本类型为静态文本，字体为华文隶书，字体大小 17，颜色为黄色，如图 3-1-7、图 3-1-8 所示。

(2) 在第 15、30 建立关键帧，将第 15 帧的 Alpha 值调到 30%，如图 3-1-9、3-1-10 所示。

(3) 测试动画，并以文件名“故乡月更明.fla”保存。

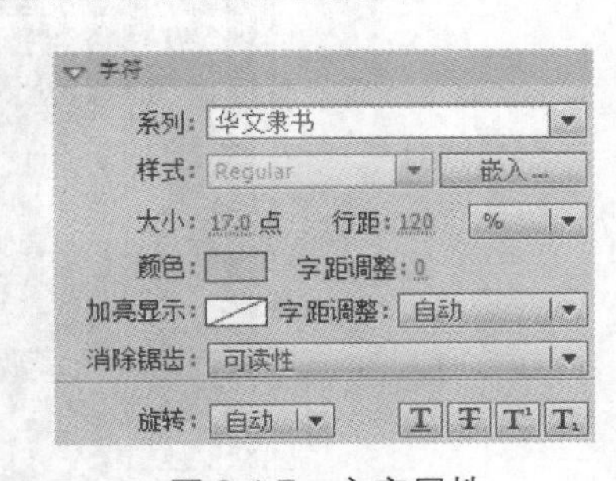

图 3-1-7 文字属性

图 3-1-8 添加文字

图 3-1-9　调整 Alpha 值效果

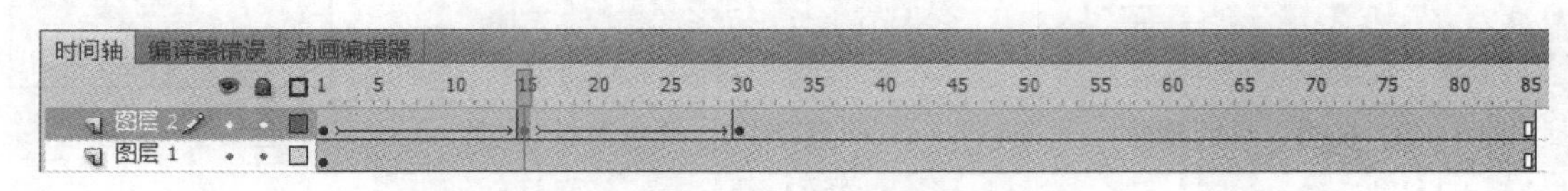

图 3-1-10　关键帧位置

3.1.3　小试身手——星空

设计结果

设计制作星空，效果如图 3-1-11 所示。

图 3-1-11　“星空”效果图

设计思路

（1）首先使用椭圆工具和选择工具绘制月亮，然后使用多角星形工具绘制星星。

（2）使用矩形工具和选择工具绘制小草。

操作提示

（1）创建一个新的 Flash 文档，设置舞台大小为 550×400 像素，背景为白色。

（2）执行“文件/导入到场景”命令，将素材文件夹“3.1.3a”导入到库中并移置到场景中，如图 3-1-12 所示。

图 3-1-12　导入素材

（3）新建影片剪辑元件并命名为月亮，选择工具箱中的椭圆工具，在文档中绘制一个椭圆。

（4）选中绘制的椭圆，执行“修改/形状/柔化填充边缘”命令，弹出“柔化填充边缘”对话框，并设置参数，如图 3-1-13 所示。

（5）添加模糊滤镜，如图 3-1-14、3-1-15 所示。

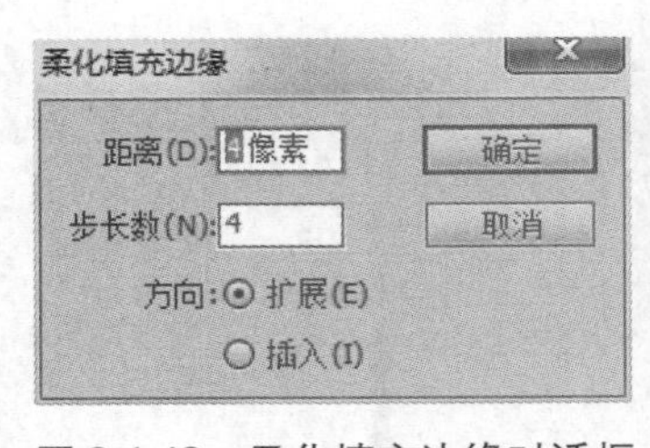

图 3-1-13　柔化填充边缘对话框

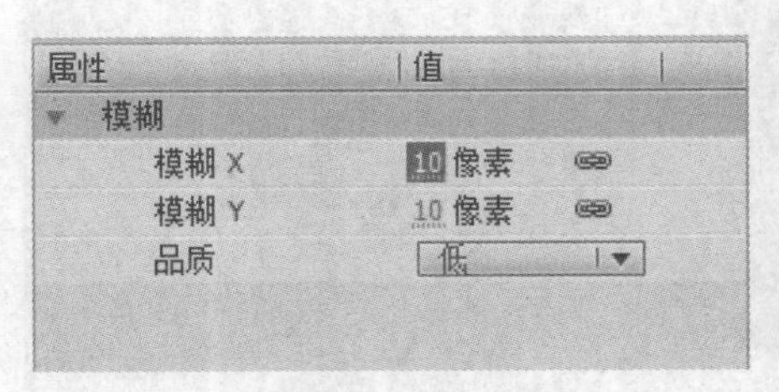

图 3-1-14　滤镜参数

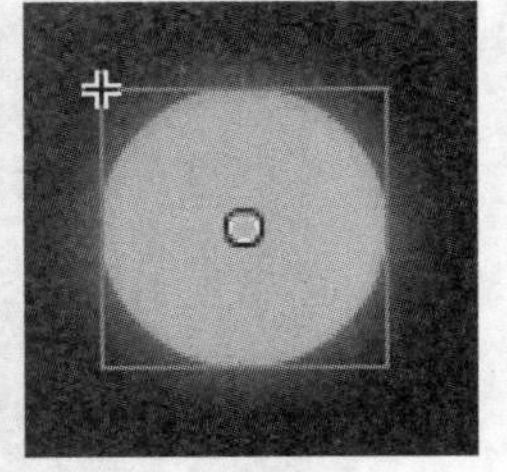

图 3-1-15　月亮柔化填充边缘及模糊效果

（6）新建影片剪辑元件并命名为“星星”。

（7）使用多角星形工具，在“属性”面板中单击“工具设置”中的“选项”按钮，弹出“工具设置”对话框，设置相应的参数，如图 3-1-16 所示。

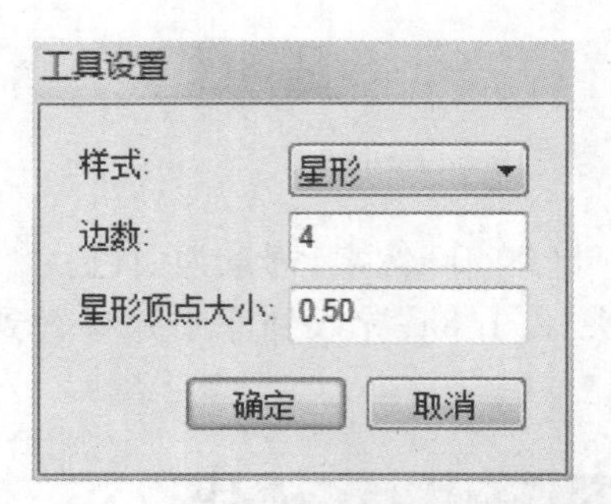

图 3-1-16　星形工具

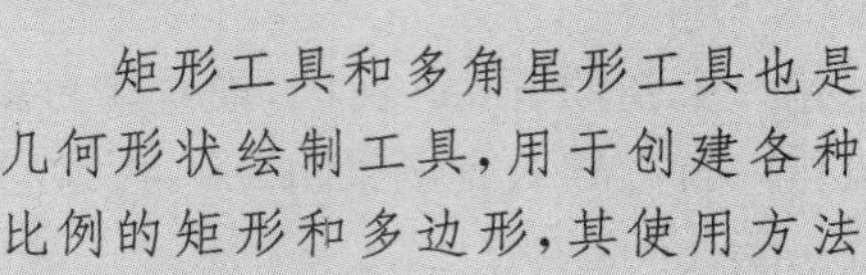

小贴士

矩形工具和多角星形工具也是几何形状绘制工具，用于创建各种比例的矩形和多边形，其使用方法与椭圆工具相似。

(8) 编辑元件，绘制星星并利用补间动画制作出星星闪烁和旋转的效果，如图 3-1-17、3-1-18、3-1-19 所示。

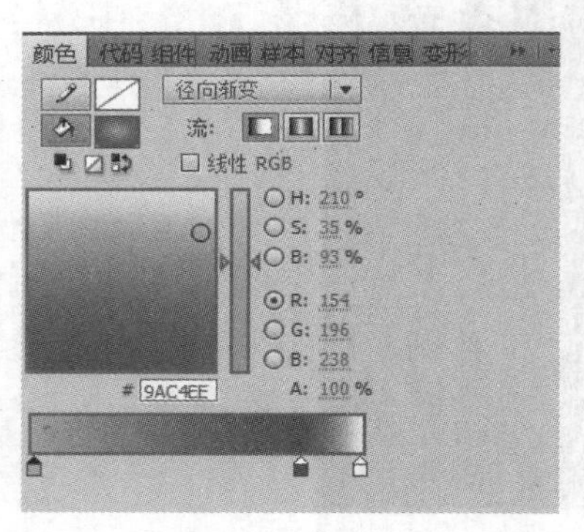

图 3-1-17　径向渐变

图 3-1-18　星星效果

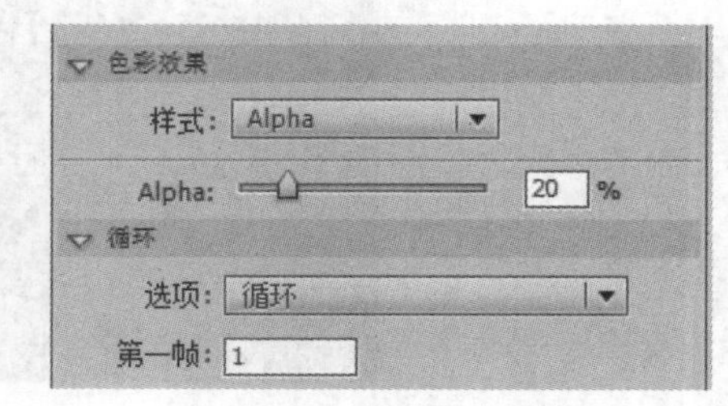

图 3-1-19　添加动画效果

(9) 返回到主场景中，将库中的影片剪辑拖入到主场景中，并利用任意变形工具为星星变换不同的大小与角度，如图 3-1-20 所示。

(10) 使用矩形工具和选择工具绘制小草，并修改小草的局部造型，如图 3-1-21 所示。

图 3-1-20　星星变换效果图

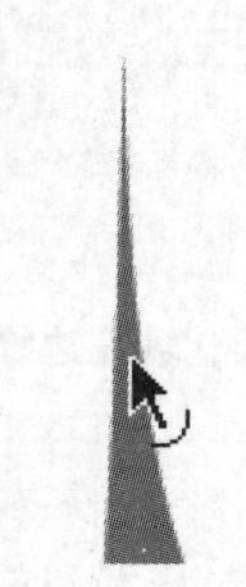

图 3-1-21　小草的编辑状态

(11) 复制并黏贴多个小草，产生草丛的效果，如图 3-1-22 所示。

图 3-1-22　草丛效果图

（12）测试动画，并以文件名“星空.fla”保存。

3.1.4　初露锋芒——梦幻雨伞

设计结果

本实例要绘制一个精美的雨伞，效果如图 3-1-23 所示。

图 3-1-23　“梦幻雨伞”效果图

设计思路

（1）利用椭圆工具、颜料桶工具、多角星形工具和线条工具绘制伞面。

（2）利用线条工具来绘制直线。

操作提示

（1）创建一个新的 Flash 文档，设置舞台大小为 550×400 像素，背景为白色。

(2) 执行“文件/导入到场景”命令，将素材文件夹“3.1.4a”图片导入到库中并移到场景中。

(3) 新建图形元件并命名为“伞”。

(4) 进入编辑元件状态，选择工具箱中的椭圆工具，在文档中绘制一个正圆，如图 3-1-24 所示。

图 3-1-24　绘制椭圆

(5) 在大圆上再绘制四个小圆，打散并修剪，将刚刚绘制的 4 个圆下面多余的部分删除，并用选择工具调整圆两边的角度，如图 3-1-25、3-1-26 所示。

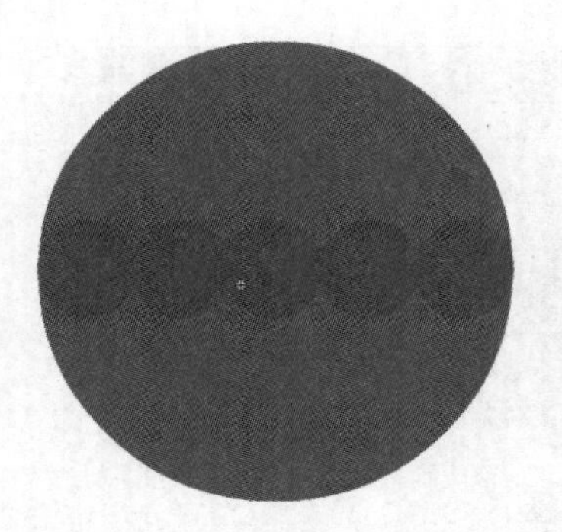

图 3-1-25　绘制四个椭圆

图 3-1-26　修剪后的效果

(6) 选择颜料桶工具，执行“窗口/颜色”命令，弹出“颜色”面板，在面板中调整伞面颜色，如图 3-1-27、3-1-28 所示。

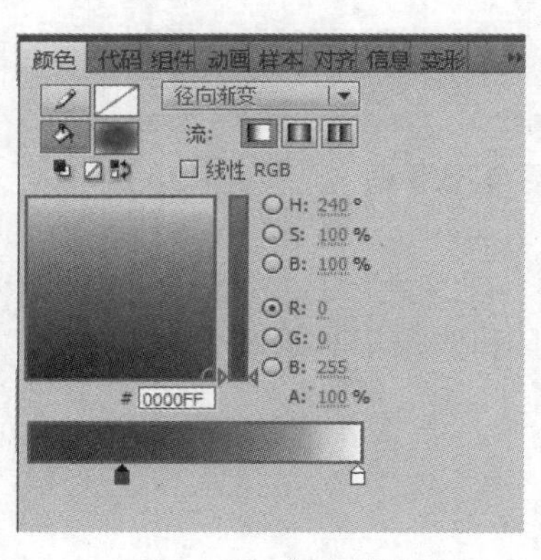

图 3-1-27　径向渐变

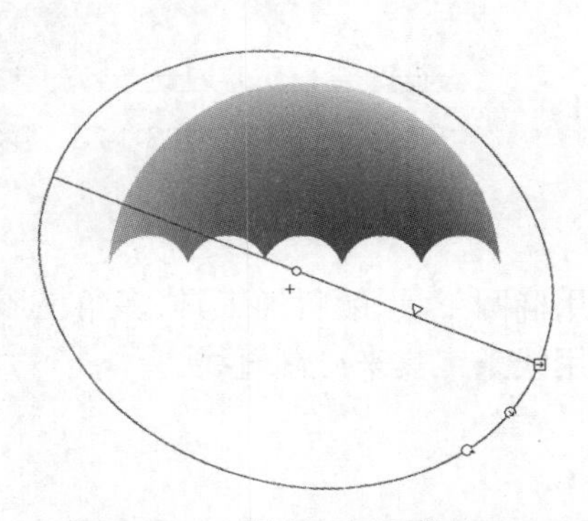

图 3-1-28　渐变工具调整效果

(7) 使用直线工具绘制直线并使用选择工具将其调整为曲线状，如图 3-1-29 所示。

(8) 使用多角星形工具绘制星星，如图 3-1-30 所示。

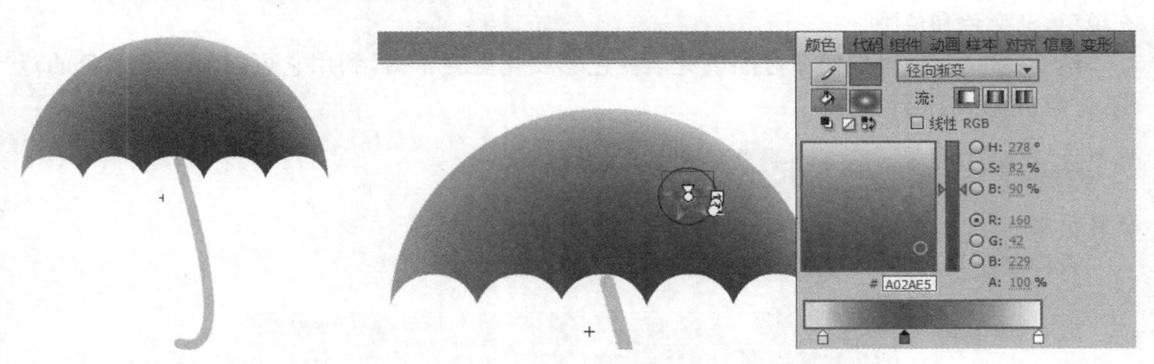

图 3-1-29　伞柄效果图　　　　图 3-1-30　绘制星星图案

(9) 绘制大小不同的星星并调整形状，如图 3-1-31 所示。

(10) 回到场景中，将伞复制并拖入，利用任意变形工具调整伞的大小和角度，再建立补间动画效果，如图 3-1-32、3-1-33 所示。

图 3-1-31　伞效果图

图 3-1-32　第二把伞的位置

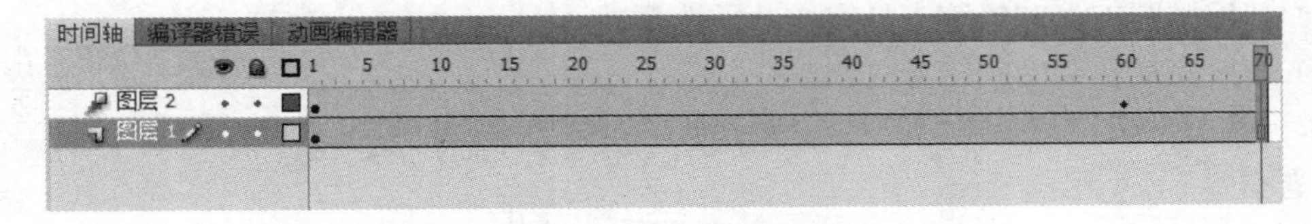

图 3-1-33　关键帧位置

(11) 测试动画，并以文件名“梦幻雨伞. fla”保存。

3.2　滴管、墨水瓶、颜料桶和渐变变形工具

3.2.1　知识点和技能

滴管工具。将鼠标光标移至矩形的矢量色块上，单击矩形内部，获取矩形的矢量色块的属性。

墨水瓶工具：主要用于为舞台中矢量图的边框着色，但不能对矢量色块进行填充。

颜料桶工具：可以改变图形的内部填充颜色，通过对颜料桶的设置可以在封闭的区域内填充单色、渐变色和位图。

渐变变形工具：可以使图像的填充渐变色彩变化更为丰富，利用它可以对所填颜色的范围、方向、角度等进行设置。

3.2.2 范例——小花一朵朵

设计结果

设计制作具有春天气氛的花朵，如图 3-2-1 所示。

图 3-2-1 “小花一朵朵”效果图

设计思路

(1) 利用椭圆工具和渐变填充工具完成花瓣的造型。

(2) 利用椭圆工具和铅笔工具完成叶子造型。

(3) 最后完成花朵的旋转与复制。

范例解题引导

Step1 首先要进行的工作是绘制花瓣的造型。

(1) 创建一个新的 Flash 文档，设置舞台大小为 550×400 像素，背景为白色。

(2) 执行“文件/导入到库”命令，将素材文件夹“3. 2. 2a. jpg”导入到场景中，在第 70 帧处按下 F5，加普通帧，如图 3-2-2 所示。

(3) 选择椭圆工具，设置笔触颜色为空，填充颜色随意，在舞台上绘制出一个椭圆。

(4) 选择该椭圆，点击颜料桶工具，在“混色器”面板当中，设置类型为线性，选择左色标为红色，右色标为黄色，如图 3-2-3 所示。

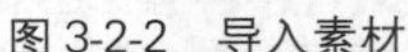

图 3-2-2　导入素材

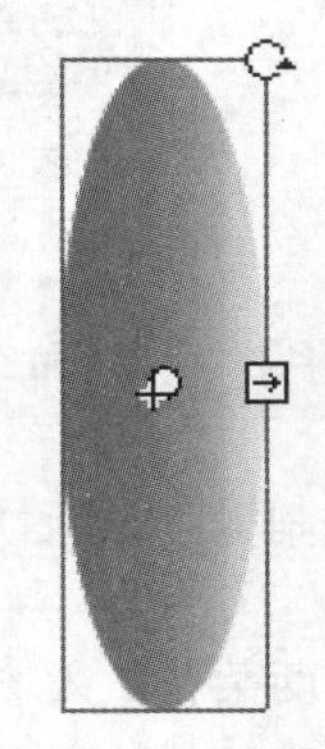

图 3-2-3　椭圆填充

(5) 选择填充变形工具，通过旋转填充调整图形填充，如图 3-2-4 所示。

(6) 选择任意变形工具，调整线性渐变的中心点到花瓣的最下端位置，如图 3-2-5 所示。

(7) 调出“变形”面板，设置旋转角度为 30 度，再点击“复制并应用变形”多次，得出如图 3-2-6 所示。

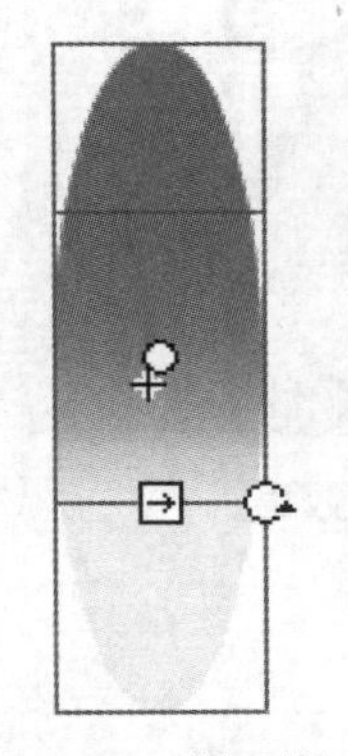

图 3-2-4　椭圆渐变

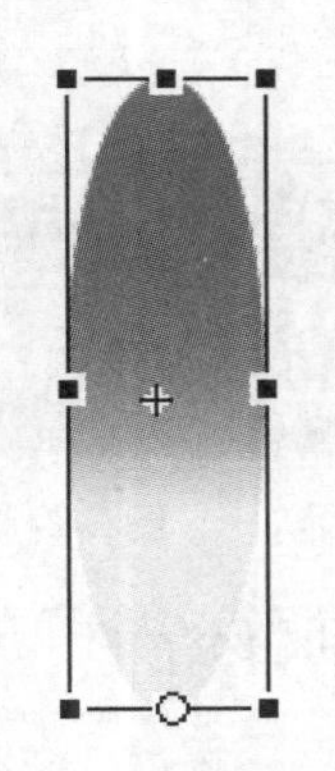

图 3-2-5　移动中心点

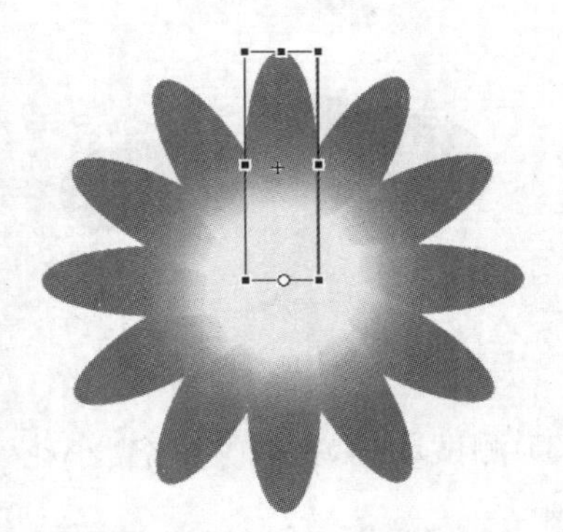

图 3-2-6　花朵效果

Step2　下面来绘制花枝和叶子。

(1) 选择铅笔工具，在选项卡中选择平滑，设置笔触颜色为绿色，笔触大小为 2，画一条线段，作为花枝，如图 3-2-7 所示。

(2) 选择椭圆工具，设置笔触颜色为绿色，填充颜色为绿色，在舞台上绘制出一个椭圆。

(3) 点击选择工具，将鼠标移动到椭圆的右顶端，当鼠标后面跟了一个弧形的时候，将鼠标往外拉，拉的过程中同时按下 Ctrl 键，拉出来的角度比较尖，如图 3-2-8 所示。

(4) 用选择工具调整叶子的两侧形状。选择直线工具，设置一种较为浅一点的绿色，绘制叶子的脉络，这样一片叶子就绘制好了，结果如图 3-2-9 所示。

图 3-2-7　花竿

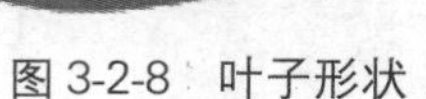

图 3-2-8 叶子形状

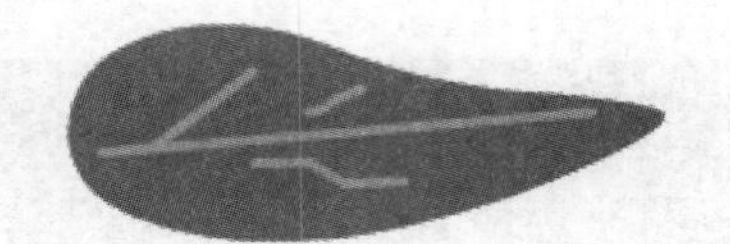

图 3-2-9 叶子效果

Step3 最后，把合成后的花朵和叶子拖入场景中。

（1）复制绿叶，然后用任意变形工具调整叶子的大小，最后将花朵与绿叶合成，如图 3-2-10 所示。

（2）将两朵花植入场景中，利用任意变形工具调整花卉形状，如图 3-2-11 所示。

图 3-2-10 合成花卉

图 3-2-11 两朵花卉效果

（3）测试动画，并以文件名“小花一朵朵. fla”保存。

3.2.3 小试身手——花扇

设计结果

设计制作羽毛状的花扇子，如图 3-2-12 所示。

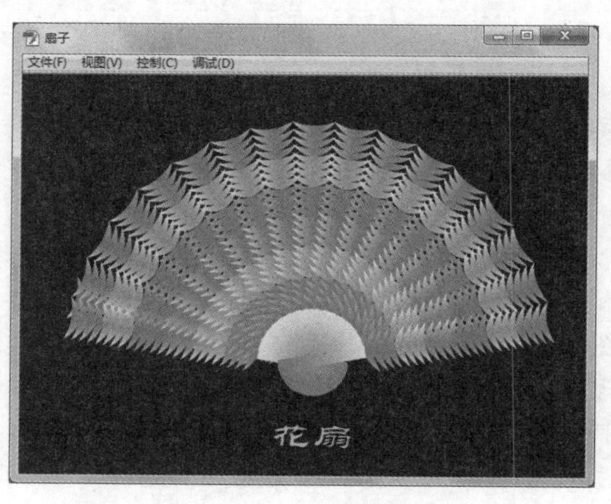

图 3-2-12 “花扇”效果图

设计思路

(1) 利用线条工具绘制羽毛局部形状。

(2) 利用油漆桶工具、渐变变形工具填充羽毛局部。

(3) 最后完成扇片的旋转与复制。

操作提示

(1) 创建一个新的 Flash 文档,在文档属性里把背景颜色改为黑色,其他默认。

(2) 绘制羽毛,重命名第一个图层为"羽毛",在工具箱中选择直线工具,笔触颜色为红色。在场景画一竖线,然后使用选择工具把线条拉弯,在拉弯的线上再画一条竖线,同样拉弯,形成封闭状的月牙形,如图 3-2-13 所示。

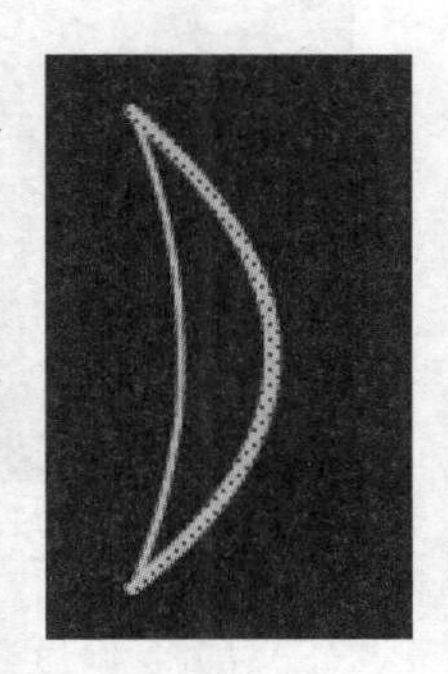

图 3-2-13 月牙形

(3) 用放射状填充颜色,颜色可自己选择,填充好颜色后把笔触删除。按 Alt 键向右复制三个月芽形成一组,然后全部选中,向左复制四组,如图 3-2-14、3-2-15 所示。

图 3-2-14 填充月牙

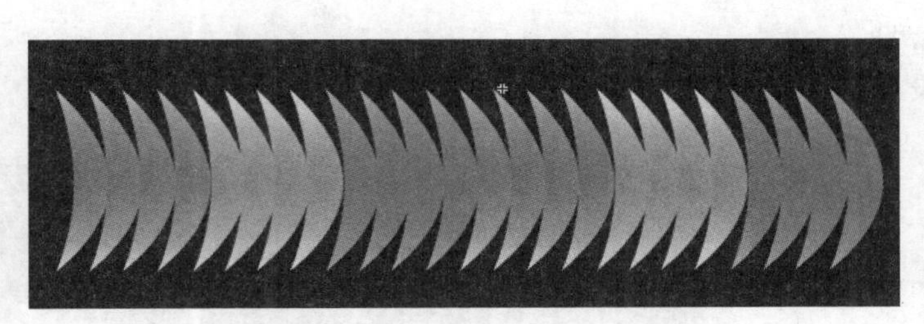

图 3-2-15 扇面局部图

(4) 画出一个矩形,填充色为线型,左右色标为#CC6600,中色标为#FEA64E,用选择工具和部分选取工具把矩形调整成合适的形状,再放置在羽毛的合适位置。选中整个扇页,转化为图形元件,取名为扇页,如图 3-2-16 所示。

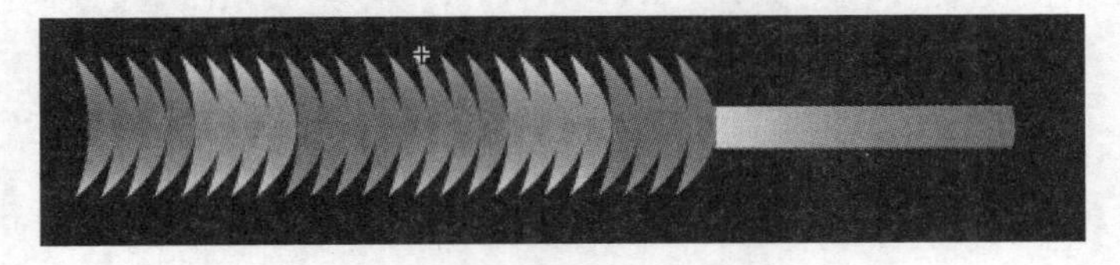

图 3-2-16 扇页效果

(5) 选中扇页,用任意变形工具调整扇页的中心点,如图 3-2-17 所示。

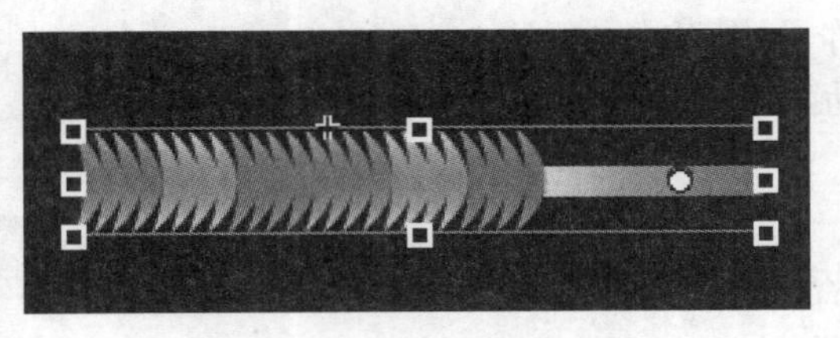

图 3-2-17 移动中心点

(6) 打开“变形”面板，设置旋转度数为 10°，点击“变形”面板当中的复制并应用变形多次，如图 3-2-18 所示。

(7) 新建图层 2，利用文字工具输入文字“花扇”，如图 3-2-19 所示。

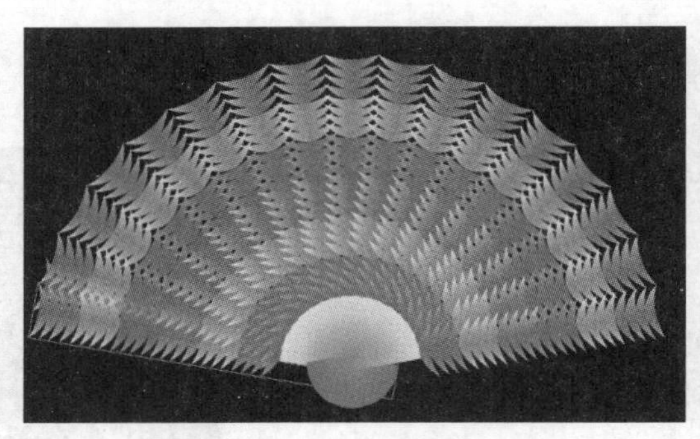

图 3-2-18　变形后的扇面效果

图 3-2-19　输入文字

(8) 最后测试动画，并以文件名“花扇. fla”保存。

3.2.4　初露锋芒——甲壳虫

设计结果

设计制作相对而驰的甲壳虫，如图 3-2-20 所示。

图 3-2-20　“甲壳虫”效果图

设计思路

(1) 绘制图形元件竹子、甲壳虫。

(2) 建立传统补间动画。

操作提示

(1) 插入图形元件，命名为“竹子”。

(2) 绘矩形，填充线性渐变，如图 3-2-21 所示。

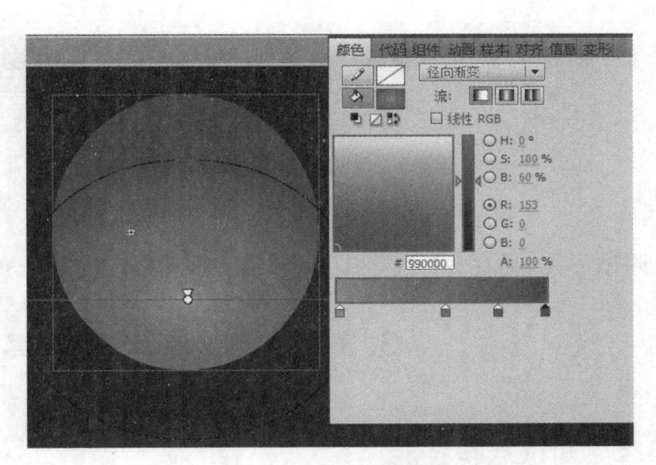

图 3-2-21　竹子　　　　图 3-2-22　渐变调整

(3) 新建图形元件,命名为“甲壳虫”。

(4) 进入元件编辑状态,首先利用椭圆工具画出甲壳虫的身体,然后用径向渐变填充,把明暗拉开,如图 3-2-22 所示。

(5) 利用椭圆工具绘制甲壳虫身上的花纹并逐个填充为黑色,如图 3-2-23 所示。

(6) 利用墨水瓶工具对甲壳虫的花纹进行描边,如图 3-2-24 所示。

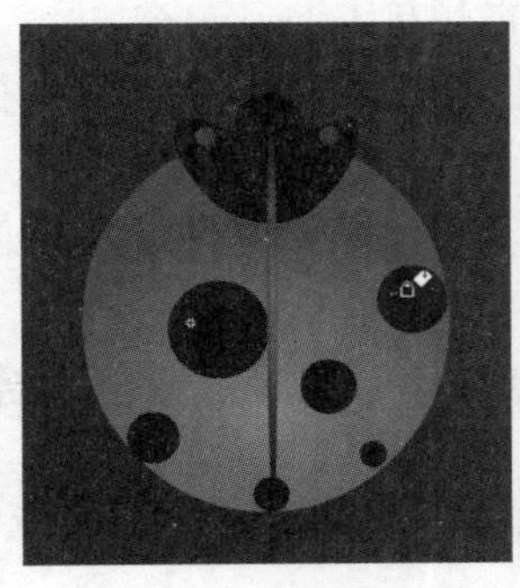

图 3-2-23　背部花纹

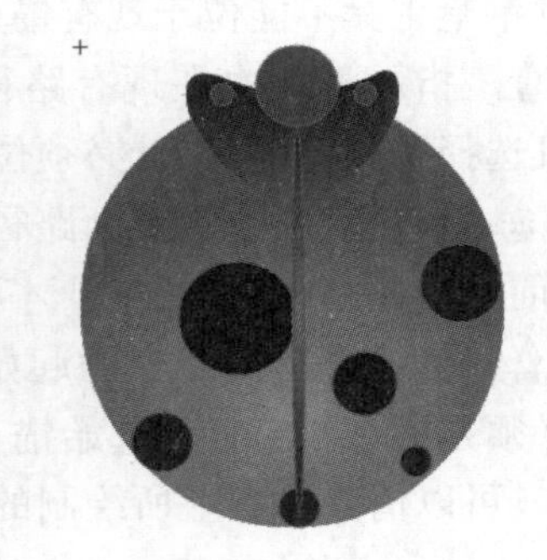

图 3-2-24　轮廓

(7) 回到场景,将背景素材“3. 2. 4a”导入到库并置入舞台。

(8) 将竹子和甲壳虫拖入舞台,建立甲壳虫相对而驰的传统补间动画,如图 3-2-25 所示。

图 3-2-25　补间动画效果

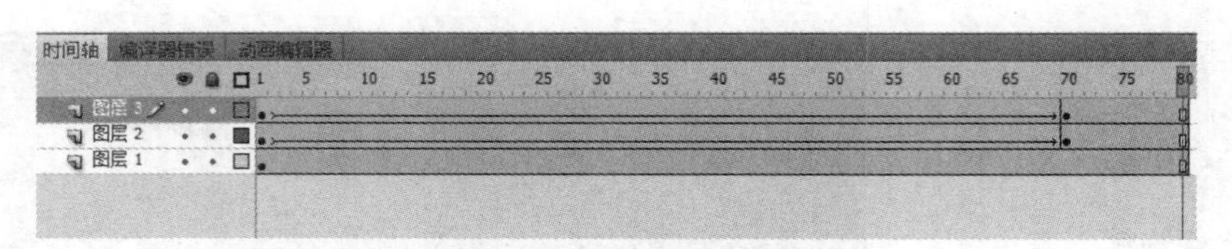

图 3-2-26　时间轴建立关键帧

(9) 测试影片，另存为“甲壳虫.fla”，导出影片格式为“*.swf”。

3.3　钢笔、橡皮擦工具

3.3.1　知识点和技能

钢笔工具可以绘制平滑流畅的曲线路径。用钢笔绘制好对象之后，可以结合选择工具和部分选取工具对绘制好的对象进行调整。使用钢笔工具可以创建贝塞尔曲线。在绘制过程中，可以通过对路径锚点进行相应的调整，绘制出精确的路径(如：直线或平滑流畅的曲线)。

初始锚点指针 ：选中钢笔工具后看到的第一个指针。指示下一次在舞台上单击鼠标时将创建初始锚点，它是新路径的开始(所有新路径都以初始锚点开始)。

添加锚点指针 ：指示下一次单击鼠标时将向现有路径添加一个锚点。若要添加锚点，必须选择路径，并且钢笔工具不能位于现有锚点的上方。

删除锚点指针 ：指示下一次在现有路径上单击鼠标时将删除一个锚点。若要删除锚点，必须用选取工具选择路径，并且指针必须位于现有锚点的上方。

连续路径指针 ：从现有锚点扩展新路径。若要激活此指针，鼠标必须位于路径上现有锚点的上方。在当前未绘制路径时，此指针才可用。

闭合路径指针 ：在正绘制的路径的起始点处闭合路径。只能闭合当前正在绘制的路径，并且现有锚点必须是同一个路径的起始锚点。

双击橡皮擦工具可以清除舞台上所绘制的图画。

3.3.2　范例——卡通娃娃

设计结果

绘制一个会眨眼睛的卡通娃娃，如图 3-3-1 所示。

图 3-3-1　“卡通娃娃”效果图

设计思路

(1) 从局部开始,使用钢笔工具描绘出眼睛和眉毛的造型。

(2) 同样使用钢笔工具绘制脸型和头发。

(3) 利用橡皮擦工具调整卡通娃娃造型。

范例解题引导

Step1 首先要进行的工作是利用钢笔工具来画卡通娃娃的眉毛。

(1) 创建一个新的 Flash 文档,设置舞台大小为 550×400 像素,背景为白色。

(2) 用钢笔工具描出眉毛并使用手柄调整曲线,如图 3-3-2 所示。

(3) 使用部分选择工具,单击定位点并调节曲线来调整轮廓,使用油漆桶工具填充黑色,如图 3-3-3 所示。

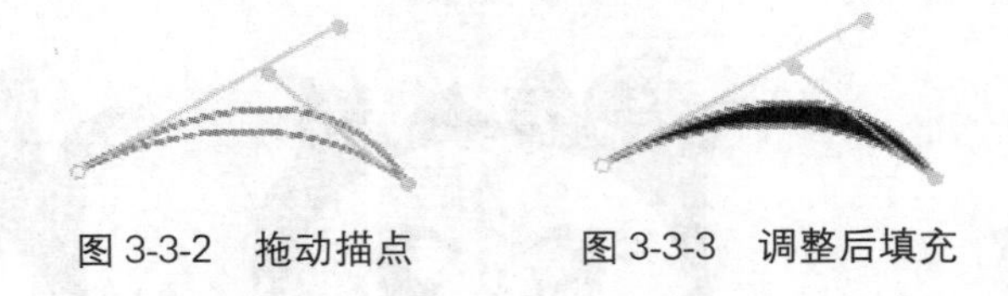

图 3-3-2 拖动描点　　图 3-3-3 调整后填充

Step2 接着来绘制漂亮的大眼睛。

(1) 新建图形元件并命名为"卡通娃娃",使用椭圆工具拉出一个椭圆,利用选择工具调整眼睛的轮廓并填充为黑色,如图 3-3-4 所示。

(2) 再利用椭圆工具绘制出眼睛中反光的部分,如图 3-3-5 所示。

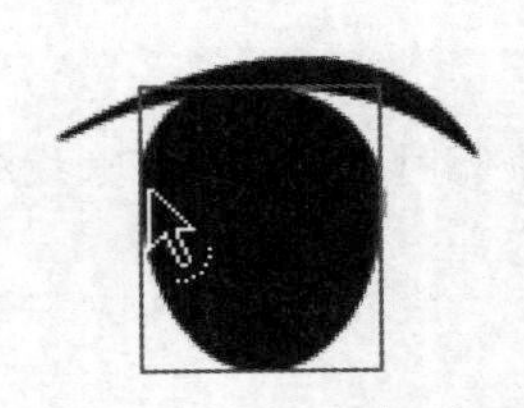

图 3-3-4 绘制眼睛局部图

图 3-3-5 反光的部分

(3) 执行"修改/变形/水平翻转"命令,选择第 20 帧,设置缩放为 150%,选取第 30% 帧设置缩放为 50%,如图 3-3-6 所示。

图 3-3-6 水平翻转

（4）接着在眼睛的下面添加腮红，如图 3-3-7 所示。

图 3-3-7　添加腮红

Step3　接着来画脸庞和头发的轮廓。

（1）使用钢笔工具绘制出头发和脸庞的轮廓，如图 3-3-8 所示。

（2）填充头发与脸庞，还可以使用墨水瓶工具添加不同颜色的边线，如图 3-3-9 所示。

（3）新建图形元件并命名为“卡通娃娃 2”，拖入“卡通娃娃 1”，利用橡皮擦工具擦掉眼睛的形状并修改为闭眼效果，如图 3-3-10 所示。

图 3-3-8　轮廓

图 3-3-9　填充头发与脸庞

图 3-3-10　修改眼睛的形状

小贴士

1. 橡皮擦模式

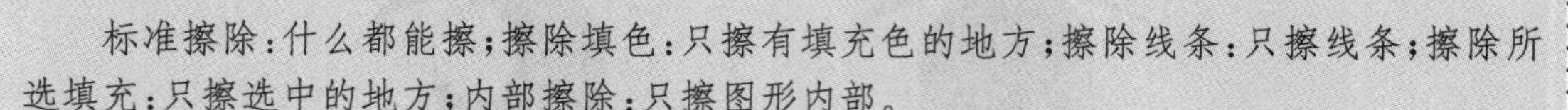

标准擦除：什么都能擦；擦除填色：只擦有填充色的地方；擦除线条：只擦线条；擦除所选填充：只擦选中的地方；内部擦除：只擦图形内部。

2. 水龙头

可以一次性擦除。

3. 橡皮擦形状

可以改变橡皮擦的形状。

（4）回到场景，建立关键帧，将元件“卡通娃娃 1”拖入第一帧的位置，将元件“卡通娃娃 2”拖入第 5 帧的位置。复制第 1 帧，粘贴到第 10 帧、第 20 帧，复制第 5 帧，粘贴到第 15 帧，如图 3-3-11 所示。

（5）一个会眨眼睛的卡通娃娃就制作好了，按 Ctrl＋Enter 键测试一下效果，保存为“卡通娃娃. fla”，导出影片。

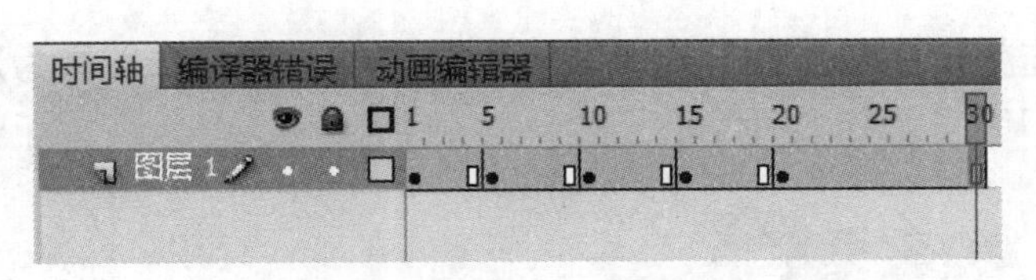

图 3-3-11　关键帧位置

3.3.3　小试身手——大头娃娃

设计结果

设计制作可爱的大头娃娃，效果如图 3-3-12 所示。

图 3-3-12　"大头娃娃"效果图

设计思路

（1）利用钢笔工具和部分选择工具完大头娃娃的头部轮廓。

（2）利用形状工具与选择工具绘制眼睛部分。

（3）利用油漆桶工具、渐变变形工具绘制高光。

操作提示

（1）创建一个新的 Flash 文档，设置舞台大小为 550×400 像素，背景为白色。

（2）使用钢笔工具钩出头部轮廓，如图 3-3-13 所示。

（3）填充颜色并接着绘制帽子的轮廓，使用选择工具调整局部轮廓的形状，如图 3-3-14 所示。

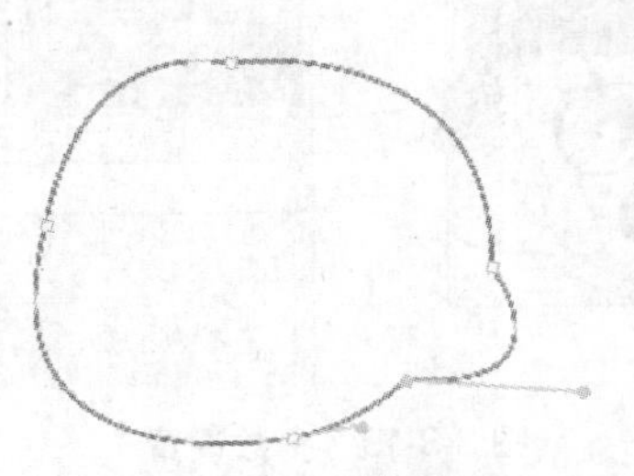

图 3-3-13　轮廓图

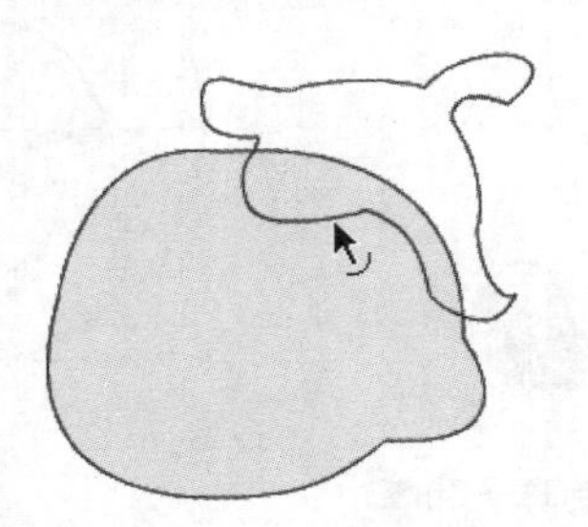

图 3-3-14　调整轮廓形状

（4）为帽子填充颜色并利用刷子工具画一条曲线，将这条曲线转换为影片剪辑元件，添加模糊效果，如图 3-3-15、3-3-16 所示。

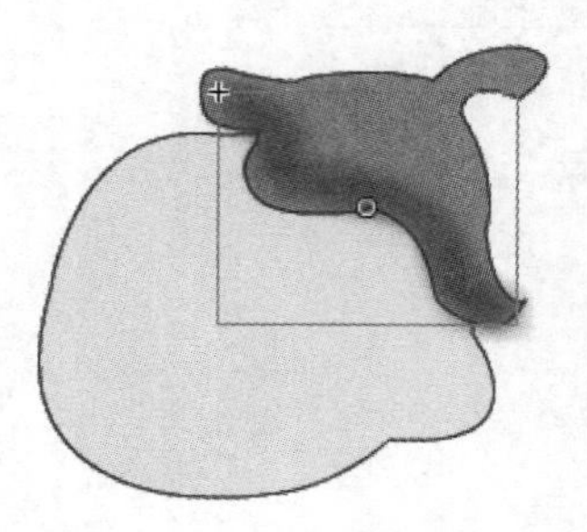

图 3-3-15　帽子填充

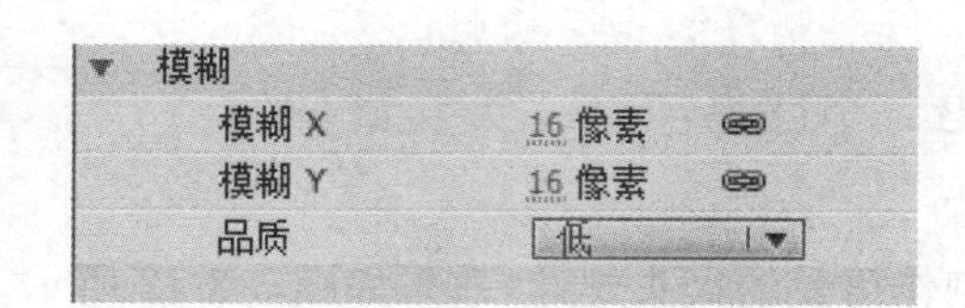

图 3-3-16　模糊滤镜

小贴士

Flash 中只能对影片剪辑元件执行滤镜效果。

（5）利用椭圆工具和选择工具绘制并调整眼睛的形状，如图 3-3-17 所示。

图 3-3-17　绘制眼睛

小贴士

在利用椭圆工具绘制眼睛的时候可以利用 Ctrl＋B 打散两个重叠的椭圆，然后删除多余的部分。

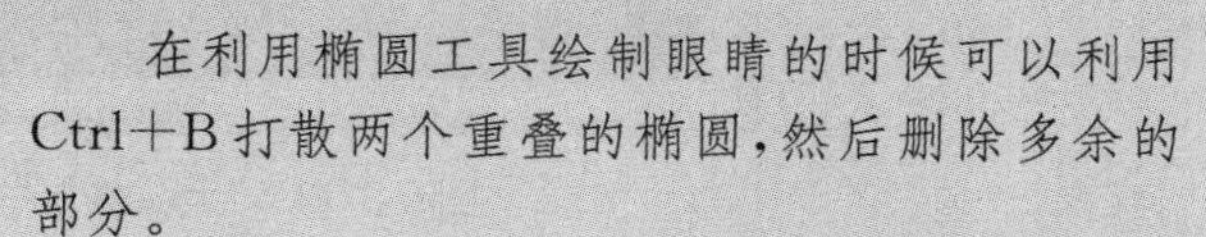

（6）用同样的方法绘制鼻子和嘴，如图 3-3-18 所示。

（7）使用径向填充和渐变变形工具调整脸部的明暗效果，如图 3-3-19 所示。

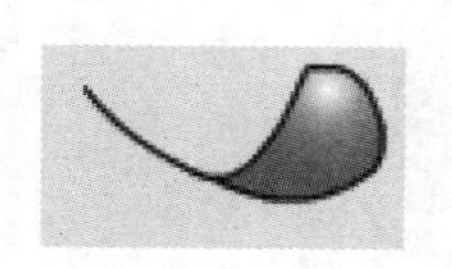

图 3-3-18　绘制鼻子和嘴

图 3-3-19　参数设置

(8) 将背景素材“3.3.3a 相框.jpg”导入到库，新建图层后将素材拖入舞台，居中对齐并利用墨水瓶工具为相框描边，如图 3-3-20 所示。

图 3-3-20　墨水瓶描边

(9) 利用任意变形工具调整大头娃娃左右摆头的角度，在时间轴上建立关键帧，建立动画补间，使大头娃娃产生左右摆头的效果，如图 3-3-21、3-3-22、3-3-23 所示。

图 3-3-21

图 3-3-22

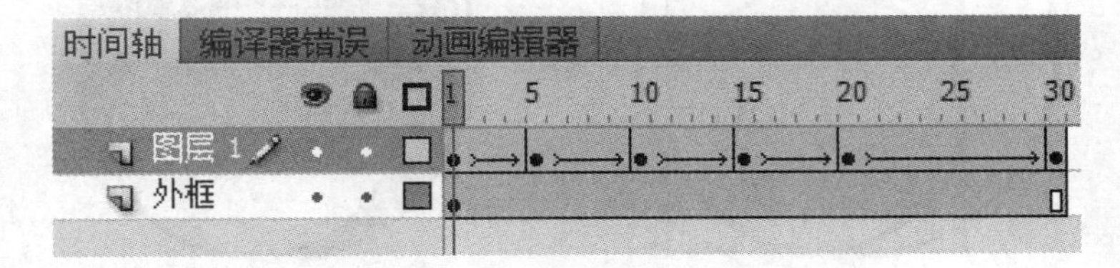

图 3-3-23　时间轴与关键帧位置

(10) 一个动态的卡通相片“大头娃娃”经完成了，按 Ctrl+Enter 键测试一下效果，保存为“大头娃娃.fla”并导出影片。

3.3.4　初露锋芒——快乐的西瓜兄弟

设计结果

绘制西瓜卡通人物造型，效果如图 3-3-24 所示。

图 3-3-24 “快乐的西瓜兄弟”效果图

设计思路

(1) 利用钢笔工具和选择工具绘制卡通西瓜娃娃的头部轮廓。

(2) 利用形状工具与选择工具绘制眼睛部分。

(3) 利用油漆桶工具、渐变工具绘制高光。

操作提示

(1) 创建一个新的 Flash 文档,设置舞台大小为 550×400 像素,背景为白色。

(2) 利用椭圆工具绘制脸和头的轮廓,如图 3-3-25 所示。

(3) 利用油漆桶工具和渐变工具填充局部。

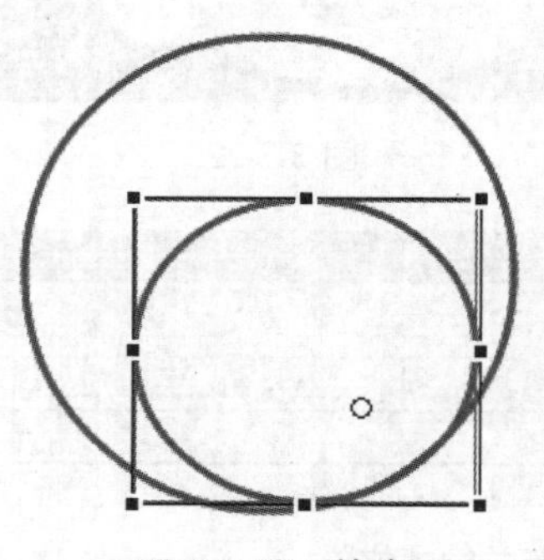

图 3-3-25 轮廓

图 3-3-26 纹理

(4) 利用刷子工具绘制西瓜的纹理,如图 3-3-26 所示。

(5) 为脸部填充径向渐变,如图 3-3-27 所示。

(6) 使用椭圆工具绘制眼睛与嘴巴的形状并填充,如图 3-3-28 所示。

(7) 将背景素材“3.3.4a 相框.jpg”导入到库,新建图层后拖入舞台居中对齐。

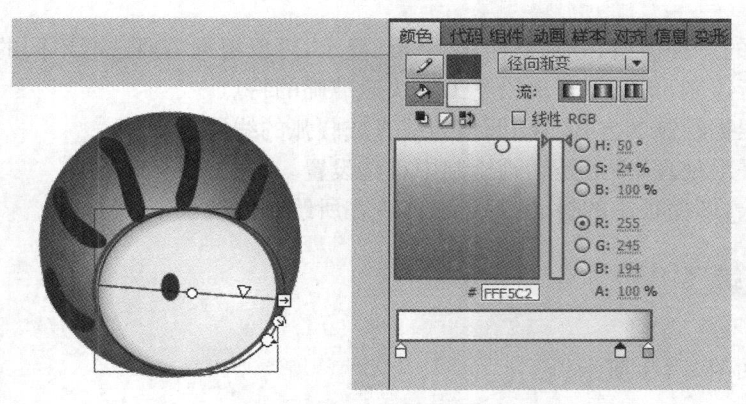

图 3-3-27　径向渐变

图 3-3-28　眼睛和嘴巴

（8）执行“修改/变形/水平翻转”命令，利用任意变形工具将另一只西瓜缩小后，再群组两只西瓜，如图 3-3-29 所示。

图 3-3-29　群组两只西瓜

（9）建立补间动画，让西瓜兄弟从天而降，如图 3-3-30 所示。

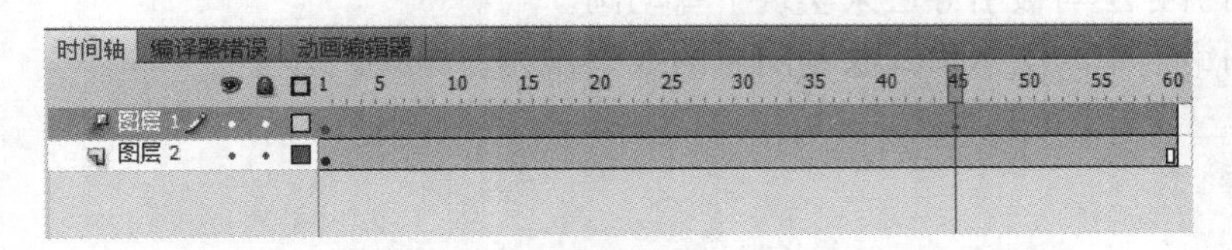

图 3-3-30　时间轴

（10）测试动画，并以文件名“快乐的西瓜兄弟. fla”保存。

3.4　铅笔、刷子工具

3.4.1　知识点和技能

铅笔工具和刷子工具的最大区别就是刷子工具绘制的是色块，铅笔工具绘制的是线条。

在选项区中可以选择铅笔工具的三种类型，分别是伸直、平滑、墨水，可以根据需要选择不同的铅笔类型，如果配合手写板进行绘制，更能体现出铅笔工具快速准确的特点。

伸直：绘制的图形线段会根据绘制的方式自动调整为平直或圆弧的线段。

平滑：所绘制直线被自动平滑处理，平滑是动画绘制中首选设置。

墨水：所绘制直线接近手绘，即使很小的抖动，都可以体现在所绘制的线条中。

3.4.2 范例——雪花纷飞

设计结果

这是常见下雪动画，效果如图 3-4-1 所示。

图 3-4-1 “雪花纷飞”效果图

设计思路

(1) 利用刷子工具画出不同形状的雪点。

(2) 利用引导层与被引导层来实现下雪动画。

(3) 利用铅笔中的墨水模式绘制随意的线条作为引导线。

范例解题引导

Step1 首先要进行的工作是利用刷子工具来绘制不同形状的雪点。

(1) 创建一个新的 Flash 文档，设置舞台大小为 550×400 像素，背景为黑色。

(2) 按 Ctrl+F8 创建一个名为“雪 1”的图形元件。

(3) 在“雪 1”元件中，选择刷子工具，把填充颜色设置为白色，选好刷子的形状和大小，舞台的中心(也就是+字号那里)画一个小小的圆作为雪花，如图 3-4-2 所示。

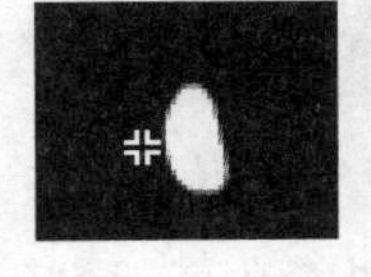

图 3-4-2　雪花

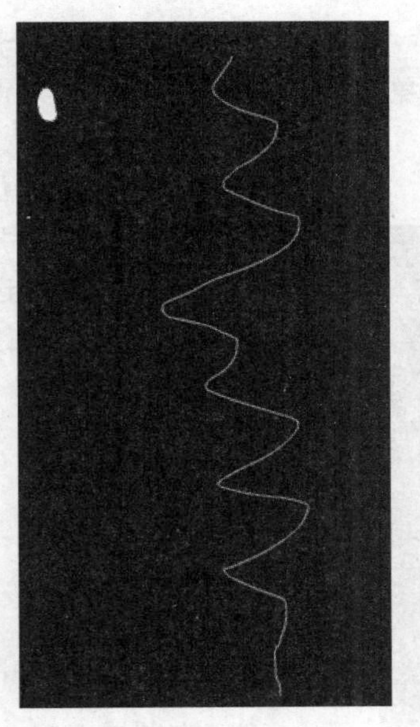

图 3-4-3　随意的线条

(4) 按 Ctrl＋F8 创建一个名为“雪花”的影片剪辑元件，在元件中，按 Ctrl＋L 打开库，从中把“雪 1”拖到舞台上，这样“雪花”中的图层 1 第 1 帧就是刚才做的雪了。按下“引导层”按钮创建一个引导层，用铅笔工具画出一条线(在引导层画，这条线就是雪花飘落的过程)，如图 3-4-3所示。

Step2　接着引导雪花沿着铅笔路径飘落。

(1) 在“雪 1”中，选择刷子工具，把填充颜色设置为白色，选好刷子的形状和大小，在舞台的中心(也就是＋字号那里)画一个小小的圆作为雪花，如图 3-4-4 所示。

(2) 使用铅笔工具中的墨水模式绘制引导线。

(3) 在“雪花”影片剪辑元件 1 中，在图层 1 第 1 帧把雪花的中心对准引导层的开端，再在第 60 帧插入关键帧。点击图层 1 第 60 帧，把这一帧的雪花往下移，移到引导层的最下端，同样把中心对齐。在图层 1 第 1 帧到 60 帧间任意一帧上创建补间动画，如图 3-4-4 所示。

(4) 在图层 1 第 45 帧插入关键帧，点击图层 1 第 60 帧，再点击这一帧中的雪花，在“属性”面板中设置 Alpha 值为 0%，如图 3-4-5 所示。

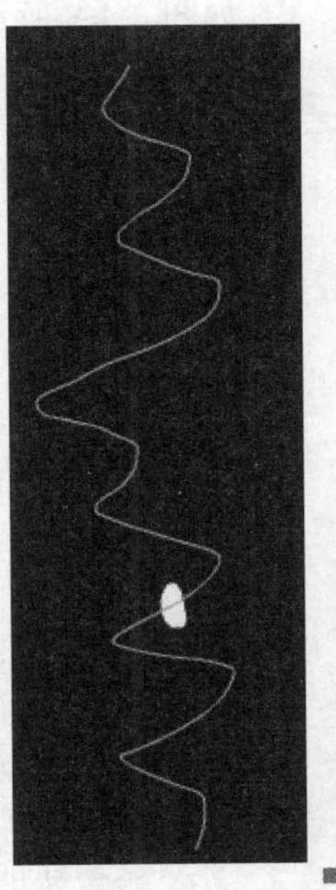

图 3-4-4　引导动画

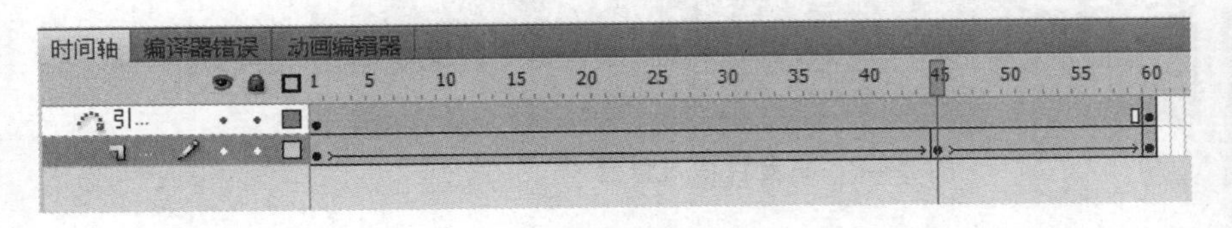

图 3-4-5　时间轴

Step3 接着来绘制另一组雪花元件。

(1) 用同样的方法再创建几个雪花的影片剪辑，记住，在不同的影片剪辑中所用的引导线要不同，雪花也要适当调整下大小。

(2) 在"雪 2"中，选择刷子工具，把填充颜色设置为白色，选好刷子的形状和大小，在舞台的中心(也就是＋字号那里)画一个小小的圆作为雪花，如图 3-4-6 所示。

图 3-4-6 雪 2

(3) 在图层 1 第 1 帧把雪花的中心对准引导层的开端，再在第 60 帧插入关键帧。点击图层 1 第 60 帧，把这一帧的雪花往下移，移到引导层的最下端，同样把中心对齐。在图层 1 第 1 帧到 60 帧间任意一帧中创建补间动画，如图 3-4-7 所示。

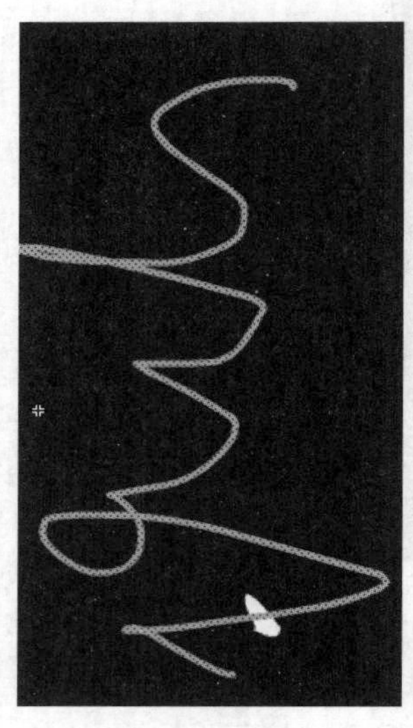

图 3-4-7 引导动画

Step4 接着我们来实现雪花纷飞的效果。

(1) 将背景素材"3.4.2a"导入到库。

(2) 回到场景中，按 Ctrl＋L 打开库，然后在新建图层中把刚才做好的雪花影片拖到场景中，如图 3-4-8 所示。

图 3-4-8 将元件拖入舞台

(3) 飘雪效果就制作好了，按 Ctrl＋Enter 测试一下效果，另存作品并导出。

3.4.3 小试身手——飘落的枫叶

设计结果

设计制作飘落的树叶，效果如图 3-4-9 所示。

图 3-4-9 “飘落的枫叶”效果图

设计思路

(1) 利用形状工具和选择工具画出枫叶。

(2) 利用引导层与被引导层来实现落叶动画。

(3) 利用铅笔中的平滑模式绘制曲线条作为引导线。

操作提示

(1) 创建一个新的 Flash 文档，设置舞台大小为 550×400 像素，背景为白色。

(2) 导入一张背景素材“3. 4. 3a”，使用任意变形工具适当调整图片的大小。

(3) 新建一个图形元件并命名为“枫叶”。用形状工具画出树叶的大致形状，并使用黑箭头工具调整其形状，为其填充黄色，如图 3-4-10 所示。

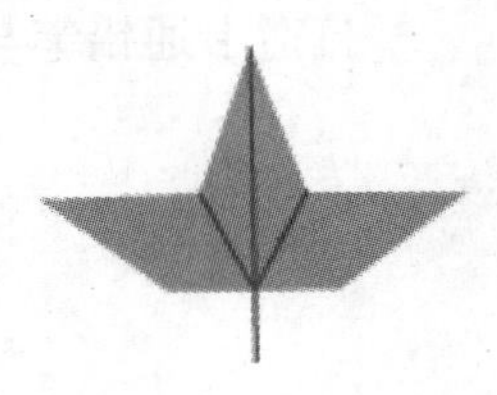

图 3-4-10 枫叶形状

(4) 新建一个影片剪辑元件并命名为“枫叶飘落”。

(5) 利用铅笔工具中的平滑模式绘制曲线。

(6) 选择图层 1 的第 1 帧，将舞台一侧的图形元件“枫叶”用任意变形工具缩小一定程度后放在引导线的顶端，然后点击该层的第 50 帧，按 F6 键插入关键帧。再把图形元件“枫叶”移至引导线的底端，用任意变形工具把图形放大一定程度，如图 3-4-11 所示。

(7) 用同样的方法绘可以多制作几个不同形状的枫叶。

(8) 返回场景，点击图层 2 的第 1 帧，打开库，拖入影片剪辑“飘落的枫叶”放在背景图片上。

(9) 调整矩形的大小，使其完全遮住背景图，如图 3-4-12 所示。

(10) 一个动态的“枫叶飘落”效果经完成了，测试一下效果，保存作品并导出。

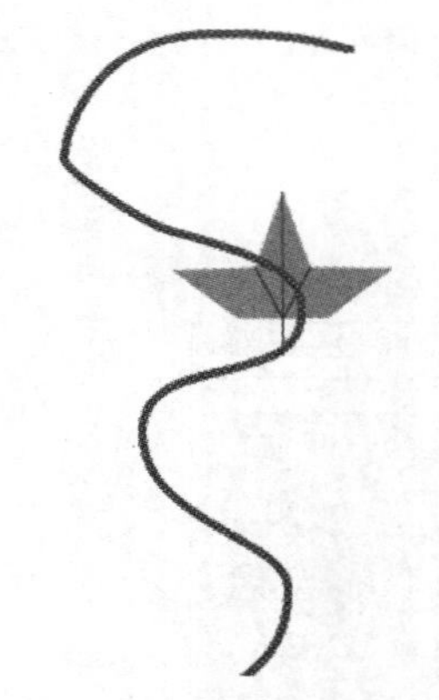

图 3-4-11　引导动画效果

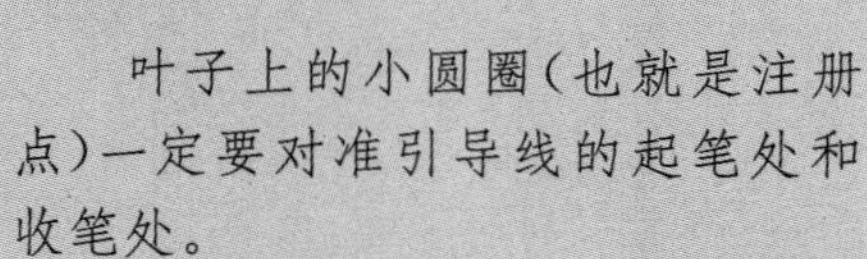

小贴士
叶子上的小圆圈(也就是注册点)一定要对准引导线的起笔处和收笔处。

图 3-4-12　枫叶布局

3.4.4　初露锋芒——卡通铅笔

设计结果

打造卡通铅笔与信纸,如图 3-4-13 所示。

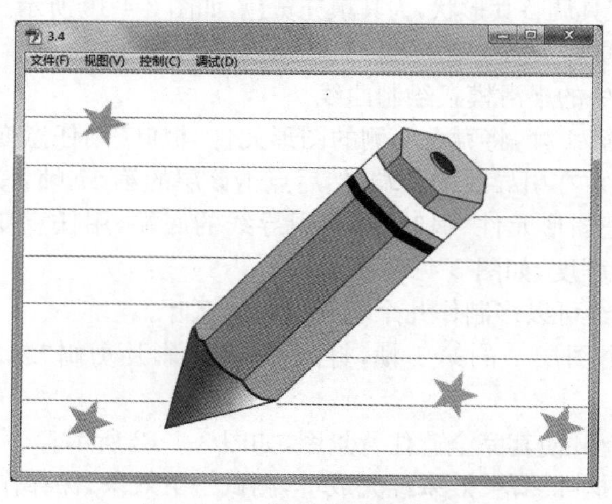

图 3-4-13　“卡通铅笔”效果图

设计思路

(1) 作品主要用到了辅助线。

(2) 利用铅笔工具中的平直模式绘制信纸背景。

(3) 利用形状工具和任意变形工具、油漆桶、渐变工具绘制笔杆和笔头。

操作提示

(1) 创建一个新的 Flash 文档,设置舞台大小为 550×400 像素,背景为白色。

(2) 新建图形元件并命名为"笔杆",尺寸自定,用形状工具画一个多边形,颜色为暗黄色,如图 3-4-14 所示。

(3) 利用任意变形工具使多边形变形,如图 3-4-15 所示。

(4) 执行"视图/标尺"命令,利用选择工具拖动辅助线,如图 3-4-16 所示。

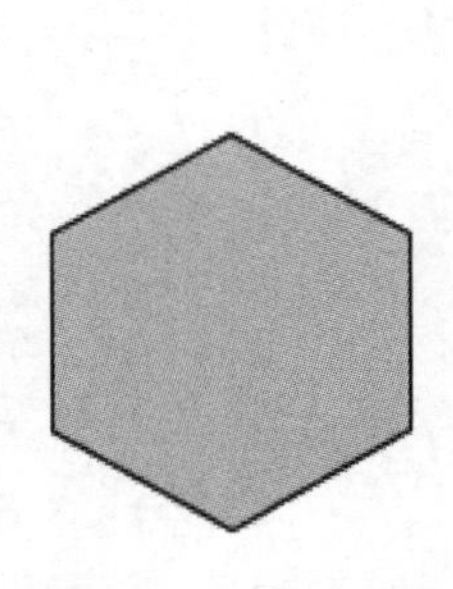

图 3-4-14　六边形

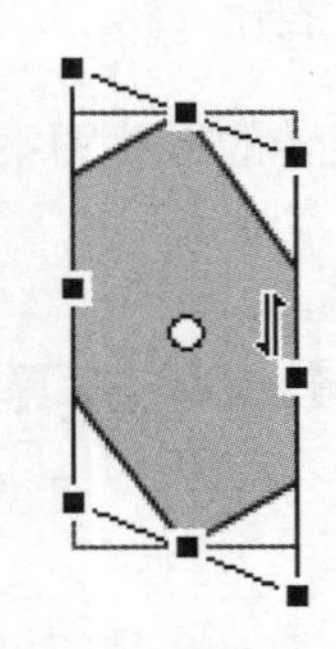

图 3-4-15　变形效果

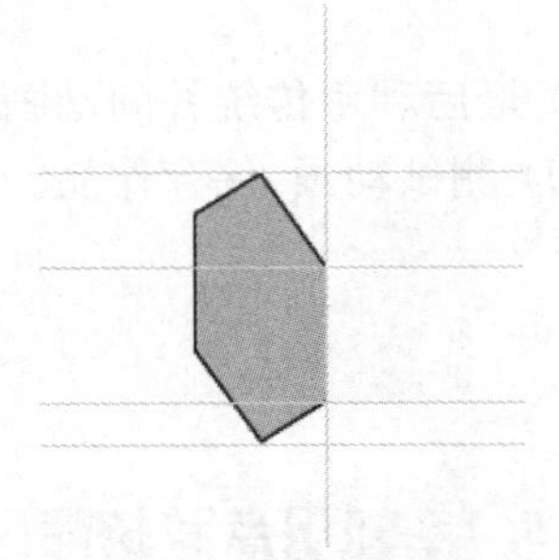

图 3-4-16　添加辅助线

(5) 使用矩形工具与任意变形工具绘制笔杆,如图 3-4-17 所示。

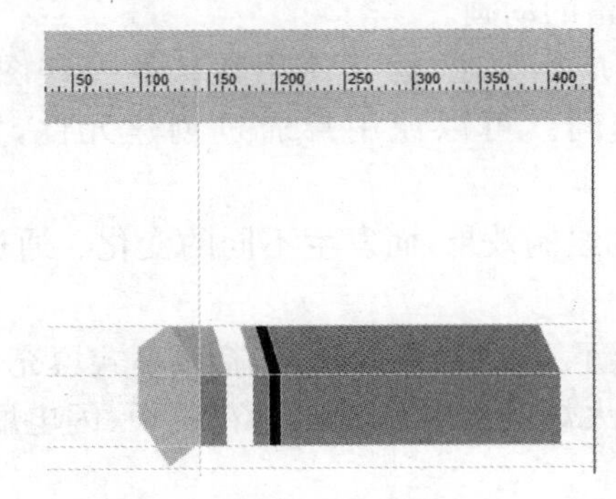

图 3-4-17　笔杆

(6) 再利用矩形工具和椭圆工具绘制笔杆和顶部凹陷,效果如图 3-4-18 所示。

(7) 新建图形元件"笔头",利用直线工具和渐变线性填充工具绘制笔头,如图 3-4-19 所示。

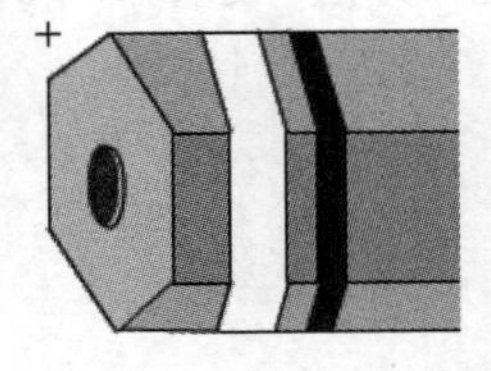

图 3-4-18　笔杆局部效果

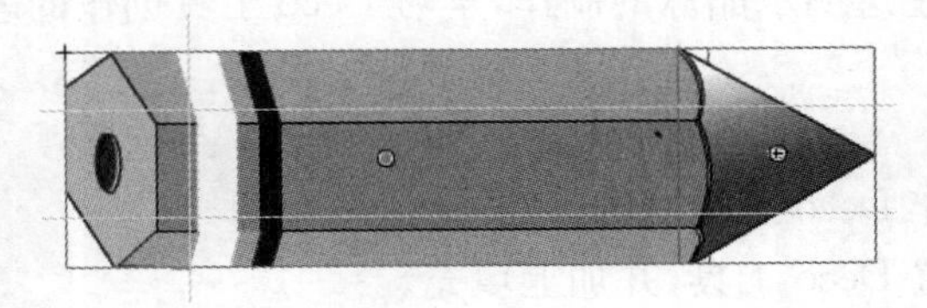

图 3-4-19　笔头效果

(8) 回到场景,利用铅笔工具中的平直模式绘制信纸的线条,如图 3-4-20 所示。

图 3-4-20 线条

(9) 最后利用传统补间动画添加一些旋转的形状图案。

(10) 测试动画,保存作品。

3.5 Deco 工具

3.5.1 知识点和技能

Deco 工具是 Flash 中一种类似喷涂刷的填充工具,使用 Deco 工具可以快速完成大量相同元素的绘制,也可以应用它制作出很多复杂的动画效果。将其与图形元件和影片剪辑元件配合,可以制作出效果更加丰富的动画。

Deco 工具提供了众多的应用方法,除了使用默认的一些图形绘制以外,Flash CS5 还为用户提供了开放的创作空间。可以让用户通过创建元件,完成复杂图形或者动画的制作。

高级选项内容根据不同的绘制效果,而发生不同的变化。通过设置高级选项可以实现不同的绘制效果。

在 Flash CS5 中一共提供了 13 种绘制效果,包括藤蔓式填充、网格填充、对称刷子、3D 刷子、建筑物刷子、装饰性刷子、火焰动画、火焰刷子、花刷子、闪电刷子、粒子系统、烟动画和树刷子。

3.5.2 范例——蓝色水晶球

设计结果

通过蓝色透明水晶球的制作,学习 Deco 工具创作的思路和方法,效果如图 3-5-1 所示。

设计思路

(1) 制作 Deco 工具用的叶和花。

(2) 设置 Deco 工具,并加上填充。

(3) 修改添加滤镜,制作光影。

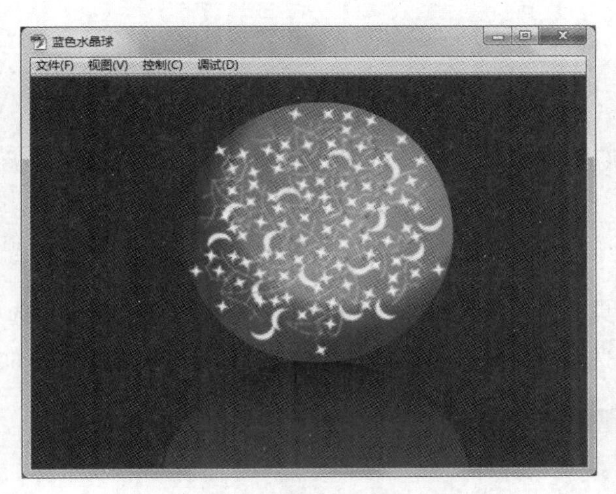

图 3-5-1 “蓝色水晶球”效果图

范例解题引导

Step1 首先要进行的工作是绘制正圆并填充渐变。

(1) 创建一个新的 Flash 文档，设置舞台大小为 550×400 像素，背景为白色。
(2) 使用椭圆工具画一个圆形，填充线性渐变色，如图 3-5-2 所示。
(3) 将圆形转化为影片剪辑命名为“球体”，并添加发光滤镜，参数如图 3-5-3 所示。

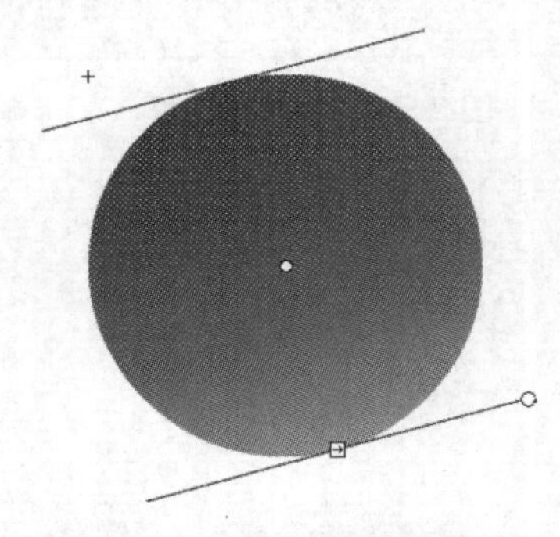

图 3-5-2 线性渐变填充正圆形

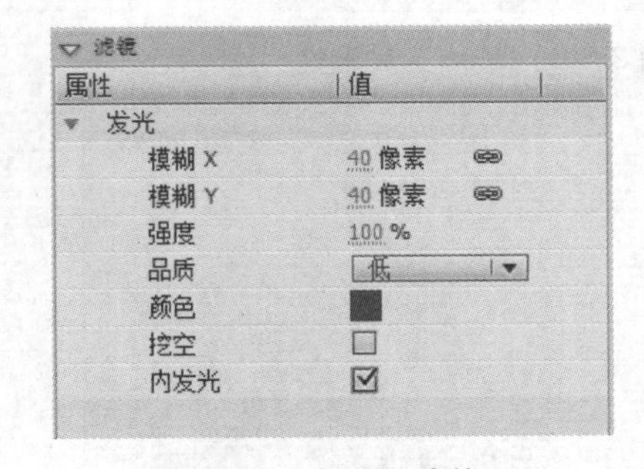

图 3-5-3 设置滤镜

Step2 接着利用 Deco 工具来设置叶和花并填充。

(1) 绘制一个月牙图形，填充为白色，转化为影片剪辑，命名为“月牙”。再画一个直径为 2 像素的白色圆形，转化为影片剪辑，命名为“星星”，如图 3-5-4、3-5-5 所示。

图 3-5-4 月牙

图 3-5-5 星星

小贴士

因为目前背景颜色是白色的，为了显示所以"月牙"和"星星"可以先用其他颜色代替白色。

（2）选择Deco工具 ，按Ctrl+F3键打开"属性"面板，点击叶选项中的"编辑"按钮，弹出"交换元件"对话框，选取"星星"，同样，花选项中选择"月牙"，如图3-5-6、3-5-7、3-5-8所示。

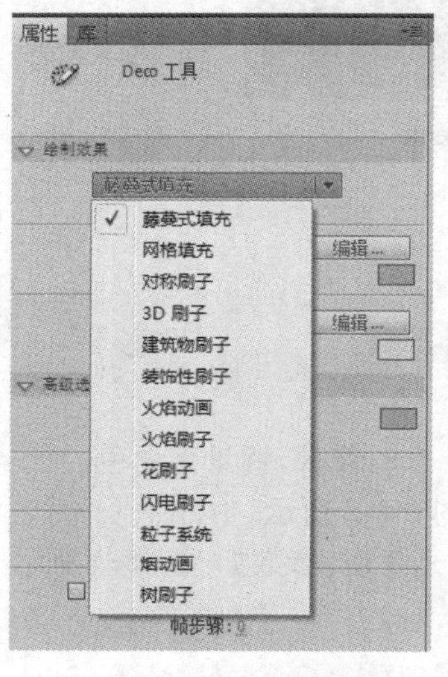

图3-5-6　Deco工具属性

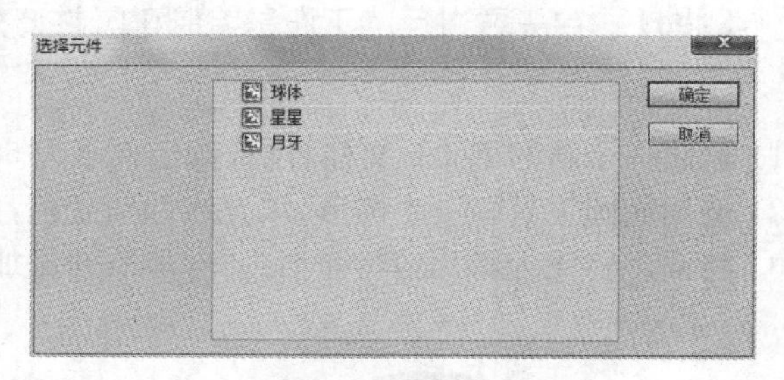

图3-5-7　编辑对话框

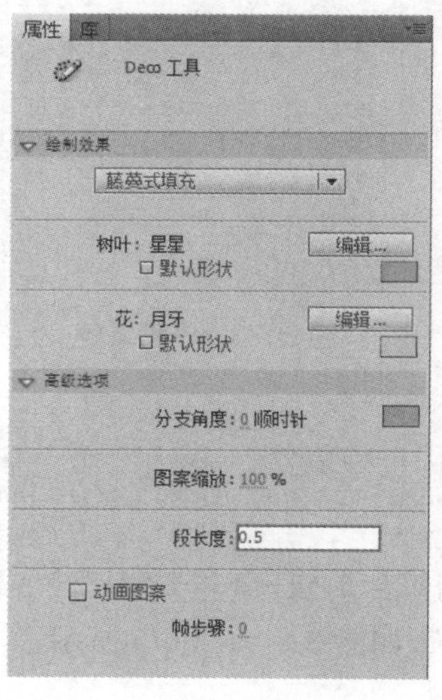

图3-5-8　设置Deco属性

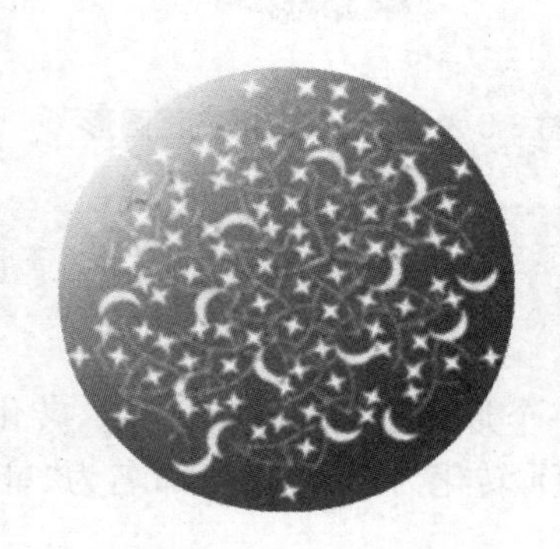

图3-5-9　填充效果

（3）在影片剪辑"球体"上点击生成藤蔓式图形，将其转换为Deco影片剪辑元件并添加像素值为5的模糊滤镜效果，如图3-5-9所示。

Step3　接着添加光影效果并给水晶球画上投影。

（1）新建一个影片剪辑并命名为"光影"，设置颜色与透明度，如图3-5-10、3-5-11所示。

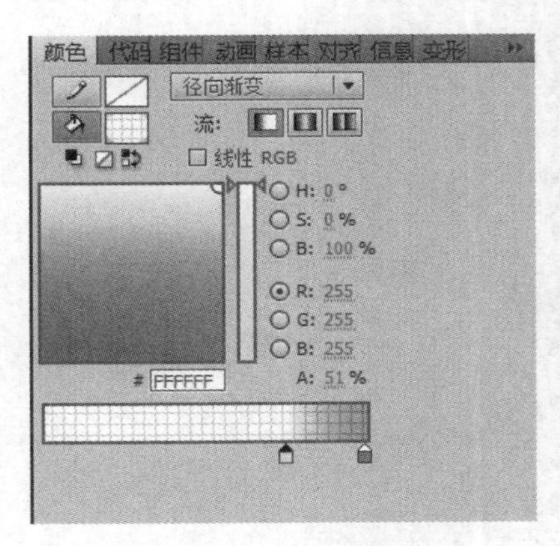

图3-5-10　径向渐变数值

图3-5-11　光影效果

（2）最后给水晶球绘制一个半圆的投影，如图3-5-12所示。

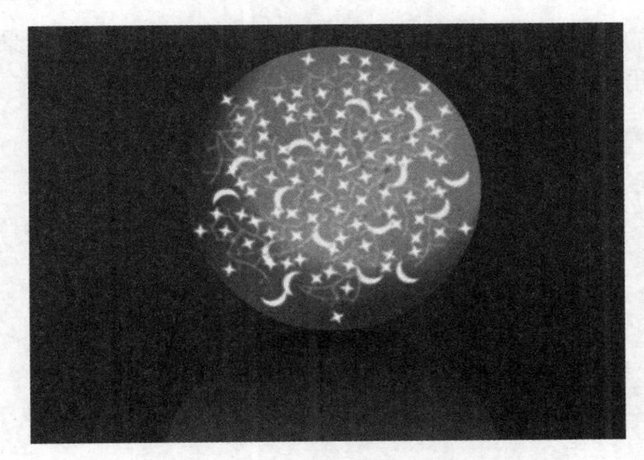

图3-5-12　添加投影和光影后的水晶球

（3）蓝色水晶球制作好了，测试一下效果，保存作品并导出。

3.5.3　小试身手——宝宝相框

设计结果

制作漂亮的相框，效果如图3-5-13所示。

设计思路

（1）利用矩形工具绘制圆角矩形。

（2）利用Deco工具填充网格。

（3）利用影片剪辑滤镜添加投影。

图 3-5-13 “宝宝相框”效果图

操作提示

(1) 创建一个新的 Flash 文档,设置舞台大小为 400×550 像素,背景为白色。

(2) 绘制一个圆角矩形,参数如图 3-5-14、3-5-15 所示。

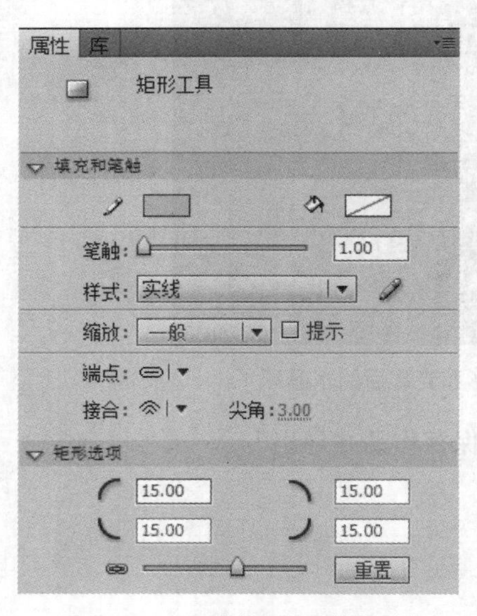

图 3-5-14 圆角矩形“属性”面板

图 3-5-15 圆角效果

(3) 使用 Deco 工具来绘制相框效果,如图 3-5-15、3-5-16 所示。

(4) 将相框转换为影片剪辑元件并添加投影滤镜和渐变斜角滤镜,如图 3-5-18、3-5-19 所示。

(5) 回到场景中,在“属性”面板中将舞台背景设置为灰色,将素材“3.5.4a”导入库,使用移动工具将其拖至相框内并描边,如图 3-5-20 所示。

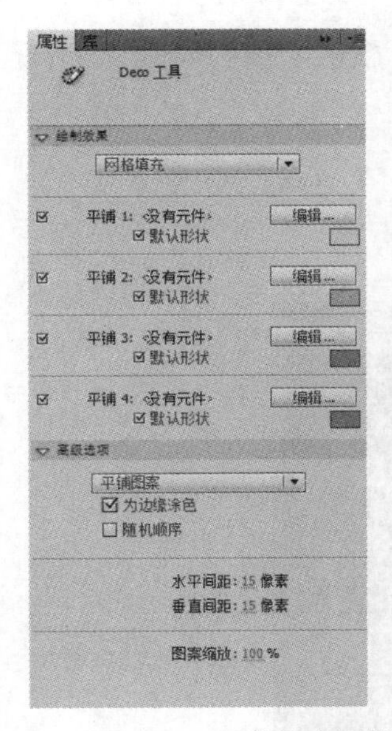

图 3-5-16　Deco 网格填充属性

图 3-5-17　相框效果图

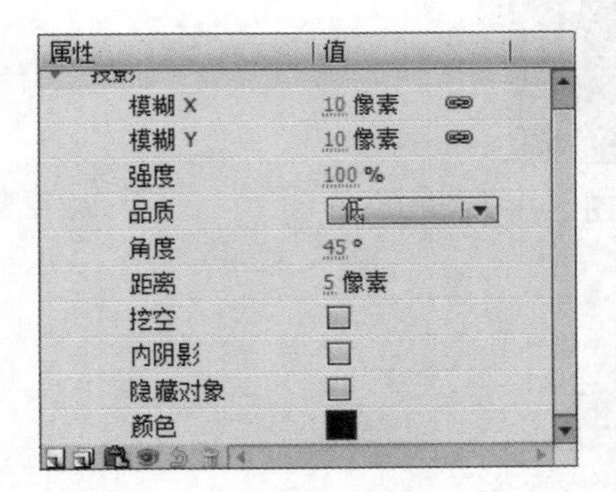

图 3-5-18　滤镜"属性"面板

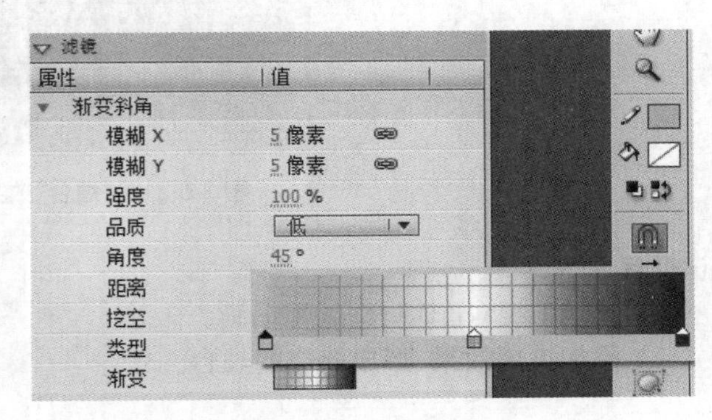

图 3-5-19　滤镜"属性"面板

图 3-5-20　照片置入相框

(6) 测试一下效果，保存作品并导出。

3.5.4 初露锋芒——烛台

设计结果

为烛台添加火焰动画，效果如图 3-5-21 所示。

图 3-5-21 “烛台”效果图

设计思路

(1) 使用 Deco 工具制作逐帧动画。
(2) 添加火焰效果，形成燃烧的烛台。

操作提示

(1) 创建一个新的 Flash 文档，设置舞台大小为 400×550 像素，背景为白色。
(2) 将素材“3. 5. 4a”导入到库，如图 3-5-22 所示。

图 3-5-22 背景素材

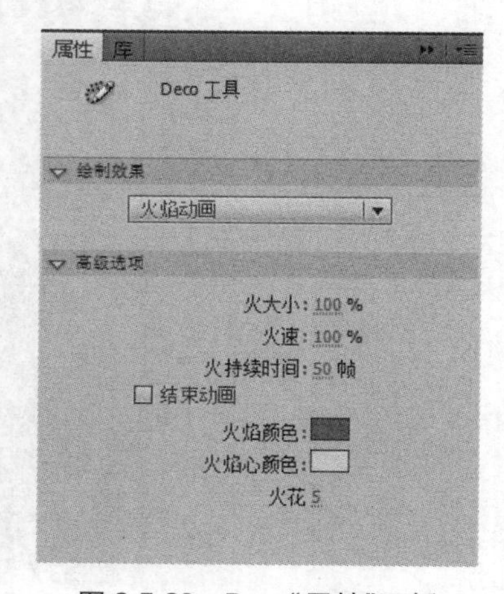

图 3-5-23 Deco“属性”面板

（3）利用 Deco 工具中的火焰模式制作逐帧动画，图 3-5-23 所示。

（4）新建影片剪辑元件，命名为“火焰”，在元件中利用 Deco 工具绘制出火焰的效果，动画将自动生成，如图 3-5-24、3-5-25 所示。

图 3-5-24　火焰效果

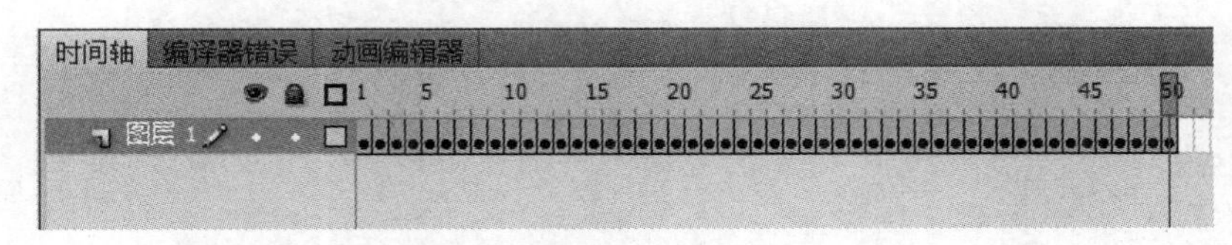

图 3-5-25　时间轴

（5）测试动画，并以文件名“火焰效果.fla”保存。

第 4 章　对象的编辑

4.1　选择对象

4.1.1　知识点和技能

在编辑对象时，我们要先选择对象，工具栏中的选择工具、部分选取工具、套索工具能够很好帮助我们完成选取的操作。

1. 选择工具（用于对象的选择和形状的改变）

（1）选择工具的选项设置。当选定此工具时，在工具箱中有三个选项分别为吸附 、平滑 、伸直 。

- 吸附：可以在拖动对象时，使其吸附在舞台中已存在的对象上。
- 平滑：可以使选中的曲线更加平滑，并且可以减少复杂曲线跨度范围内的突起或转折点的数量，使曲线在跨越相同距离时能有更少的点。
- 伸直：可以使选中的直线减少弯曲。

（2）利用选择工具选择图形。

- 单击图形的轮廓线可选择轮廓线，双击可以选择整个相连的轮廓线。
- 单击图形的填充色可选择填充色，双击填充色可同时选择填充色和轮廓线。

（3）利用选择工具调整图形。

- 鼠标位于图形的边角位置，鼠标指针为 形状时，按住鼠标左键并拖动可以改变边角的形状，如图 4-1-1 所示。
- 鼠标位于图形的轮廓线，鼠标指针为 形状时，按住鼠标左键并拖动可以改变轮廓线的弧度，如图 4-1-2 所示。

图 4-1-1　改变边角形状

图 4-1-2　改变轮廓线弧度

2. 部分选取工具（用于矢量图节点的调整）

- 指针移到节点上，鼠标指针为 形状时，按住鼠标左键并拖动可改变节点的位置，如图 4-1-3 所示。

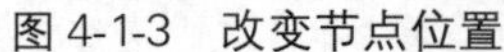

图 4-1-3　改变节点位置

图 4-1-4　改变节点位置

● 指针移至控制柄上，鼠标指针为 ▶ 形状时，按住鼠标左键并拖动可调节所控制线段的弯曲度。

3. 套索工具（用于选择图形中不规则的区域）

当选定此工具时，在工具箱中有三个选项按钮，分别为魔术棒、魔术棒设置、多边形模式。

(1) 魔术棒：用于选取相近颜色的区域。

(2) 魔术棒设置：在"魔术棒设置"对话框中有两个选项分别为阈值和平滑，如图 4-1-5 所示。

● 阈值：用来设定魔术棒所能选取的相邻颜色值的色宽范围。设置的数值越大，所能选取的相邻颜色越多。

● 平滑：用来设定选定区域的边缘平滑程度。

图 4-1-5　魔术棒设置对话框

(3) 多边形模式：可以用直线直接勾画需选择的对象。

4.1.2　范例——环绕立体字

设计结果

制作立体文字被环形图片环绕的效果，效果如图 4-1-6 所示。

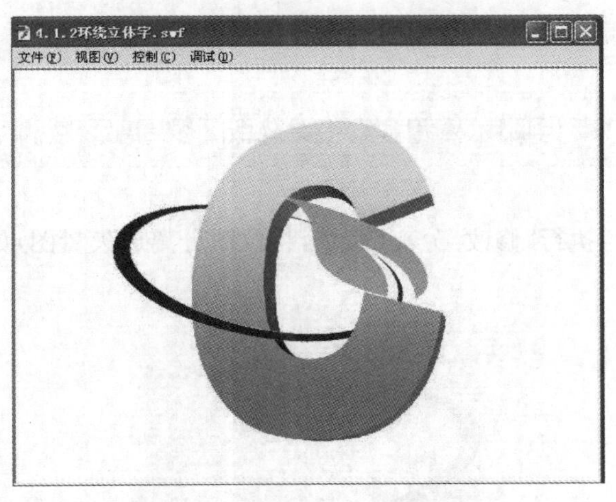

图 4-1-6　"环绕立体字"效果图

设计思路

使用魔术棒和套索工具选取图片局部区域。

Step1　首先要进行的工作是将图片导入到不同的图层。

(1) 创建一个新的 Flash 文档,选择类型为 ActionScript3。
(2) 将素材图"4. 1. 2a. gif"、"4. 1. 2b. jpg"分别导入到图层 1、图层 2,如图 4-1-7 所示。

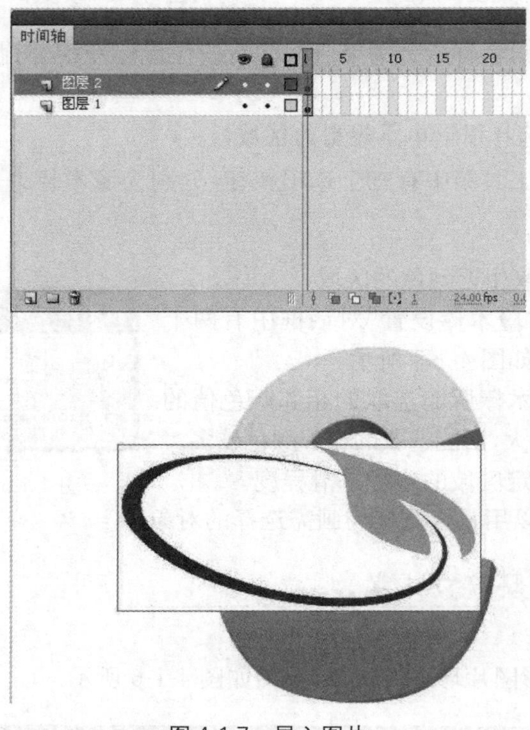

图 4-1-7　导入图片

Step2　接下来利用魔术棒和套索工具选取图像局部区域。

(1) 选择环形图片,执行"修改/分离"命令,将位图分离成矢量图,如图 4-1-8 所示。

图 4-1-8　分离图片

(2) 选择工具栏中的套索工具，在工具栏的选项区点击“魔术棒设置”按钮，在弹出的对话框中设置“阈值”为 60，“平滑”为平滑，如图 4-1-9 所示。

(3) 锁定图层 1，选择工具栏中的魔术棒工具，在环形图片的白色区域单击鼠标左键，将白色区域选中，如图 4-1-10 所示。

图 4-1-9　魔术棒设置

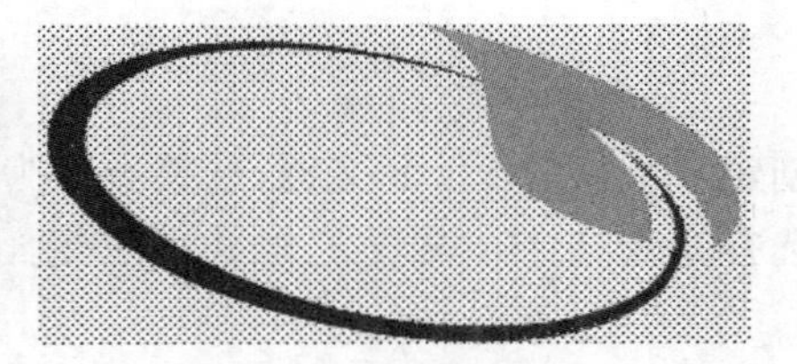

图 4-1-10　使用魔术棒选择白色区域

(4) 按 Delete 键将白色区域删除，效果如图 4-1-11 所示。

(5) 使用套索工具将覆盖在文字上方的两块区域选中并按 Delete 键将其删除，如图 4-1-12 所示。

图 4-1-11　去除白色区域

图 4-1-12　去除叠盖区域

(6) 测试动画，保存作品。

4.1.3　小试身手——屋，树，云

设计结果

制作静态的小屋、树和飘动的云，效果如图 4-1-13 所示。

图 4-1-13　“屋，树，云”效果图

设计思路

（1）利用基本绘图工具和钢笔工具绘制图形。

（2）利用选择工具调整图形形状。

（3）制作白云飘动动画。

操作提示

（1）创建一个新的 Flash 文档，选择类型为 ActionScript3，设置背景色为＃D1F0FE。

（2）选择矩形工具，设置笔触色为黑色，填充色为＃999900，绘制树干，如图 4-1-14 所示。

（3）调整树干左右两侧边框线的弧度和四个顶点的位置，如图 4-1-15、4-1-16 所示。

图 4-1-14　绘制树干

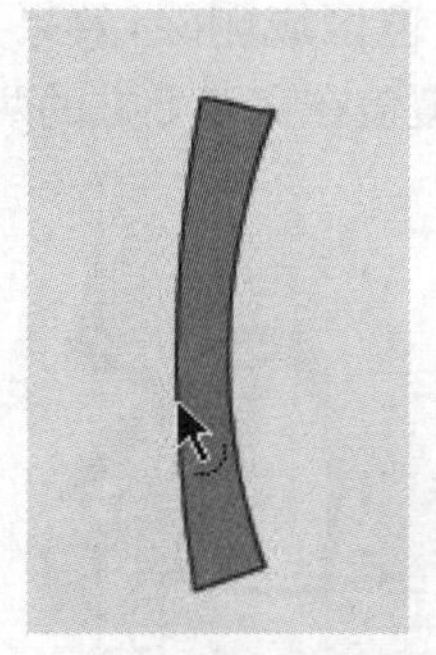

图 4-1-15　调整树干弧度　图 4-1-16　调整顶点位置

（4）使用线条工具对树干进行分割，使用选择工具调整分割线的弧度，如图 4-1-17 所示。

（5）使用颜料桶工具为分割的小块填充颜色＃996600，如图 4-1-8 所示。

（6）使用钢笔工具绘制树叶轮廓，使用部分选取工具调整树叶造型，如图 4-1-19 所示。

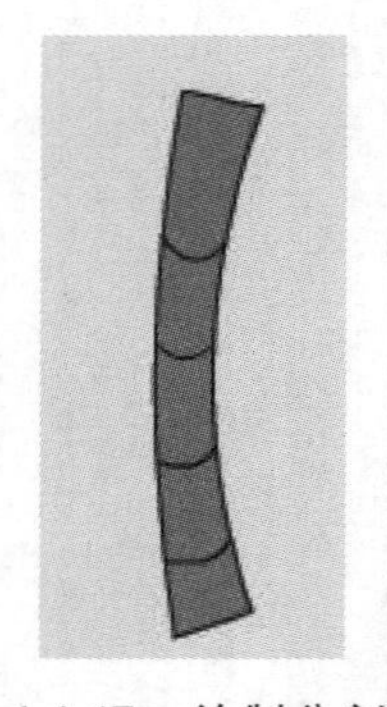

图 4-1-17　绘制分割线并调整弧度

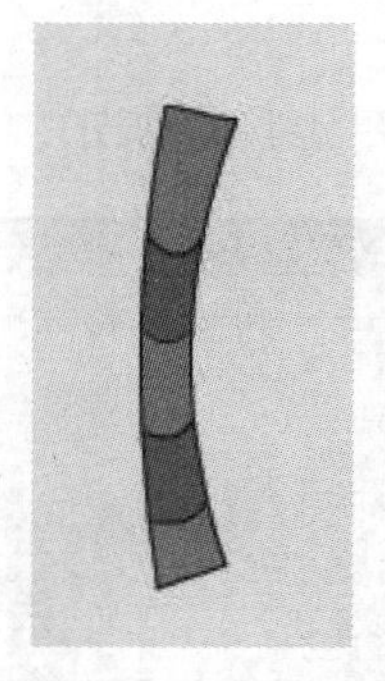

图 4-1-18　颜色填充

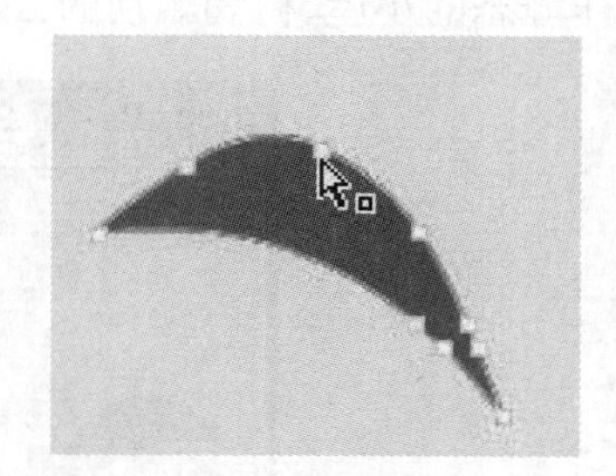

图 4-1-19　绘制树叶

（7）使用颜料桶工具将树叶的颜色调整为＃006600，并使用相同方法绘制其余 3 片树叶，如图 4-1-20 所示。

（8）使用椭圆工具在树干上方绘制一个笔触色为黑色，填充色为＃993300 的椭圆，如图 4-1-21 所示。

图 4-1-20　树叶效果图

图 4-1-21　绘制椭圆

(9) 新建图层 2,使用矩形工具绘制一个笔触色为黑色,填充色为黄色的矩形,如图 4-1-22 所示。

(10) 使用矩形工具在黄色矩形里绘制一个笔触色为黑色,填充色为#006600 的矩形作为小屋的门;使用椭圆工具在门上方绘制一个圆形的门把手,如图 4-1-23 所示。

图 4-1-22　绘制矩形

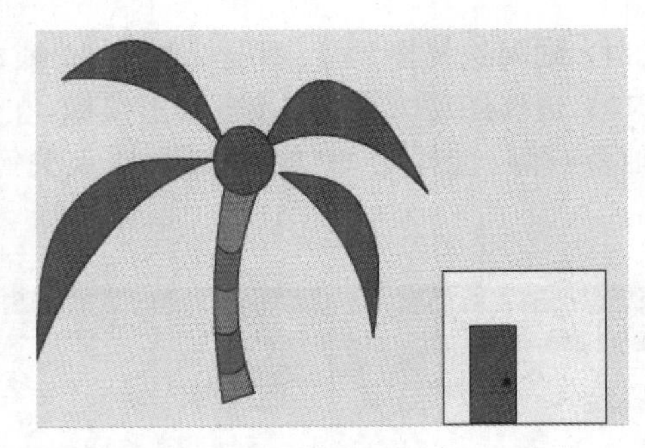

图 4-1-23　绘制门和把手

(11) 使用矩形工具在门的右上方绘制一个笔触色为红色,填充色为白色的矩形作为小屋的窗;使用线条工具将窗分割成田字形,如图 4-1-24 所示。

(12) 使用椭圆工具绘制一个笔触色为黑色,填充色为红色的椭圆;使用部分选取工具对椭圆上方的节点进行调整,形成屋顶的形状,如图 4-1-25 所示。

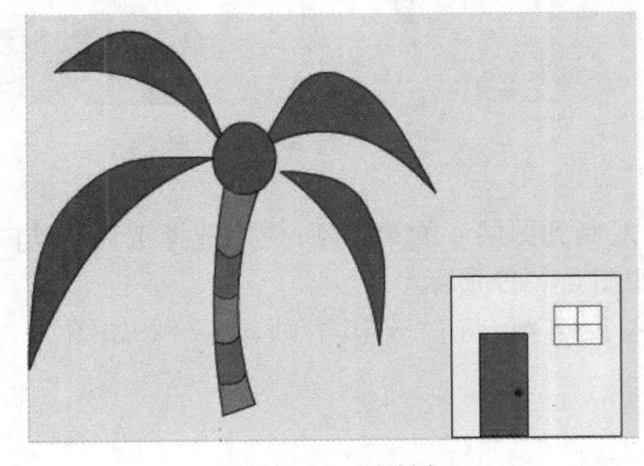

图 4-1-24　绘制窗

图 4-1-25　绘制屋顶

(13) 新建图层 3，使用椭圆工具绘制多个大小不一的白色椭圆，如图 4-1-26 所示。

图 4-1-26　绘制白云

(14) 同时选择图层 1、图层 2 的第 60 帧，按 F5 插入帧。

(15) 选择图层 3 的第 1 帧，右击鼠标，在弹出的快捷菜单中选择“创建传统补间”，将白云移至画布右侧；选择第 60 帧，按 F6 插入关键帧，将白云移至画布左侧，如图 4-1-27，4-1-28 所示。

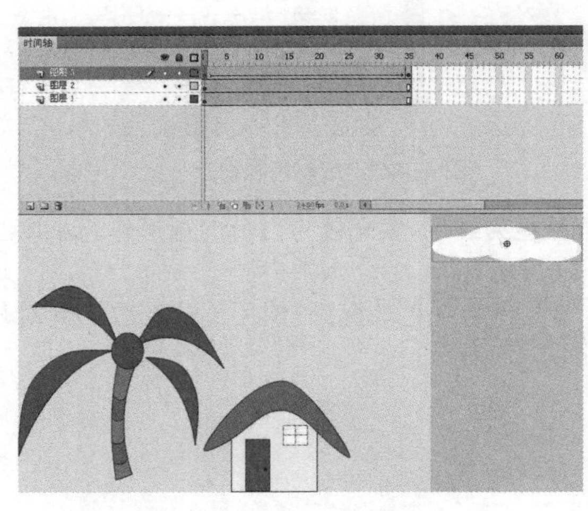

图 4-1-27　第 1 帧

图 4-1-28　第 60 帧

(16) 新建图层 4，将图层 3 第 1 帧的白云复制到图层 4 的第 1 帧；使用选择工具移动白云的位置，使用任意变形工具缩小白云的尺寸，如图 4-1-29 所示。

(17) 选择图层 4 的第 60 帧，按 F6 插入关键帧，将白云移至画布左侧，如图 4-1-30 所示。

(18) 测试动画，保存作品。

图 4-1-29　复制白云

图 4-1-30　调整白云的位置

4.1.4　初露锋芒——万丈光芒

设计结果

清晨阳光普照大地,效果如图 4-1-31 所示。

图 4-1-31　"万丈光芒"效果图

设计思路

(1) 利用基本绘图工具绘制光晕和太阳,利用选择工具调整太阳造型。

(2) 制作光晕缩放和太阳转动的动画。

操作提示

(1) 创建一个新的 Flash 文档,选择类型为 ActionScript3,设置舞台大小为 300×400 像素,背景色为白色。

(2) 将素材"4.1.4a.jpg"导入到舞台。

(3) 新建图层 2,使用椭圆工具在画布左上角绘制一个正圆,设置笔触色为无,填充效果为径向渐变,颜色从白色到＃FFE14B 再到＃FFE14B 透明,如图 4-1-32 所示。

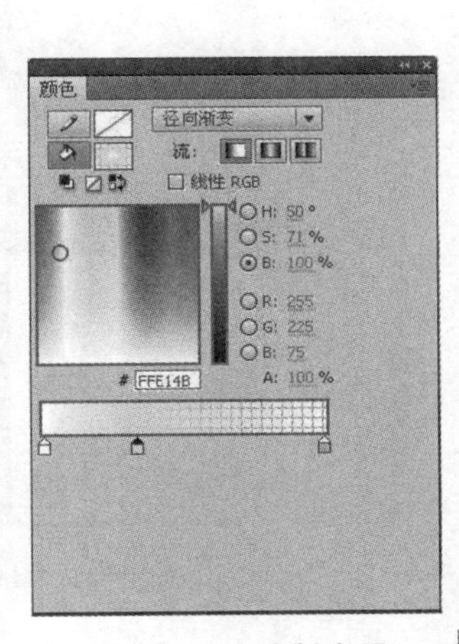

图 4-1-32　绘制光晕

(4) 在图层 1 的第 30 帧插入帧,图层 2 的第 15 帧和第 30 帧插入关键帧。选择图层 2 的第 15 帧，使用任意变形工具对光晕进行等比例收缩，分别在第 1 帧和第 15 帧创建形状补间，完成形变动画，如图 4-1-33 所示。

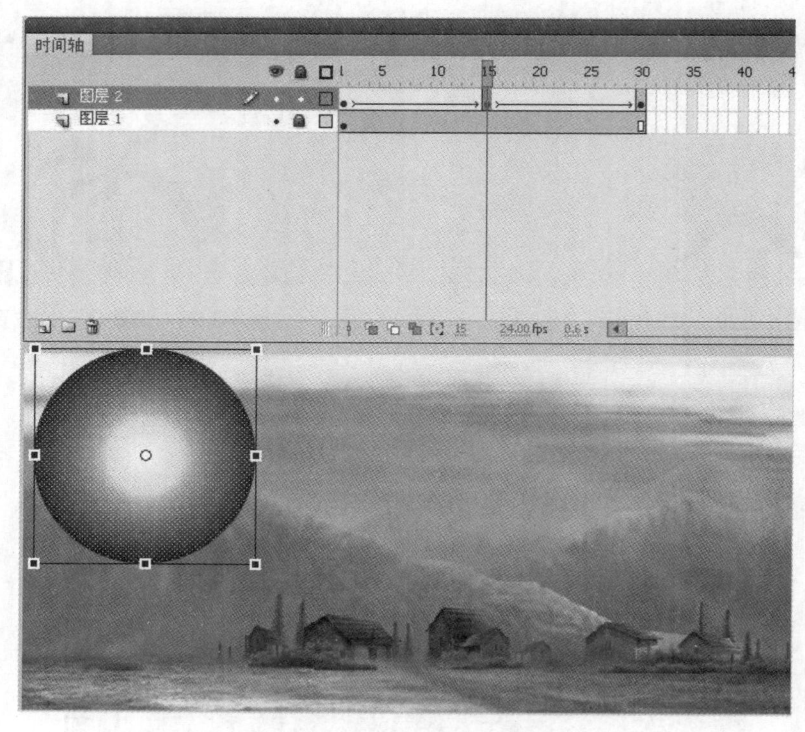

图 4-1-33　制作光晕形变动画

(5) 新建图层 3，使用多角形工具绘制一个 18 角星，设置笔触色为无，填充效果为径向渐变，颜色从＃FF9900 到＃FFFF33，如图 4-1-34 所示。

(6) 执行"修改/分离"命令，将图形分离成矢量图；使用选择工具对太阳造型进行调整，效果如图 4-1-35 所示。

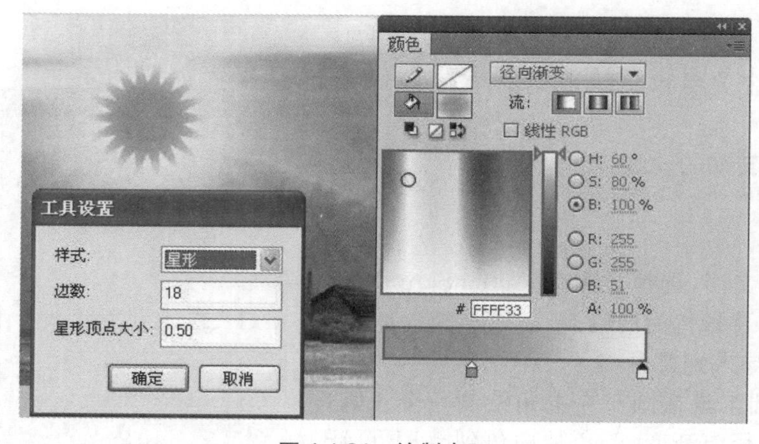

图 4-1-34　绘制太阳

图 4-1-35　调整太阳造型

(7) 在图层 3 的第 15 帧、第 30 帧插入关键帧；选择第 15 帧，使用任意变形工具对太阳进行一定角度的旋转，分别在第 1 帧和第 15 帧创建形状补间，完成旋转动画，如图 4-1-36 所示。

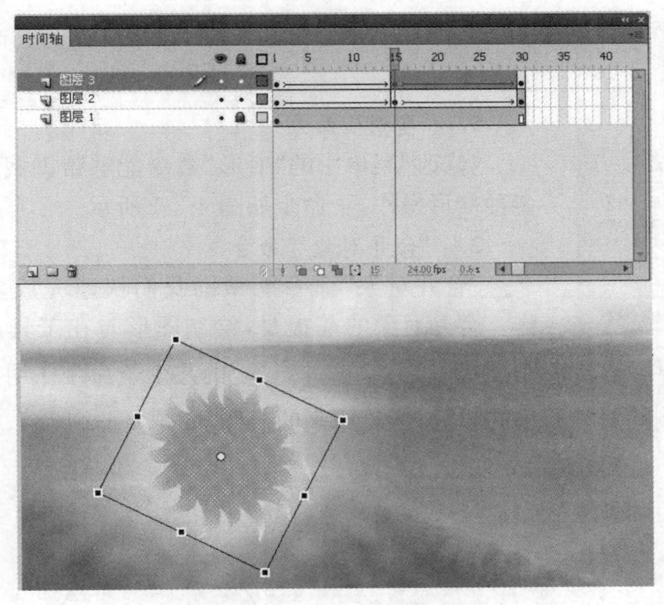

图 4-1-36　制作旋转动画

(8) 新建图层 4，将图层 3 的动画复制粘贴到图层 4；按 Ctrl+T 打开“变形”面板，分别对第 1 帧、第 15 帧、第 30 帧的太阳进行收缩，比例为 80%，如图 4-1-37 所示。

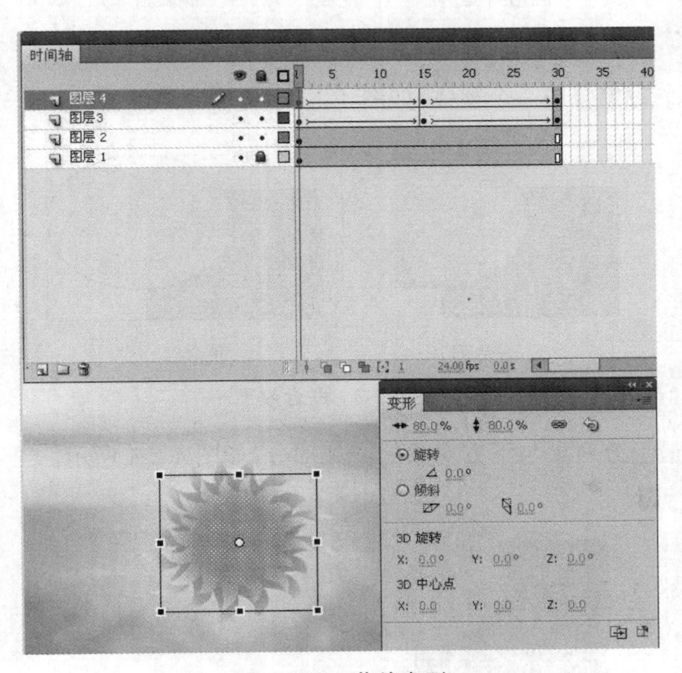

图 4-1-37　收缩变形

(9) 测试动画，保存作品。

4.2 变形与合并

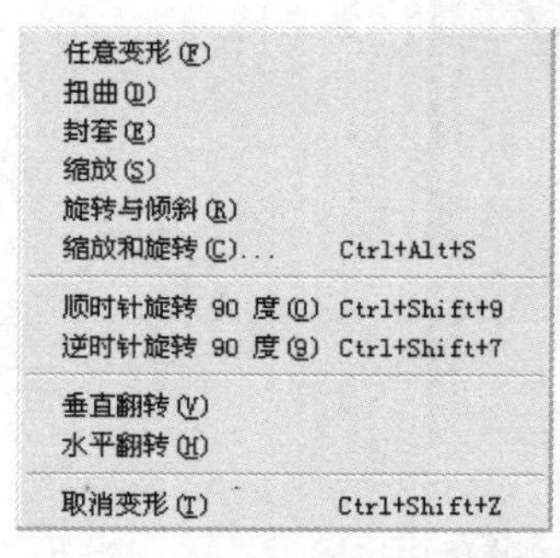

图 4-2-1 变形命令中的子命令

4.2.1 知识点和技能

1. "变形"命令

"修改"菜单中的"变形"命令能够帮助我们快速完成对象的多种变形操作,子命令如图 4-2-1 所示。

2. "合并对象"命令

"合并对象"命令能帮助我们快速完成多个对象的合并操作。合并对象的前提是,绘制图形时在工具选项中选择对象绘制模式 。"合并对象"的几个子命令作用如下:

- 删除封套:删除对象所用的封套,恢复原来的模样,如图 4-2-2 所示。

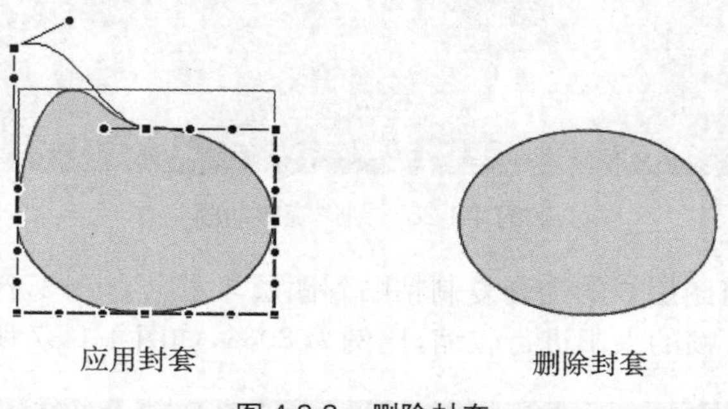

图 4-2-2 删除封套

- 联合:将多个对象合成一个整体,如图 4-2-3 所示。

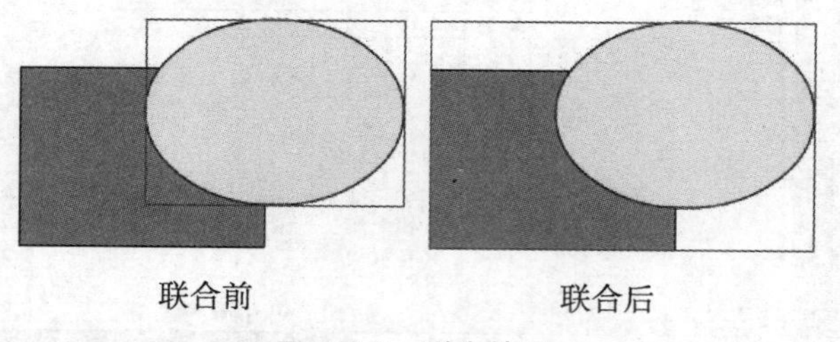

图 4-2-3 联合效果

- 交集:保留最上方对象与下方对象的交集部分,如图 4-2-4 所示。

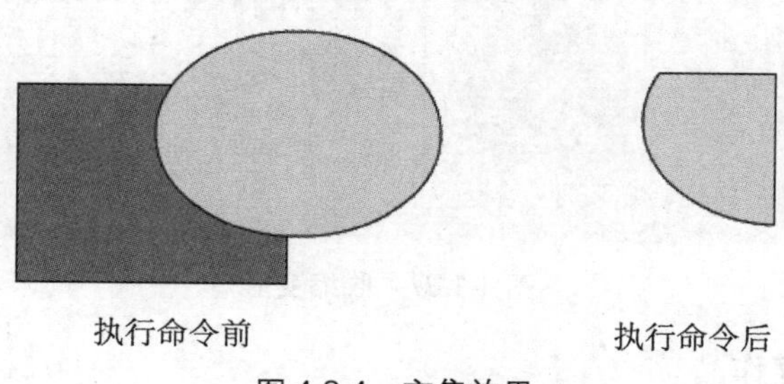

图 4-2-4 交集效果

- 打孔：下方对象去除与上方对象交叠的部分，如图 4-2-5 所示。

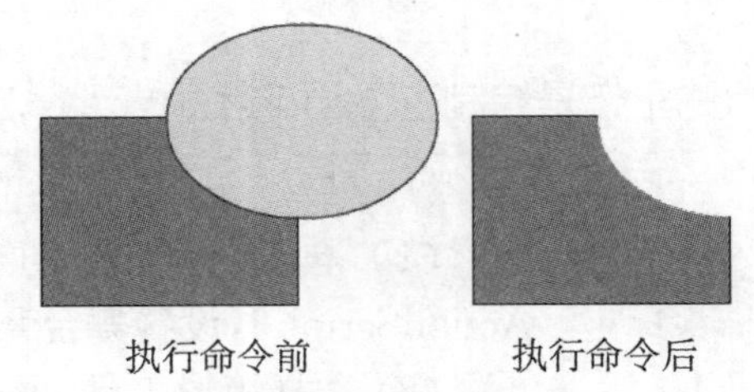

图 4-2-5　打孔效果

- 裁切：保留最下方对象与上方对象交叠的部分，如图 4-2-6 所示。

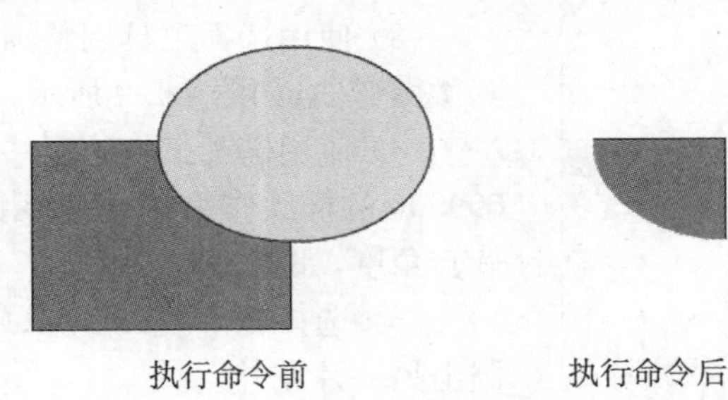

图 4-2-6　裁切效果

4.2.2　范例——旋转的小花

设计结果

白云飘过，花儿随风旋转，效果如图 4-2-7 所示。

图 4-2-7　"旋转的小花"效果图

设计思路

(1) 使用绘图工具和变形工具绘制图形。

(2) 绘制花儿旋转和白云飘动的动画。

Step1 首先要进行的工作是绘制花茎和花叶。

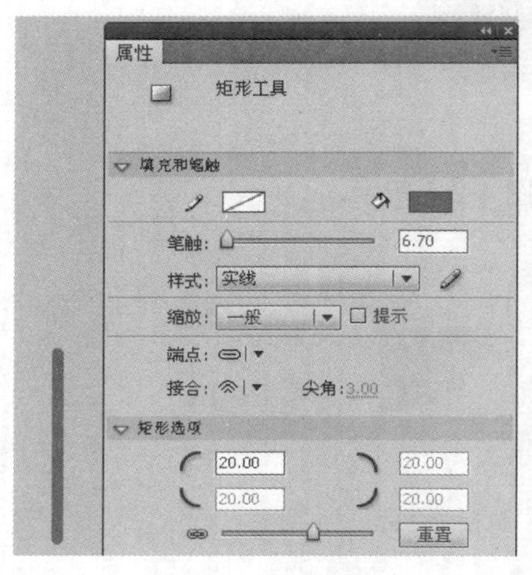

图 4-2-8 绘制圆角矩形

(1) 创建一个新的 Flash 文档，选择类型为 ActionScript 3，设置舞台背景色为＃A6EAFB。

(2) 选择矩形工具，展开“属性”面板，在矩形选项中设置矩形边角半径为 20，绘制一个无笔触色，填充色为＃009900 的圆角矩形作为花茎，如图 4-2-8 所示。

(3) 使用选择工具调整圆角矩形左右两侧弧度，使其微微弯曲，如图 4-2-9 所示。

(4) 使用椭圆工具绘制一个无笔触色，填充色为＃009900 的椭圆作为花叶；使用任意变形工具调整花叶旋转角度，如图 4-2-10 所示。

(5) 选择花叶，按住 Alt 键不放向右移动鼠标，复制出另一片花叶。

(6) 执行“修改执行变形执行水平翻转”命令，使得两片花叶对称排列，如图 4-2-11 所示。

图 4-2-9 调整弧度

图 4-2-10 绘制椭圆

图 4-2-11 水平翻转椭圆

(7) 使用选择工具选花茎和花叶，按住 Alt 键不放向右移动鼠标，复制出 3 个副本；使用任意变形工具依次调整大小，如图 4-2-12 所示。

图 4-2-12 复制花叶和花茎

Step2　接下来要绘制花朵。

(1) 新建图层 2,使用椭圆工具绘制一片花瓣,设置笔触色为无,填充效果为径向渐变,颜色从#FF0000 到#FFFF00,如图 4-2-13 所示。

(2) 使用任意变形工具将花瓣的变形中心移至下端;按 Ctrl+T,打开"变形"面板,设置旋转角度为 60 度,点击面板下方的"重制选区和变形"按钮 6 次,完成花瓣的旋转复制,如图 4-2-14 所示。

图 4-2-13　绘制花瓣

图 4-2-14　复制花瓣

Step3　随后,来制作花朵旋转的效果。

(1) 选择图层 1 的第 100 帧,按 F5 插入帧;选择图层 2 的第 1 帧,创建传统补间,展开"属性"面板,在补间分类下设置顺时针旋转 2 次;选择第 100 帧,按 F6 插入关键帧,如图 4-2-15 所示。

(2) 新建图层 3,将图层 2 的第 1 帧复制到图层 3 的第 1 帧;使用选择工具将复制的花朵移至另一根花茎的上方;使用任意变形工具对花朵进行缩放,如图 4-2-16 所示。

(3) 选择图层 3 的第 1 帧,展开"属性"面板,在补间分类下设置逆时针旋转 2 次;选择第 100 帧,按 F6 插入关键帧,如图 4-2-17 所示。

(4) 完成其他花朵的旋转动画,如图 4-2-18 所示。

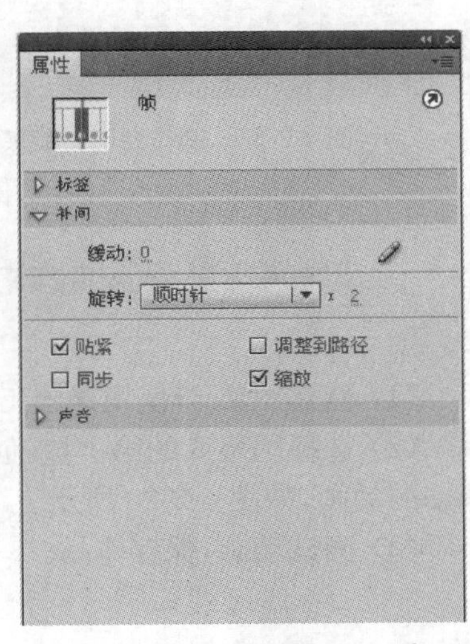

图 4-2-15　制作顺时针旋转动画

图 4-2-16　复制并缩小花朵

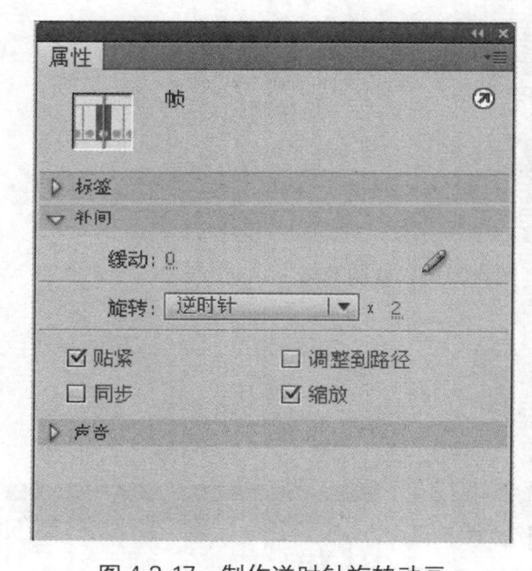

图 4-2-17　制作逆时针旋转动画

图 4-2-18　效果图

Step4　最后,来制作白云飘动的动画。

(1) 新建图层 6,使用椭圆工具绘制多个大小不一的白色椭圆,如图 4-2-19 所示。

(2) 选择图层 6 的第 1 帧,创建传统补间;选择第 100 帧,将白云移至画布左侧,完成白云飘动的动画,如图 4-2-20 所示。

(3) 测试动画,保存作品。

图 4-2-19　绘制云朵

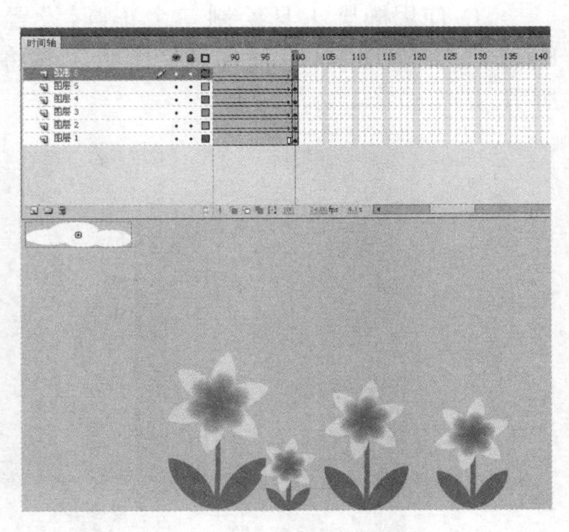

图 4-2-20　白云飘动动画

4.2.3　小试身手——弹跳球

设计结果

制作小球弹跳的效果，效果如图 4-2-21 所示。

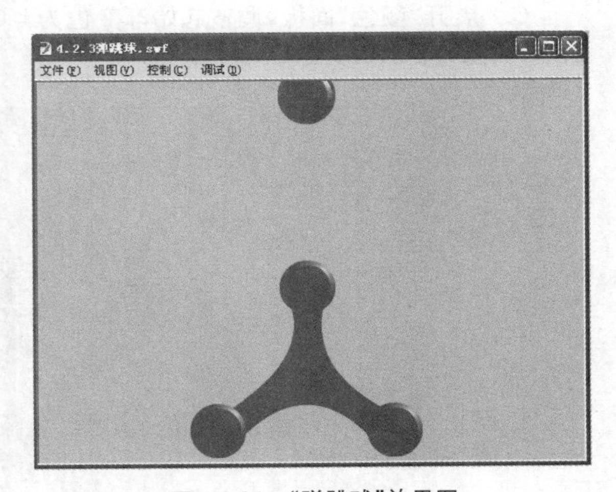

图 4-2-21　“弹跳球”效果图

设计思路

（1）使用绘图工具和“合并对象”命令绘制图形。

（2）制作小球弹跳的动画。

操作提示

（1）创建一个新的 Flash 文档，选择类型为 ActionScript 3，设置舞台背景为 #FFCCCC。

（2）选择多角星形工具，展开“属性”面板，在工具设置分类下，设置样式为多边形，边数为 3，绘制一个无笔触色，填充色为 #D6020E 的三角形，如图 4-2-22 所示。

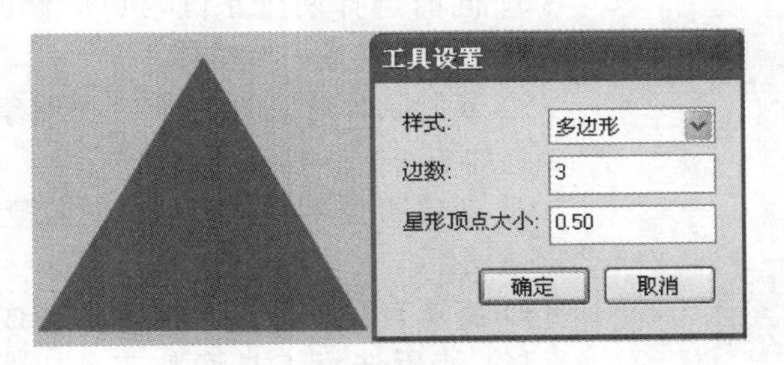

图 4-2-22　绘制三角形

(3) 使用椭圆工具绘制一个正圆，设置笔触色为无，填充效果为径向渐变，颜色从#FFFFFF到#BF0000；使用渐变变形工具将渐变中心位置移至正圆的左上方，如图4-2-23所示。

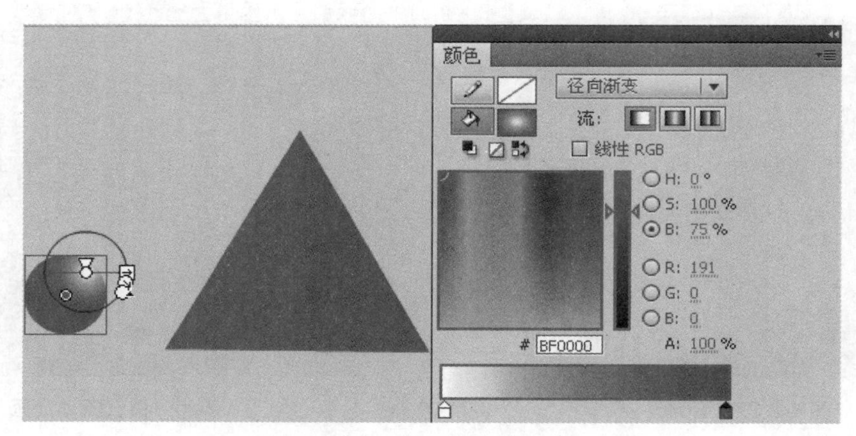

图4-2-23 绘制正圆

(4) 在原位置创建副本。

(5) 展开"颜色"面板，调整起始渐变色为#C56145；使用任意变形工具对正圆进行等比例缩小，如图4-2-24所示。

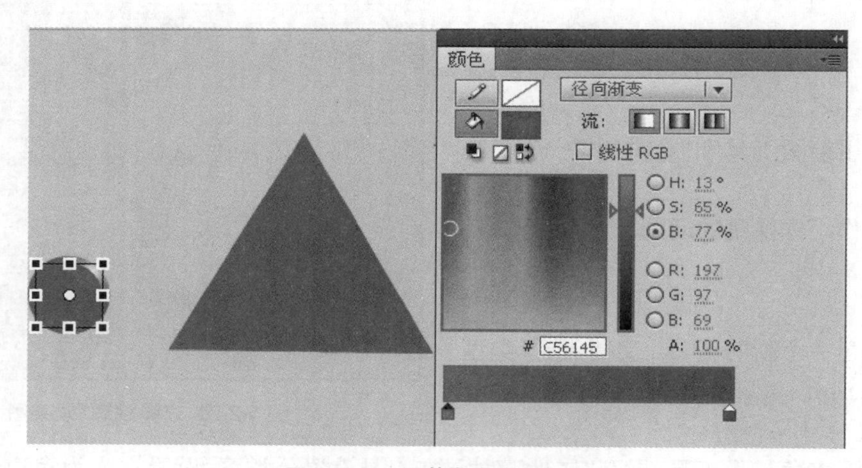

图4-2-24 调整渐变色和大小

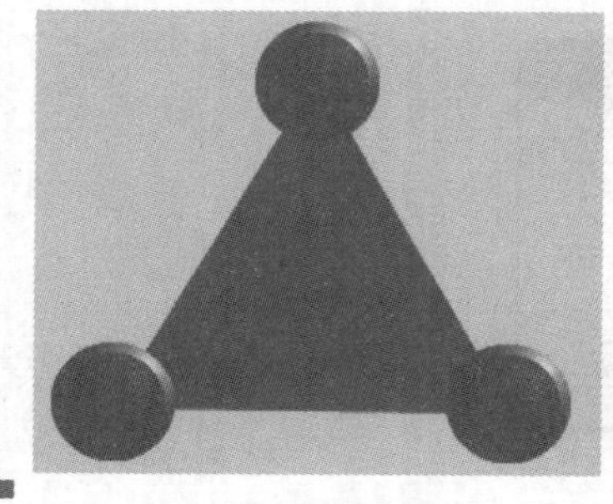

图4-2-25 复制对象并移动位置

(6) 同时选择两个正圆，执行"修改/合并对象/联合"命令，将两个对象联成一个整体。

(7) 复制联合对象两次，将三个对象分别移至三角形的三个顶点，如图4-2-25所示。

(8) 新建图层2，再次将联合对象复制粘贴到图层2，如图4-2-26所示。

(9) 将所有对象联成一个整体，形成底座。

(10) 使用选择工具调整三条边线的弧度，如图4-2-27所示。

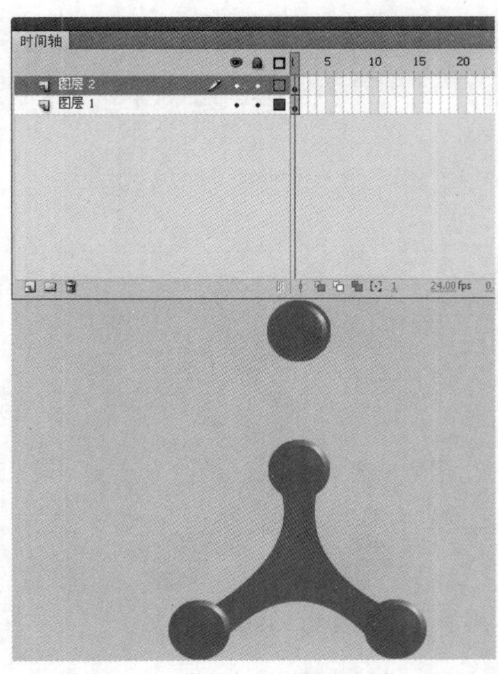

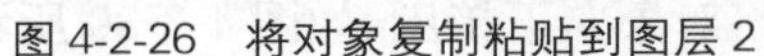
图 4-2-26　将对象复制粘贴到图层 2

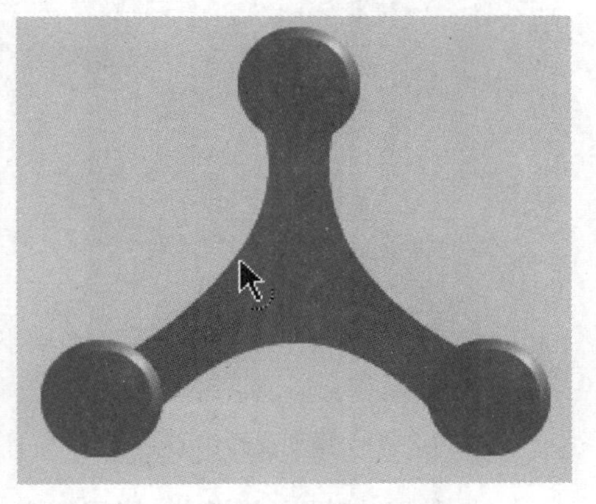
图 4-2-27　调整边线弧度

(11) 在图层 1 的第 40 帧插入帧，图层 2 的第 15 帧插入关键帧。

(12) 选择图层 2 的第 15 帧，将对象垂直向下移到底座上方，如图 4-2-28 所示。

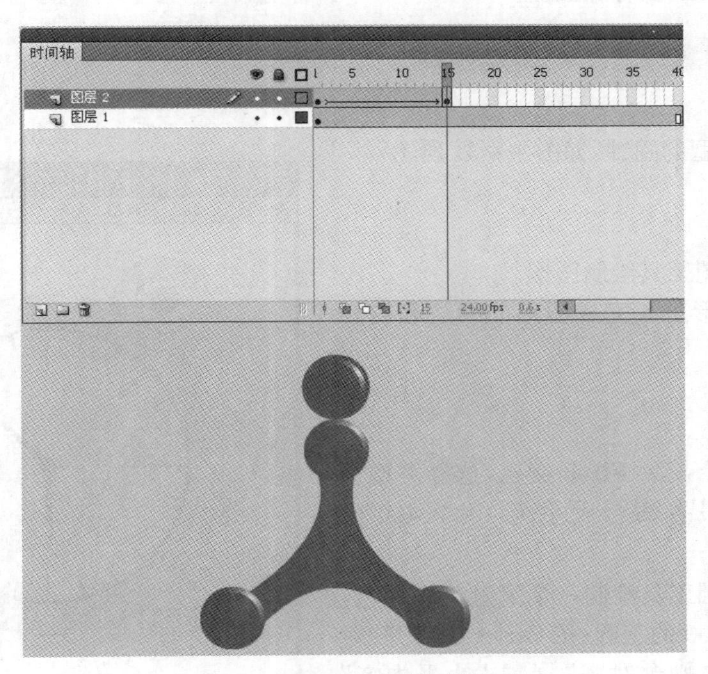

图 4-2-28　移动对象位置

(13) 使用任意变形工具将第 1 帧和第 15 帧对象的变形中心移至底边中心，如图 4-2-29 所示。

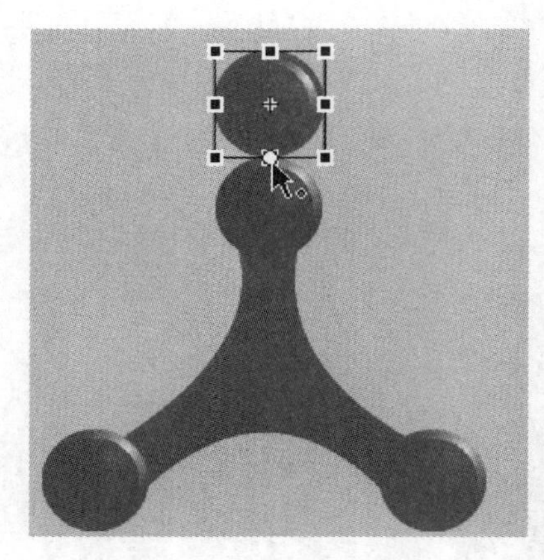

图 4-2-29　移动变形中心

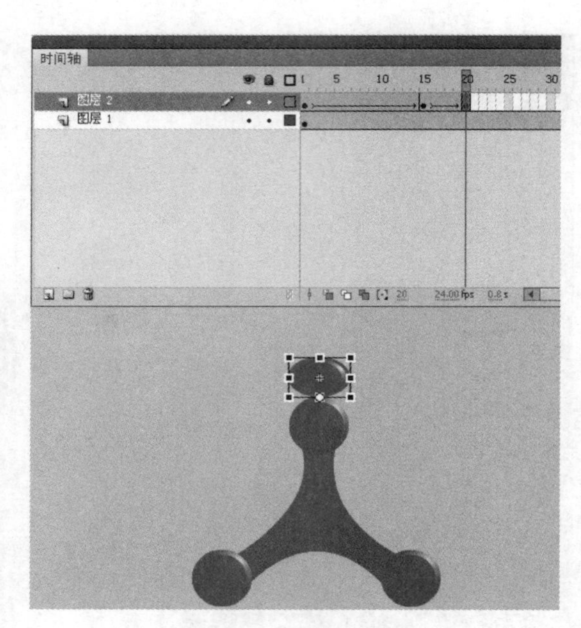

图 4-2-30　挤压图形

(14) 在第 20 帧插入关键帧，使用任意变形工具将对象向下挤压，如图 4-2-30 所示。

(15) 选择图层 2 的第 1 帧到第 20 帧，复制并粘贴到第 21 帧。

(16) 翻转图层 2 的第 21 帧到第 40 帧。

(17) 测试动画，保存作品。

4.2.4　初露锋芒——青蛙闹钟

设计结果

制作青蛙造型的闹钟，如图 4-2-31 所示。

图 4-2-31　“青蛙闹钟”效果图

设计思路

(1) 使用绘图工具绘制图形。

(2) 使用变形工具完成图形的缩放和旋转复制。

操作提示

(1) 创建一个新的 Flash 文档，选择类型为 ActionScript 3，设置舞台大小为 400×400 像素，背景为白色。

(2) 使用椭圆工具绘制一个笔触色为黑色，填充色为＃99FF00 的正圆；按 Ctrl＋K 打开“对齐”面板，勾选“与舞台对齐”，点击“水平中齐”和“垂直中齐”，使正圆相对舞台中心对齐，如图 4-2-32 所示。

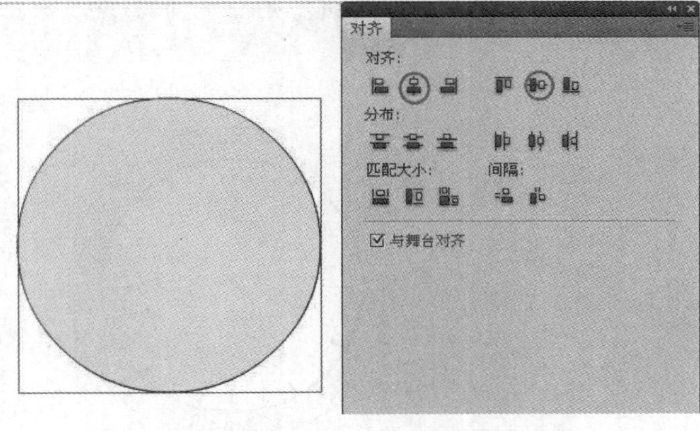

图 4-2-32　绘制圆并相对舞台中心对齐

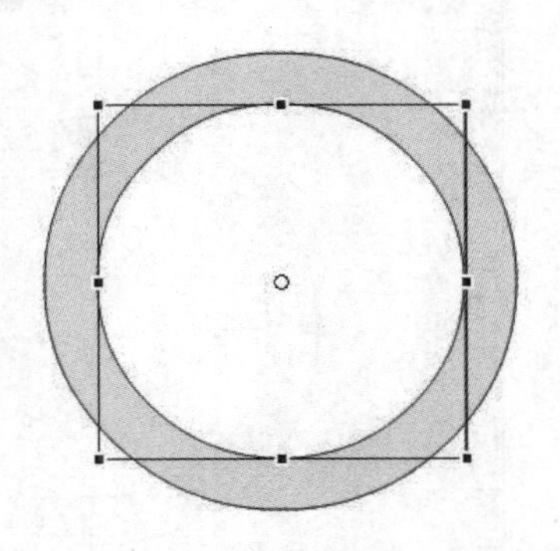

图 4-2-33　复制圆并对其进行收缩

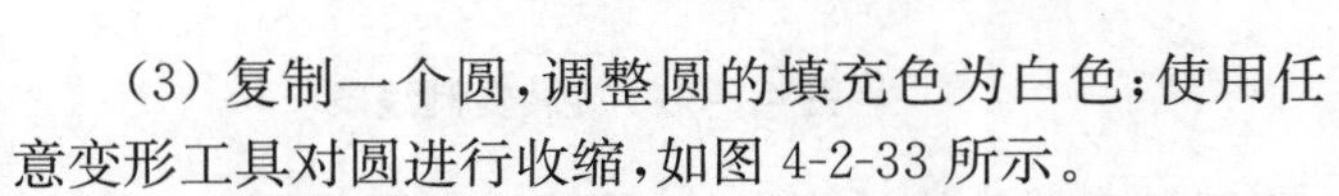

(3) 复制一个圆，调整圆的填充色为白色；使用任意变形工具对圆进行收缩，如图 4-2-33 所示。

(4) 打开标尺，使用线条工具在水平标尺 200 像素的位置绘制一条垂直线条，如图 4-2-34 所示。

(5) 从标尺的左上角拉出水平和垂直的两条淡蓝色辅助线，分别移至水平和垂直 200 像素的位置。

(6) 选择线条，使用任意变形工具将变形中心移至两条辅助线的交点处，如图 4-2-35 所示。

(7) 按 Ctrl＋T 打开“变形”面板，设置旋转角度为 90 度，点击面板下方的“重制选区和变形”按钮 4 次，完成线条的旋转复制，如图 4-2-36 所示。

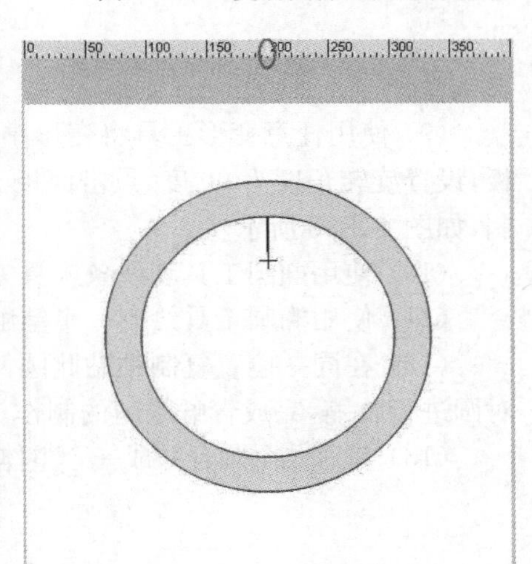

图 4-2-34　绘制线条

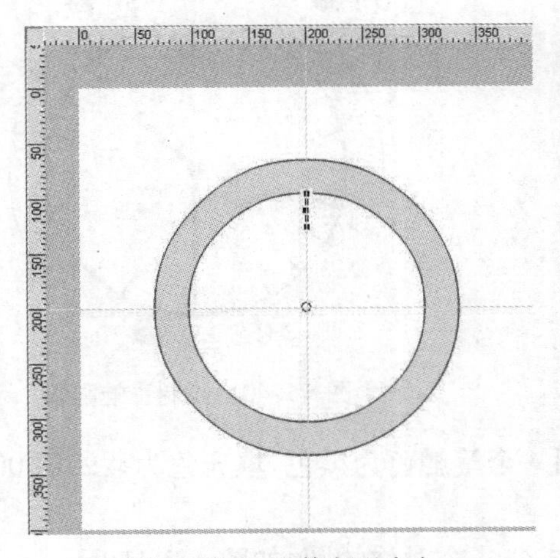

图 4-2-35　调整变形中心

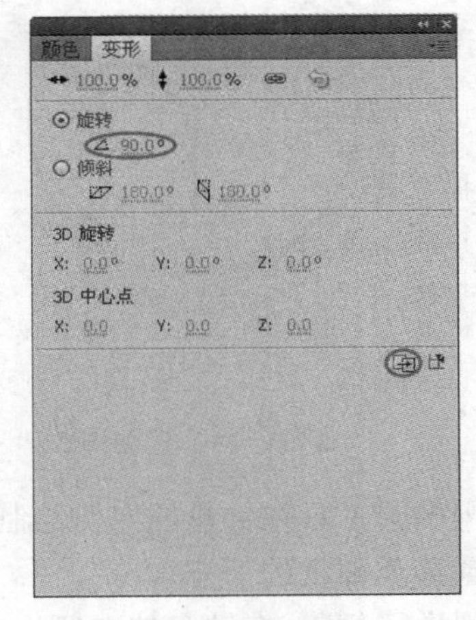

图 4-2-36　旋转复制线条

(8) 使用线条工具在水平标尺 200 像素的位置绘制一条比之前线条稍短的垂直线条，如图 4-2-37 所示。

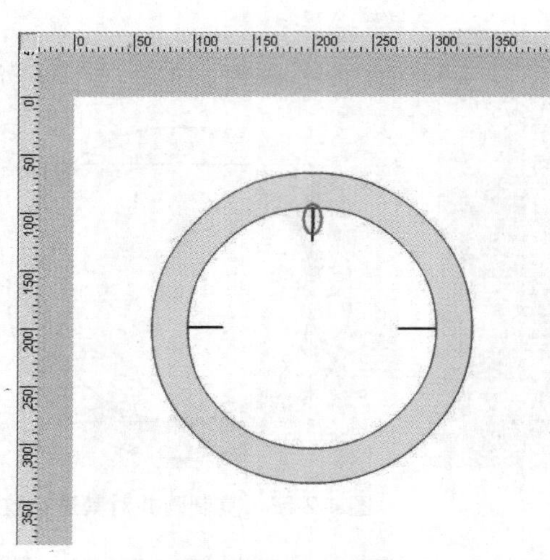
图 4-2-37 绘制线条

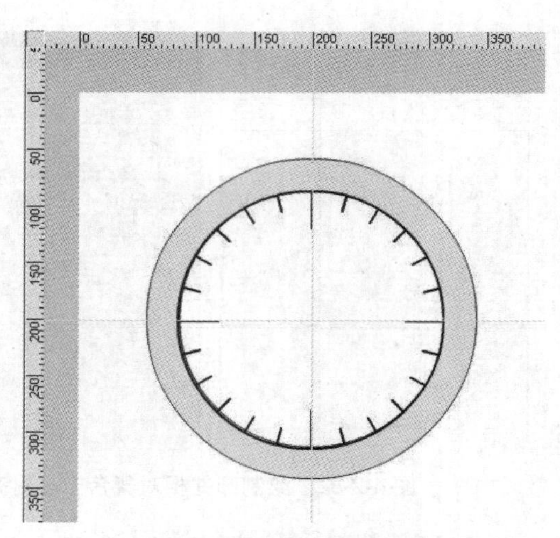
图 4-2-38 旋转复制线条

(9) 使用任意变形工具将变形中心移至两条辅助线的交点处；按 Ctrl＋T 打开“变形”面板，设置旋转角度为 90 度，点击面板下方的“重制选区和变形”按钮 20 次，完成线条的旋转复制，如图 4-2-38 所示。

(10) 使用椭圆工具和线条工具完成指针的制作，如图 4-2-39 所示。

(11) 使用椭圆工具绘制一个笔触色为黑色，填充色为＃99FF00 的正圆。

(12) 在同一位置复制粘贴此圆两次，分别调整填充色为白色和黑色；使用任意变形工具对圆进行收缩，完成青蛙眼睛的制作。

(13) 将这几个圆合并成一个整体，对其进行复制，生成青蛙的另一只眼，如图 4-2-40 所示。

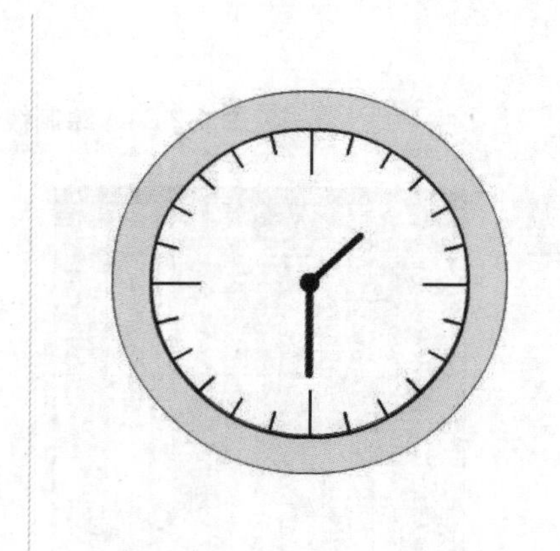
图 4-2-39 绘制指针

图 4-2-40 绘制青蛙眼睛

(14) 使用椭圆工具在钟盘的左侧绘制一个笔触色为黑色，填充色为＃99FF00 的正圆。

(15) 将圆移至钟盘的下方。

(16) 对圆进行复制，在钟盘的右侧生成令一个对称的圆，如图 4-2-41 所示。

(17) 使用椭圆工具绘制一组圆，将这一组圆合并成一个整体，将其移至钟盘的下方，并对其进行复制生成为一只脚，如图 4-2-42 所示。

(18) 测试动画，保存作品。

图 4-2-41　效果图

图 4-2-42　效果图

4.3　排列与对齐、组合与分离

4.3.1　知识点和技能

1. “排列”命令

通过“排列“命令，我们可以方便地调整对象的堆叠次序，其子命令如图 4-3-1 所示。

移至顶层 (F)	Ctrl+Shift+上箭头
上移一层 (R)	Ctrl+上箭头
下移一层 (E)	Ctrl+下箭头
移至底层 (B)	Ctrl+Shift+下箭头
锁定 (L)	Ctrl+Alt+L
解除全部锁定 (U)	Ctrl+Alt+Shift+L

图 4-3-1　排列子命令

左对齐 (L)	Ctrl+Alt+1
水平居中 (C)	Ctrl+Alt+2
右对齐 (R)	Ctrl+Alt+3
顶对齐 (T)	Ctrl+Alt+4
垂直居中 (V)	Ctrl+Alt+5
底对齐 (B)	Ctrl+Alt+6
按宽度均匀分布 (D)	Ctrl+Alt+7
按高度均匀分布 (H)	Ctrl+Alt+9
设为相同宽度 (M)	Ctrl+Alt+Shift+7
设为相同高度 (S)	Ctrl+Alt+Shift+9
与舞台对齐 (G)	Ctrl+Alt+8

图 4-3-2　对齐子命令

2. “对齐”命令

通过“对齐“命令，我们可以方便地对多个对象进行对齐，其子命令如图 4-3-2 所示。

3. “组合”命令

通过组合命令，我们将多个对象组合在一起进行统一的编辑。

4. “分离”命令

通过“分离”命令，我们可以将文字、图片、图形打散。

4.3.2　范例——绿色生活

设计结果

四个文字变形为圆，并向中间靠拢，圆慢慢消失，地球慢慢显现，文字逐个出现，如图 4-3-3～图 4-3-6 所示。

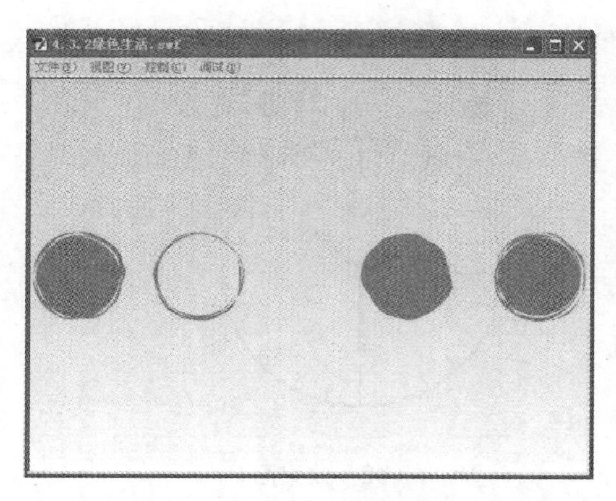

图 4-3-3　变形

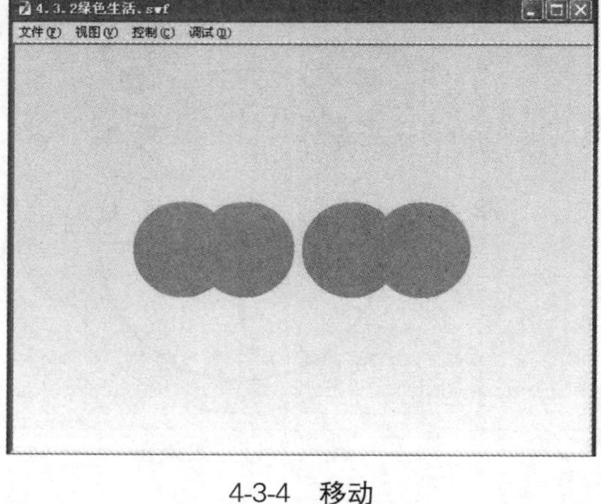

4-3-4　移动

图 4-3-5　地球显现

图 4-3-6　文字逐个出现

设计思路

(1) 制作文字形变动画。

(2) 制作圆向中心靠拢的动画。

(3) 制作圆消失地球显现的动画。

(4) 制作文字逐个出现的动画。

范例解题引导

Step1　制作文字的形变动画。

(1) 创建一个新的 Flash 文档,选择类型为 ActionScript 3。

(2) 使用矩形工具绘制一个覆盖舞台的矩形。设置填充效果为线性渐变,颜色从#99FF66 到#FFFFFF。使用渐变变形工具调整渐变方向为自上而下,如图 4-3-7 所示。

(3) 新建图层 2,输入文字“绿色地球”,设置文字颜色为#33CC00;按 Ctrl+K 打开“对齐”面板,勾选“与舞台对齐”,点击“水平中齐”和“垂直中齐”,使文字相对舞台中心对齐,如图 4-3-8 所示。

图 4-3-7 绘制渐变矩形

图 4-3-8 输入文字

(4) 按 Ctrl＋B 打散文字，按 Ctrl＋K 打开“对齐”面板，勾选“与舞台对齐”，点击“水平居中分布”，使文字分散对齐。

(5) 选择文字，单击鼠标右键，执行“分散到图层”命令，将各个文字分散到不同的图层，如图 4-3-9 所示。

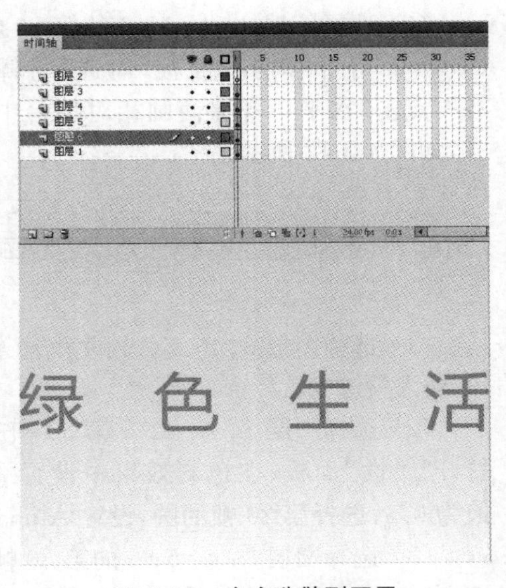

图 4-3-9 文字分散到图层

(6) 选择图层 1 的第 70 帧，按 F5 插入帧；选择图层 3、4、5、6 的第 10 帧，按 F6 插入关键帧。

(7) 使用椭圆工具在文字上方绘制一个无笔触色，填充色为＃33CC00 的正圆，将圆下方的文字删除，如图 4-3-10 所示。

(8) 选择图层 3、4、5、6 的第 1 帧，按 Ctrl＋B 再次打散文字，创建补间形状，如图 4-3-11 所示。

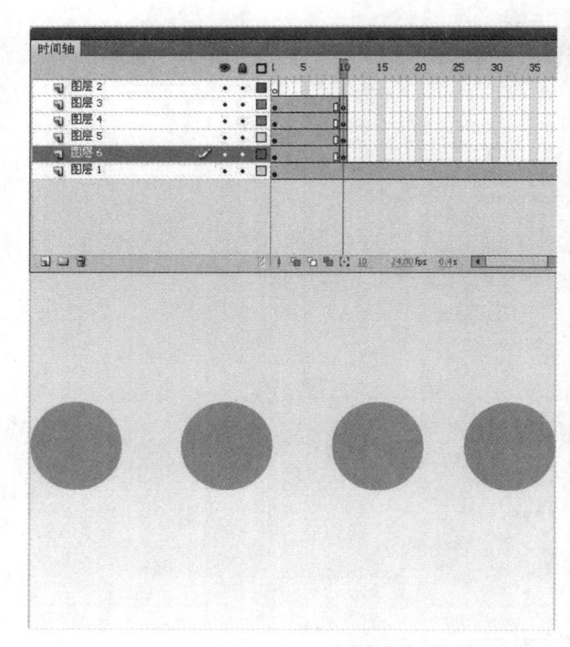

图 4-3-10　绘制圆

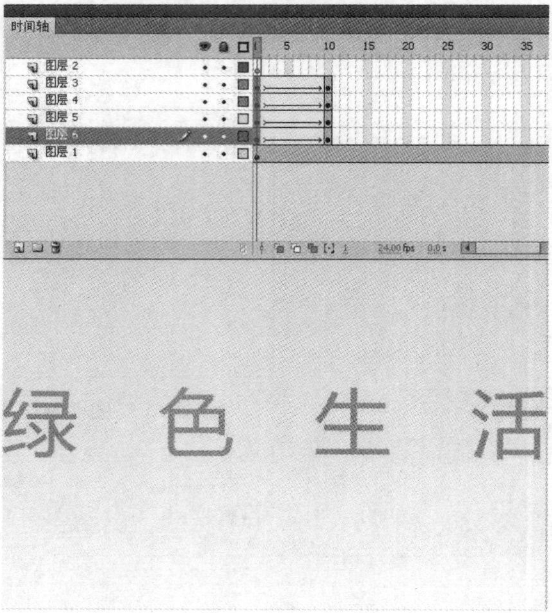

图 4-3-11　制作形变动画

Step2　制作圆向中心靠拢的动画。

（1）选择图层 3、4、5、6 的第 11 帧，按 F6 插入关键帧，创建传统补间；选择图层 3、4、5、6 的第 20 帧，按 F6 插入关键帧。

（2）选择图层 3、4、5、6 的第 20 帧，按 Ctrl＋K 打开“对齐”面板，勾选“与舞台对齐”，点击“水平中齐”，使圆相对舞台中心对齐，如图 4-3-12 所示。

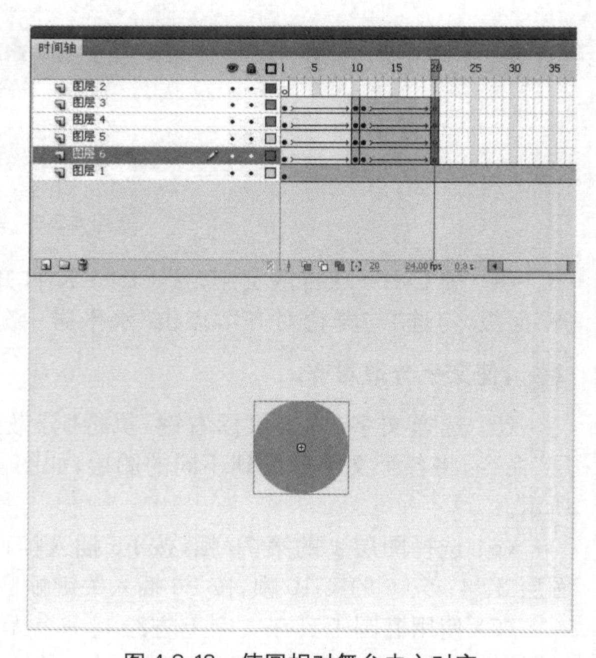

图 4-3-12　使圆相对舞台中心对齐

Step3　制作圆消失，地球显现的动画。

（1）选择图层 3、4、5、6 的第 30 帧，按 F6 插入关键帧。

（2）选择图层 3、4、5、6 第 30 帧的圆，打开“属性”面板，在色彩效果中设置 Alpha 值为 0%；选择第 20 帧的圆，设置 Alpha 值为 100%，如图 4-3-13 所示。

（3）选择图层 3、4、5、6 的第 30 帧，按 F6 插入关键帧。

（4）选择图层 2 的第 25 帧，按 F6 插入关键帧执行“文件/导入/导入到舞台”命令，勾选“作为单个扁平化的位图导入”，将“4. 3. 2a. png”导入到舞台，如图 4-3-14 所示。

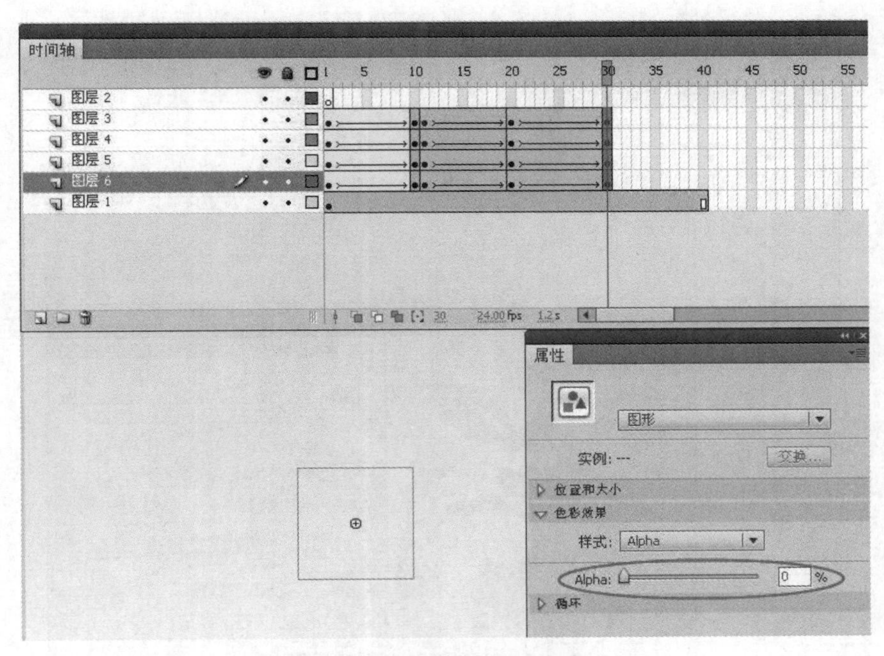

图 4-3-13　制作圆逐渐消失的动画

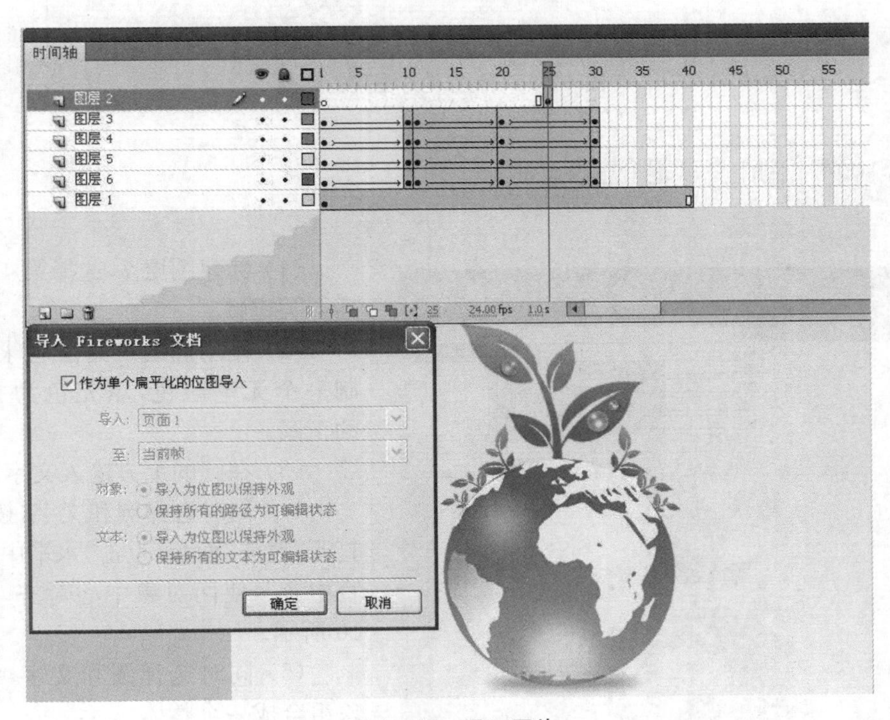

图 4-3-14　导入图片

（5）选择第 25 帧，创建传统补间；选择地球图片，打开“属性”面板，在色彩效果中设置 Alpha 值为 0%。

（6）选择第 40 帧，按 F6 插入关键帧，选择地球图片，将 Alpha 值调整为 100%，如图 4-3-15 所示。

图 4-3-15 制作地球显现的动画

Step4 制作文字逐个出现动画。

图 4-3-16 对齐圆和文字

(1) 新建图层 7,选择第 40 帧按 F6 插入关键帧。

(2) 使用椭圆工具在地球左下方绘制一个无笔触色,填充色为 # 33CC00 的正圆。

(3) 在圆的上方输入文字"从"。

(4) 同时选择圆和文字,按 Ctrl+T 打开"对齐"面板,点击"水平中齐"和"垂直中齐",使两对象中心对齐,如图 4-3-16 所示。

(5) 同时选择圆和文字,将两个对象组合成一个整体。

(6) 选择组合对象,按住 Shift+Alt 键,水平向右复制出 4 个对象。

(7) 分别双击复制出的 4 个对象,修改文字内容为"你、"我"、"做"、"起",如图 4-3-17 所示。

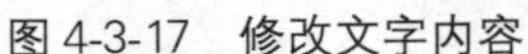

图 4-3-17　修改文字内容

图 4-3-18　对齐对象并进行组合

(8) 同时选择这 5 个对象，按 Ctrl＋T 打开“对齐”面板，点击“水平平均间隔” ，使五个对象的间距相等。

(9) 同时选择这 5 个对象，将五个对象组合成一个整体；按 Ctrl＋T 打开“对齐”面板，勾选“与舞台对齐”，点击“水平中齐”，如图 4-3-18 所示。

(10) 执行“修改/取消组合”命令，将组合对象还原成个体。

(11) 分别在第 45 帧、50 帧、55 帧、60 帧，按 F6 插入关键帧，依次删除多余文字，形成文字逐个出现的效果，如图 4-3-19 所示。

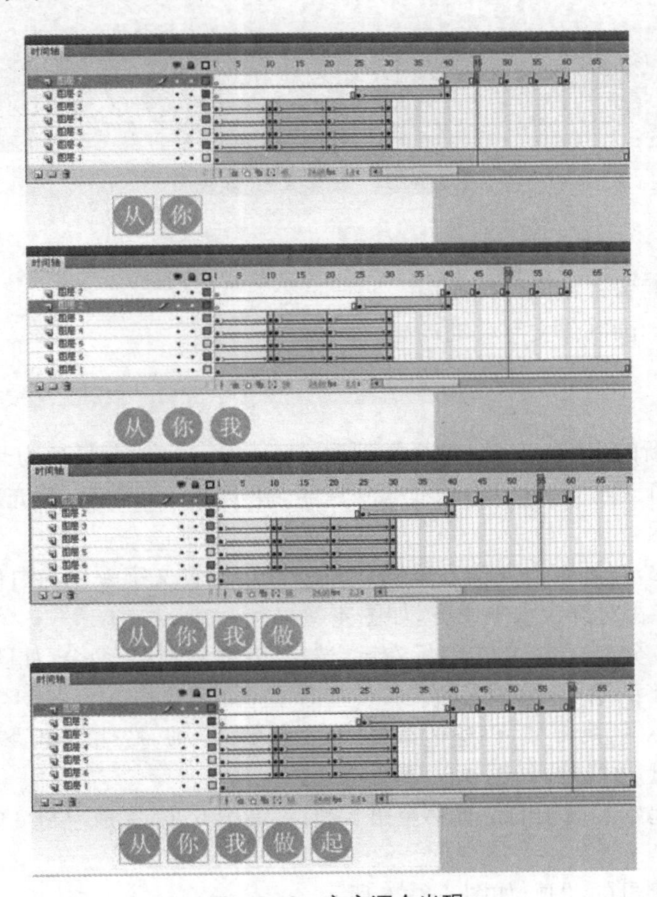

图 4-3-19　文字逐个出现

(12) 同时选择图层 7、图层 2 的第 70 帧，按 F5 插入帧。

(13) 测试动画，保存作品。

4.3.3 小试身手——倒影文字

设计结果

上下两侧的英文字母同时向画布中心移动，形成倒影效果，如图 4-3-20 所示。

图 4-3-20 “倒影文字”效果图

设计思路

(1) 打散文字并置于不同的图层中。

(2) 利用补间动画制作文字移动动画。

操作提示

(1) 创建一个新的 Flash 文档，选择类型为 ActionScript 3，背景色为＃B5FF84。

(2) 使用矩形工具绘制一个宽度为 550 像素，高度为 200 像素，填充色为＃339900 的矩形，如图 4-3-21 所示。

(3) 新建图层 2，在画布上方输入单词“welcome”，设置文字颜色为白色；按 Ctrl＋K 打开“对齐”面板，使文字相对舞台水平中齐，如图 4-3-22 所示。

(4) 按 Ctrl＋B 分离文本，单击鼠标右键，选择“分散到图层”命令，如图 4-3-23 所示。

(5) 选择图层 1 的第 40 帧插入帧。

(6) 选择图层 w 的第 1 帧，创建传统补间；选择第 10 帧，按住 Shift 键不放，将字母 w 垂直向下移至矩形的上边线处，如图 4-3-24 所示。

(7) 将图层 e 起始关键帧的位置移至第 5 帧；参考第 6 步，完成字母 e 向中心移动的动画，如图 4-3-25 所示。

(8) 完成其余字母的动画，如图 4-3-26 所示。

图 4-3-21　绘制矩形

图 4-3-22　输入并对齐文本

图 4-3-23　将字母分散到图层

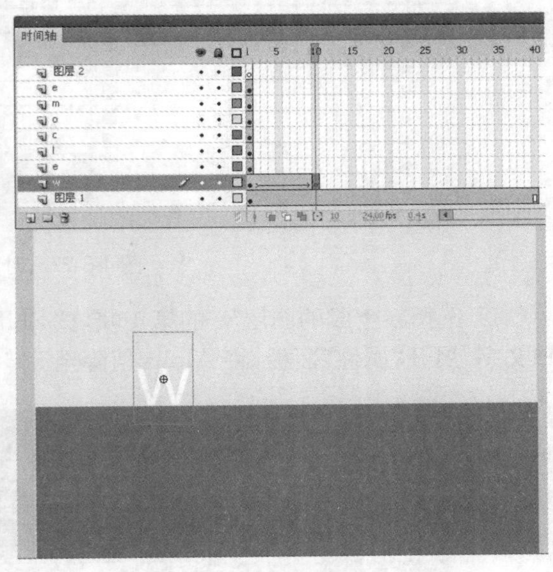

图 4-3-24　制作字母下移动画

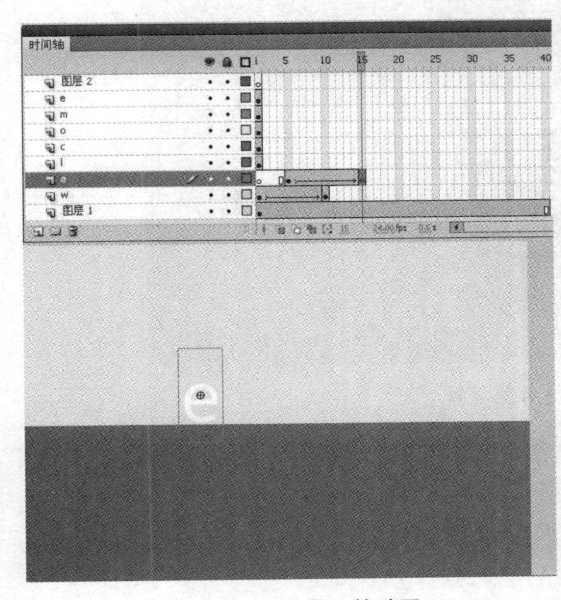

图 4-3-25　字母 e 的动画

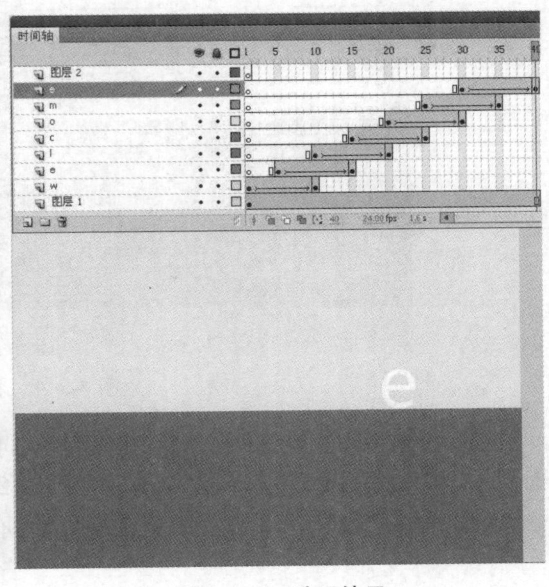

图 4-3-26　动画效果

(9) 选择除了图层 e 之外的其余字母图层的第 40 帧，插入帧。

(10) 选择所有字母图层的第 1 帧到第 40 帧，复制并粘贴到图层 2 的第 1 帧，如图 4-3-27 所示。

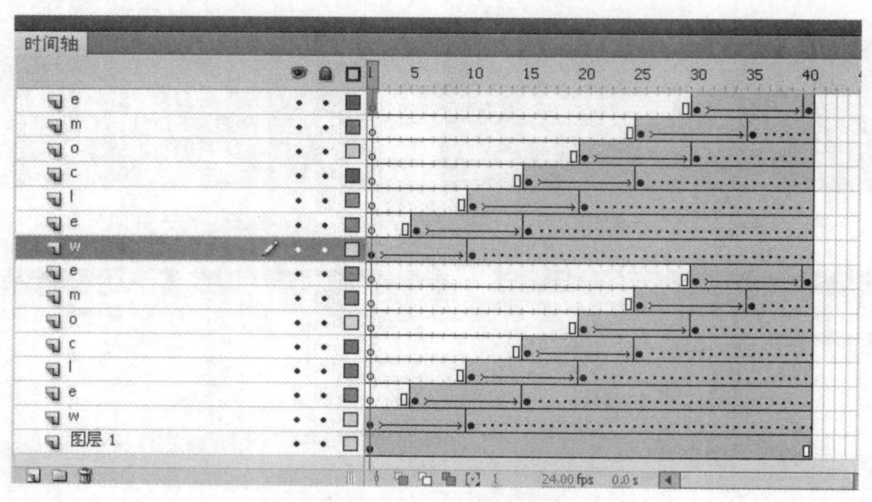

图 4-3-27　时间轴效果

(11) 选择新生成的图层 w 的第 1 帧，按 Shift 键将字母 w 垂直向下移至画布下方。垂直翻转文字，展开“属性”面板，将 Alpha 值降至 50%，如图 4-3-28 所示。

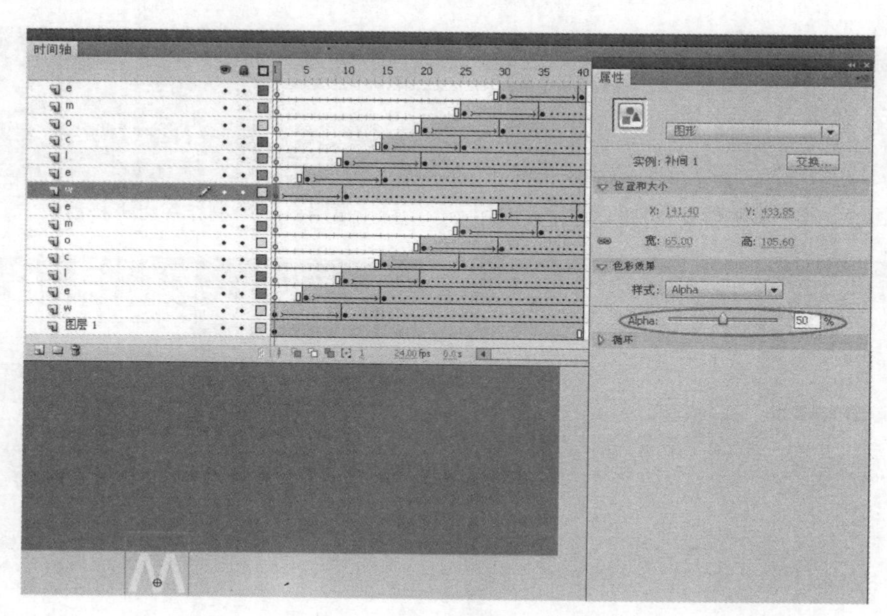

图 4-3-28　图层 w 第 1 帧

(12) 选择图层 w 的第 10 帧，将字母 w 向上移，使其上边线与矩形下边线对齐；在“属性”面板中，将其将 Alpha 值降至 50%，如图 4-3-29 所示。

(13) 参考第 11、12 步完成其余字母动画的调整，如图 4-3-30 所示。

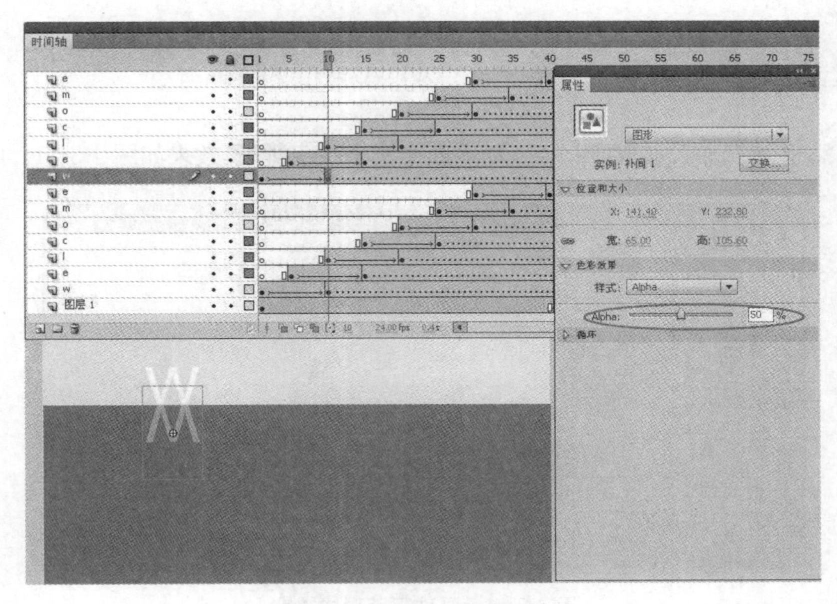

图 4-3-29　图层 w 第 10 帧

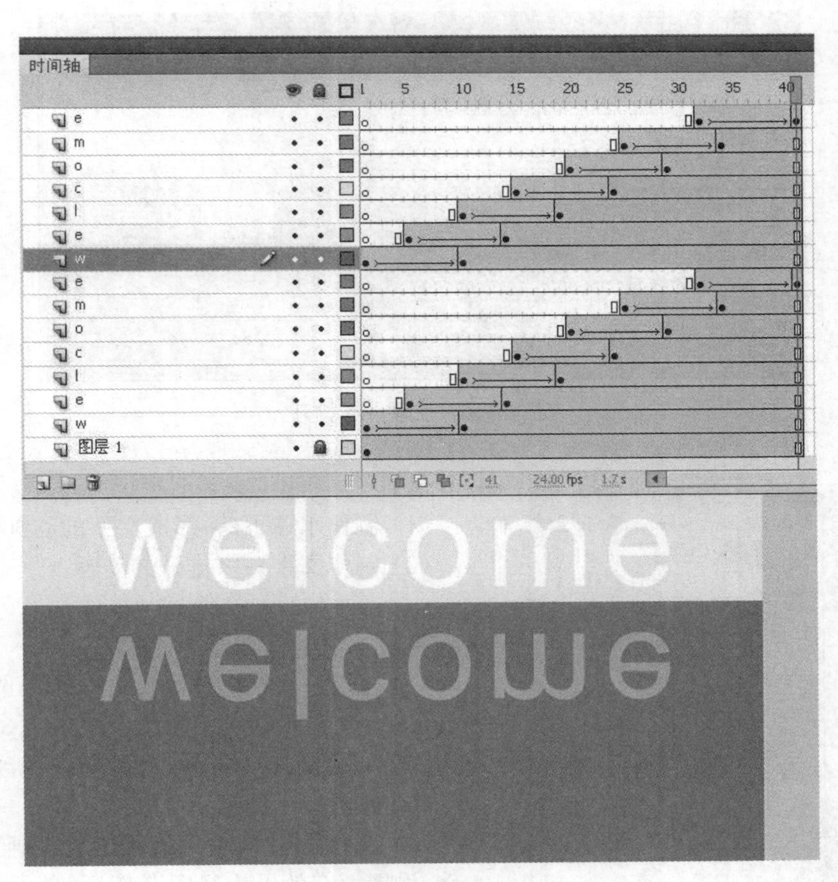

图 4-3-30　最终效果图

（14）测试动画，保存作品。

4.3.4 初露锋芒——江南水乡

设计结果

水珠下落,形成江、南、水、乡四个字,随后四个文字一字排开,效果如图 4-3-31、4-3-32 所示。

图 4-3-31 水珠下落形成文字

图 4-3-32 文字一字排开

设计思路

(1) 制作水珠下落,形成文字的动画。

(2) 制作文字一字排开的动画。

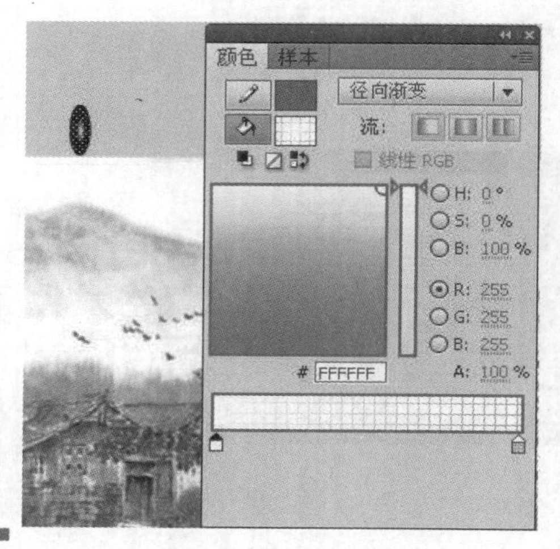

图 4-3-33 绘制水珠

操作提示

(1) 创建一个新的 Flash 文档,选择类型为 ActionScript 3,设置舞台大小为 800×350 像素,背景为白色。将图片"4.3.4a.jpg"导入舞台。

(2) 在图层 1 的第 100 帧插入帧。

(3) 新建图层 2,使用椭圆工具在画布上方绘制水珠,设置填充效果为径向渐变,颜色由白色到白色透明,如图 4-3-33 所示。

(4) 选择图层 2 的第 1 帧,创建传统补间;选择第 15 帧，将水珠垂直下移，完成水珠下落的动画，如图 4-3-34 所示。

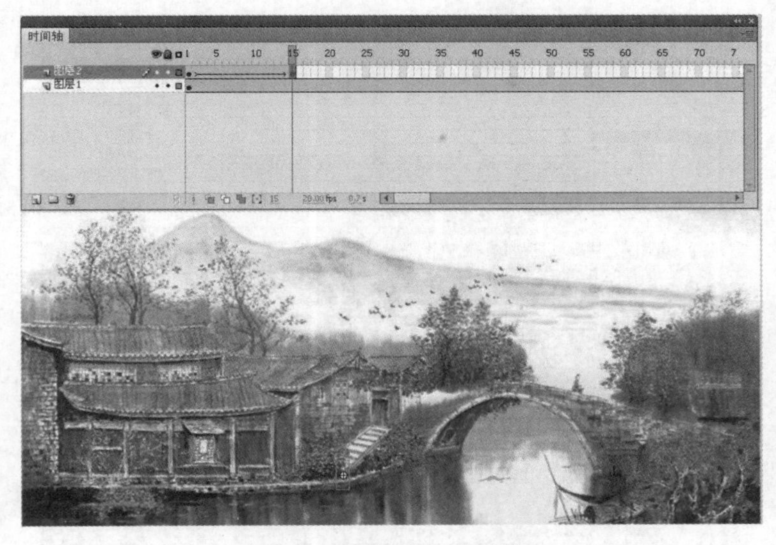

图 4-3-34　水珠下落动画

(5) 选择图层 2 第 1 到第 15 帧的动画，复制并粘贴到第 16、31、46 帧，如图 4-3-35 所示。

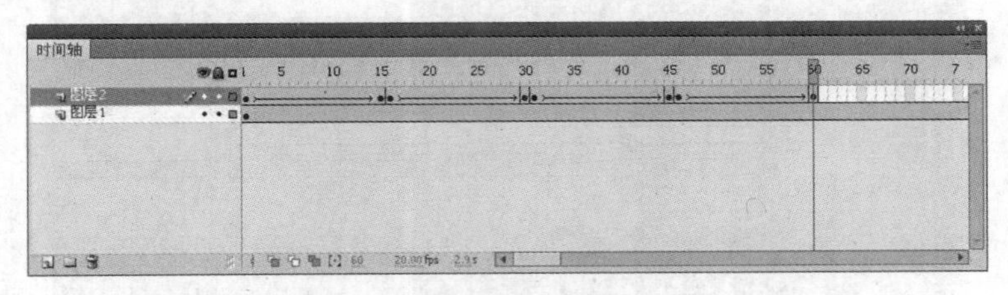

图 4-3-35　复制动画

(6) 新建图层 3，在第 16 帧插入关键帧，使用椭圆工具在水珠下落处绘制一个笔触色为＃996633，填充色为白色的正圆，在圆上方输入文字“江”。

(7) 同时选择圆和文字，打开“对齐”面板，点击“水平中齐”，“垂直中齐”，使两个对象中心对齐，如图 4-3-36 所示。

图 4-3-36　对齐对象

(8) 新建图层 4、图层 5、图层 6，分别在第 31 帧、第 46 帧、第 61 帧插入关键帧；将图层 3

的第 16 帧复制粘贴到这三帧；使用文本工具将文字内容分别调整为“南”、“水”、“乡”，如图 4-3-37 所示。

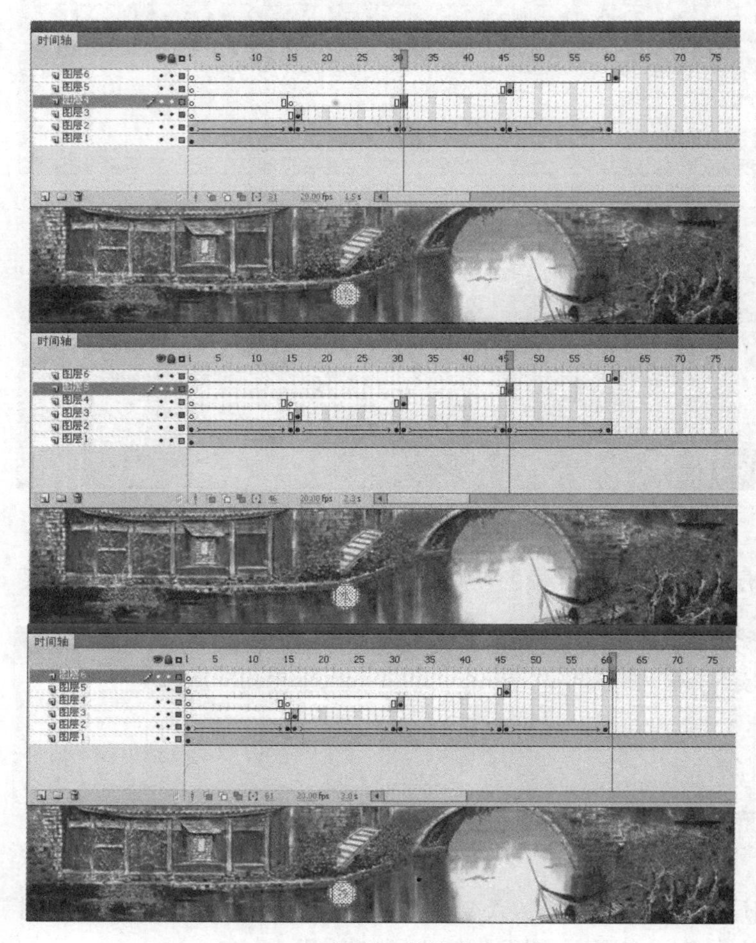

图 4-3-37　调整每帧的文字内容

(9) 同时选择图层 3、4、5、6 的第 75 帧，插入关键帧，创建传统补间。

(10) 同时选择图层 3、4、5、6 的第 90 帧，插入关键帧，分别调整文字的水平位置，使其一字排开；打开“对齐”面板，点击“水平平均间隔”，使四个文字间的间距相等，如图 4-3-38 所示。

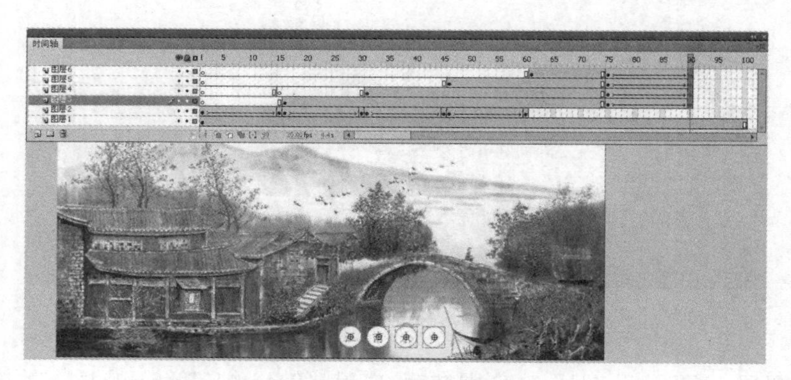

图 4-3-38　移动文字并调整间距

（11）同时选择图层3、4、5、6的第100帧，插入帧。

（12）测试动画，保存作品。

4.4　3D旋转和平移对象

4.4.1　知识点和技能

Flash CS5中的3D旋转工具和3D移动工具可以使影片剪辑元件在3维空间中进行旋转和移动。

1. 3D旋转工具：

红色轴线代表X轴，绿色轴线代表Y轴，蓝色轴线代表Z轴；可以通过旋转轴线实现3D旋转效果，亦可在变形面板中直接输入旋转度数，如图4-4-1所示。

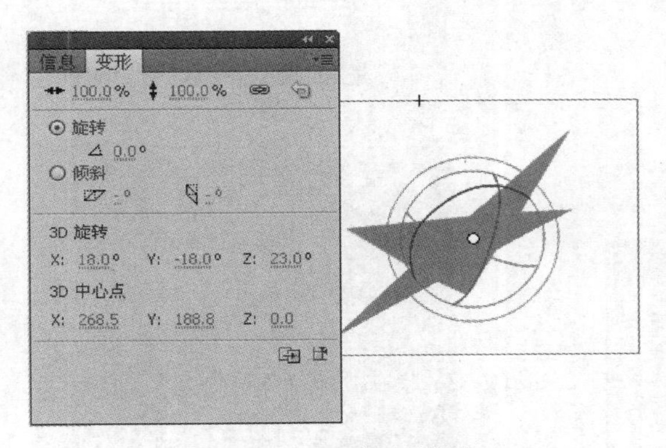

图4-4-1　3D旋转设置

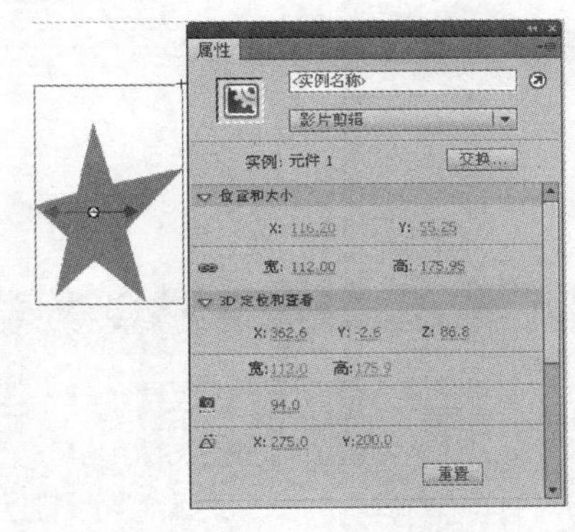

图4-4-2　3D移动设置

2. 3D移动工具：

红色轴代表X轴，绿色轴代表Y轴，蓝色轴代表Z轴，可以通过拖动轴线改变对象在3维空间中的位置，也可在属性面板中输入坐标值，如图4-4-2所示。

4.4.2　范例——中秋快乐

设计结果

大门缓缓打开，中秋快乐4个字逐渐显现，效果如图4-4-3所示。

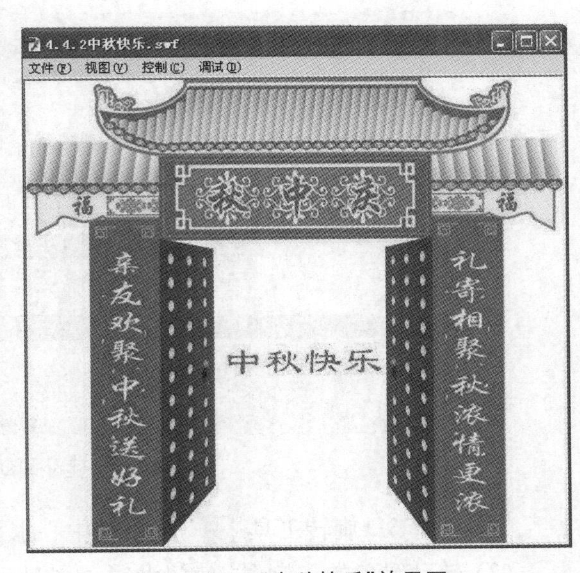

图4-4-3　"中秋快乐"效果图

设计思路

（1）利用3D旋转工具制作大门缓缓打开的动画。

（2）制作中秋快乐文字出现的动画。

Step1 我们首先要进行的工作是将图片导入到不同的图层。

(1) 创建一个新的 Flash 文档,选择类型为 ActionScript3,设置舞台大小为 512×458 像素,背景色为白色。

(2) 将素材图"4.4.2a.jpg"导入到舞台。

(3) 新建图层 2,选择第 1 帧,将素材图"4.4.2b.jpg"导入到舞台。按 F8,将图片转换成影片剪辑元件,名称为"门",如图 4-4-4 所示。

(4) 新建图层 3,选择第 1 帧,从库中将影片剪辑"门"拖入舞台并水平翻转,如图 4-4-5 所示。

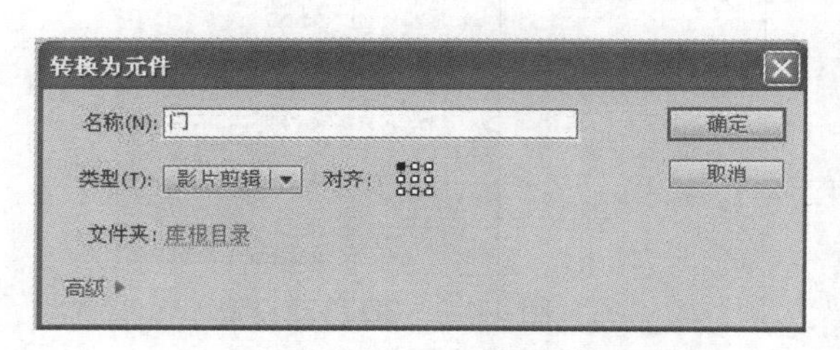

图 4-4-4 转换为影片剪辑

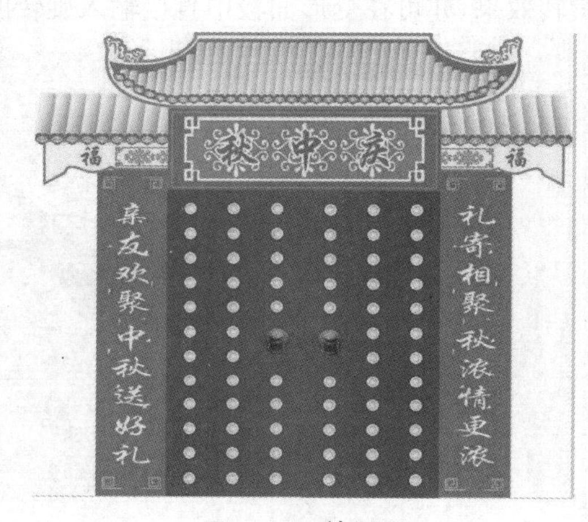

图 4-4-5 效果图

Step2 接下来,我们就来制作 3D 旋转效果。

(1) 选择图层 2 的第 1 帧,创建补间动画;通过拖拉的方式将动画长度延长到 40 帧,如图 4-4-6 所示。

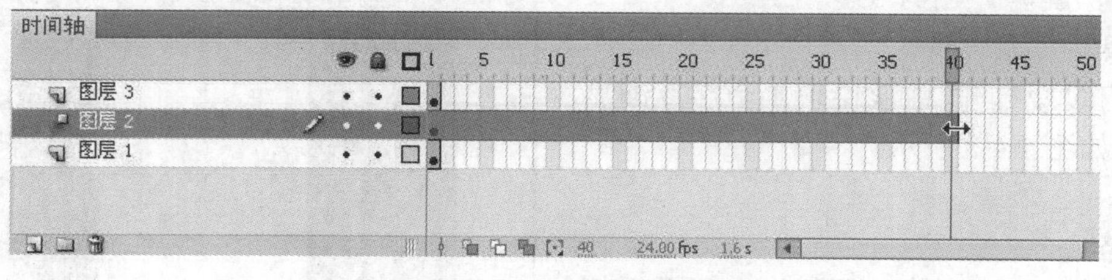

图 4-4-6 创建补间动画并调整动画长度

(2) 选择 3D 旋转工具 ,将旋转中心水平移到门的左侧,如图 4-4-7 所示。

(3) 转动绿色的 Y 轴线,使门沿着 Y 轴转动 90 度,如图 4-4-8 所示。

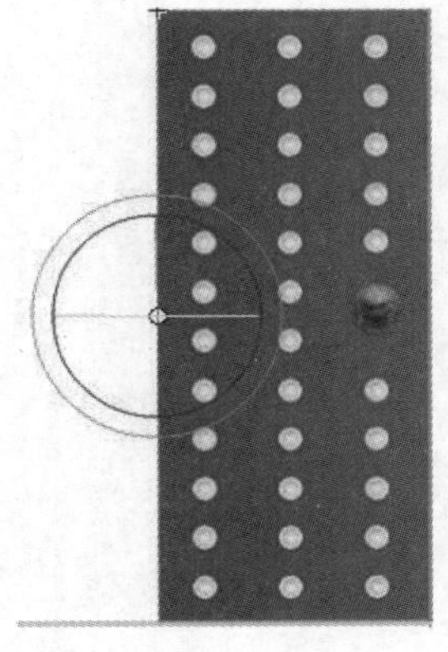

图 4-4-7　调整旋转中心

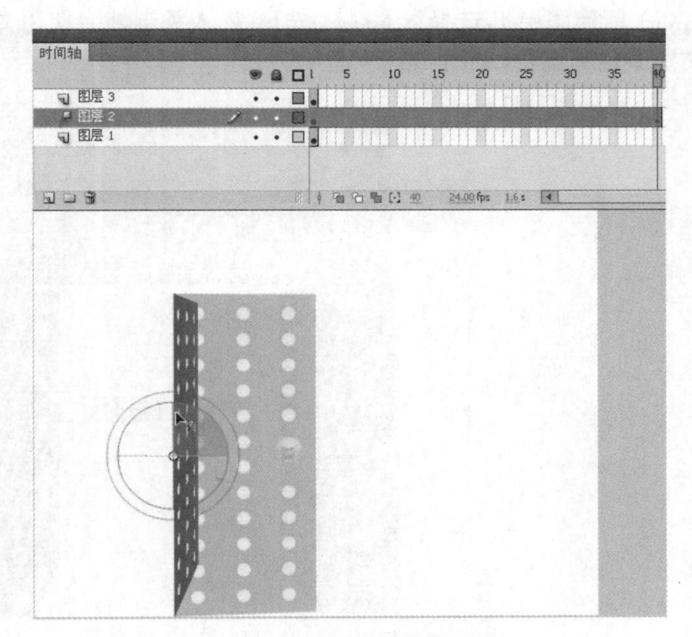

图 4-4-8　沿 Y 轴旋转 90 度

(4) 完成图层 3 中门旋转动画的制作,如图 4-4-9 所示。

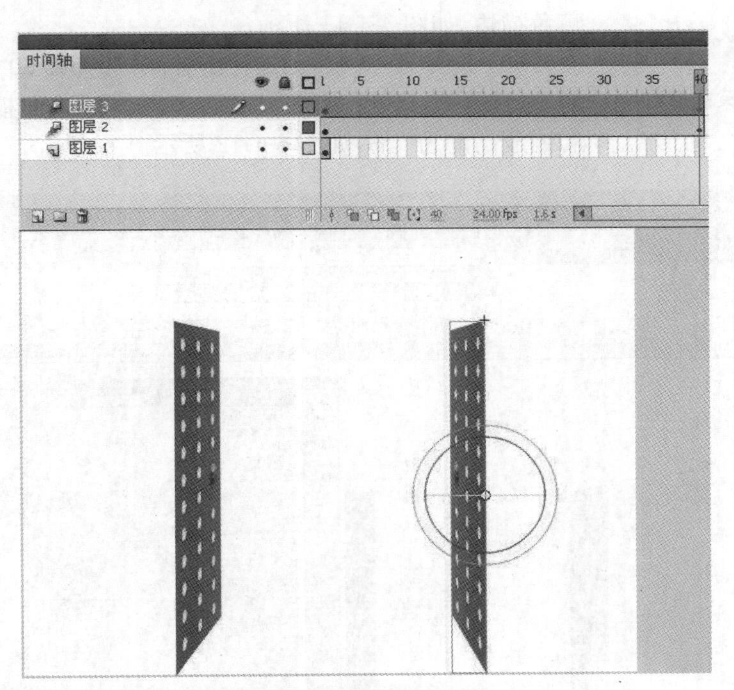

图 4-4-9　另半扇门的旋转动画

Step3　最后,我们来制作文字动画。

（1）新建图层 4，选择第 60 帧，按 F6 插入关键帧。使用文本工具输入文字“中秋快乐”，设置文字颜色为红色，如图 4-4-10 所示。

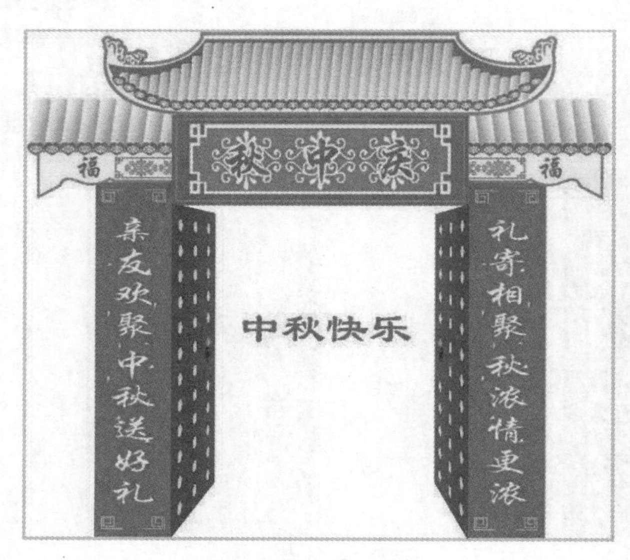

图 4-4-10　输入文字

图 4-4-11　添加黄色描边

（2）按 Ctrl＋B 两次，分离文字，使用墨水瓶工具为文字添加黄色描边，如图 4-4-11 所示。

（3）选择第 40 帧，创建传统补间；选择第 60 帧，按 F6 插入关键帧；选择第 40 帧，按 Ctrl＋T，打开“变形”面板，设置缩放宽度和缩放高度为 0%，如图 4-4-12 所示。

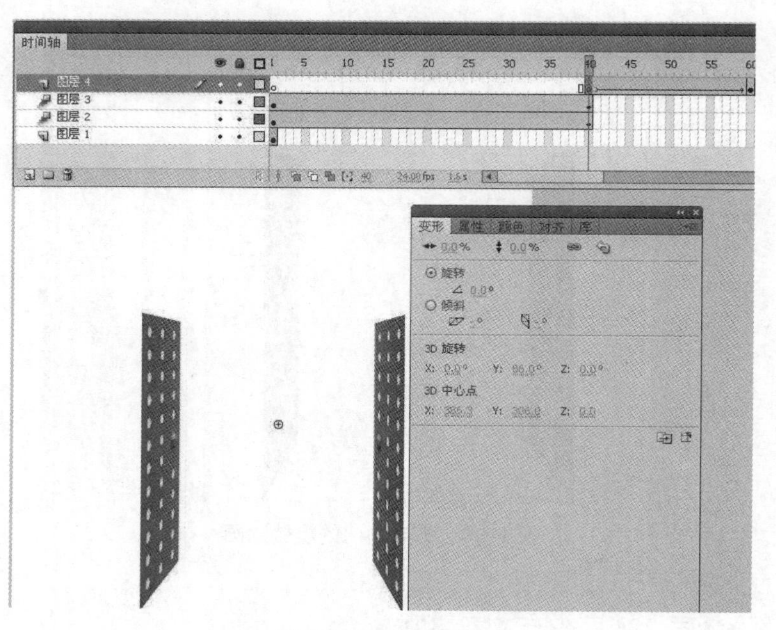

图 4-4-12　文字动画

（4）选择图层 1、2、3 的第 60 帧，按 F5 插入帧。

（5）测试动画，保存作品。

4.4.3 小试身手——科技之光

设计结果

光线自左向右扫过，科技之光四个文字依次显现随后逐渐消失，如图 4-4-13 所示。

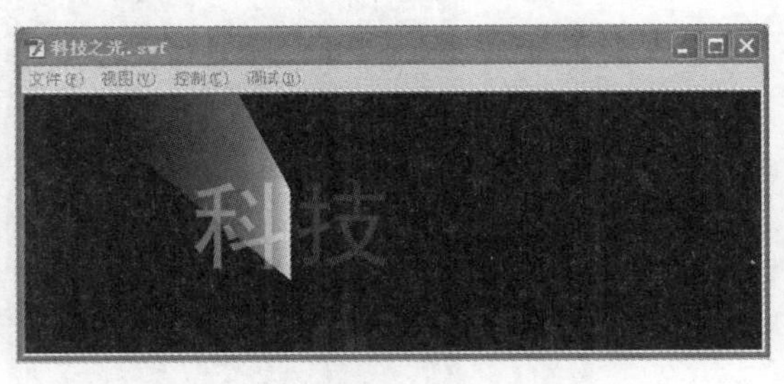

图 4-4-13 “科技之光”效果图

设计思路

（1）利用 3D 旋转工具绘制光线。

（2）利用 3D 移动工具制作光线扫过动画。

（3）制作文字显现和消失动画。

操作提示

（1）创建一个新的 Flash 文档，选择类型为 ActionScript3，设置舞台大小为 550×200 像素，背景色为黑色。

（2）使用文本工具输入文字“科技之光”，字体为黑体，颜色为白色。

（3）按 Ctrl+B，分离文字并分散到图层，如图 4-4-14 所示。

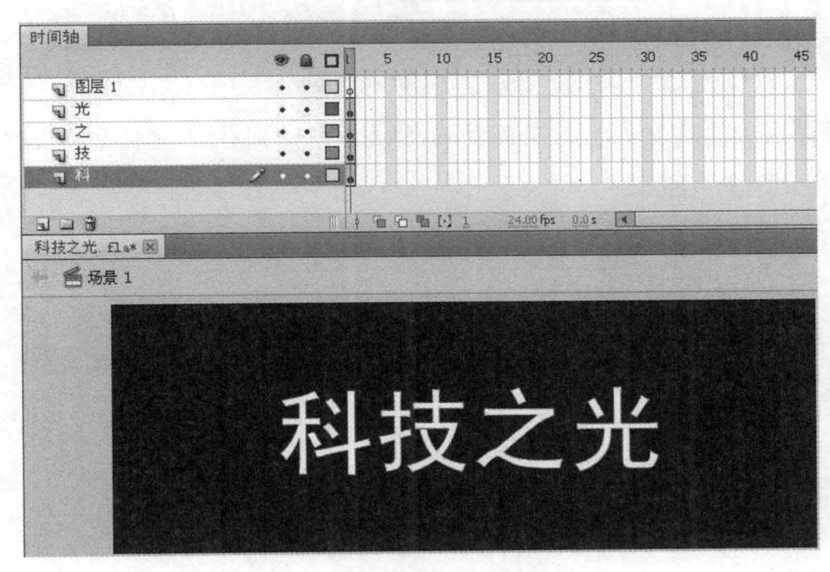

图 4-4-14 将文字分散到图层

（4）按 Ctrl+F8，新建影片剪辑元件，取名为“光线”。

（5）使用矩形工具绘制一个矩形，设置笔触色为无，填充效果为线性渐变，颜色从白色到白色透明，如图 4-4-15 所示。

（6）返回场景 1，选择图层 1 的第 1 帧，将影片剪辑“光线”从库中拖至舞台，在“变形”面板和“属性”面板中分别设置 3D 沿 Y 轴旋转度数为－100，“透视角度”为 130，如图 4-4-16 所示。

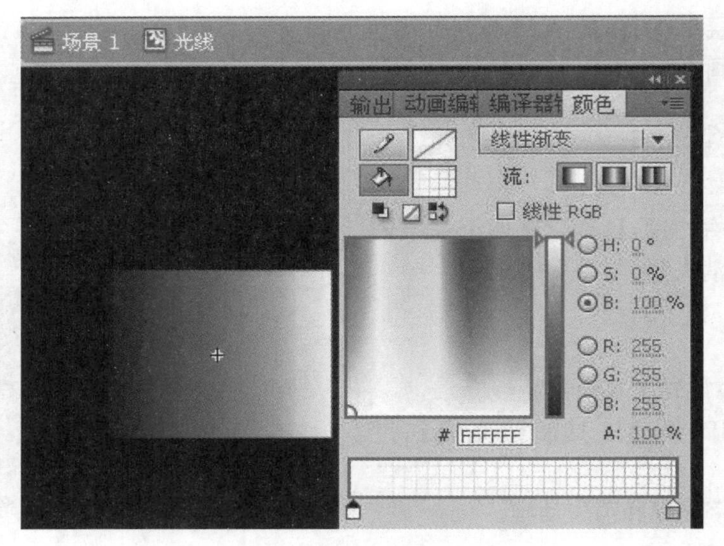

图 4-4-15　绘制光线

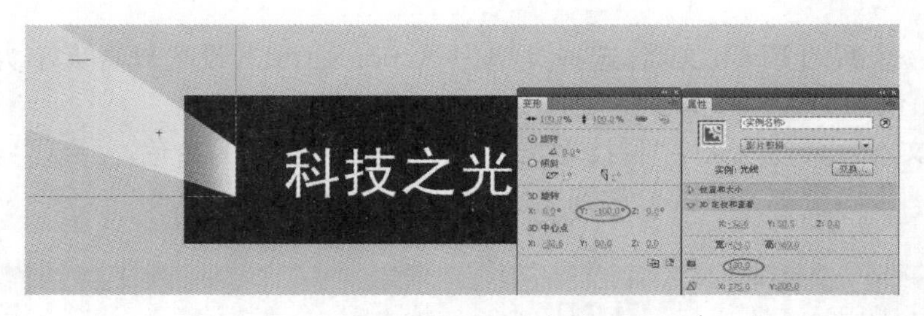

4-4-16　设置 3D 参数

(7) 选择图层 1 的第 1 帧，创建补间动画，将光线移动到右侧，延长动画长度到 70 帧，如图 4-4-17 所示。

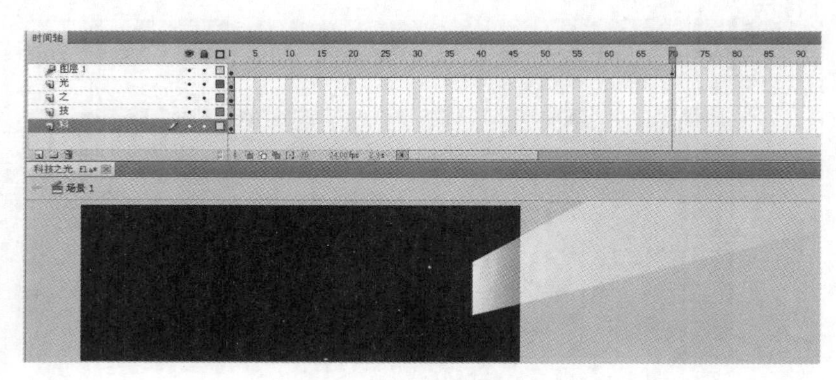

图 4-4-17　光线扫过动画

(8) 将图层“科”的第 1 帧移至第 11 帧，创建传统补间；在第 22 帧插入关键帧。

(9) 选择第 11 帧的“科”字，展开“属性”面板，在“色彩效果”中设置 Alpha 值为 0；复制第 11 帧粘贴到第 33 帧，完成“科”字随光线显现和消失的动画，如图 4-4-18 所示。

(10) 完成其他三个字随光线显现和消失的动画，如图 4-4-19 所示。

(11) 测试动画，保存作品。

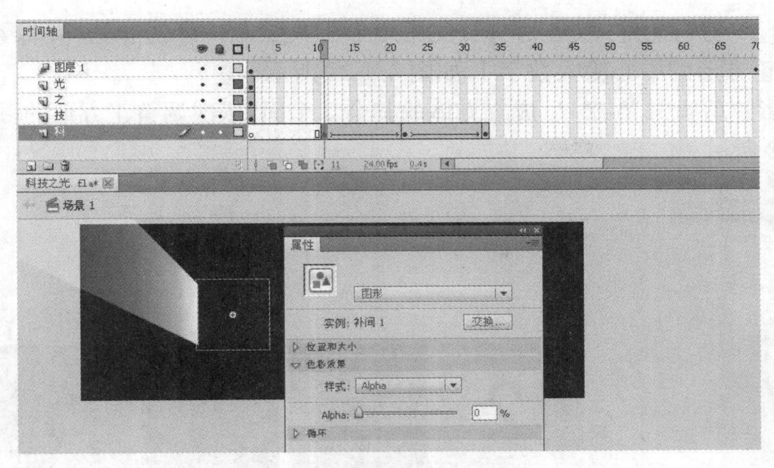

图 4-4-18 “科”字动画

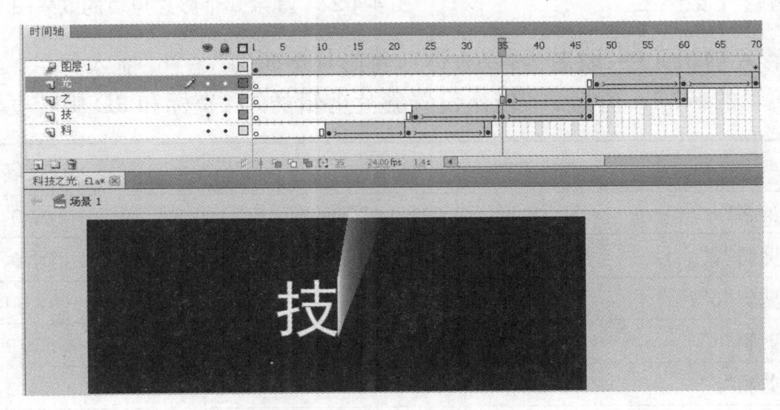

图 4-4-19 动画效果

4.4.4 初露锋芒——滚动的正方体

设计结果

各面印有数字的立方体不断地滚动，效果如图 4-4-20 所示。

图 4-4-20 “滚动的正方体”效果图

设计思路

(1) 创建影片剪辑，绘制立方体的 6 个面。

(2) 通过设置 6 个面的 3D 坐标和旋转角度形成立体效果。

(3) 制作立方体旋转效果。

操作提示

(1) 创建一个新的 Flash 文档，选择类型为 ActionScript 2，设置舞台大小为 400×400 像素，背景为白色。

（2）新建影片剪辑元件，取名为“1”，使用矩形工具绘制一个边长为 70 像素的正方形，使用文本工具在正方形的中心输入数字 1，如图 4-4-21 所示。

（3）复制影片剪辑“1”5 次，生成立方体的其余 5 个面，依次调整正方形的颜色和上方的数字，如图 4-4-22 所示。

图 4-4-21　影片剪辑“1”效果图

图 4-4-22　其余 5 个影片剪辑的效果图

（4）新建影片剪辑元件，取名为“立方体”，将影片剪辑“1”～“6”拖入舞台。展开“属性”面板，设置影片剪辑的 Alpha 值为 70，依次设置影片剪辑的 3D 坐标和 3D 旋转度数，如下所示：

	3D 坐标	3D 旋转度数
影片剪辑“1”	(0, 0, 70)	(0, 0, 0)
影片剪辑“2”	(0, 0, −70)	(0, 0, 0)
影片剪辑“3”	(−70, 0, 0)	(0, 90, 0)
影片剪辑“4”	(70, 0, 0)	(0, −90, 0)
影片剪辑“5”	(0, −70, 0)	(90, 0, 0)
影片剪辑“6”	(0, 70, 0)	(−90, 0, 0)

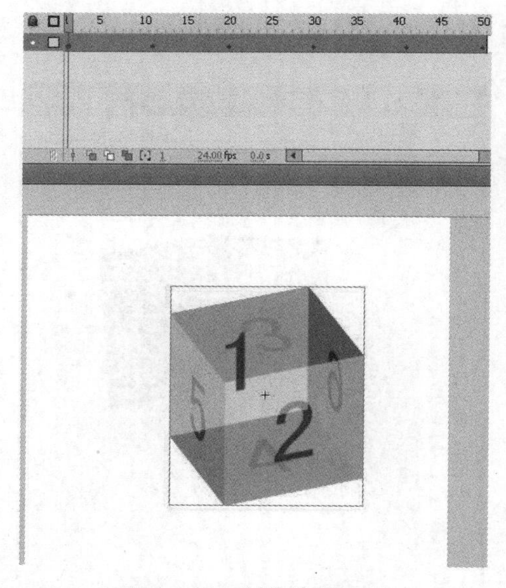

图 4-4-23　制作旋转动画

（5）返回场景 1，将影片剪辑“立方体”拖入舞台，右击第 1 帧，插入创建补间动画，依次在第 10、20、30、40、50 帧插入关键帧，使用 3D 旋转工具对立方体进行自由旋转，如图 4-4-23 所示。

（6）测试动画，保存作品。

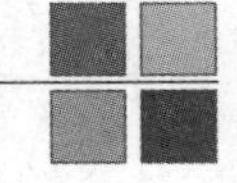

第 5 章 基本动画

5.1 传统文本

5.1.1 知识点和技能

Flash 包括两种文本引擎(传统文本、TLF 文本),这两种文本引擎又分别包括不同的文本,TLF 类型文本类型包括只读、可选、可编辑;传统文本的类型包括静态文本、动态文本、输入文本。在这一章节中,我们一起来具体了解一下传统文本的使用方法,用传统文本来制作一些实例。

5.1.2 范例——文字特效

设计结果

设计一个文字特效,使文字的出现具有速度和效果,最终效果如图 5-1-1 所示。

图 5-1-1 “文字特效”效果图

设计思路

(1) 利用绘图工具画出花的形态。
(2) 制作花旋转的动画。
(3) 绘制速度线,制作线条的补间动画。
(4) 制作文字补间动画。

范例解题引导

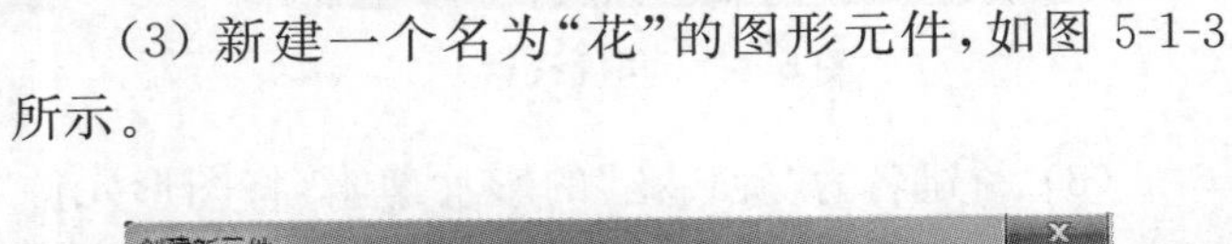

Step1 首先我们一起来完成背景及花朵旋转的动画。

(1) 创建一个新的 Flash 文档,设置舞台大小为 6000×400 像素,背景为黑色。

(2) 使用矩形工具,设置笔触为无,填充类型为线性渐变,颜色分别为 #02B3FD、#BCEBFE,在场景中绘制一个与舞台同样大小的矩形,如图 5-1-2 所示。

图 5-1-2 绘制渐变背景

(3) 新建一个名为“花”的图形元件,如图 5-1-3 所示。

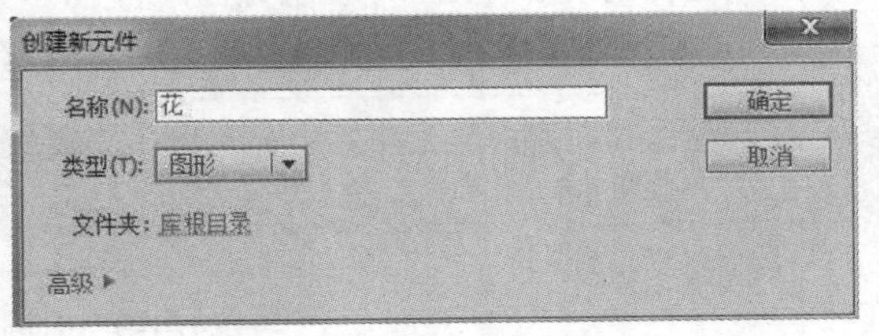

图 5-1-3 创建图形

(4) 进入元件的编辑状态，选择钢笔工具，将笔触颜色设置为白色，绘制如图 5-1-4 所示图形。

(5) 设置填充颜色为白色，调整颜色面板中的 Alpha 值为 40，使用颜料桶工具对图形进行填充，最后删除描边，效果如图 5-1-5 所示。

(6) 选中图形，按 F8 将其转换为图形元件。使用变形工具选中绘制图形，将旋转中心点移动到舞台的中心，如图 5-1-6 所示。

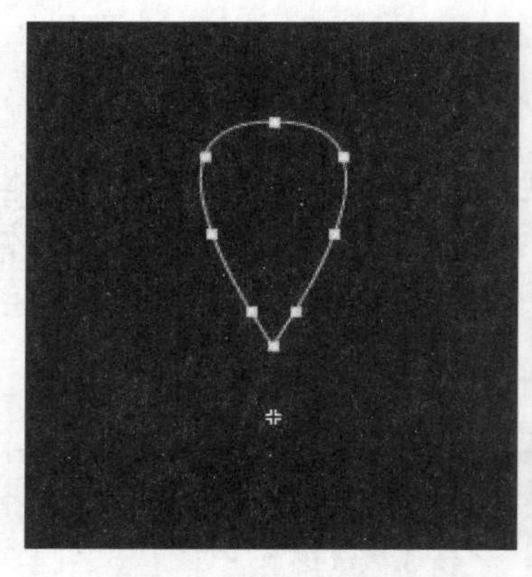

图 5-1-4　钢笔工具绘制图形

图 5-1-5　填充颜色

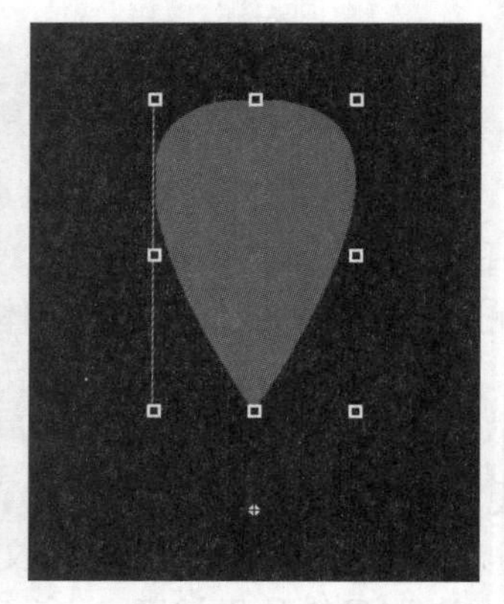

图 5-1-6　移动中心点位置

(7) 打开“变形”面板，在旋转属性中，设置旋转角度为 60 度，然后点击面板下方“重制选区和变形”按钮，如图 5-1-7 所示。连续复制图形，直到形成一朵花，如图 5-1-8 所示。

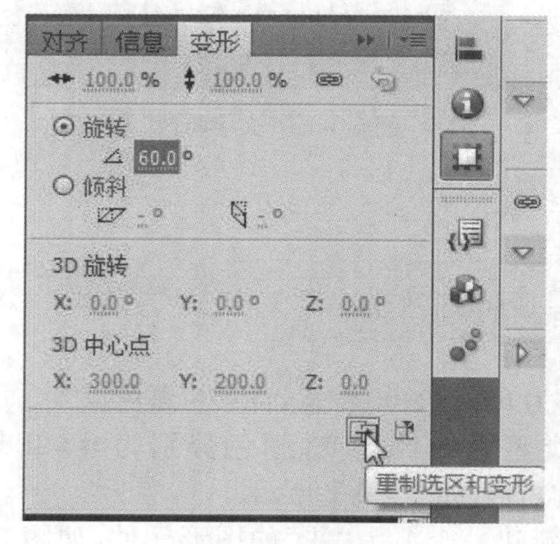

图 5-1-7　角度设置

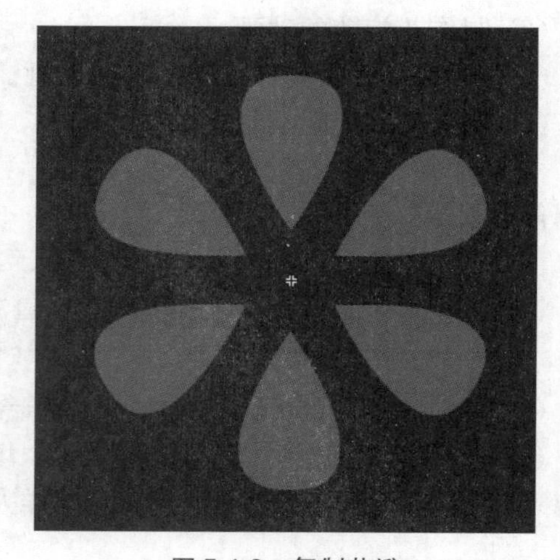

图 5-1-8　复制花瓣

(8) 新建名为“旋转花”的影片剪辑，将图形元件“花”拖到影片剪辑中，并与舞台中心对齐。在第 95 帧按 F6 插入关键帧，并在第一帧创建传统补间。时间轴如图 5-1-9 所示。

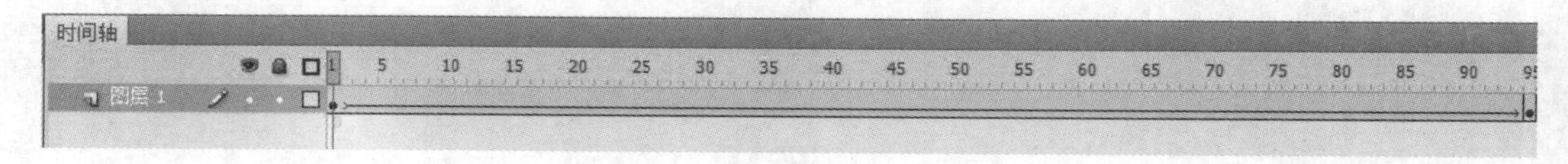

图 5-1-9　时间轴示意图

(9) 打开“属性”面板，设置补间属性中旋转参数为顺时针 1 次，如图 5-1-10 所示。

(10) 回到场景中，将影片剪辑“旋转花”拖动到场景中，并调整大小，分别放在画面的左下角与右上角，并延长至 50 帧，如图 5-1-11 所示。

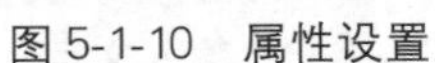

图 5-1-10　属性设置

图 5-1-11　影片剪辑位置

Step2　下面我们一起来制作带速度线的文字出现的效果。

(1) 新建一个名为“线条”的图形元件。

(2) 使用椭圆工具绘制一个椭圆，并设置填充类型为线性渐变，颜色为从透明到白色再到透明，如图 5-1-12 所示。

(3) 使用 Ctrl+C 复制椭圆，按 Ctrl+V 粘贴，并调整大小和位置，效果如图 5-1-13 所示。

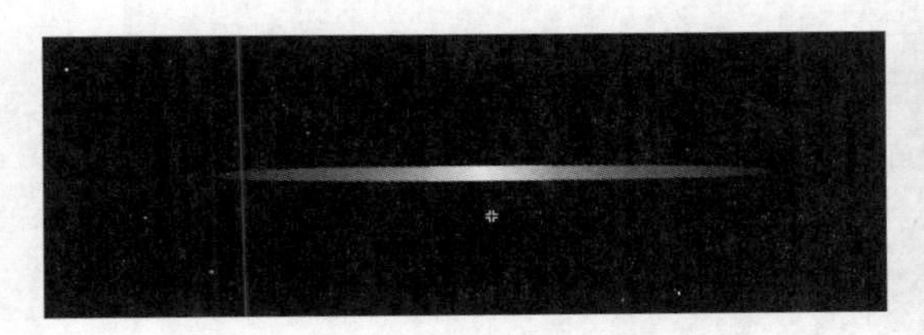

图 5-1-12　绘制速度线

图 5-1-13　复制速度线

(4) 回到场景，新建图层，将“线条”图形元件拖动到场景，放置在如图 5-1-14 所示位置。

图 5-1-14　第 1 帧线条位置

(5) 在第 4 帧按 F6 插入关键帧，并移动线条至如图 5-1-15 所示位置，在第一帧创建传统补间动画。

(6) 选择第 5 帧，插入空白关键帧。选择文本工具，设置字体为黑体，颜色为白色，大小 70 点，在如图 5-1-16 位置输入文字“动”。

图 5-1-15 第 4 帧线条位置

图 5-1-16 输入文字

(7) 选中文字，按 F8 将其转换为图形元件，并延长至 50 帧。

(8) 重复步骤(4)～(7)，在新建图层的第 6 帧开始，制作文字“画”的进入动画，时间轴如图 5-1-17 所示，画面效果如图 5-1-18 所示。

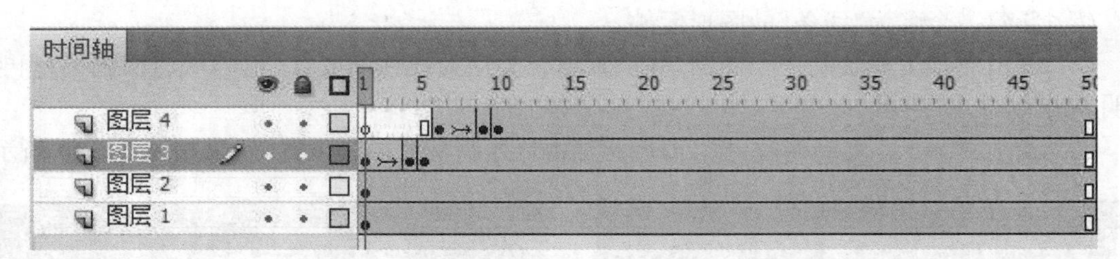

图 5-1-17 时间轴示意图

图 5-1-18 文字动画

(9) 完成剩余“制”、“作”两字动画的制作，时间轴如图 5-1-19 所示。

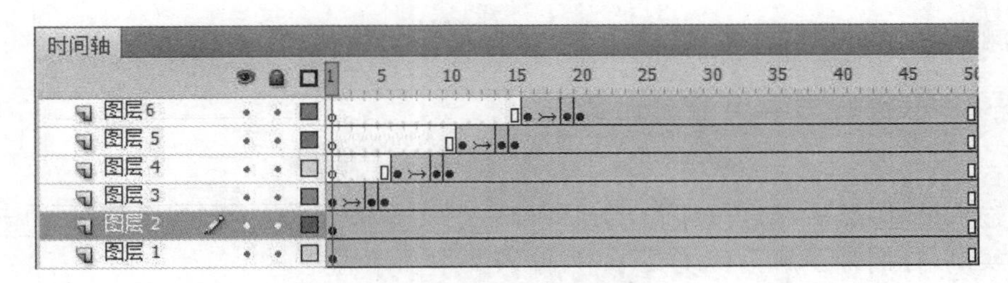

图 5-1-19　时间轴示意图

Step3　文字进入画面的动画完成后，我们接着为文字制作各自的动画特效。

(1) 选择“动”字所在图层，分别在第 26 帧、第 29 帧、第 32 帧处按 F6 插入关键帧。

(2) 选择第 29 帧，打开“变形”面板，点击“约束”按钮，将宽度设置为 200，如图 5-1-20 所示。同时设置属性栏 Alpha 值为 45，如图 5-1-21 所示。

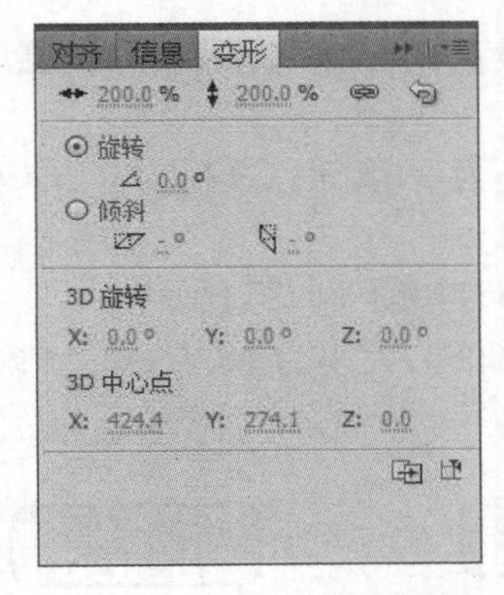

图 5-1-20　“变形”面板设置

图 5-1-21　透明度设置

(3) 分别在第 26 帧和第 29 帧创建传统补间动画，时间轴如图 5-1-22 所示。

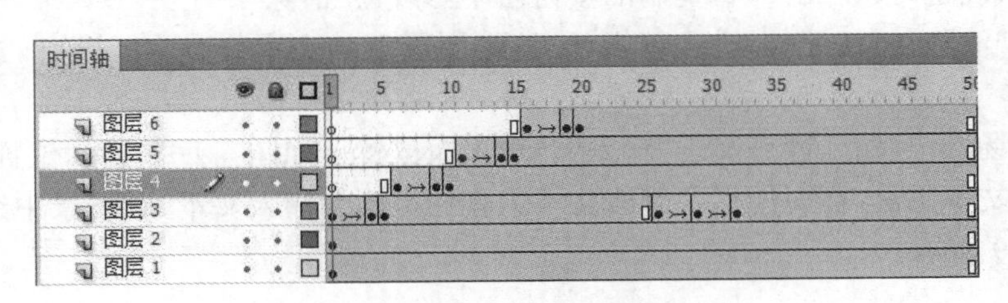

图 5-1-22　时间轴示意图

(4) 分别制作其余文字的动画效果，时间轴如图 5-1-23 所示。

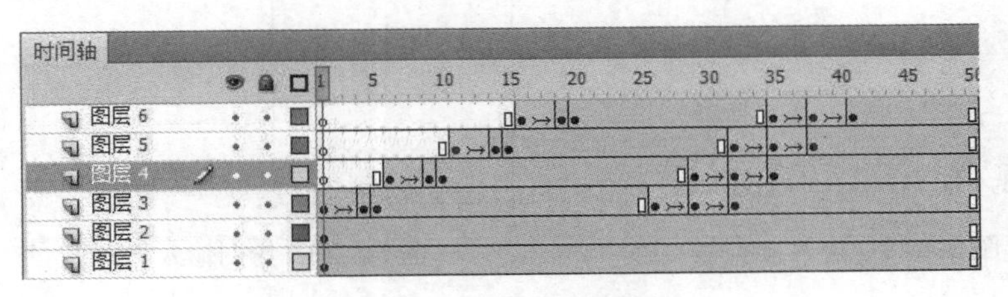

图 5-1-23　时间轴示意图

（5）测试动画，并以文件名“文字特效.fla”保存。

5.1.3 小试身手——输入和输出

设计结果

用户输入信息，然后通过按钮输出到另外一个文本框。通过这个实例，我们来了解下传统文本中，输入文本和动态文本的使用，效果图如图 5-1-24 所示。

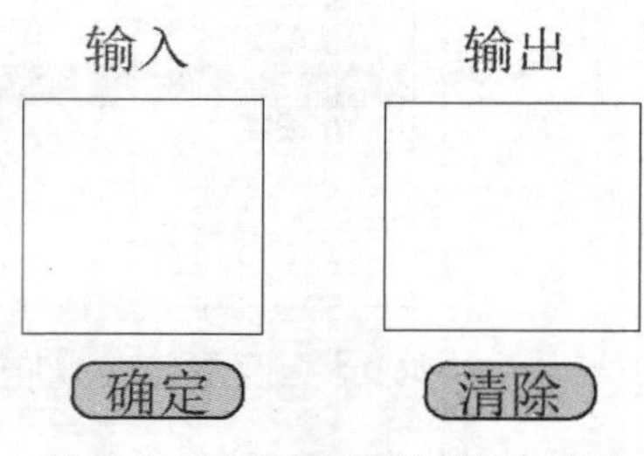

图 5-1-24 “输入和输出”效果图

设计思路

（1）新建按钮元件，制作两个按钮。

（2）创建输入文本和动态文本框，并在按钮上添加脚本语言。

操作提示

（1）创建一个新的 Flash 文档，设置舞台大小为 550×400 像素，背景为白色。

（2）新建立一个名为“确定”的按钮元件。

（3）选择矩形工具，将笔触颜色设置为黑色，大小为 2，填充色选择为＃CCCCCC，绘制一个圆角矩形，使其与舞台中心对齐。

（4）按 F6 插入关键帧，设置填充颜色为＃FFFF33，如图 5-1-25 所示。

（5）新建图层 2，选择文本工具，设置颜色为＃000066，大小为 35 点，输入“确定”两字，并使其与舞台中心对齐，如图 5-1-26 所示。

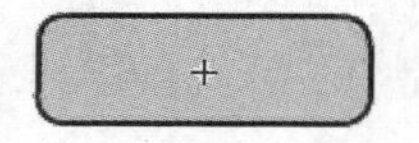
图 5-1-25 修改填充色

确定

图 5-1-26 输入文字

清除

图 5-1-27 修改文本

（6）复制“确定”按钮元件，将复制的按钮名字修改为“清除”。

（7）双击“清除”按钮元件，进入编辑状态，将图层 2 的文本修改为“清除”，最终效果如图 5-1-27 所示。

（8）回到场景中，输入静态文本“输入”、“输出”，放置于如图 5-1-28 所示位置。

（9）选择文本工具，在属性栏中修改文本工具的类型为输入文本，在场景中绘制输入文本框，如图 5-1-29 所示。

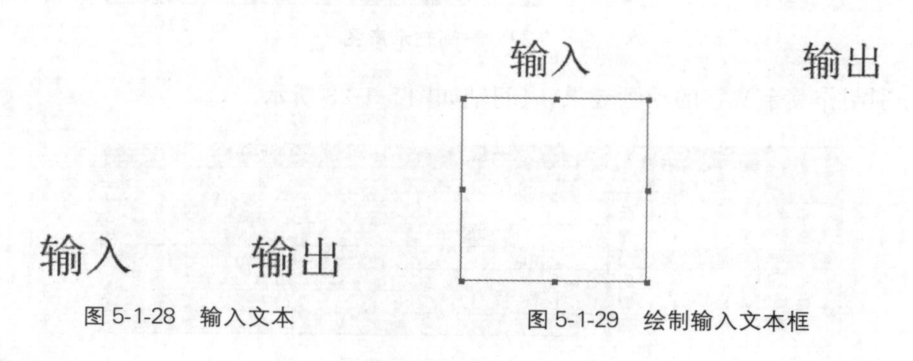

图 5-1-28 输入文本　　图 5-1-29 绘制输入文本框

（10）然后对文本框进行属性设置，设置文字大小为35点，颜色为#000066，同时显示边框，并修改变量名称为“input”，如图5-1-30所示。

（11）重复第（9）步操作，将文本类型修改为动态文本，并在场景中绘制动态文本框。

（12）设置动态文本框属性，将变量修改为“output”，其余属性均与图5-1-30一致。

（13）将确定按钮与清除按钮从库中拖到场景中，放置在如图5-1-31所示位置。

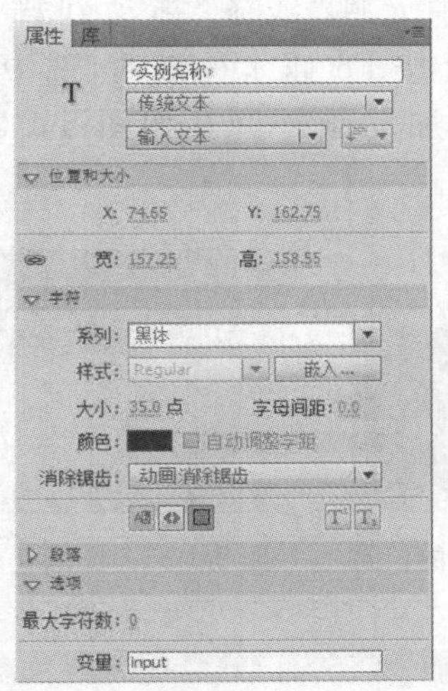

图5-1-30 设置文本属性

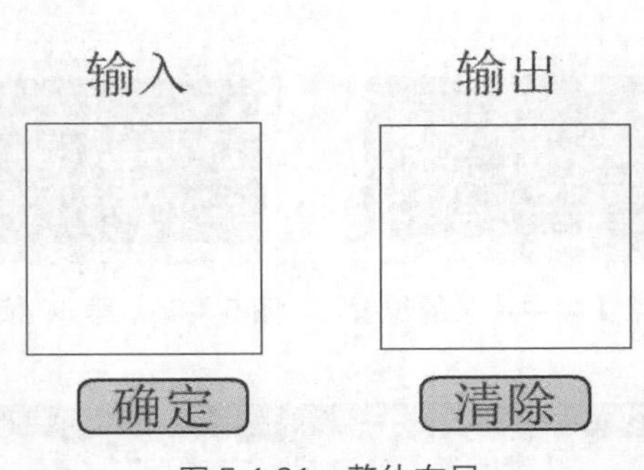

图5-1-31 整体布局

（14）选中确定按钮，按F9打开“动作”面板，在面板中输入如下代码：

```
on (press) {
    output=input;
}
```

（15）选中清除按钮，按F9打开“动作”面板，在面板中输入如下代码：

```
on (press) {
  input="";
  output="";
}
```

（16）测试影片并以文件名“输入和输出.fla”保存。

5.1.4 初露锋芒——动感文字

设计结果

设计制作动感的文字，如图5-1-32所示。

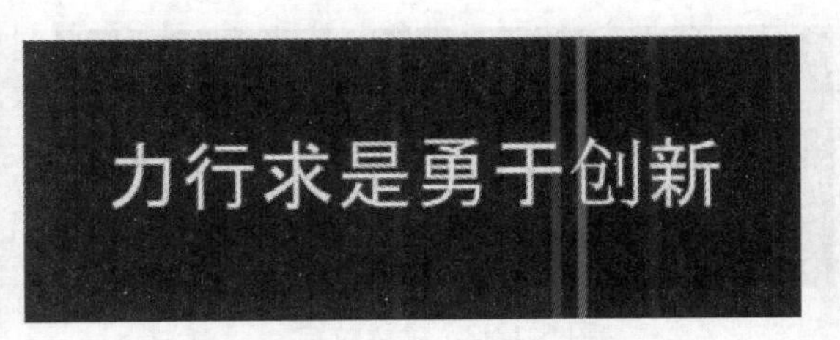

图5-1-32 “动感文字”效果图

设计思路

（1）利用矩形工具制作背景。

（2）制作各种线条的出现效果。

（3）制作文字的出现效果。

（4）制作文字的消失效果。

图 5-1-33　绘制“线条”元件

操作提示

(1) 创建一个新的 Flash 文档,设置舞台大小为 400×150 像素,背景为黑色。

(2) 创建图形元件“线条”,使用矩形工具绘制,如图 5-1-33 所示。

(3) 返回到主场景中,将库中元件“线条”拖动到舞台中,将其 Alpha 值设置为 50。在第 10 帧处按 F6 插入关键帧,选中第 10 帧中的线条移动位置,选择第 1 帧添加动画补间。如图 5-1-34～5-1-37 所示。

图 5-1-34　第 1 帧中线条的位置

图 5-1-35　第 10 帧中线条的位置

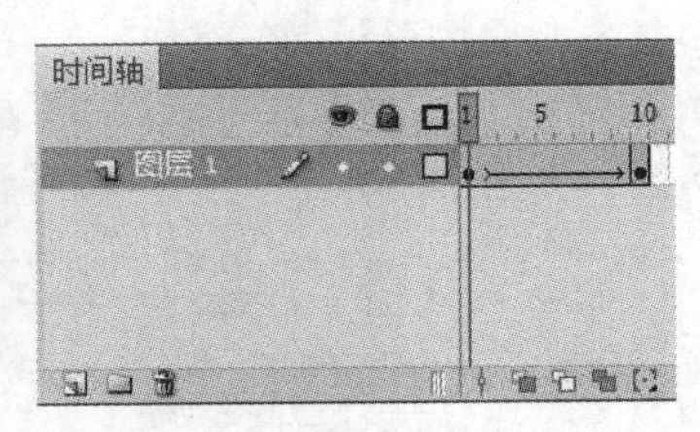

图 5-1-36　图层 1 的动画设置

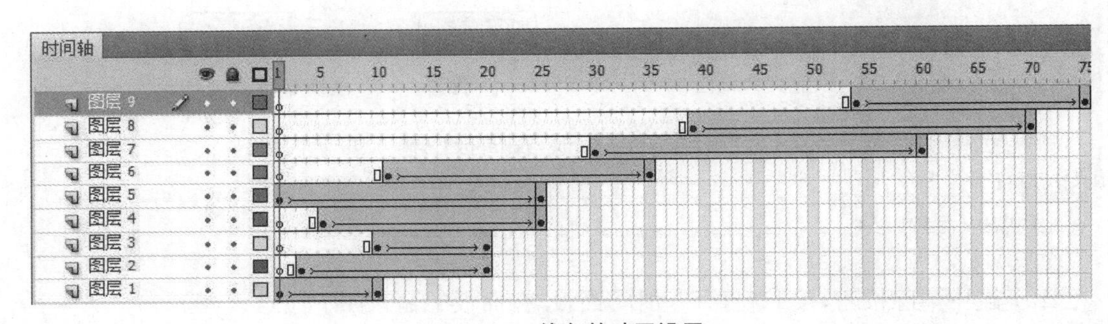

图 5-1-37　线条的动画设置

小贴士

我们可以多设计几个线条的运动动画,设置不同的线条粗细、ALPHA 值、起始帧结束帧等,这样效果会更好喔!

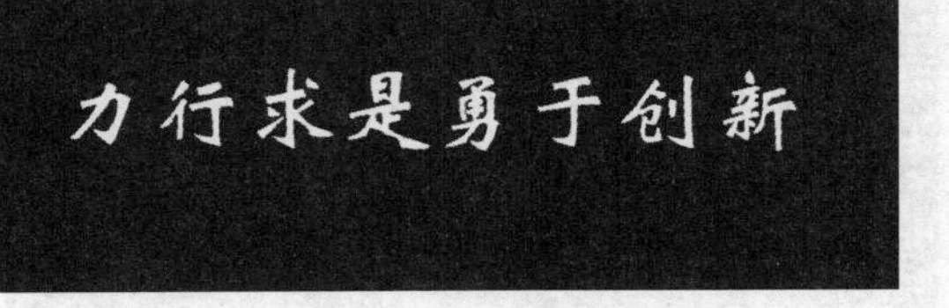

图 5-1-38　输入文字

(4) 建立新图层 10,使用文本工具输入“力行求是　勇于创新”,字体为华文新魏,字号为 40,颜色为白色,如图 5-1-38 所示。

(5) 执行“修改/分离”命令,将文字分离成单个文字,单击鼠标右键,选择“分散到图层”,并将原来的图层 10 删除,如图 5-1-39 所示。

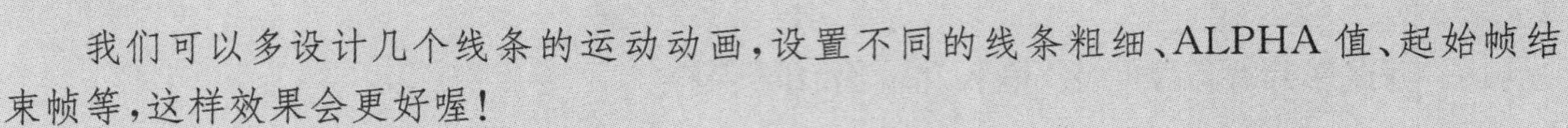

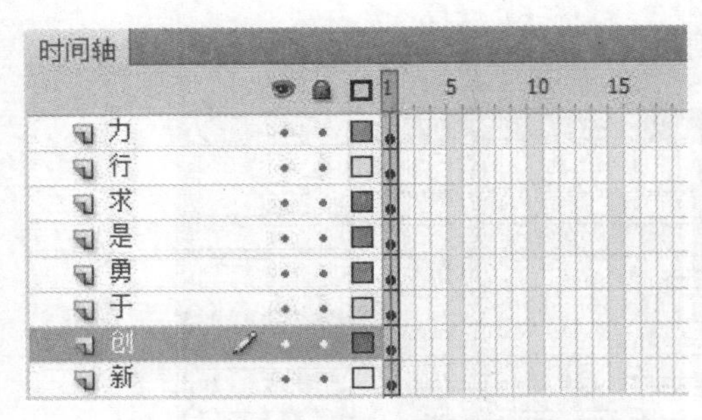

图 5-1-39　将文字分散到图层

图 5-1-40　“力行求是”动画设置

（6）选择“力”图层，在第 10 帧处按 F6 处插入关键帧，选择第 1 帧中的文字向上移动，添加传统动画补间，顺时针旋转一次。

（7）选择“行”图层，把第 1 帧移动到第 5 帧处，在第 15 帧处按 F6 处插入关键帧，选择第 5 帧中的文字向上移动，添加动画补间，顺时针旋转一次。以此类推，设置“求”、“是”图层的文字动画，如图 5-1-40 所示。

（8）选择“勇”图层，把第 1 帧移动到第 25 帧处，在第 35 帧处按 F6 处插入关键帧，选择第 35 帧中的文字向下移动，添加动画补间，逆时针旋转一次。以此类推，设置“于”、“创”、“新”图层的文字动画，如图 5-1-41 所示。

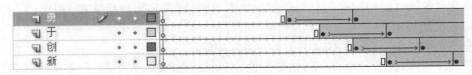

图 5-1-41　“勇于创新”动画设置

（9）在每个文字图层的第 50、60 帧分别按 F6 插入关键帧，如图 5-1-42 所示。

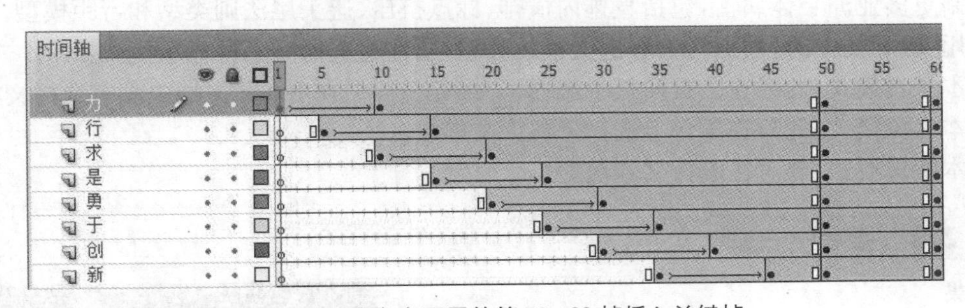

图 5-1-42　在文字图层的第 50、60 帧插入关键帧

（10）将鼠标指向第 60 帧的位置，选中文字“力行求是”，移动到舞台的左边不可见区域，选中文字“勇于创新”，移动到舞台的右边不可见区域，如图 5-1-43 所示。

图 5-1-43　第 60 帧的文字位置

(11) 在每个文字图层的第 50 帧处分别添加动画补间，如图 5-1-44 所示。

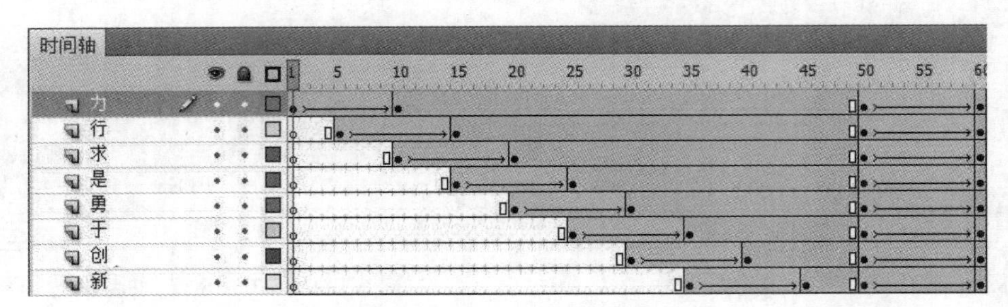

图 5-1-44　创建动画补间

(12) 测试动画，并以文件名“动感文字.fla”保存。

5.2　TLF 文本

5.2.1　知识点和技能

从 Flash CS5 使用了新文本引擎——文本布局框架(TLF)。TLF 支持更多丰富的文本布局功能和对文本属性的精细控制。与以前的文本引擎(现在称为传统文本)相比，TLF 文本可加强对文本的控制。

与传统文本相比，TLF 文本提供了下列增强功能：

更多字符样式，包括行距、连字、加亮颜色、下划线、删除线、大小写、数字格式及其他。

更多段落样式，包括通过栏间距支持多列、末行对齐选项、边距、缩进、段落间距和容器填充值。

控制更多亚洲字体属性，包括直排内横排、标点挤压、避头尾法则类型和行距模型。

使用 TLF 文本时，根据当前所选文本的类型，属性检查器有三种显示模式：

文本工具模式：此时在工具面板中选择了文本工具，但在 Flash 文档中没有选择文本。

文本对象模式：此时在舞台上选择了整个文本块。

文本编辑模式：此时在编辑文本块。

5.2.2　范例——3D 文字

设计结果

设计一段炫目的 3D 文字，如图 5-2-1 所示。

设计思路

(1) 创建 TLF 文本，设置其属性。

(2) 创建动画，制作透视效果。

图 5-2-1　“3D 文字”效果图

范例解题引导

Step1 首先我们先导入背景图片,同时来创建 TLF 文本,并设置其属性。

(1) 创建一个新的 Flash 文档,设置舞台大小为 500×296 像素,背景为白色。

(2) 导入素材文件"5. 2-2a. jpg"并将其调整至与舞台一样大小,相对舞台居中对齐。

(3) 新建一个名称为"文字"的影片剪辑元件。

(4) 进入元件的编辑状态,选择文本工具,将字体设为 Arial,颜色设置为白色,如图 5-2-2 所示。

(5) 在舞台上输入几段大写英文字母,添加外发光效果,文字效果如图 5-2-3 所示,属性设置如图 5-2-4 所示。

属性
库
T
实例名称
TLF 文本
可选
位置和大小
3D 定位和查看
字符
系列: Arial
样式: Regular
嵌入...
大小: 57.0 点
行距: 120
%
颜色:
字距调整: 0
加亮显示:
字距调整: 自动
消除锯齿: 可读性
旋转: 自动

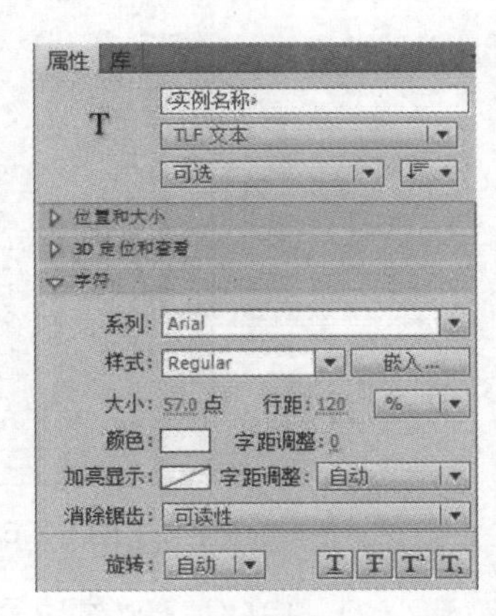

图 5-2-2 设置文本工具属性

YOU ARE BETTER
IT IS WONDERFUL
LET US COME ON!
YOU ARE BETTER
IT IS WONDERFUL
LET US COME ON!
YOU ARE BETTER
IT IS WONDERFUL
LET US COME ON!

图 5-2-3 文字效果

滤镜
属性
值
发光
模糊 X
12 像素
模糊 Y
12 像素
强度
185 %
品质
低
颜色
挖空
内发光

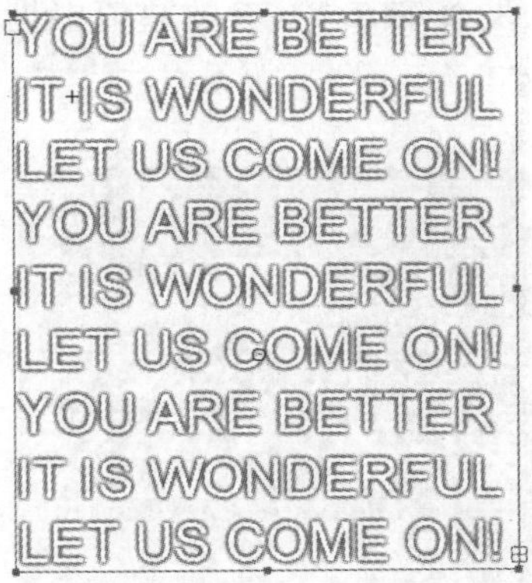

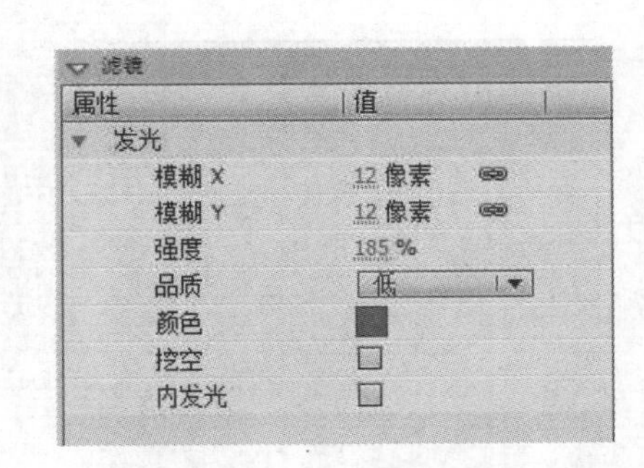

图 5-2-4 滤镜属性设置

Step2 接着我们来制作文字的 3D 动态效果。

(1) 回到场景 1,新建图层 2,将"文字"元件拖到舞台中,放置在如图 5-2-5 所示位置。

YOU ARE BETTER
IT IS WONDERFUL
LET US COME ON!

图 5-2-5 拖入文字

二维动画制作 Flash CS5

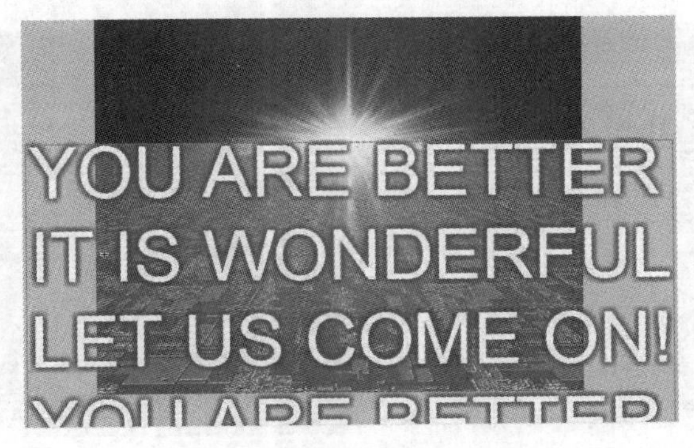

（2）选中文字元件，打开“变形”面板，修改3D旋转选项中X轴的值为－60，如图5-2-6所示，文字效果如图5-2-7所示。

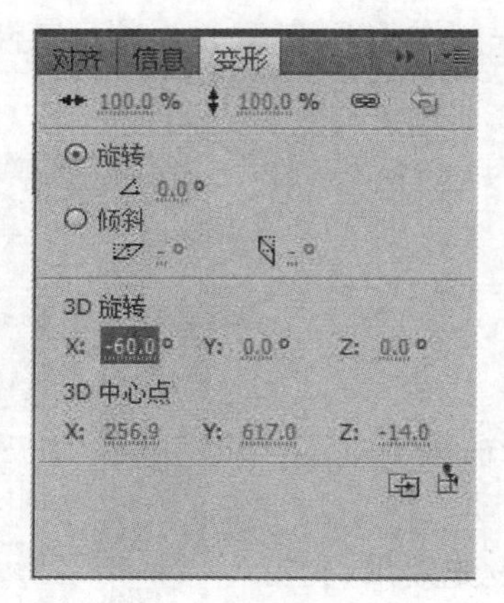

图5-2-6　3D旋转

图5-2-7　文字效果

（3）打开“属性”面板，选择“3D定位和查看”，修改Y轴参数，参数数值根据具体情况而定，属性设置如图5-2-8所示，文字效果如图5-2-9所示。

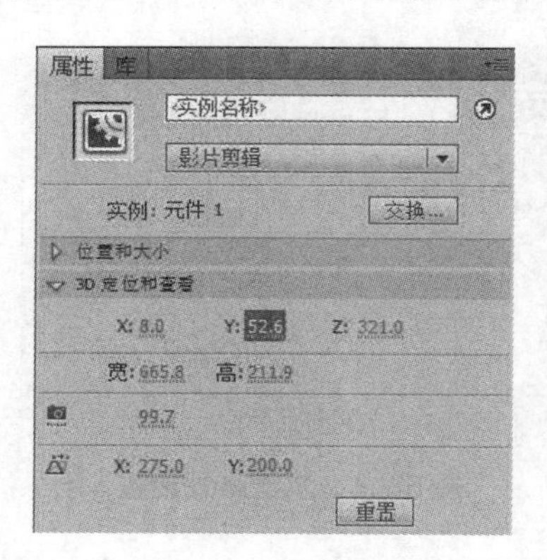

图5-2-8　属性设置

图5-2-9　文字效果

（4）将图层1延长至50帧，选择图层2第1帧，创建补间动画。选择图层2的第50帧，修改“3D定位和查看”面板中Z轴参数，使文字产生向内移动的效果，参数设置如图5-2-10所示。同时上下移动文字，使文字的上端始终与背景的水平线重合，效果如图5-2-11所示。

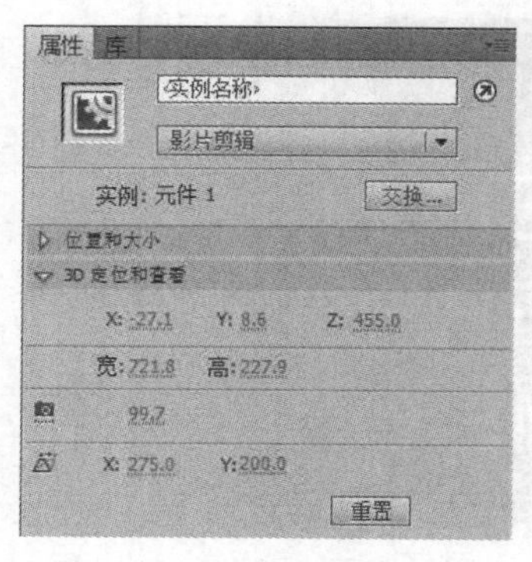

图5-2-10　属性设置

图5-2-11　第50帧效果

（5）测试动画，并以文件名“3D文字.fla”保存。

5.2.3 小试身手——电子小报

设计结果

利用TLF文本制作一张电子小报，效果如图5-2-12所示。

图5-2-12 “电子小报”效果图

设计思路

（1）导入小报背景图片。

（2）使用TLF文本进行页面文字排版。

（3）为页面加入引导层动画。

操作提示

（1）创建一个新的Flash文档，设置舞台大小为467×600像素，背景为绿色#00CC00。

（2）导入素材文件夹中“5.2-3a.jpg”文件，使其与舞台中心对齐。

（3）新建图层2，选择文本工具，在属性栏中设置文本属性为TLF文本。在舞台中拖动鼠标绘制如图5-2-13所示文本框。

（4）使用选择工具点击上面的文本框两侧任意小方框，然后移动鼠标至下面的文本框，可发现在鼠标的右下角出现链接标识，这时点击鼠标左键，可将两个文本框进行链接，如图5-2-14所示。

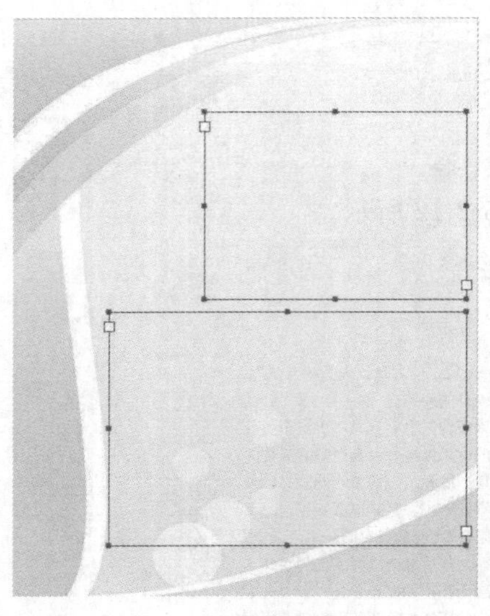

图 5-2-13　绘制文本框

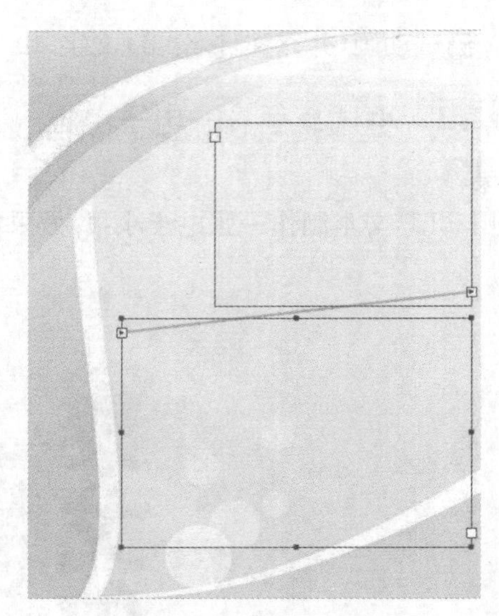

图 5-2-14　链接文本框

(5) 打开素材文件夹中"5.2-3b.txt"文件,复制记事本中的所有文字,然后使用文本工具在上面的文本框中单击鼠标右键粘贴文字,最后调整文本框大小,使所有文字都能清楚显示,如图 5-2-15 所示。

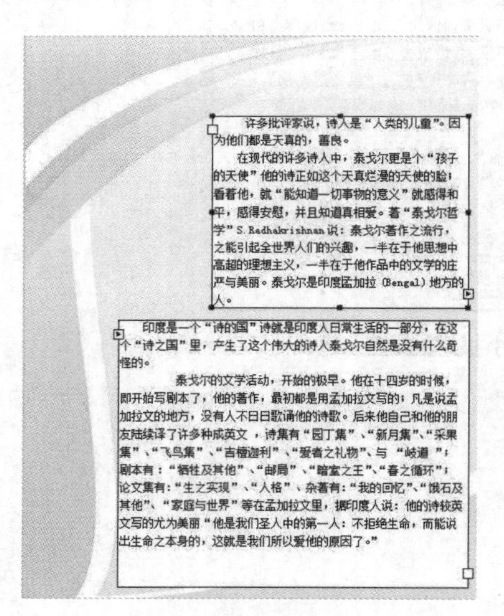

图 5-2-15　粘贴文字

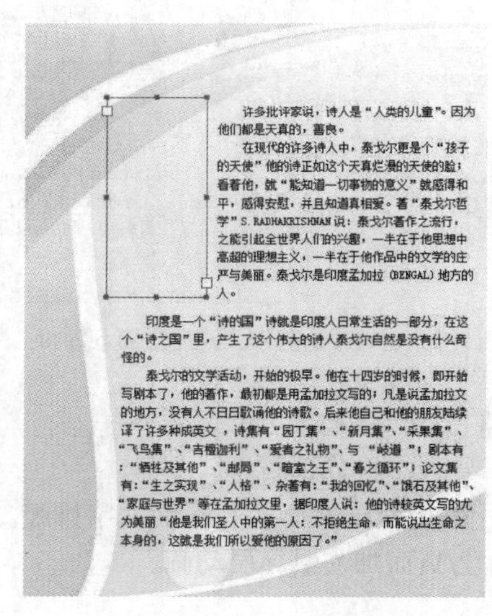

图 5-2-16　绘制文本框

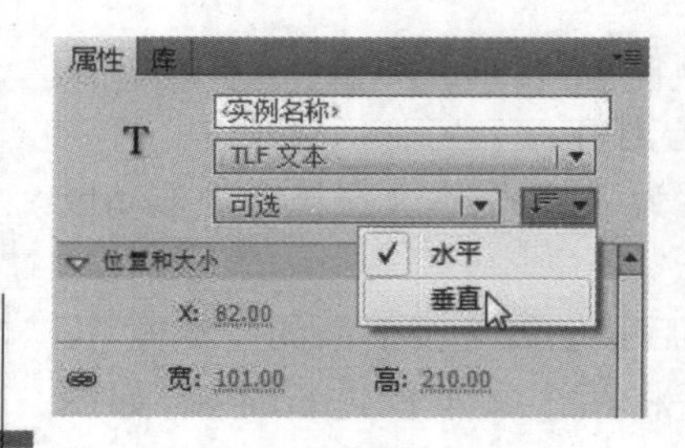

图 5-2-17　设置文本方向

(6) 全选所有文字,设置字体为宋体,大小为 12 点,颜色为黑色。打开"段落"属性面板,设置其左缩进 2 字符。

(7) 选择文本工具,在画面上绘制如图 5-2-16 所示文本框。

(8) 使用文本工具在文本框内输入"泰戈尔",设置文本方向为垂直,如图 5-2-17 所示。

(9) 设置文字字体为黑体,大小为 70 点,颜色为

#006600。打开“滤镜”选项，为文字添加阴影滤镜，参数设置如图 5-2-18 所示，文字最终效果如图 5-2-19 所示。

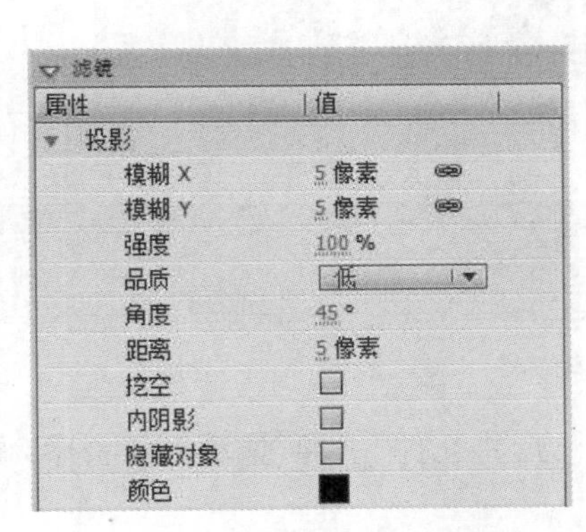

图 5-2-18　滤镜属性设置

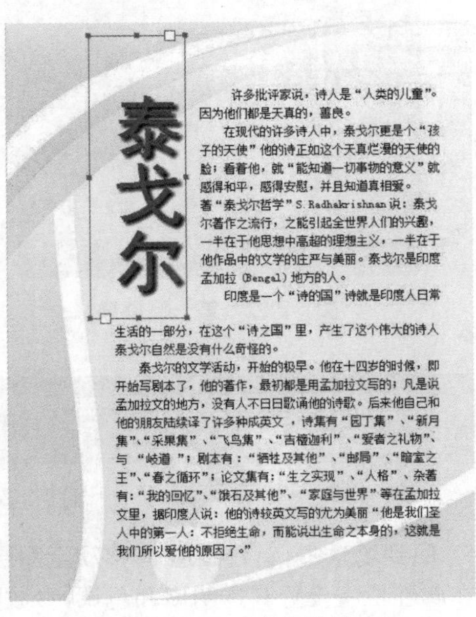

图 5-2-19　文字效果

(10) 新建一个名为“圆”的图形元件，在场景中心绘制一个白色的正圆，如图 5-2-20 所示。

(11) 新建一个名为“引导”的影片剪辑，将刚刚绘制的图形文件“圆”从库中拖动到舞台中心。

(12) 新建图层 2，选择铅笔工具，设置笔触颜色为黑色，修改工具栏铅笔的状态为平滑，在画面上绘制一条如图 5-2-21 所示曲线，最后延长图层 2 至 100 帧。

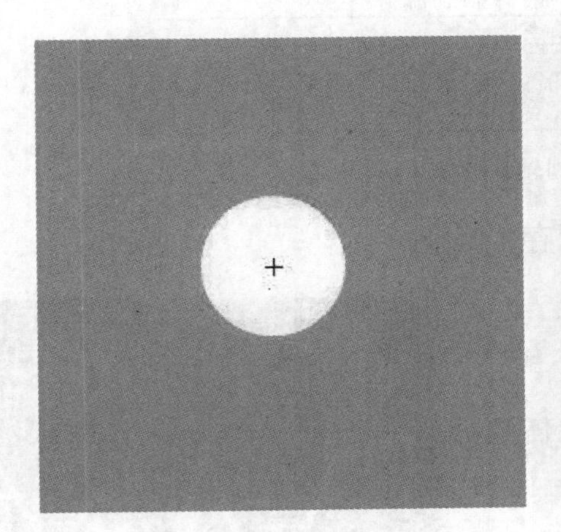

图 5-2-20　绘制正圆

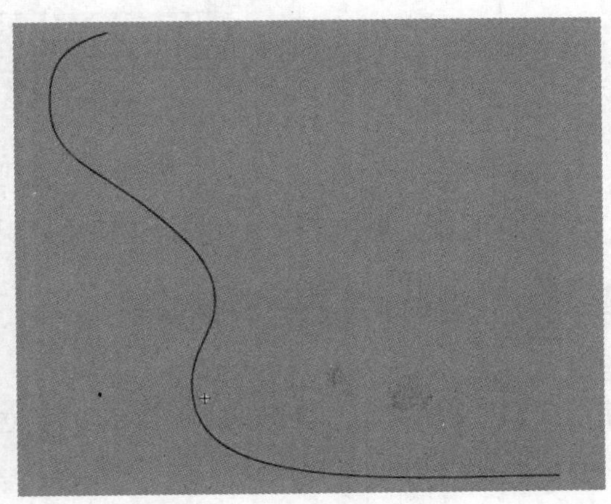

图 5-2-21　绘制引导层

(13) 选择图层 1 第 1 帧，将圆的中心点与路径的起点重合，如图 5-2-22 所示。在图层 1 的 100 帧处按 F6 插入关键帧，并移动圆与路径的终点重合，如图 5-2-23 所示。

(14) 在图层 1 第 1 帧创建传统补间动画，同时在图层 2 设置引导层，时间轴如图 5-2-24 所示。

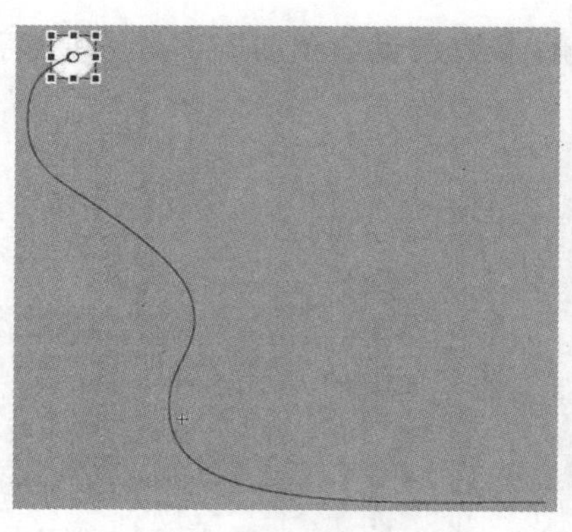
图 5-2-22　第一帧位置

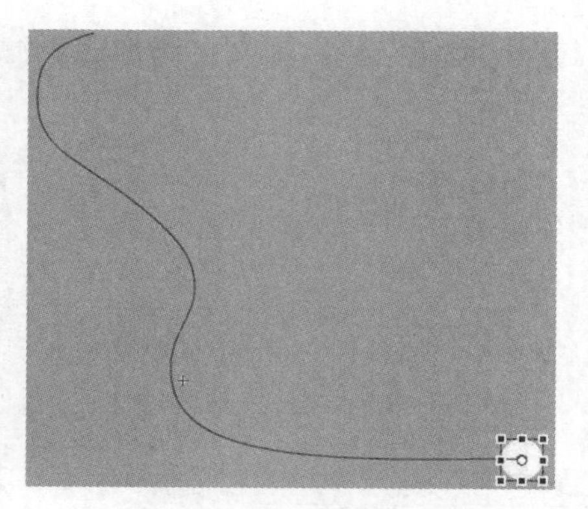
图 5-2-23　第 100 帧位置

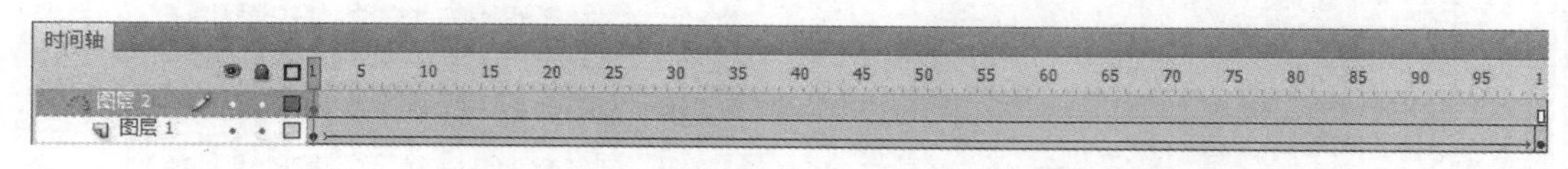
图 5-2-24　时间轴

(15) 回到场景中，新建图层 3，移动至图层 2 的下方，将元件"引导"拖动到舞台中，调整其大小并在属性栏中设置其透明度和色调，参数随机。

(16) 复制图层 3，在新图层中修改元件的位置、大小、色调等参数，使画面产生很多大小不一的小圆随机飘落的效果，时间轴参考如图 5-2-25 所示。

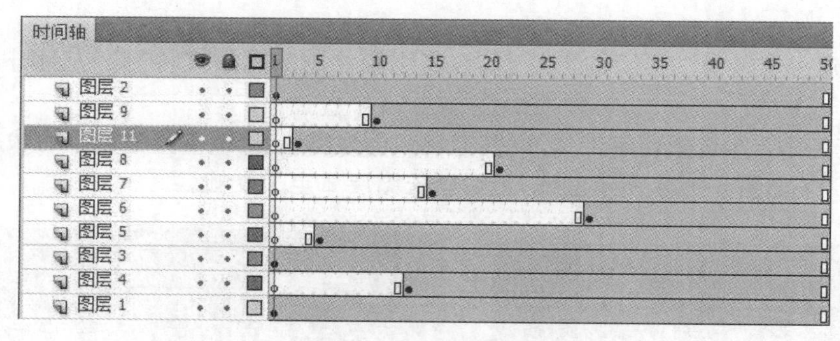
图 5-2-25　时间轴参考

(17) 测试动画，并以文件名"电子小报. fla"保存。

5.2.4　初露锋芒——立体翻转

设计结果

使用 TLF 文本配合 3D 效果，制作出文字立体翻转的效果，如图 5-2-26 所示。

图 5-2-26　"立体翻转"效果图

设计思路

(1) 输入 TLF 文本，并为每个文字添加滤镜。

(2) 配合 3D 旋转，制作文学的立体翻转效果。

操作提示

(1) 创建一个新的Flash文档,设置舞台大小为550×400像素,背景为黑色。

图5-2-27　背景制作

(2) 选择矩形工具,设置笔触颜色为无,填充类型为线性渐变,颜色从左至右分别为黑色、#034D7C、#023E6A,且最后颜色的Alpha值为0。绘制一个与场景一样大小的矩形,延长至50帧,完成背景制作,如图5-2-27所示。

(3) 使用文字工具依次输入F、L、A、S、H五个字母,并分别放在不同的图层上,均匀分布于舞台。

(4) 依次为每个字母添加投影和斜角滤镜效果,参数设置如图5-2-28所示,效果如图5-2-29所示。

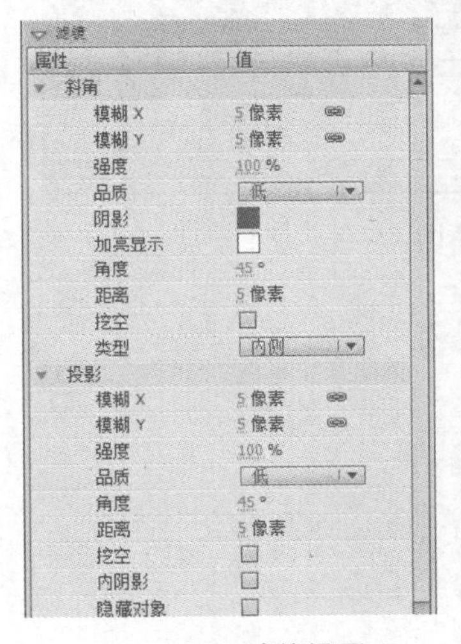

图5-2-28　滤镜设置

图5-2-29　滤镜效果

(5) 在字母F图层第1帧创建补间动画,将指针放至25帧,设置3D旋转参数,如图5-2-30所示。同时设置属性栏中的"3D定位和查看"属性,如图5-2-31所示。

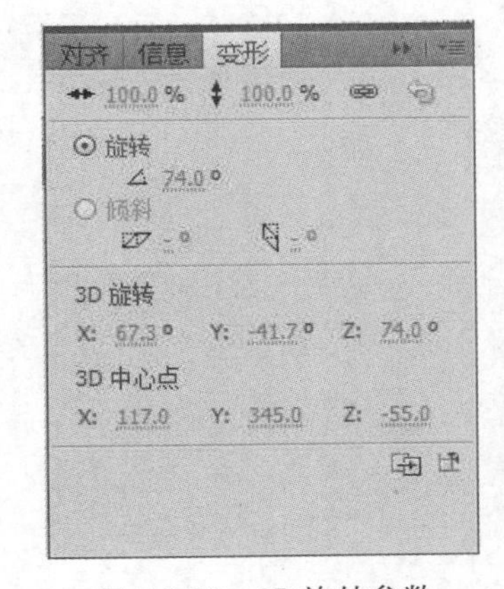

图5-2-30　3D旋转参数

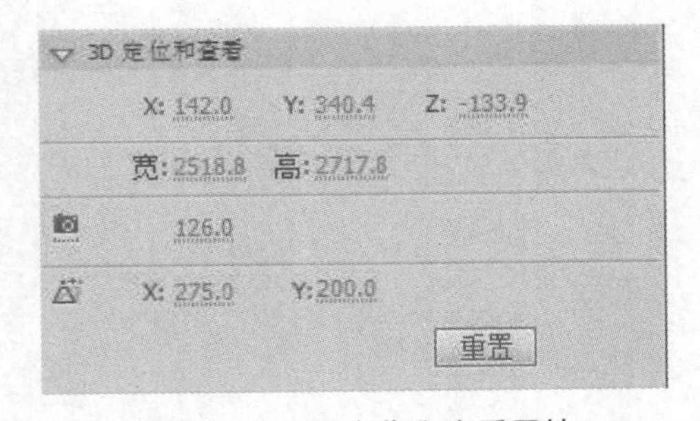

图5-2-31　3D定位和查看属性

(6) 翻转关键帧，并将动画延长至 50 帧，时间轴如图 5-2-32 所示。

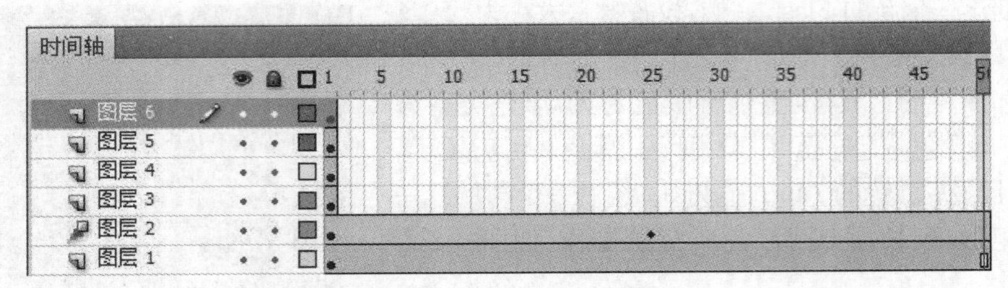

图 5-2-32　时间轴示意图

(7) 分别制作其余 4 个字母的立体翻转效果，最终时间轴如图 5-2-33 所示。

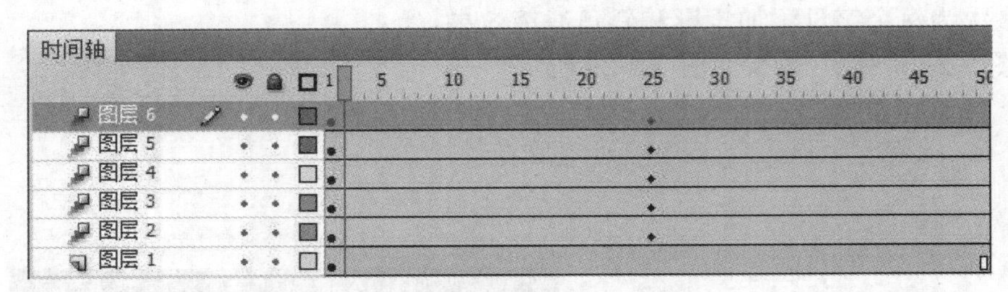

图 5-2-33　时间轴示意图

(8) 测试动画，并以文件名“立体翻转. fla”保存。

第6章　元件、实例和库

6.1　创建引导层动画

6.1.1　知识点和技能

我们之前已经学习了怎么做补间动画，使对象从起点到终点运动。但是，之前接触的对象运动都是直线运动，如何使物体做更为复杂的曲线运动呢？这是本节学习的重点。

让物体做曲线运动的钥匙，就是引导层。首先，我们先来认识一下引导层的概念。引导层就是运动对象的运动轨迹所在的层，他的功能就是给运动对象一条确定的运动轨迹。也就是说，引导层的曲线形状就是对象运动轨迹的形状。

6.1.2　范例——飘落的树叶

设计结果

在风景如画的秋天，满树的枫叶随风飘落，如图 6-1-1 所示。

图 6-1-1　“飘落的树叶”效果图

设计思路

(1) 导入背景素材。

(2) 利用钢笔工具绘制树叶图形。

(3) 创建树叶的飘落路径。

范例解题引导

Step1　我们首先导入背景图片，然后利用钢笔工具绘制树叶。

(1) 创建一个新的 Flash 文档，设置舞台大小为 500×625 像素，背景为白色。

(2) 导入素材文件夹中的“6.1.1a.jpg”，并使其与舞台中心对齐。

(3) 新建一个名称为“树叶”的图形元件，如图 6-1-2 所示。使用钢笔工具在舞台中绘制树叶的形状，如图 6-1-3 所示。

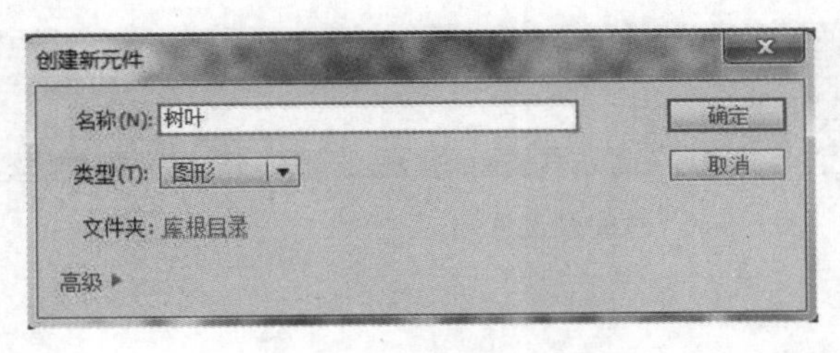

图 6-1-2　创建图形

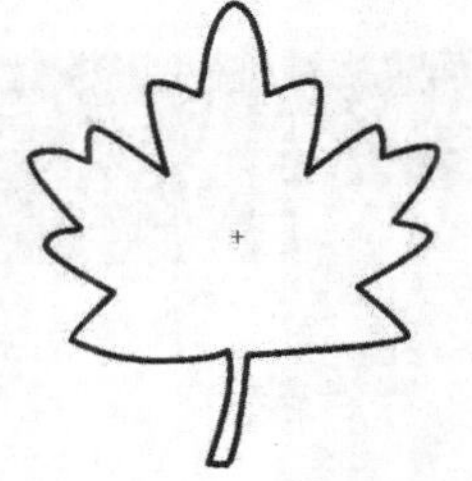

图 6-1-3　绘制树叶形状

(4) 选择颜料桶工具,设置填充色为黄色(#FF9900),填充树叶形状,如图 6-1-4 所示。利用选择工具双击树叶黑色描边,按 Delete 键删除描边,效果如图 6-1-5 所示。

图 6-1-4　填充树叶

图 6-1-5　删除描边

小贴士

使用油漆桶工具添加颜色时,如果颜色添加不进去,说明线条相交处有空隙,这时只需选择工具面板中的 “封闭小空隙”或“封闭中等空隙”即可。

Step2　绘制引导路径,制作树叶飘落的动画。

图 6-1-6　绘制路径

(1) 新建图层 2,将上一步中制作的“树叶”元件从库中拖到场景中,调整其大小。

(2) 新建图层 3,选择铅笔工具,设置铅笔模式为平滑,在场景中绘制树叶飘落的路径,如果 6-1-6 所示。

(3) 选择图层 1 第 100 帧,按 F5 进行延长;选择图层 2 第 40 帧,按 F6 插入关键帧;选择图层 3 第 40 帧,按 F5 延长帧,时间轴如图 6-1-7 所示。

(4) 选择图层 2 第 1 帧,将树叶的中心点与路径的起始点重合;选择图层 2 第 40 帧,将树叶的中心点与路径的终点重合。然后选择图层 2,创建传统补间动画,如图 6-1-8 所示。

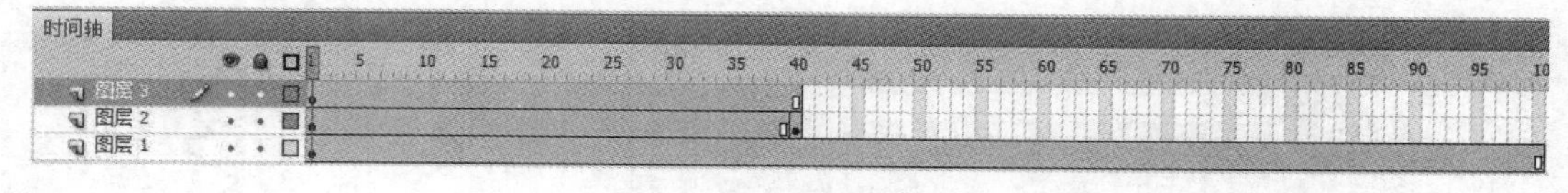

图 6-1-7　时间轴设置

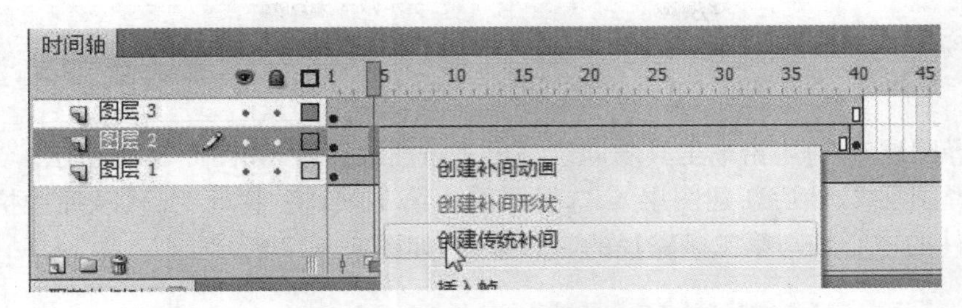

图 6-1-8　创建传统补间

(5) 选择图层 3,创建引导层,然后将图层 2 拖动到图层 3 下方,当出现如图 6-1-9 所示黑线时松开鼠标,完成引导层制作,如图 6-1-10 所示。

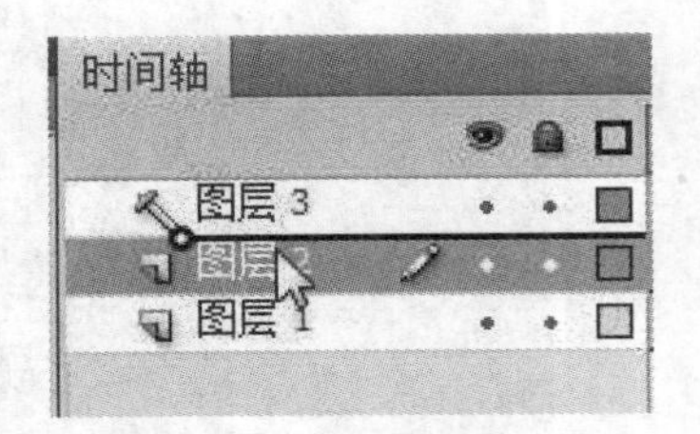

图 6-1-9　拖动图层

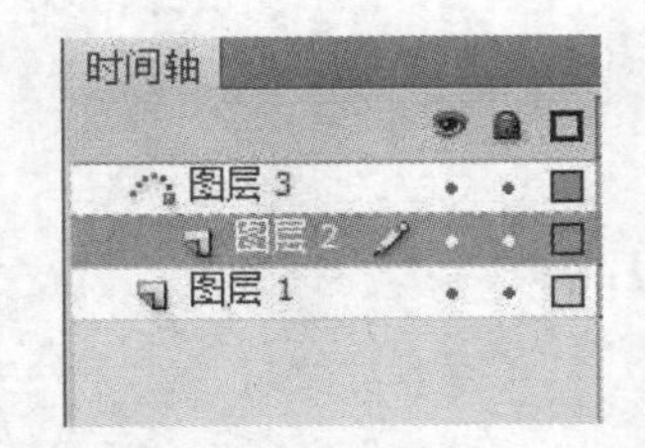

图 6-1-10　创建引导层

(6) 选择图层 2 第 1 帧,在“属性”面板中勾选“调整到路径”选项,使树叶在运动时随着路径发生旋转,如图 6-1-11 所示。

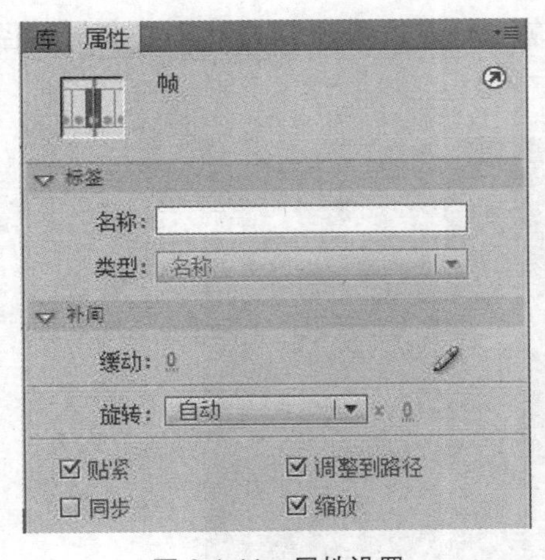

图 6-1-11　属性设置

小贴士

使用“调整到路径”命令是为了将树叶的运动基线调整到运动路径。

小贴士

在引导层的实现过程中必须牢记一点,被引导的对象的中心点必须与运动路径重合。

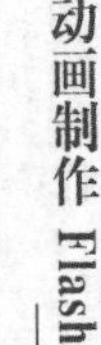

Step3 最后制作出许多树叶错落有致飘落的效果。

(1) 选择图层 3,利用铅笔工具随即绘制出多条曲线路径,如图 6-1-12 所示。

(2) 选择图层 2,然后新建图层 4,选择图层 4 第 1 帧,将"树叶"元件从库中拖至场景中,使"树叶"元件的中心点与第二条路径的起点重合,如图 6-1-13 所示。

图 6-1-12 绘制路径

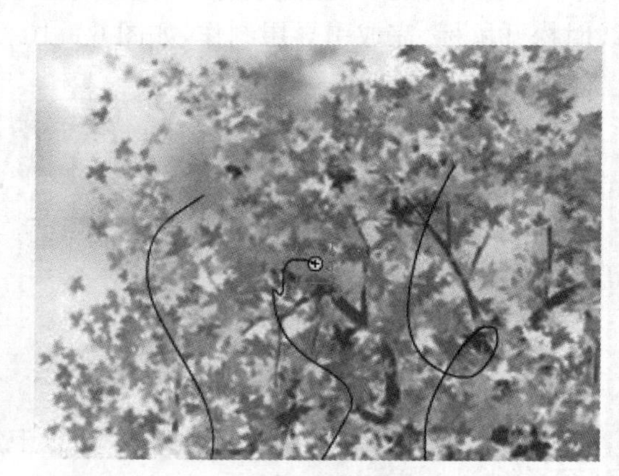

图 6-1-13 将树叶中心点放在路径起始点上

(3) 选择图层 4 第 40 帧,按 F6 插入关键帧,并将 40 帧所在树叶中心点与路径的终点重合,如图 6-1-14 所示。

图 6-1-14 将树叶中心点放在路径终点上

(4) 选择图层 2 第 1 帧,创建传统补间,同时勾选"调整到路径",时间轴如图 6-1-15 所示。

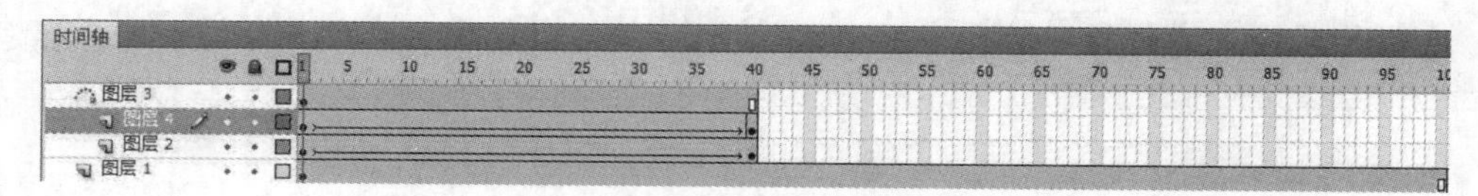

图 6-1-15 时间轴

(5) 制作更多树叶飘落的动画,时间轴如图 6-1-16 所示。

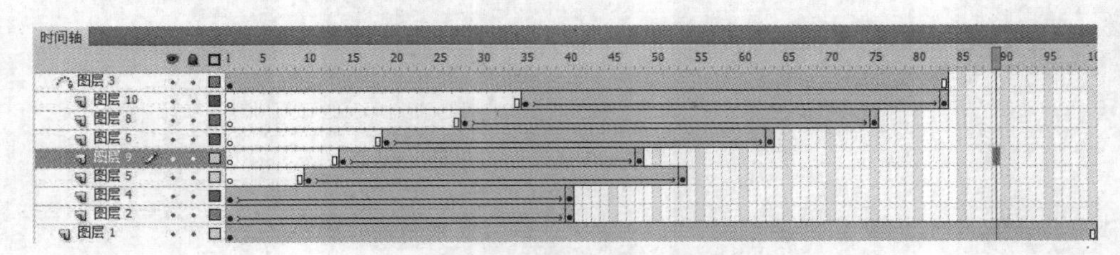

图 6-1-16 时间轴

(6) 测试动画,并以文件名“飘落的树叶.fla”保存。

6.1.3 小试身手——星光璀璨

设计结果

制作旋转的星光在文字周围环绕的效果,如图 6-1-17 所示。

图 6-1-17 “星光璀璨”效果图

设计思路

(1) 新建元件,绘制星光的基本形状。

(2) 创建星光旋转的影片剪辑。

(3) 创建星光运动的引导层。

操作提示

(1) 创建一个新的 Flash 文档,设置舞台大小为 550×250 像素,背景为黑色。

(2) 新建一个名称为“光芒”的图形元件。

(3) 进入元件的编辑状态,选择矩形工具将笔触颜色设置为无,填充色设为白色,绘制一条细长型矩形。

(4) 使用选择工具将矩形一端变尖,在“混色器”面板中将填充类型改为线性,从白色渐变到透明色,并使用填充变形工具将无色部分靠近尖头一端,如图 6-1-18 所示。

(5) 将此矩形复制并粘贴到合适位置,使其垂直翻转,如图 6-1-19 所示。

(6) 新建图形元件,取名“星光”。打开该元件,选择椭圆工具,设置笔触为无,填充为放射状,从白色到透明渐变,绘制一个小圆作为星光中心点,并使其中心对齐,如图 6-1-20 所示。

图 6-1-18　矩形变形变色

图 6-1-19　复制矩形

图 6-1-20　星光中心点

图 6-1-21　星光效果

(7) 将库中的“光芒”元件拖入舞台，调整其大小和位置，使中心点处于星光的中点。选中该光芒，旋转 45 度，复制并应用变形三次，最终完成星光的效果，如图 6-1-21 所示。

(8) 我们接着使星光转动。新建影片剪辑，取名为“转动星光”，进入编辑状态。从库中将“星光”元件拖入到舞台中心，在第 50 帧插入关键帧，创建动画补间。

(9) 选定第 1 帧，将旋转选项设置为顺时针 1 次，转动星光就完成了。

(10) 接着我们来完成星光沿路径写字的动画效果。选择图层 1，使用文本工具输入字母“FLASH”，设置字体为 Arial black，大小为 120，颜色为白色。

(11) 按 Ctrl＋B 快捷键两次，将文本分离成矢量图形。设置颜色为绿色，对字体进行描边。然后选中键入的文本，按 Delete 键进行删除。最后复制该帧，并隐藏该图层。

(12) 新建图层 2，重命名为“引导层”。在第 1 帧上粘贴帧。用使用橡皮擦工具将“引导层”上的每个字体擦出一点小口，如图 6-1-22 所示。

图 6-1-22　路径制作

(13) 新建“图层 3”，从库中将元件“转动星光”拖入图层 3，将他们缩放到合适大小，放置在引导层的起始位置，如图 6-1-23 所示。

图 6-1-23　创建星光的第 1 帧位置

（14）在第 40 帧创建关键帧，在该关键帧处将星光分别放置在引导层的结束位置，并创建运动补间，如图 6-1-24 所示。

图 6-1-24　创建星光的第 40 帧位置

（15）依次完成其余字母的引导动画，时间轴如图 6-1-25 所示。

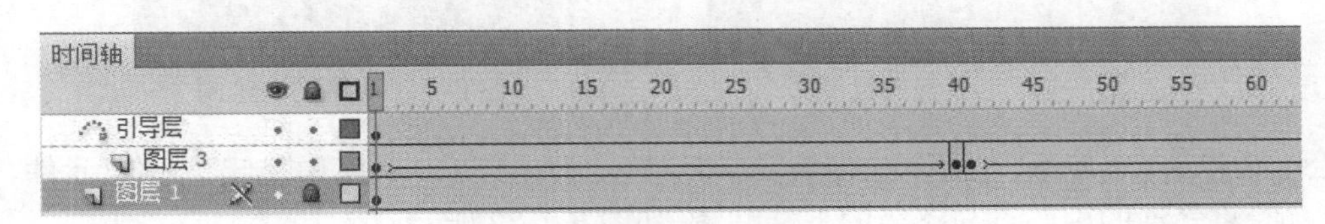

图 6-1-25　时间轴

（16）最后我们使星光沿着引导层运动。选中“引导层”图层，单击鼠标右键，在弹出窗口中选择“引导层”。在图层 2 的“属性”面板中选择“被引导”。来测试一下星光是否沿着引导层运动，如有偏差则重新调整星光的中心点。

（17）将图层 1 显示。

（18）测试影片并以文件名“璀璨星光. fla”保存。

6.1.4　初露锋芒——深海气泡

设计结果

海底也是一个缤纷的世界，各种生物齐聚，伴随着大大小小的气泡，效果如图 6-1-26 所示。

图 6-1-26　“深海气泡”效果图

设计思路

（1）绘制气泡。

（2）制作气泡从下至上的引导动画。

（3）制作气泡随机效果。

操作提示

（1）创建一个新的 Flash 文档，设置舞台大小为 640×454 像素，背景为黑色。

（2）导入素材文件夹中的“6. 1. 4. jpg”，居中对齐。

（3）新建一个名称为“气泡”的图形元件。

（4）进入元件的编辑状态，，使用椭圆工具绘制一个正圆作为气泡轮廓。在“颜色”面板中将椭圆的填充颜色选为放射状，中心白色的 Alpha 值为 0，边缘白色的 Alpha 值为 100。

(5) 新建层，用画笔工具在圆的边缘画上高光区域，如图 6-1-27 所示。

(6) 新建一个名称为“气泡上升”的影片剪辑元件。

(7) 进入元件编辑状态，利用铅笔工具绘制一条如图 6-1-28 所示的路径，在第 60 帧按 F5 延长帧，并将该层命名为“路径”。

图 6-1-27　气泡的绘制图

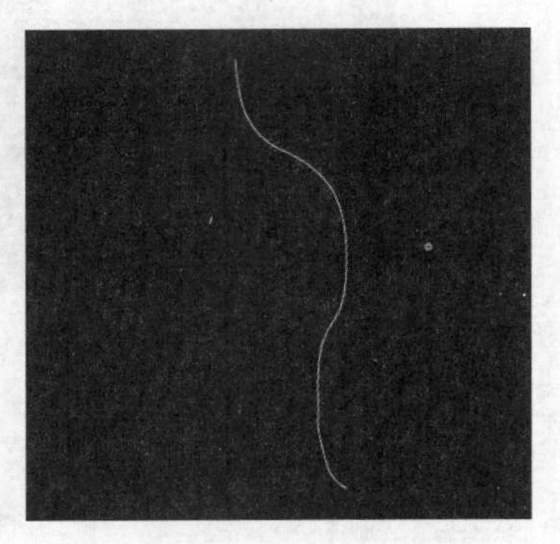

图 6-1-28　路径的绘制

(8) 新建层，命名为“气泡”，并将该层移至“路径”层下方。从库中拖出“气泡”元件，放置在第一帧，将气泡的中心点与路径的下端贴紧，如图 6-1-29 所示。

(9) 修改气泡的属性，将气泡稍微放大，同时修改其 Alpha 值为 0。

(10) 在气泡层的第 40 帧按 F6 插入关键帧，移动气泡中心点至如图 6-1-30 所示位置，并将气泡稍微缩小，同时修改 Alpha 值为 100。

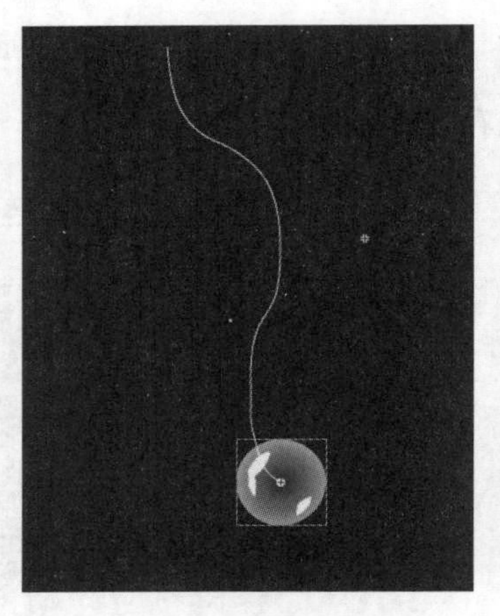

6-1-29　气泡与路径的位置

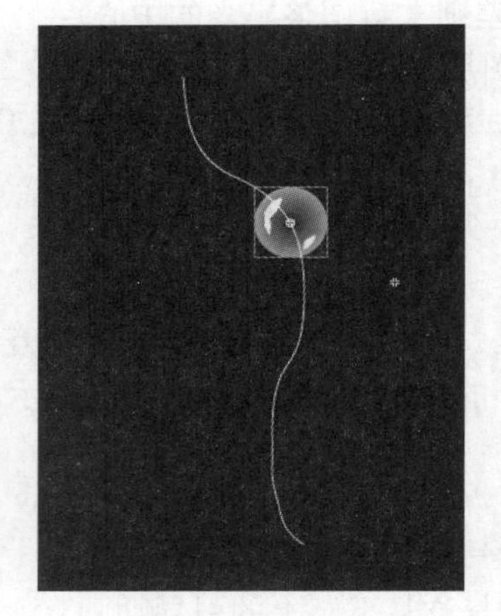

6-1-30　关键帧的设置

(11) 在气泡层的第 60 帧按 F6 插入关键帧，移动气泡中心点至路径的最上方，同时缩小气泡，修改 Alpha 值为 0。

(12) 分别创建补间动画，时间轴如图 6-1-31 所示。

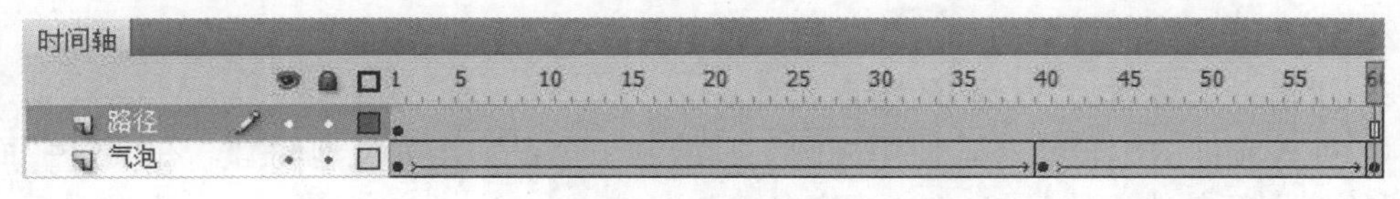

6-1-31　时间轴示意图

(13) 在路径层单击鼠标右键，选择“引导层”，并拖动气泡层至路径层，使引导层发生作用。

(14) 回到场景，将库中的“气泡上升”元件拖至场景，并每隔 5 帧进行复制，放置在不同的层上，调整气泡的位置，时间轴如图 6-1-32 所示，气泡位置如图 6-1-33 所示。

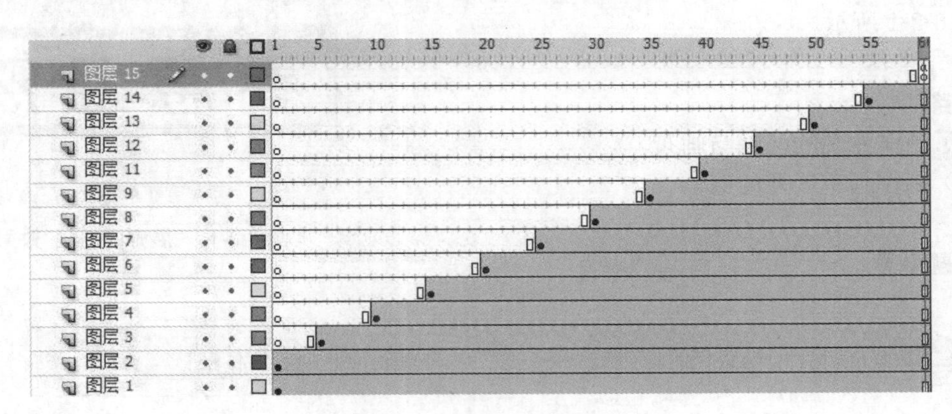

图 6-1-32　时间轴示意图

图 6-1-33　气泡的位置

(15) 选中第 60 帧，打开“动作”面板，写入“gotoAndPlay(20);”完成气泡的制作。

(16) 测试动画，并以文件名“深海气泡. fla”保存。

6.2　制作基础遮罩动画

6.2.1　知识点和技能

Flash 的动画有三种基本形式：运动、变形和遮罩。其中遮罩的视觉效果格外迷人，本节始我们就要进入丰富多彩的遮罩世界。用遮罩可以创造很多神奇的效果，如：水波、展开的卷轴、百页窗、放大镜、望远镜等等。可以说，遮罩是 Flash 中应用最广泛的特效之一。

而要产生遮罩，至少需要有两层，遮罩层和被遮罩层，前者覆盖后者；遮罩层决定看到的形状，被遮罩层决定看到的内容。在一个遮罩动画中，“遮罩层”只有一个，“被遮罩层”可以有任意个。

6.2.2 范例——展开的卷轴

设计结果

一幅卷轴徐徐展开，又徐徐合上，意境深远，最终效果如图 6-2-1 所示。

图 6-2-1 “展开的卷轴”效果图

设计思路

（1）制作卷轴的两轴与画布。

（2）制作画布展开的遮罩。

范例解题引导

Step1 绘制卷轴的画布和卷轴的两轴，为后面的动画作准备。

（1）创建一个新的 Flash 文档，设置舞台大小为 550×400 像素，背景为土黄色##FFCC99。

（2）新建一个名称为“画屏”的图形元件。

（3）进入元件的编辑状态，使用矩形工具，颜色设置为#FFFFCC，绘制一个矩形。

（4）选择矩形工具，颜色设置为#660000，绘制两个矩形；再将颜色设置为#FF9900，再绘制两个矩形，并同时与舞台中心对齐，效果如图 6-2-2 所示。

（5）选择文本工具，将字体设为微软雅黑，颜色设置为黑色，大小设为 90，字符间距为 20，如图 6-2-3 所示。

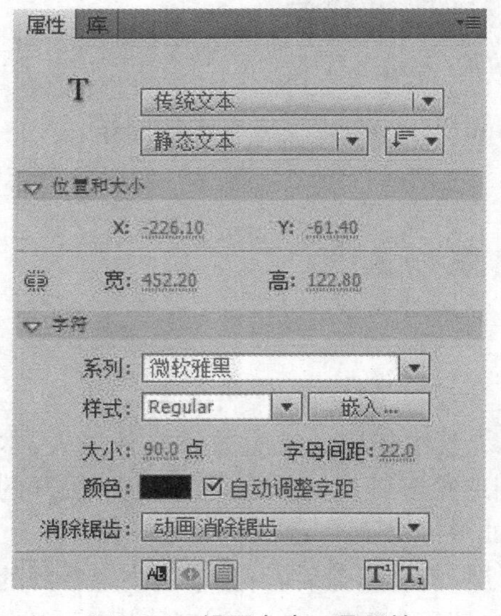

图 6-2-3 设置文本工具属性

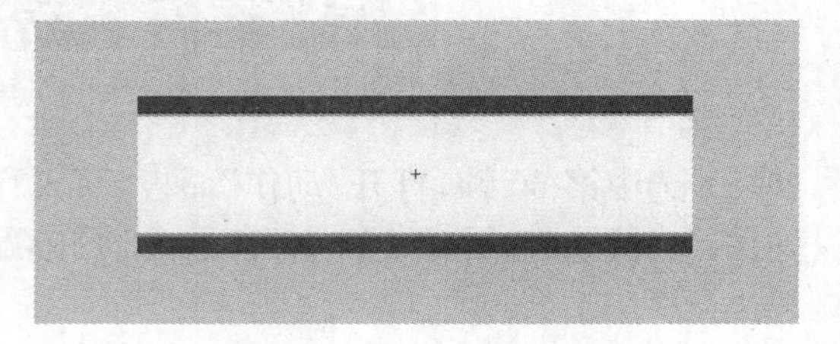

图 6-2-2 画布的绘制

图 6-2-4 文本输入

（6）新建图层，在舞台上输入文字“春意盎然”，并与舞台中心对齐，如图 6-2-4 所示。

(7) 新建一个名称为“画轴”的图形元件。

(8) 进入元件的编辑状态，选择矩形工具，设置填充为线性渐变，颜色分别为＃490101 和＃D5D5D5，如图 6-2-5 所示，绘制一个矩形，如图 6-2-6 所示。

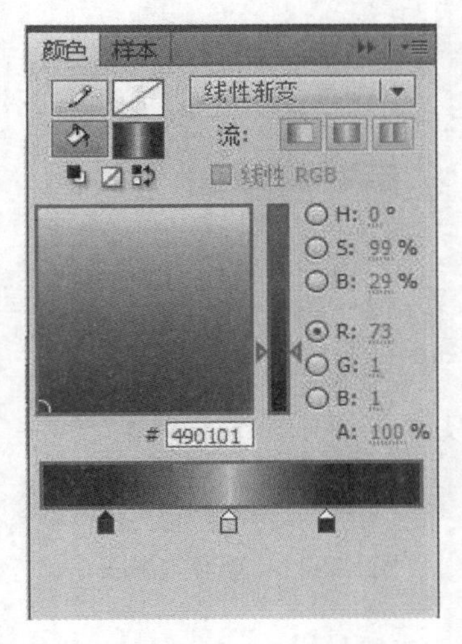

图 6-2-5 线性渐变设置

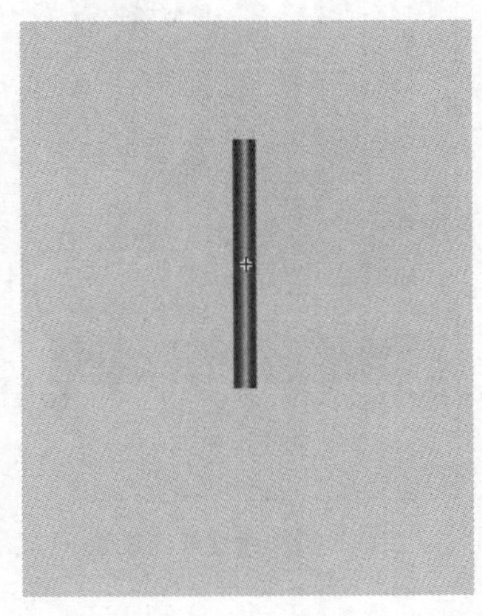

图 6-2-6 画轴绘制

(9) 隐藏图层 1，新建图层 2，选择椭圆工具，设置填充类型为径向渐变，颜色从＃A6939B 向＃000000 渐变，如图 6-2-7 所示。按住 Shift 键，在场景中绘制一个正圆，如图 6-2-8 所示。

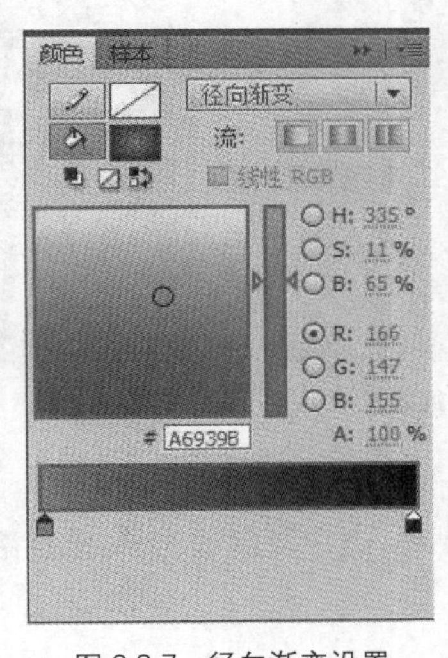

图 6-2-7 径向渐变设置

图 6-2-8 画轴部件绘制

(10) 利用变形工具将绘制的正圆变形为椭圆，并调整其大小，效果如图 6-2-9 所示。

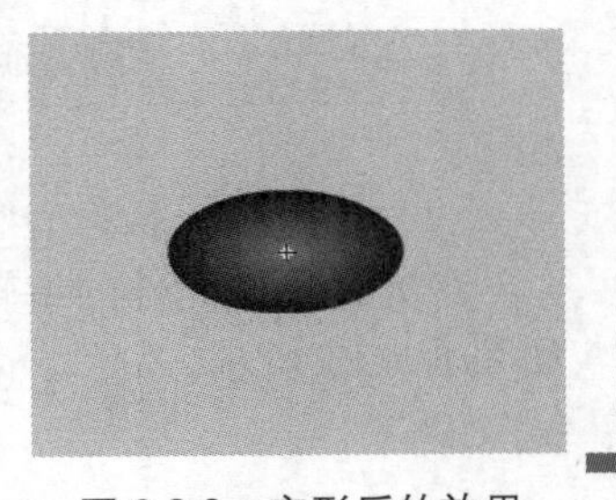

图 6-2-9 变形后的效果

(11) 选择矩形工具，设置填充类型为线性渐变，颜色从＃000000到＃A6939B 再到＃000000，如图 6-2-10 所示。在场景中绘制一个矩形，利用选择工具将上边缘的水平线拖出一个弧度，如图 6-2-11 所示。

(12) 将绘制的矩形移动到椭圆上方，如图 6-2-12 所示。同时

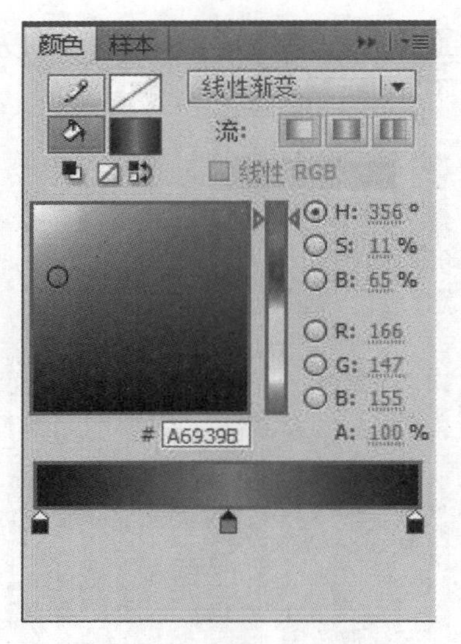

图 6-2-10 线性渐变设置

图 6-2-11 矩形效果图

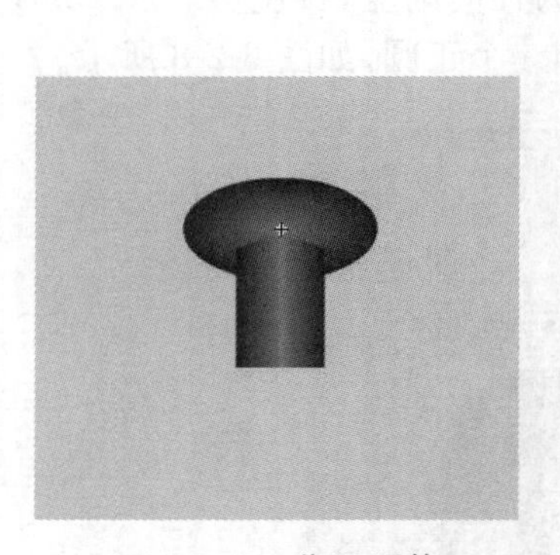

图 6-2-12 位置调整

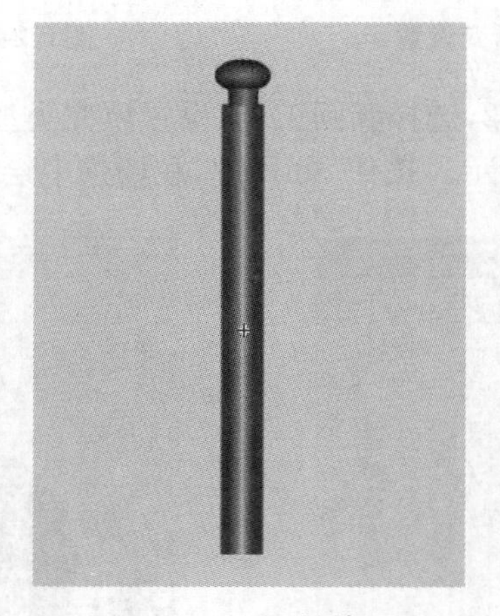

图 6-2-13 画轴效果

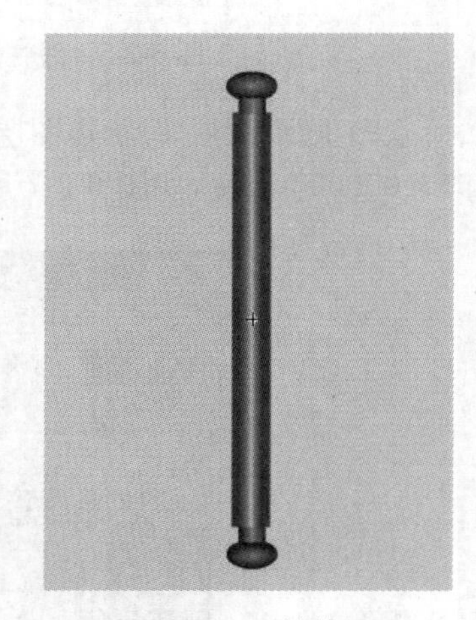

图 6-2-14 画轴效果图

显示图层 1，将图层 2 上的对象放到合适的位置，如图 6-2-13 所示。

(13) 选中图层 2 中所绘制的图形，进行复制粘贴，选中复制的对象，垂直翻转，将翻转的对象放到画轴的底部，如图 6-2-14 所示。

Step2 接着我们来制作遮罩。

(1) 新建一个名称为“遮罩”的图形元件。

(2) 进入该元件的编辑状态，使用矩形工具绘制一个矩形，使其相对于舞台中居中对齐，如图 6-2-15 所示。

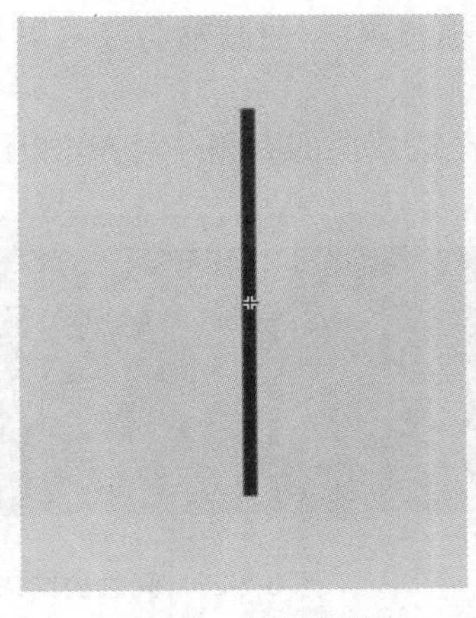

图 6-2-15　遮罩的绘制

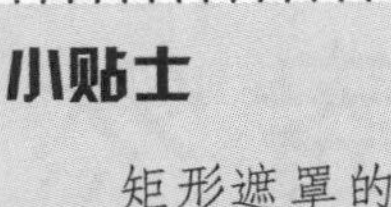

小贴士

矩形遮罩的高度必须要高于卷轴的高度!

Step3　最后制作卷轴展开和闭合的效果。

(1) 返回场景,将“画屏”元件和“画轴”元件拖入舞台,将其置于如图 6-2-16 所示的位置,并按 F5 延长至 85 帧。

(2) 新建图层 2,将“遮罩”元件拖入舞台,并与画布的左侧边缘对齐,如图 6-2-17 所示。

图 6-2-16　元件位置

图 6-2-17　遮罩的位置

(3) 选中“遮罩”元件,选择变形工具,将变形中心点调整至左侧边缘,然后在第 35 帧按 F6 插入关键帧,同时向右放大矩形遮罩,直至整个画布被遮盖,如图 6-2-18所示。

(4) 在第 1 帧处创建传统补间动画,然后复制第 35 帧,在第 50 帧粘贴;复制第 1 帧,在第 85 帧粘贴,最后在第 50 帧处创建传统补间动画。

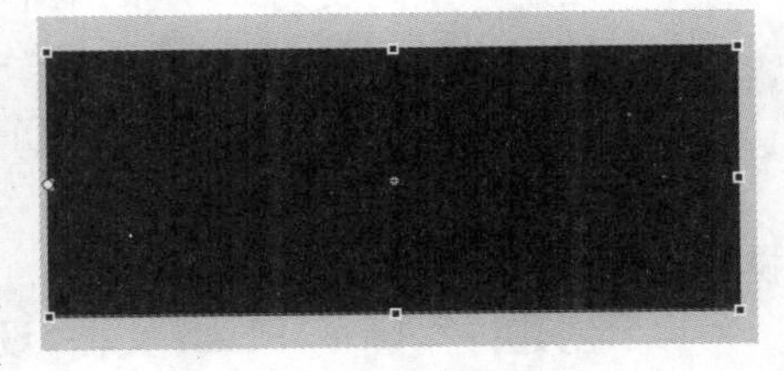

图 6-2-18　遮罩层的变形

(5) 选择图层 2,单击鼠标右键,在弹出的菜单中选择“遮罩层”,时间轴如图 6-2-19 所示。

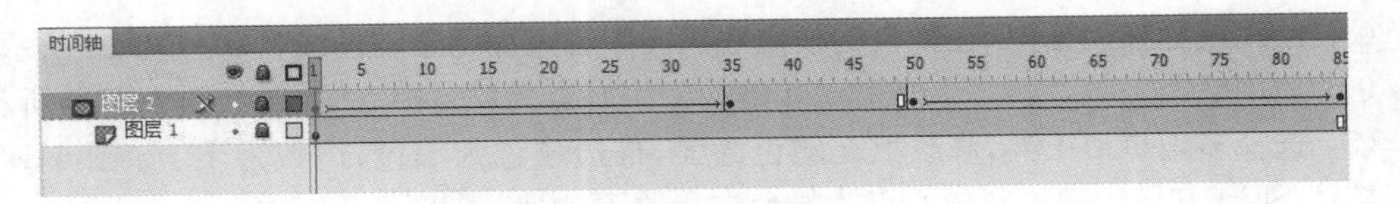

图 6-2-19　时间轴

（6）新建图层 3，将“画轴”元件拖到场景中，解锁遮罩层，使画轴与遮罩层左侧对齐，如图 6-2-20 所示。

（7）在第 35 帧按下 F6 插入关键帧，将画轴移至遮罩层的右侧并对齐，如图 6-2-21 所示。

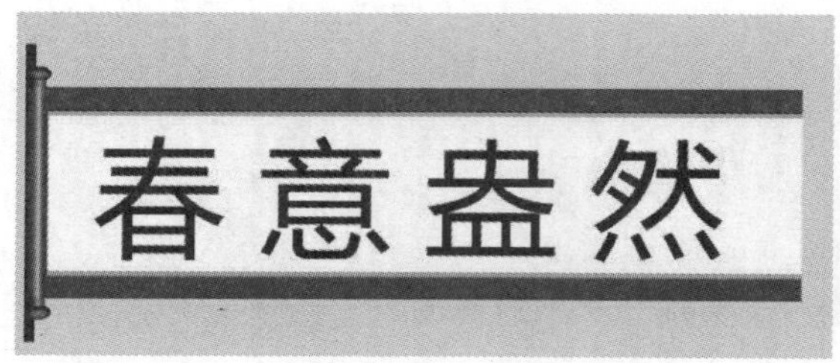

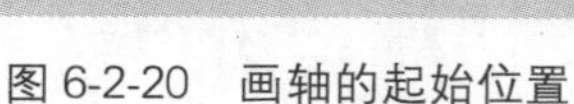
图 6-2-20　画轴的起始位置

图 6-2-21　画轴的结束位置

（8）在第 1 帧创建传统补间动画。然后复制第 35 帧，在 50 帧处粘贴；复制第 1 帧，在第 85 帧粘贴；在第 50 帧创建传统补间动画，时间轴如图 6-2-22 所示。

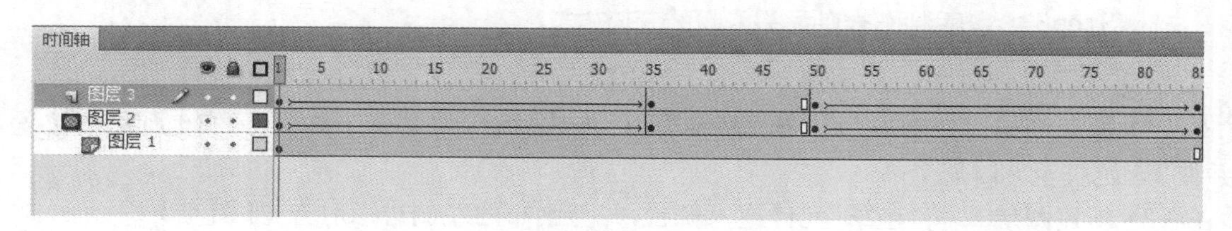

图 6-2-22　时间轴示意图

（9）测试动画，并以文件名“展开的卷轴. fla”保存。

6.2.3　小试身手——万花筒

设计结果

设计制作一个美丽的万花筒，如图 6-2-23 所示。

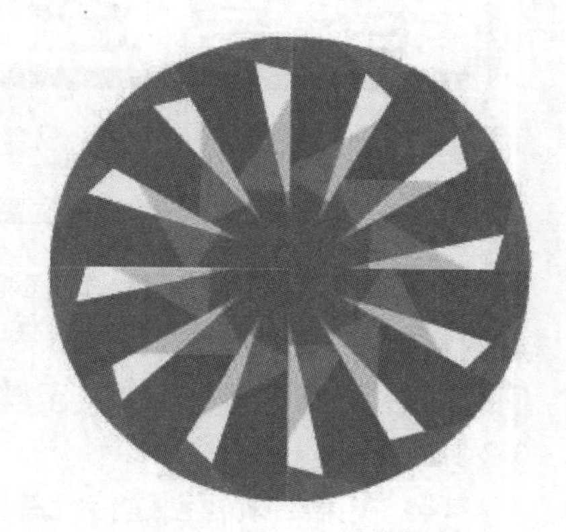
图 6-2-23　“万花筒”效果图

设计思路

（1）绘制一个角度为 30 度的扇形。

（2）使用铅笔工具、颜料桶工具绘制扇形万花筒。

（3）使用变形工具完成整个万花筒的制作。

操作提示

（1）创建一个新的 Flash 文档，设置舞台大小为 500×400 像素，背景为白色。

（2）新建影片剪辑类型元件，元件名为“万花筒”，进入元件编辑，执行“视图/标尺”命令，打开标尺。

（3）使用鼠标拖动标尺，在舞台的横向和纵向中心添加两条辅助线，如图 6-2-24 所示。

（4）使用椭圆工具，按住 Shift 和 Alt 键绘制中心点为舞台中心的圆，如图 6-2-25 所示。

（5）选择多角星形工具，修改填充颜色为无，描边颜色为黑色，边数为 12，如图 6-2-26 所示。按住 Shift 和 Alt 键绘制中心点为舞台中心的 12 边形，如图 6-2-27 所示。

图 6-2-24　添加辅助线

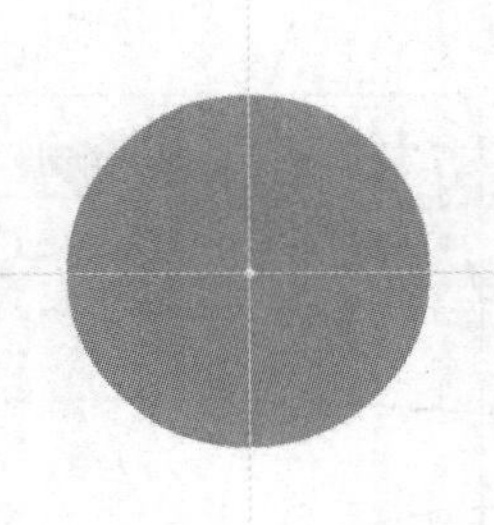

图 6-2-25　绘制圆

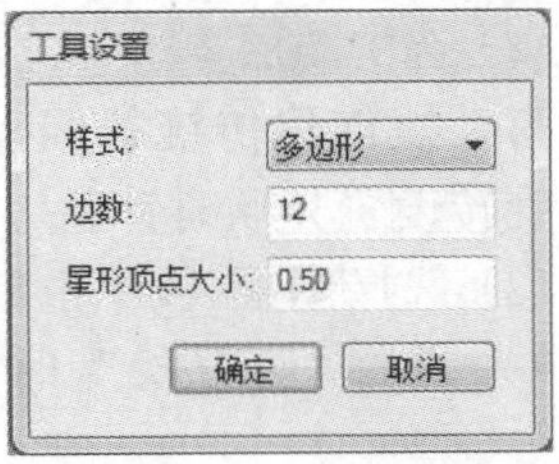

图 6-2-26　多角星形属性设置

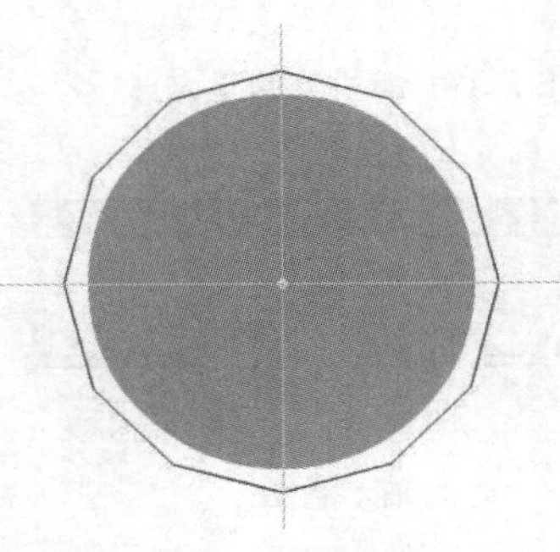

图 6-2-27　绘制 12 边形

(6) 移开参考线,使用直线工具连接 12 边形的 2 个对角,如图 6-2-28 所示。

(7) 删除多余的部分,留下 30 度的扇形,如图 6-2-29 所示。

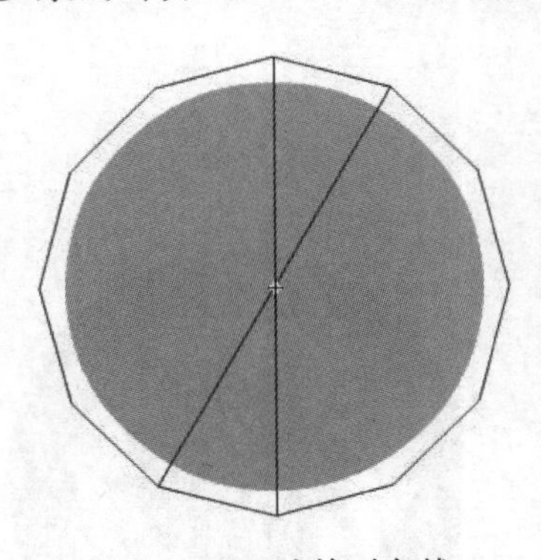

图 6-2-28　连接对角线

图 6-2-29　删除多余部分

(8) 新建图层 2 并移动到图层 1 下方,选中图层 2 第 1 帧。选择矩形工具,设置填充色为无,描边色为黑色,按住 Shift＋Alt 键,在舞台中心绘制一个正方形,如图 6-2-30 所示。

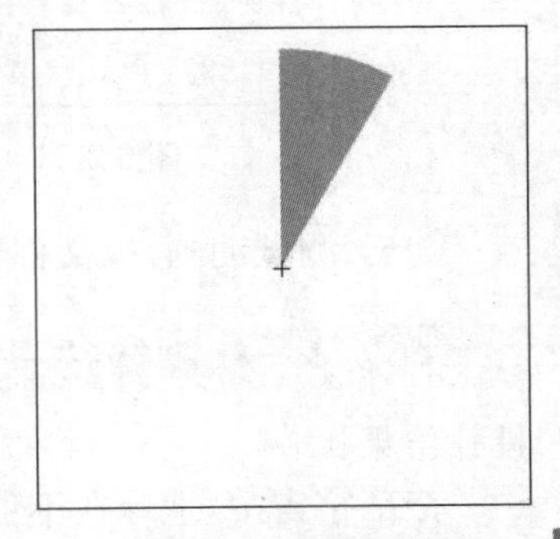

图 6-2-30　绘制正方形

(9) 使用铅笔工具绘制线条,将正方形随机分割,如图 6-2-31所示。

(10) 使用颜料桶工具分别为分割的小块填充不同的颜色。填充完毕后将线条删除,如图 6-2-32 所示。

(11) 将正方形形选中,单击鼠标右键,选择“转化为元件”命令,建立名为“正方形”的图形元件。

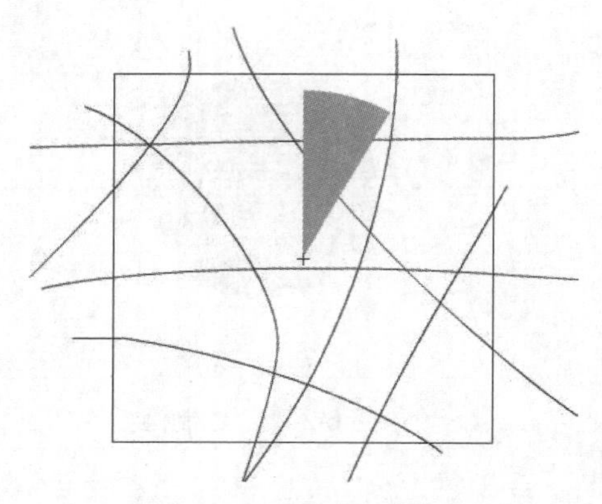
图 6-2-31　随机分割正方形

图 6-2-32　填充后的正方形

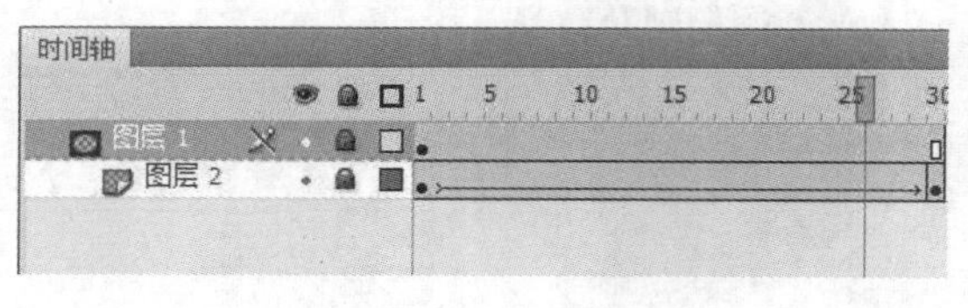

图 6-2-33　时间轴示意图

(12) 选中图层 2 第 30 帧，按 F6 插入关键帧，在第 1 帧创建传统补间动画，修改补间属性，将旋转设置为顺时针。

(13) 选择图层 1，单击鼠标右键，在弹出的菜单中选择“遮罩层”，时间轴如图 6-2-33 所示。

(14) 回到场景，将影片剪辑“万花筒”从库中拖到场景中。

(15) 在“变形”面板中设置“旋转”为 30 度，点击右下角“旋转并复制”按钮，如图 6-2-34 所示。重复操作，直至拼成一个正圆，如图 6-2-35 所示。

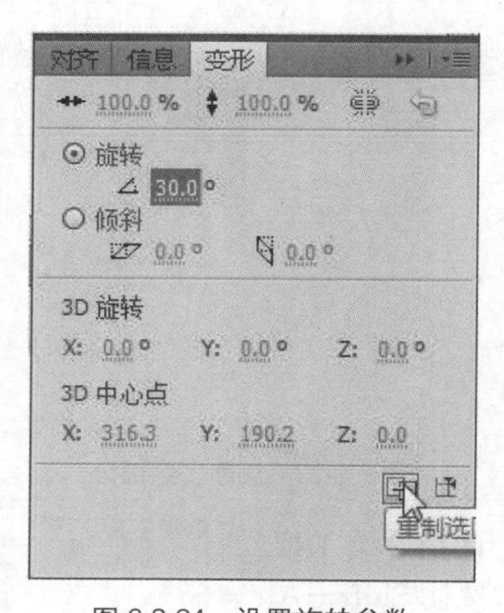

图 6-2-34　设置旋转参数

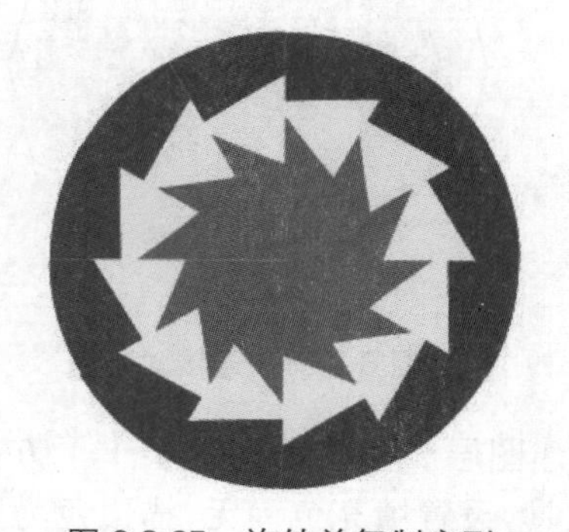
图 6-2-35　旋转并复制扇形

(16) 测试动画，以文件名“万花筒. fla”保存。

6.2.4　初露锋芒——旋转的地球

设计结果

茫茫宇宙中，地球在不停地自转。这个 Flash 将地理知识以模型的形式演绎出来，效果十分逼真，如图 6-2-36 所示。

设计思路

(1) 制作地球自转的效果。

(2) 制作星空效果。

图 6-2-36 “旋转的地球”效果图

操作提示

(1) 创建一个新的 Flash 文档，设置舞台大小为 550×400 像素，背景为黑色。

(2) 新建一个类型名称为“地球”的影片剪辑元件。

(3) 进入元件的编辑状态，将图层 1 重命名为“前景”，使用椭圆工具绘制一个蓝色＃0000FF 的正圆作为地球轮廓。在“颜色”面板中将椭圆的填充颜色设置为放射状，中心蓝色的 Alpha 值为 10，边缘蓝色的 Alpha 值为 80。

(4) 新建层，重命名为“遮罩 1”，将地球轮廓复制到该层。

(5) 将素材“6. 2-4a. swf”导入到库。新建层，重命名为“受光面”，将素材拖到舞台左端与对齐地球，颜色改为橘色，并向右复制两次，如图 6-2-37 所示。

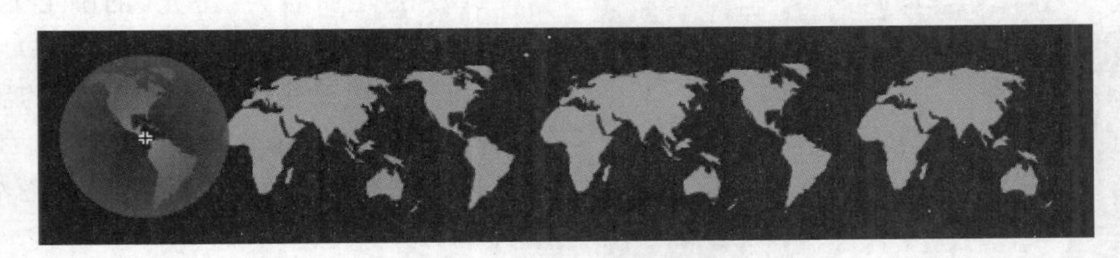

图 6-2-37 受光面的第 1 帧位置

(6) 在所有层的第 50 帧添加帧，在“受光面”层第 50 帧添加关键帧，将地图向左移动，为了保持运动的连贯性，注意第 50 帧和第 1 帧在地球中显示同一位置，如图 6-2-38 所示。

图 6-2-38 受光面的第 50 帧位置

(7) 将“遮罩 1”图层移到“受光面”图层之上，将“遮罩 1”层的属性设置为“遮罩层”，“受光面”层为“被遮罩层”。

(8) 用类似的方法创建“遮罩 2”和“背光面”图层，注意“背光面”层中地图填充颜色为深红色，运动方向和“受光面”层相反，如图 6-2-39 和 6-2-40 所示。

图 6-2-39 背光面的第 1 帧位置

图 6-2-40　背光面的第 50 帧位置

(9) 将“遮罩 2”和“背光面”层置于“遮罩 1”和“受光面”层之后，并将“前景”层放在最上层，时间轴如图 6-2-41 所示。

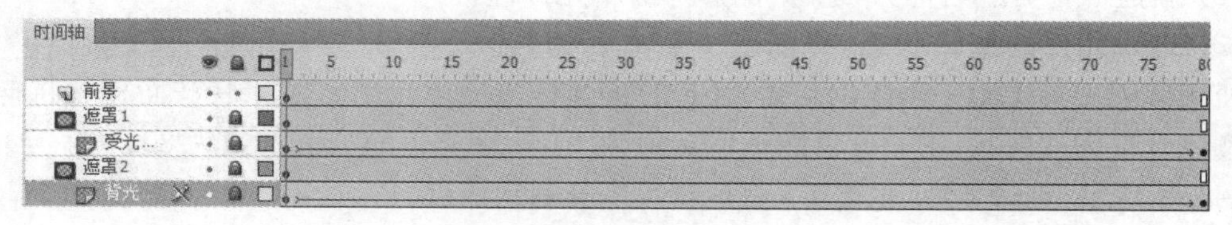

图 6-2-41　时间轴示意图

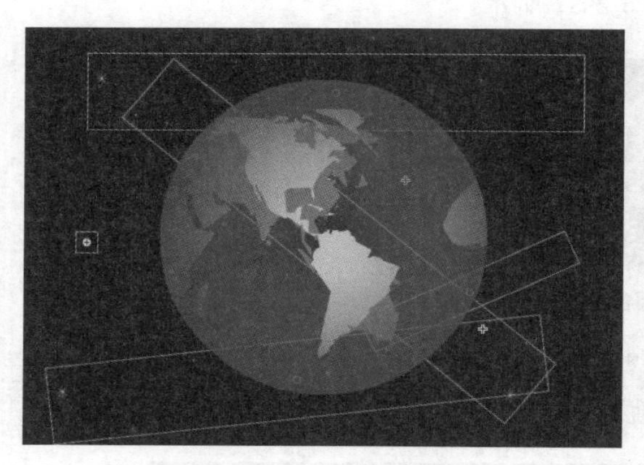

图 6-2-42　添加星光后的效果

(10) 创建命名为“星光”的图形元件，星光的具体画法见实例“璀璨星光”。

(11) 创建命名为“变化星光”的影片剪辑，将“星光”元件拖入舞台，在第 15 和第 30 帧改变星光大小，使得星光达到忽大忽小的变化效果。

(12) 新建“星光层”，将该层移至最底层，将“变化星光”数次拖入舞台，并调整这些星光的大小，如图 6-2-42 所示。

(13) 测试动画，并以文件名“旋转的地球. fla”保存。

6.3　骨骼运动

6.3.1　知识点和技能

在动画设计软件中，运动学系统分为正向运动学和反向运动学这两种。正向运动学指的是对于有层级关系的对象来说，父对象的动作将影响到子对象，而子对象的动作将不会对父对象造成任何影响。如：当对父对象进行移动时，子对象也会同时随着移动；而子对象移动时，父对象不会产生移动。由此可见，正向运动中的动作是向下传递的。

与正向运动学不同，反向运动学动作传递是双向的，当父对象进行位移、旋转或缩放等动作时，其子对象会受到这些动作的影响；反之，子对象的动作也将影响到父对象。反向运动是通过一种连接各种物体的辅助工具来实现的运动，这种工具就是 IK 骨骼，也称为反向运动骨骼。使用 IK 骨骼制作的反向运动学动画，就是所谓的骨骼动画。

在 Flash 中，创建骨骼动画一般有两种方式。一种方式是为实例添加与其他实例相连接的骨骼，使用关节连接这些骨骼。骨骼允许实例链一起运动。另一种方式是在形状对象(即各种矢量图形对象)的内部添加骨骼,通过骨骼来移动形状的各个部分以实现动画效果。这样操作的优势在于无需绘制运动中该形状的不同状态,也无需使用补间形状来创建动画。

6.3.2 范例——爬行的毛毛虫

设计结果

在绿色的树叶上,一条毛毛虫拱起自己的身体缓缓地爬过,让我们一起来使用骨骼工具完成毛毛虫的爬行吧! 效果如图 6-3-1 所示。

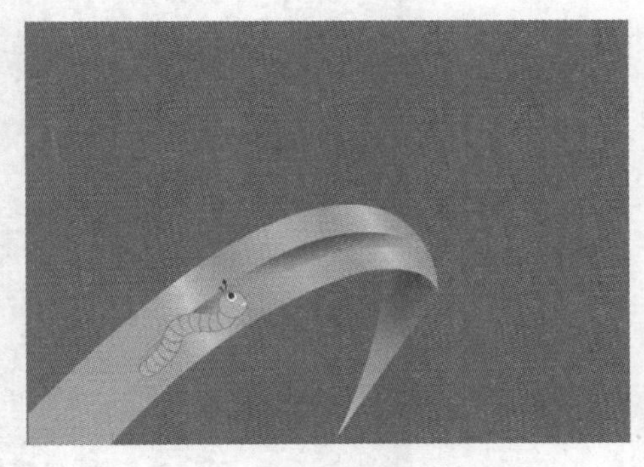

图 6-3-1 “爬行的毛毛虫”效果图

设计思路

(1) 使用绘图工具绘制草叶。

(2) 使用绘图工具绘制毛毛虫。

(3) 为毛毛虫创建骨骼,并制作毛毛虫爬行时身体的弯曲效果。

(4) 将这些元件组合到舞台上,并制作毛毛虫爬行的动画。

范例解题引导

Step1 使用绘图工具绘制草叶。

(1) 创建一个新的 Flash 文档,设置舞台大小为 550×400 像素,背景为灰色#666666。

(2) 新建图形元件“草叶”,进入元件编辑界面。选择钢笔工具,设置描边为无,颜色类型为线性渐变,颜色分布如图 6-3-2 所示,颜色从左至右依次为#6AA52C、#CFE19D、#A3C63D、#9DDC47、#91B825、#CEE26F、#AEC236,绘制草叶的轮廓。使用渐变变形工具将渐变调整为如图 6-3-3 所示效果。

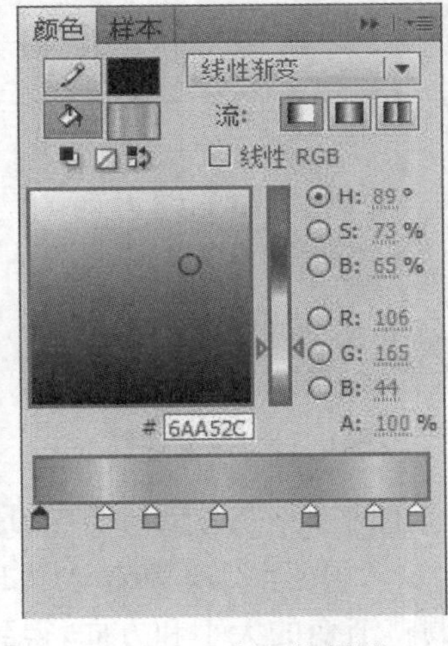

图 6-3-2 渐变编辑器

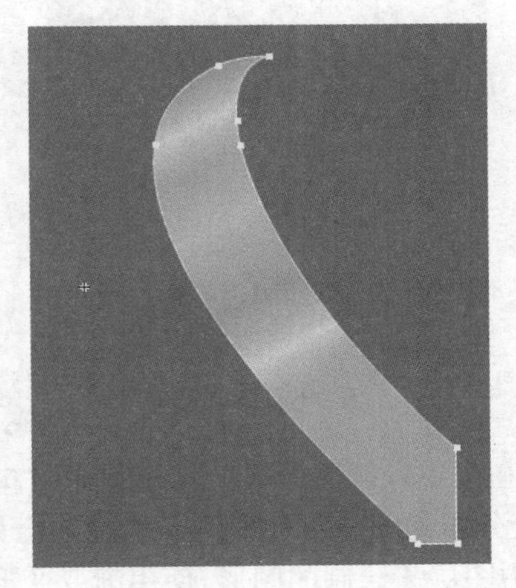

图 6-3-3 钢笔工具绘制草叶及渐变编辑

(3) 新建图层 2,使用钢笔工具绘制如图 6-3-4 所示形状,并设置其描边为无,填充类型为线性渐变,颜色分布如图 6-3-5 所示,从左至右依次为#283A10、#81BC30、#CEE26F,调整最后颜色的透明度为 0。

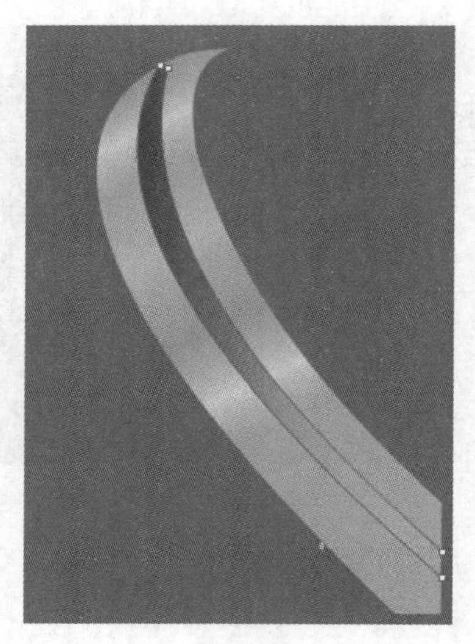

图 6-3-4　钢笔工具绘制形状

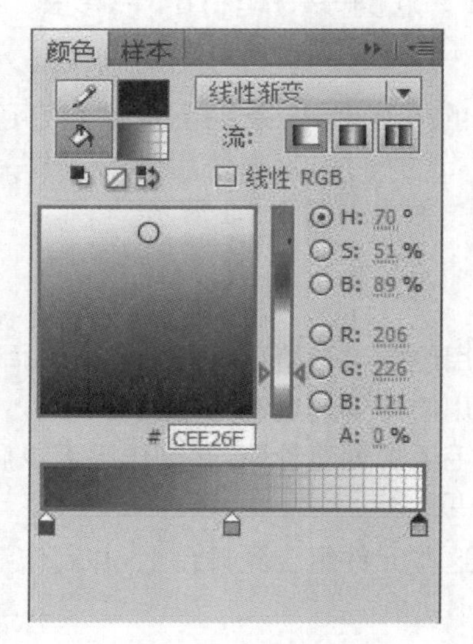

图 6-3-5　渐变设置

(4) 选择上一步绘制的形状,使用渐变变形工具调整渐变的大小及方向,得到如图 6-3-6 所示效果。

(5) 新建图层 3,复制图层 2 中的图形至图层 3 的第一帧,使用渐变变形工具调整渐变大小及方向,得到如图 6-3-7 所示效果。

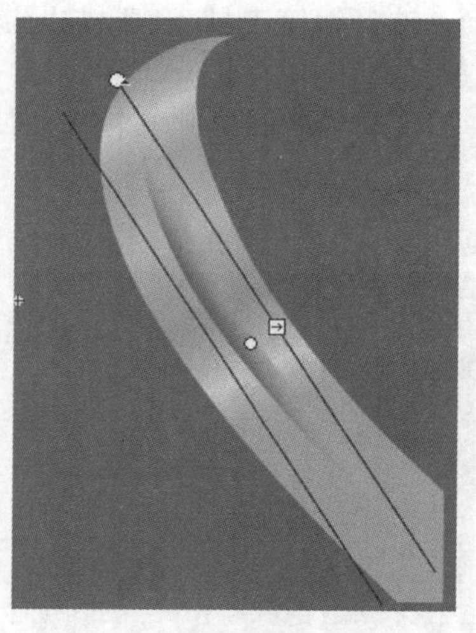

图 6-3-6　渐变调整

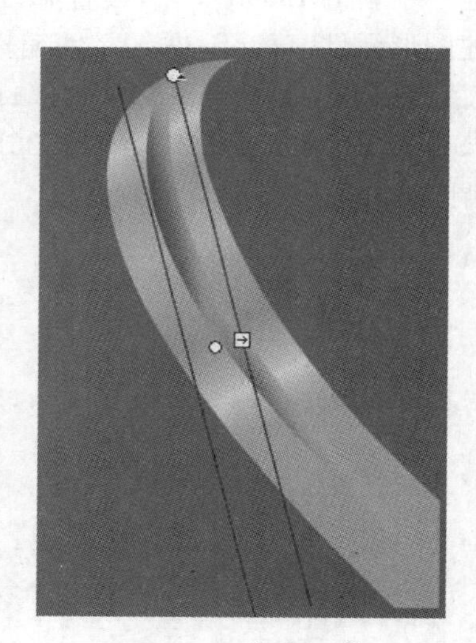

图 6-3-7　渐变调整

(6) 新建图层 4,使用钢笔工具绘制如图 6-3-8 所示图形,并设置描边为无,填充类型为径向渐变,渐变分布如图 6-3-9 所示,从左至右分别为#283A10、#81BC30、#CEE26F。

(7) 选中图层 4 绘制的图形,使用渐变变形工具调整渐变的大小和方向,得到如图 6-3-10 所示效果。

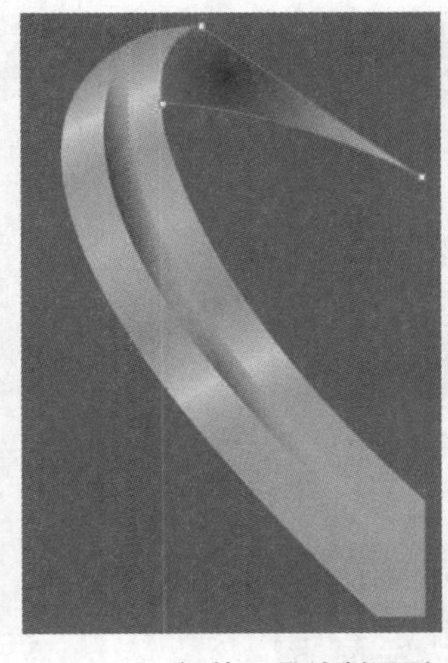

图 6-3-8　钢笔工具绘制图形

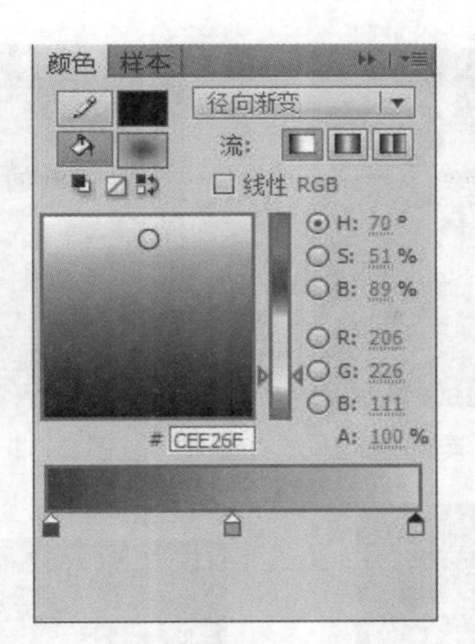

图 6-3-9　渐变设置

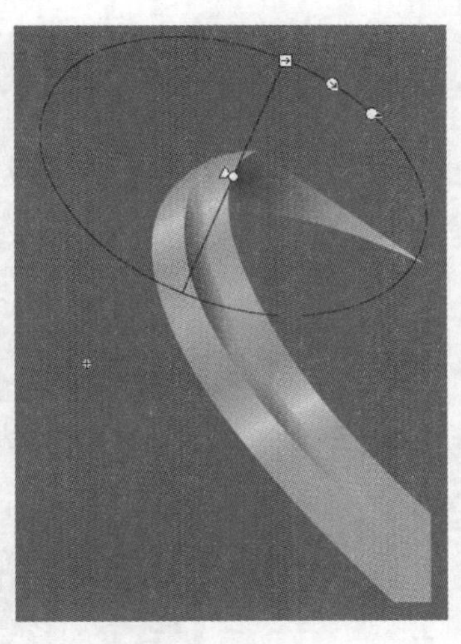

图 6-3-10　渐变变形

Step2　接着我们来绘制毛毛虫。

（1）新建名为“毛毛虫”的影片剪辑元件，进入元件的编辑状态。选择椭圆工具，设置笔触颜色为＃538C0B，笔触大小为3，填充颜色为＃98D900，如图 6-3-11 所示。按住 Shift 键绘制一个正圆，如图 6-3-12 所示。

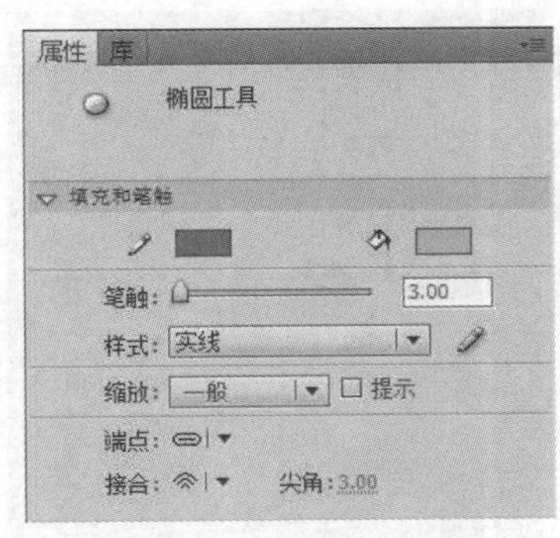

图 6-3-11　属性设置

图 6-3-12　绘制正圆

（2）使用椭圆工具，根据第一步的方法绘制毛毛虫的眼睛，如图 6-3-13 所示。

（3）使用直线工具，在毛毛虫脸部绘制如图 6-3-14 所示线条，并填充白色，效果如图 6-3-15 所示。

（4）使用矩形工具，设置填充色为黑色，笔触为无，绘制一个矩形。使用选择工具，将所绘制的矩形变成三角形，如图 6-3-16 所示。再使用选择工具，将三角形调整成弧形，如图 6-3-17 所示。

（5）使用椭圆工具，设置颜色为黑色，绘制一个正圆，放置在如图 6-3-18 所示位置，同时复制对象，并调整大小，制作如图 6-3-19 所示的毛毛虫触须。

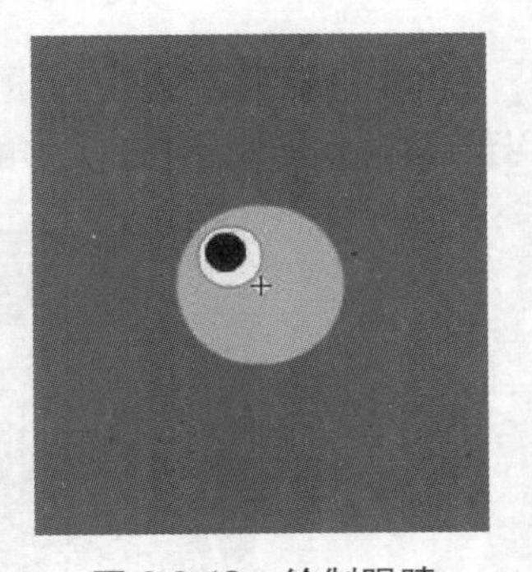

图 6-3-13　绘制眼睛

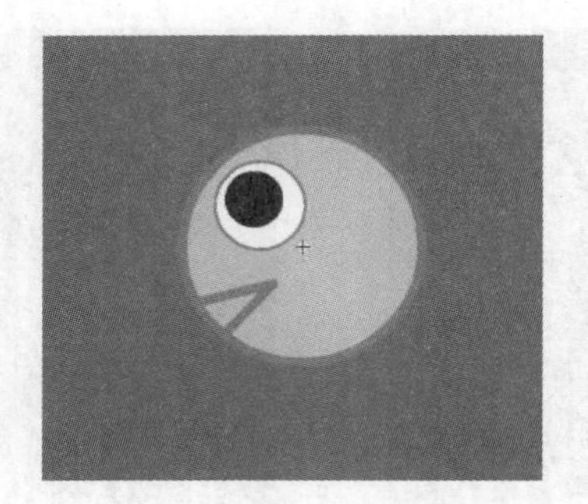

图 6-3-14　直线工具绘制嘴巴

图 6-3-15　填充白色

图 6-3-16　调整矩形

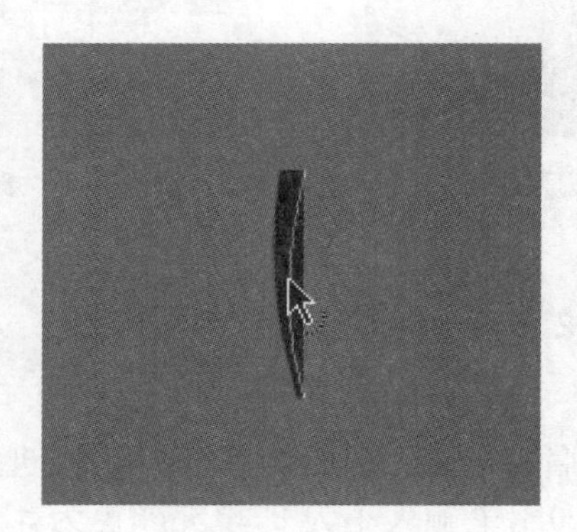

图 6-3-17　调整弧度

图 6-3-18　触角制作

图 6-3-19　完成触角

(6) 使用矩形工具,设置笔触颜色为＃538C0B,填充颜色为＃98D900,绘制矩形;使用选择工具,点击矩形的左上角,然后拖动鼠标,使矩形变成圆角矩形,如图 6-3-20 所示。

图 6-3-20　绘制圆角矩形

(7) 选中上一步制作的圆角矩形，按住 Ctrl＋B 将其分离，使用直线工具在圆角矩形工具内部垂直方向依次绘制直线，如图 6-3-21 所示。然后使用选择工具将所绘制直线编辑为弧线，如图 6-3-22 所示。

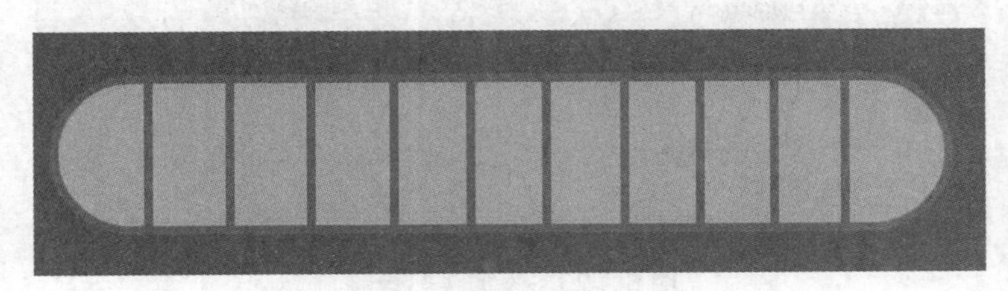

图 6-3-21　绘制直线

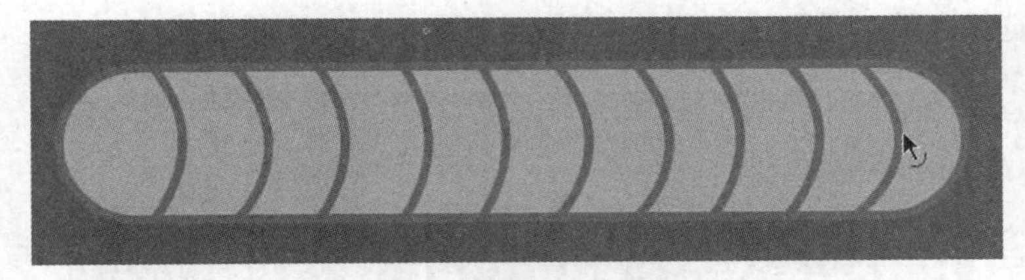

图 6-3-22　编辑直线

(8) 选中毛毛虫的身体，将其移动至毛毛虫头部，调整至合适的位置。选中毛毛虫所有部件，执行“修改/形状/将线条转化为填充”命令，如图 6-3-23 所示。

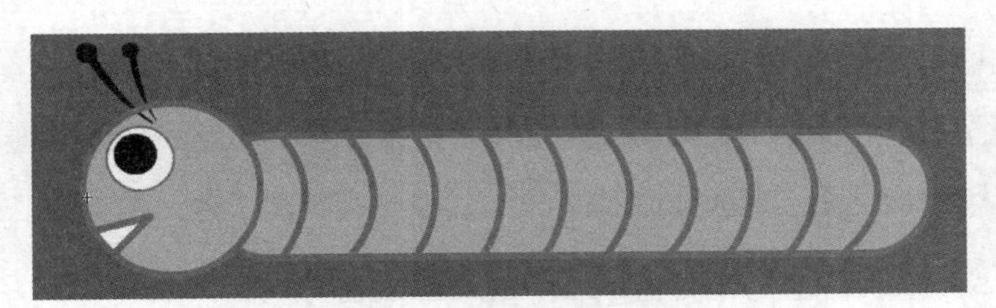

图 6-3-23　毛毛虫最终效果

Step3　下面我们来为毛毛虫添加骨骼，使它能动起来。

(1) 全选毛毛虫，然后选择骨骼工具，点击鼠标依次在毛毛虫身上创建骨骼，如图 6-3-24 所示。

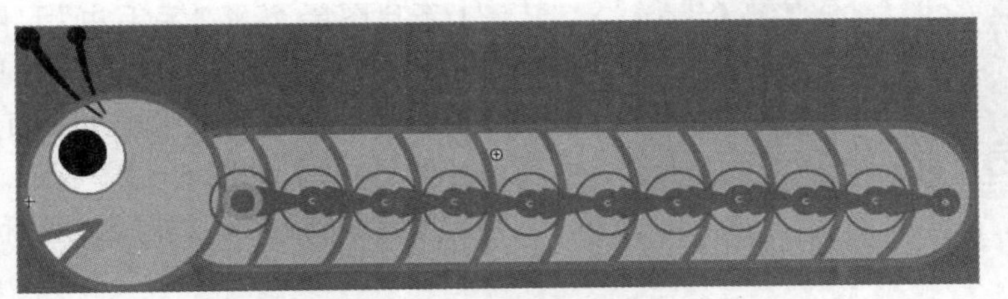

图 6-3-24　添加身体骨骼

(2) 使用骨骼工具，在最左侧的骨骼处点击鼠标左键并向左拖动，创建与头部连接的骨骼，如图 6-3-25 所示。

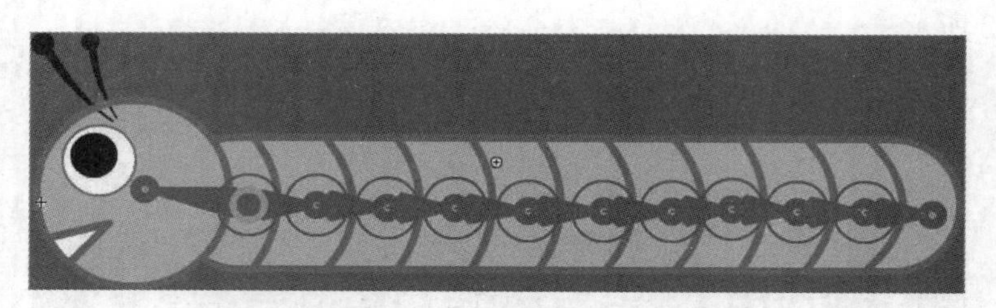

图 6-3-25 添加头部骨骼

(3) 选择时间轴上的骨架图层，在第 40 处单击鼠标右键，在弹出的菜单中选择“插入姿势”，然后使用选择工具对骨骼进行调整，调整至如图 6-3-26 所示状态。

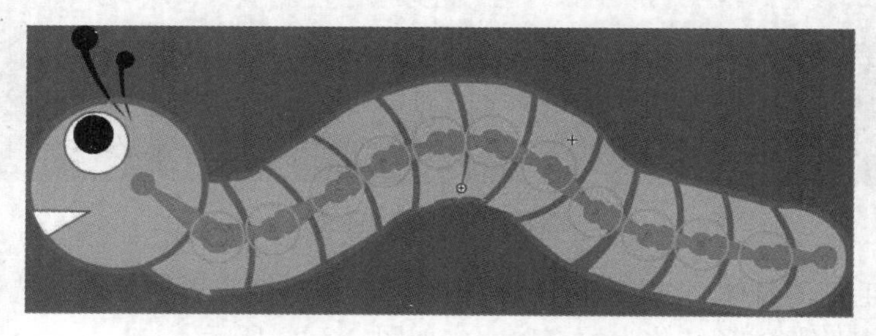

图 6-3-26 编辑骨骼

(4) 在第 1 帧处复制姿势，在 80 帧处粘贴姿势，时间轴如图 6-2-27 所示。

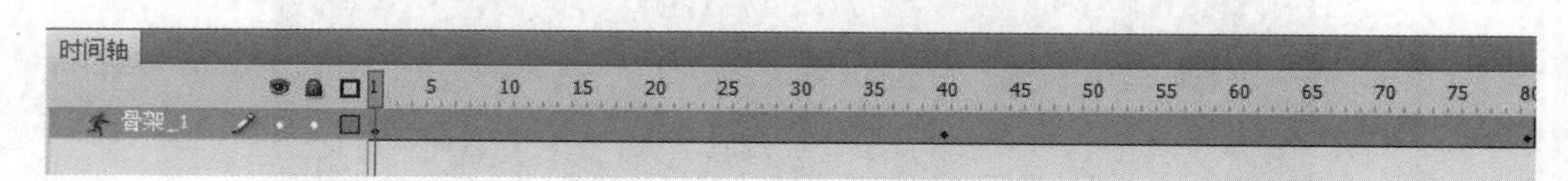

图 6-3-27 时间轴示意图

Step4 最后，我们将这些元件组合到舞台，并制作毛毛虫移动的动画。

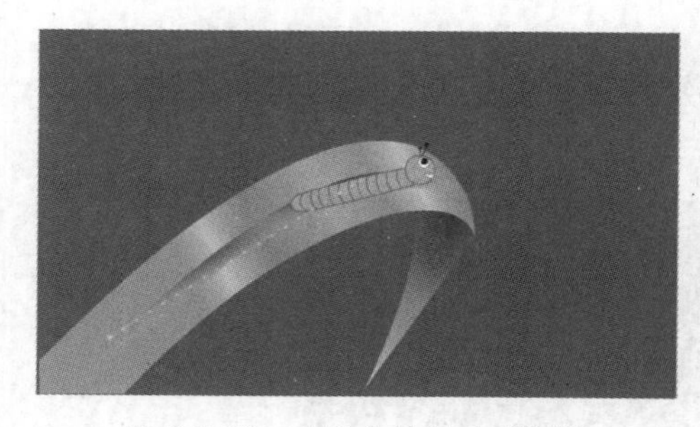

图 6-3-28 毛毛虫补间动画制作

(1) 回到主场景，将“草叶”元件拖入舞台，调整好方向，放置在画面的左下角并延长帧至 175 帧。

(2) 新建图层 2，将“毛毛虫”元件拖入该层，调整其大小，放置在草叶上，并延长至 175 帧。在第 1 帧创建补间动画。然后选中第 150 帧，同时移动毛毛虫到草叶的另一端，如图 6-3-28 所示。

(3) 测试动画，并以文件名“爬行的毛毛虫.fla”保存。

6.3.3 小试身手——甩尾巴的小猴

设计结果

以前在制作动物尾巴摆动或者柳树随风飘动的时候，我们通常会使用形状变化动画来做，那样制作的过程繁琐，而且效果也不是很理想。现在，我们可以使用骨骼工具把这一切都变得简单而理想。本项目效果如图 6-3-29 所示。

图 6-3-29 “甩尾巴的小猴”效果图

设计思路

(1) 导入小猴素材，绘制小猴尾巴。

(2) 添加骨骼，并制作尾巴摆动动画。

操作提示

(1) 创建一个新的 Flash 文档，设置舞台大小为 500×400 像素，背景为白色

(2) 导入素材“6.3-3a.png”，并相对舞台居中对齐。隐藏该图层。

(3) 新建图层 2，使用画笔工具，设置填充颜色为＃FF9900，绘制如图 6-3-30 所示的图形。

(4) 使用变形工具，选中尾巴，将旋转中心点移动至尾巴的根部。

(5) 使用骨骼工具，从尾巴根部开始创建骨骼，如图 6-3-31 所示。

图 6-3-30 绘制尾巴

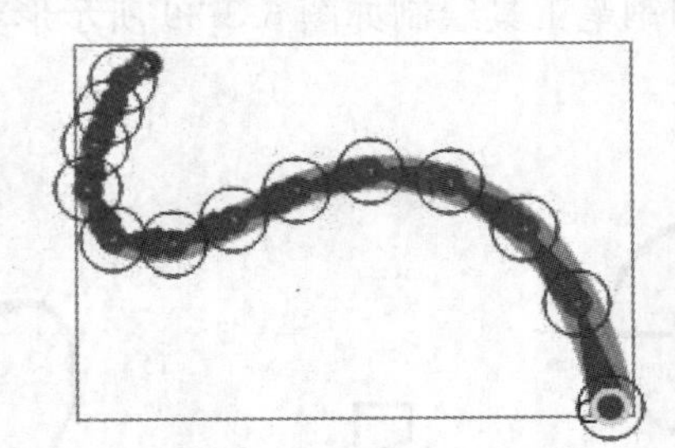

图 6-3-31 创建骨骼

(6) 在骨骼层的第 9、25、35、50 帧处插入姿势，其骨骼形态分别如图 6-3-32～6-3-35 所示。

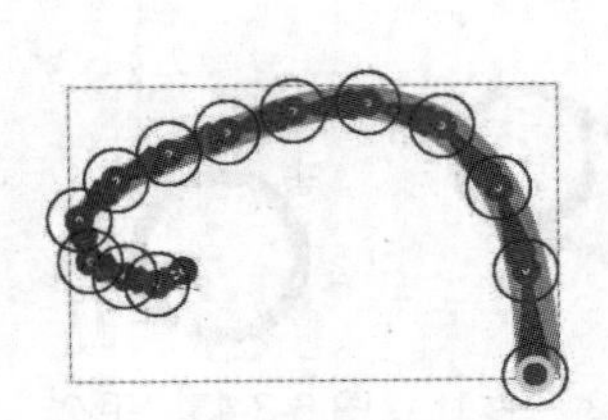

图 6-3-32 第 9 帧形态

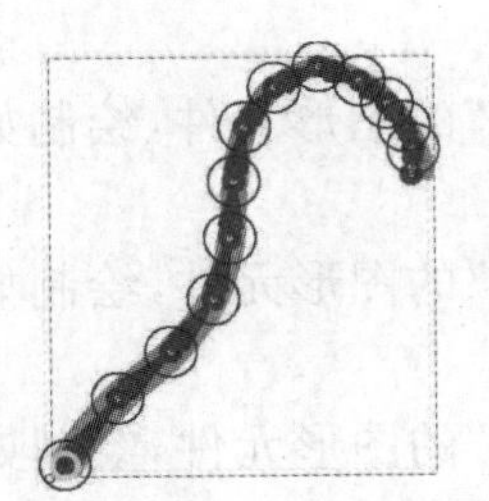

图 6-3-33 第 25 帧形态

图 6-3-34 第 35 帧形态

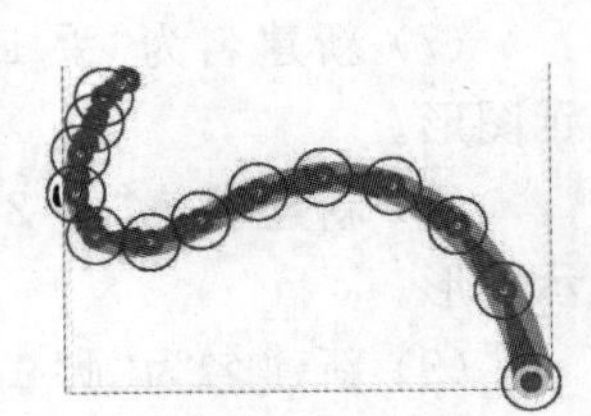

图 6-3-35 第 50 帧形态

(7) 显示小猴所在图层，调整两图层的位置。测试动画，并以文件名“甩尾巴的小猴.fla”保存。

6.3.4 初露锋芒——走路的小人

设计结果

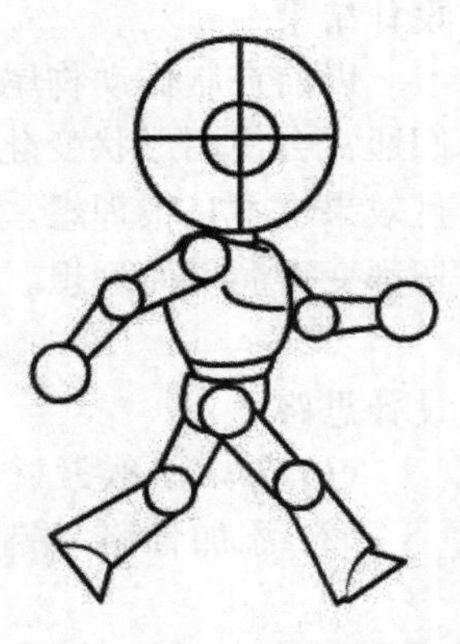

图 6-3-36 “走路的小人”效果图

在很多动画制作的过程中，都会有一些人物的走路，奔跑的动作，但是做起来确特别的费时间，那么今天我们就利用骨骼工具，来尝试一下人物走路的动画，效果如图 6-3-36 所示。

设计思路

(1) 绘制小人各部分组件。

(2) 将不同的组件利用骨骼进行连接。

(3) 为小人添加补间动画，制作走路动画。

操作提示

(1) 创建一个新的 Flash 文档，设置舞台大小为 550×400 像素，背景为白色，帧频为 12。

(2) 新建名为“头和身体”的图形元件。选中第 1 帧，使用椭圆工具，设置笔触为黑色，填充为白色，绘制一个正圆。复制并缩小正圆，最后使用直线工具绘制水平和垂直的线条，完成头部的制作，如图 6-3-37 所示。

(3) 使用矩形工具绘制矩形，并使用选择工具调整成如图 6-3-38 所示形状。

(4) 使用钢笔工具绘制如图 6-3-39 所示形状。

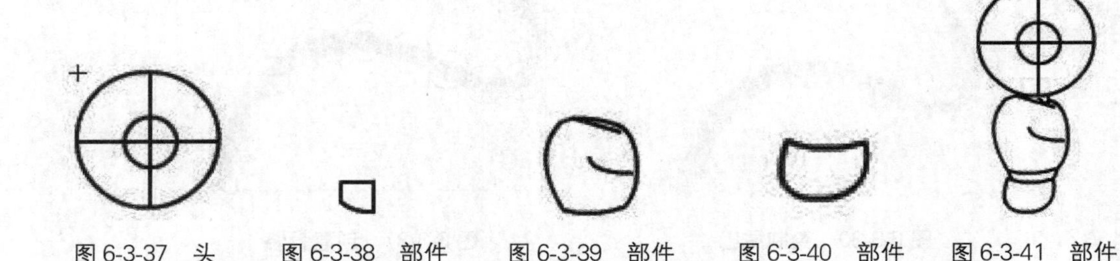

图 6-3-37 头　图 6-3-38 部件　图 6-3-39 部件　图 6-3-40 部件　图 6-3-41 部件

(5) 使用钢笔工具绘制如图 6-3-40 所示形状。

(6) 将所绘制的图形组合成如图 6-3-41 所示图形，选中所有组件，按 F8 转换为影片剪辑，命名为“身体”。

(7) 新建名为“手 1”的图形元件，绘制如图 6-3-42 所示图形。

(8) 新建名为“手 2”的图形元件，绘制如图 6-3-43 所示图形。

(9) 新建名为“脚 1”的图形元件，绘制如图 6-3-44 所示图形。

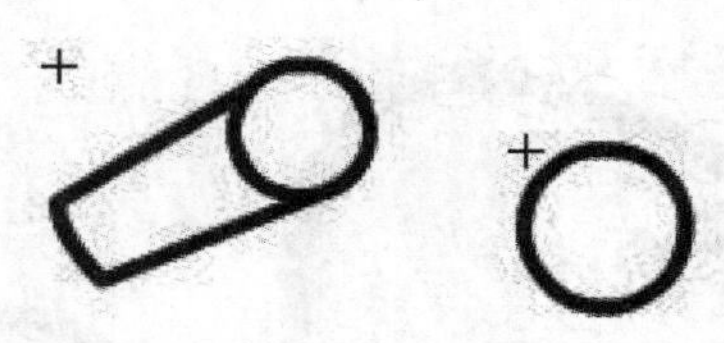

图 6-3-42 手 1　图 6-3-43 手 2

(10) 新建名为“脚 2”的图形元件，绘制如图 6-3-45 所示图形。

(11) 新建名为“脚 3”的图形元件，绘制如图 6-3-46 所示图形。

(12) 新建名为“走路”的影片剪辑元件，将“身体”影片剪辑元件拖到该影片剪辑中。

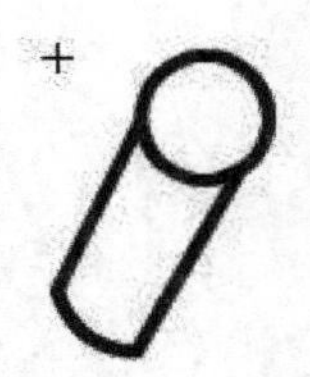

图 6-3-44　脚 1

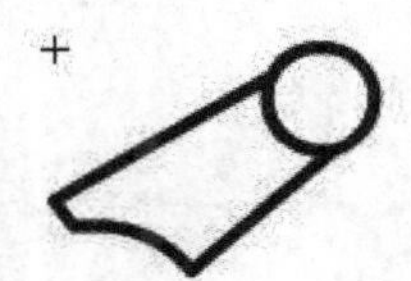

图 6-3-45　脚 2

图 6-3-46　脚 3

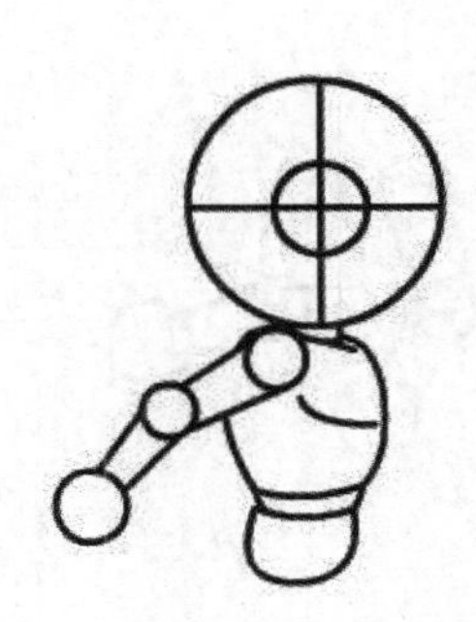

图 6-3-47　右手

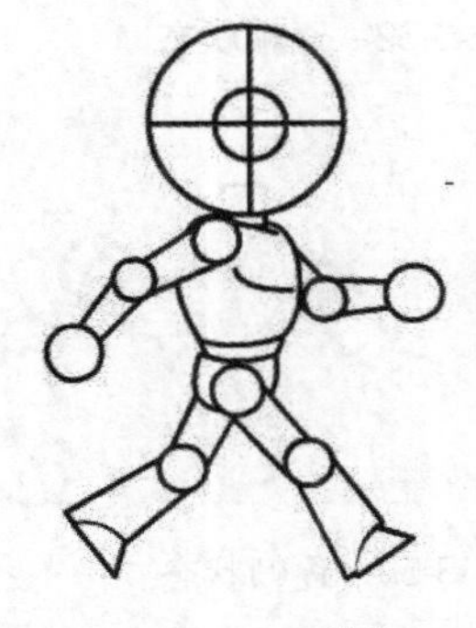

图 6-3-48　整体

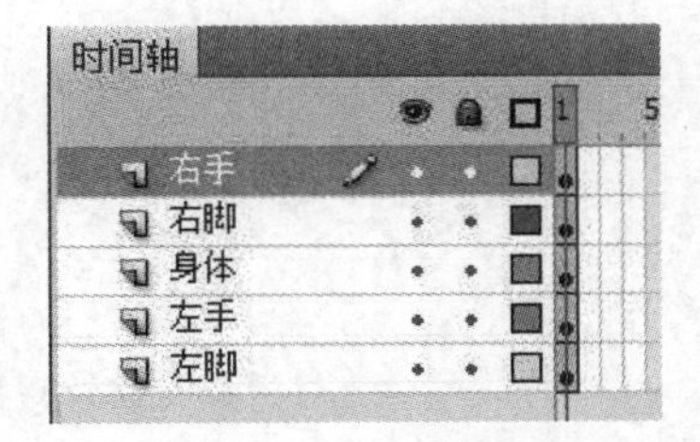

图 6-3-49　时间轴

(13) 新建“右手”图层，将“手 1”、“手 2”元件拖到影片剪辑中，放置到如图 6-3-47 所示位置。选中“手 1”、“手 2”元件，按 F8 转换成影片剪辑，命名为“右手”。

(14) 重复第(13)步的操作，依次完成其余部件的组合，效果如图 6-3-48 所示，时间轴如图 6-3-49 所示。

(15) 双击“身体”影片剪辑，进入编辑状态，在第 1 帧处创建补间动画，依次在 2～10 帧逐帧创建关键帧，2～10 帧位置如图 6-3-50 所示。

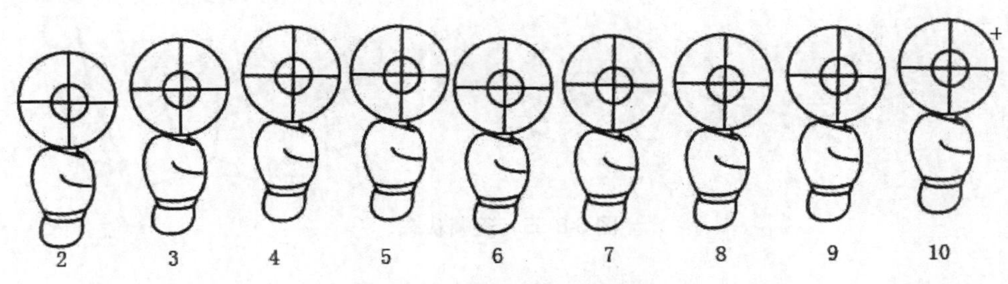

图 6-3-50　逐帧状态

(16) 双击“右手”影片剪辑，进入编辑状态，利用变形工具将各关节的旋转中心点调整至关节的中心点。

(17) 使用骨骼工具依次连接右手各关节，如图 6-3-51 所示。

(18) 分别在第 2～10 帧逐帧插入姿势，调整右手姿势，如图 6-3-52 所示。

(19) 制作左手动画，1～10 帧姿态如图 6-3-53 所示。

(20) 制作右脚动画，1～10 帧姿态如图 6-3-54 所示。

(21) 制作左脚动画，1～10 帧姿态如图 6-3-55 所示。

(22) 回到场景，将“身体”影片剪辑拖到场景中，测试动画，并以文件名“走路的小人. fla”保存。

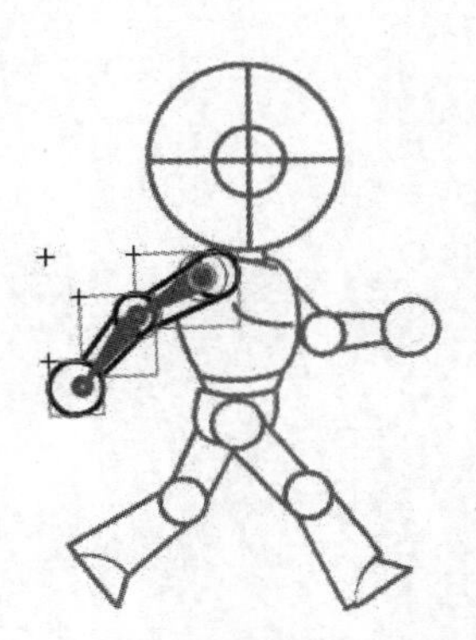

图 6-3-51　创建骨骼

图 6-3-52　逐帧状态

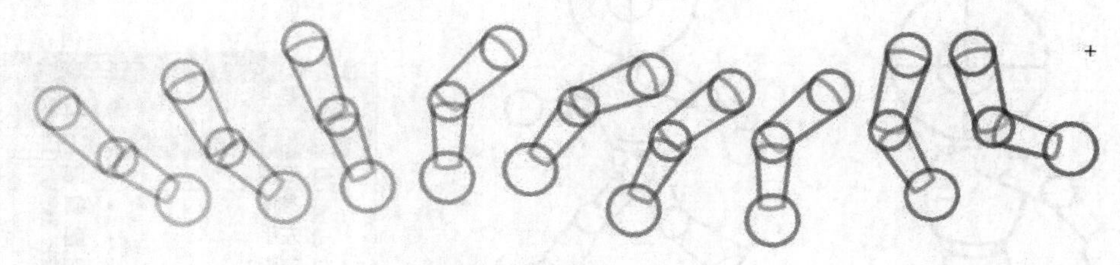

图 6-3-53　逐帧状态

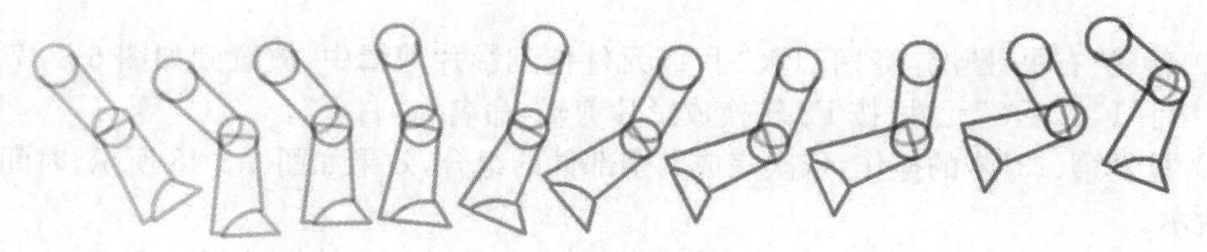

图 6-3-54　逐帧状态

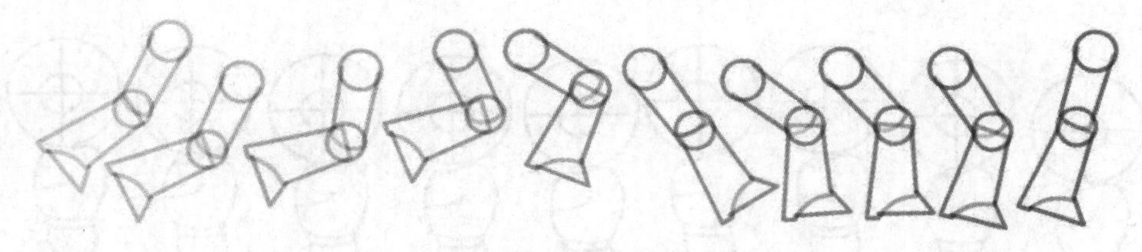

图 6-3-55　逐帧状态

第7章　幻灯片演示文稿

7.1　图形元件

7.1.1　知识点和技能

元件在Flash影片中是一种十分重要的对象，它可以反复被利用，减少文件的存储空间，大大提高了Flash制作的效率。元件只需要创建一次，就可以在整个场景中被多次使用。元件可以进行修改，修改后的效果将直观地反映在主场景中，十分高效方便。

每个元件都有独立的时间轴和舞台，可以独立于主场景进行单独播放。Flash元件包括三种类型，分别是图形元件、影片剪辑元件和按钮元件。这一节我们将主要介绍图形元件。

图形元件是可反复使用的图形，它可以是影片剪辑元件或场景的一个组成部分。图形元件是含一帧的静止图片，是制作动画的最基本的元素，在图形元件上不能添加交互行为和声音控制。这一节我们就介绍图形元件在Flash动画中的一些应用。

7.1.2　范例——仙鹤飞舞

设计结果

这是一幅用Flash制作的山水动画，在青山绿水之间，一只仙鹤展翅徐徐飞过，然后山谷之间旭日缓缓升起，最后光芒照耀大地，一派祥和安宁的景色，如图7-1-1所示。

图7-1-1　“仙鹤飞舞”效果图

设计思路

(1) 分别绘制青山、大地和波浪等图形元件。

(2) 绘制太阳和仙鹤等影片剪辑元件。

(3) 将元件置于主场景中，并制作动画效果。

范例解题引导

Step1　首先我们先来制作大地、波浪和山的图形元件。

(1) 创建一个 Action Script 2.0 的 Flash 文档,设置舞台大小为 550×400 像素,背景色为淡黄色#FFFFCC。

(2) 新建一个命名为"大地 1"的图形元件,进入元件的编辑状态。

(3) 使用椭圆工具,在"属性"面板中将笔触设为无,填充色为藕色#E3C8C8,在舞台正中央绘制一个实心椭圆,如图 7-1-2 和图 7-1-3 所示。

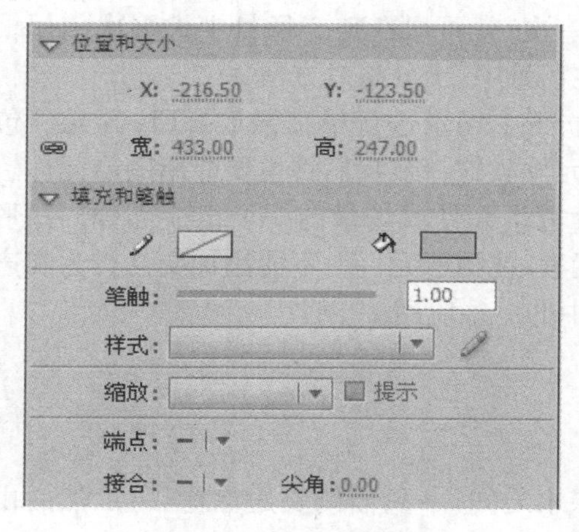

图 7-1-2　设置椭圆属性

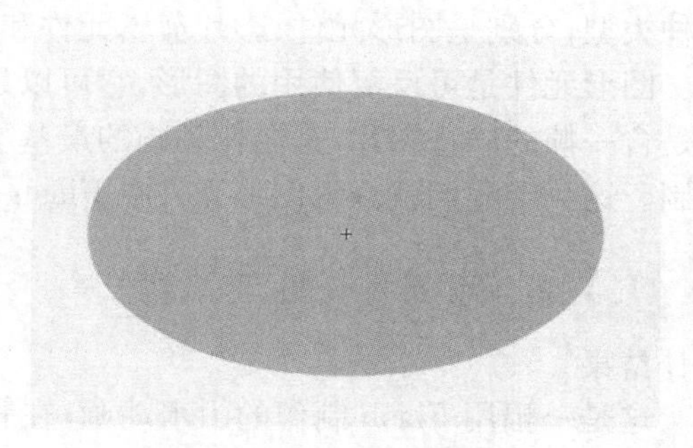

图 7-1-3　绘实心椭圆

(4) 新建一个命名为"大地 2"的图形元件,进入元件的编辑状态。

(5) 使用椭圆工具,笔触为无、填充色为藕色#E3C8C8,在舞台正中央绘制实心椭圆,该椭圆稍宽于"大地 1",如图 7-1-4 和图 7-1-5 所示。

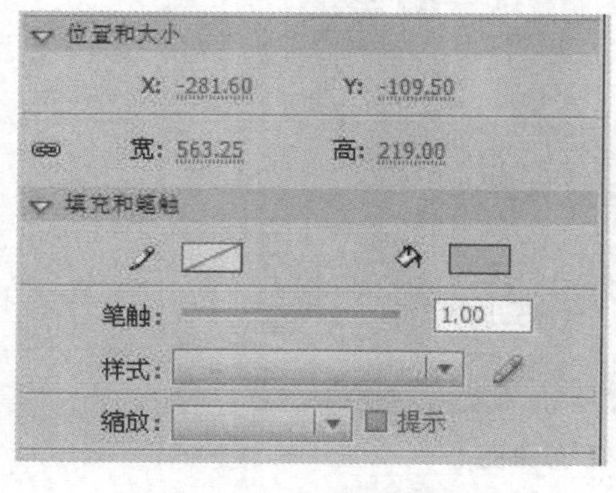

图 7-1-4　设置椭圆属性

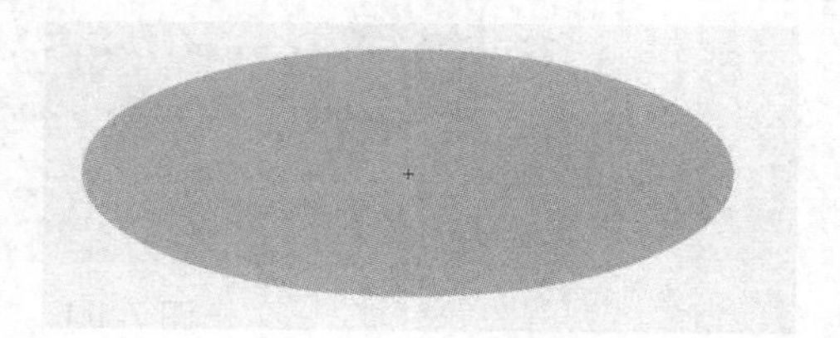

图 7-1-5　绘另一实心椭圆

(6) 新建一个命名为"波浪"的图形元件,进入元件的编辑状态。

(7) 使用钢笔工具,绘制一个连续波浪形状的封闭图形,并使用油漆桶工具为该图形内部填充蓝色#007BCE,边框为无,如图 7-1-6 所示。

图 7-1-6　绘制波浪图形

(8) 新建图层 2,选中舞台中的波浪图形并复制。选中图层 2 的第一帧,粘贴波浪,并将新图层的图形位置向前方和右方稍加移动,使之偏差于之前的波浪图形。

(9) 选中图层 2 的波浪图形,将其颜色改为浅蓝色＃D4D6D6,Alpha 值为 40,如图 7-1-7 所示。

图 7-1-7　绘制第二层波浪

(10) 仿照步骤(8)和步骤(9),新建图层 3 和图层 4,复制波浪的第三层和第四层,填充色分别为淡蓝色＃88D9FF 和从白色到淡蓝色的线性渐变,如图 7-1-8 所示。

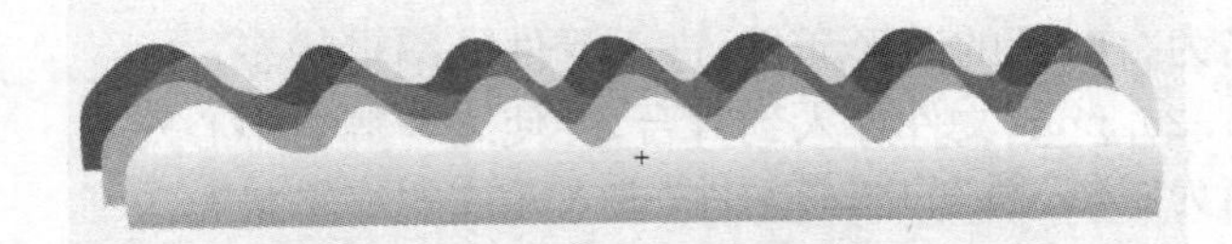

图 7-1-8　绘制第三层和第四层波浪

(11) 新建一个名为"山 1"的图形元件,进入编辑状态。使用钢笔工具绘制一个五边形的山峰图形,使用选择工具修改局部线条,将山峰的填充色设为淡绿色＃63C28B,笔触为无,如图 7-1-9 所示。

(12) 新建图层 2、图层 3 和图层 4,将山峰图形复制到之后的三个图层上,使用变形工具使得每层的图形放大至前一层的 120%,填充色分别为＃92FC83、＃9DE8A2 和＃DCFCE4,如图 7-1-10 所示。

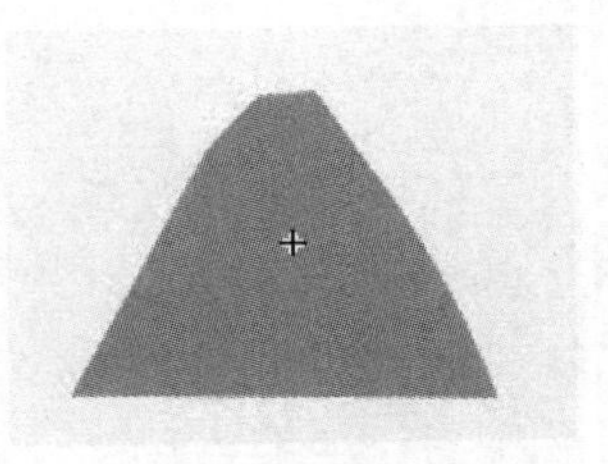

图 7-1-9　绘制山峰形状

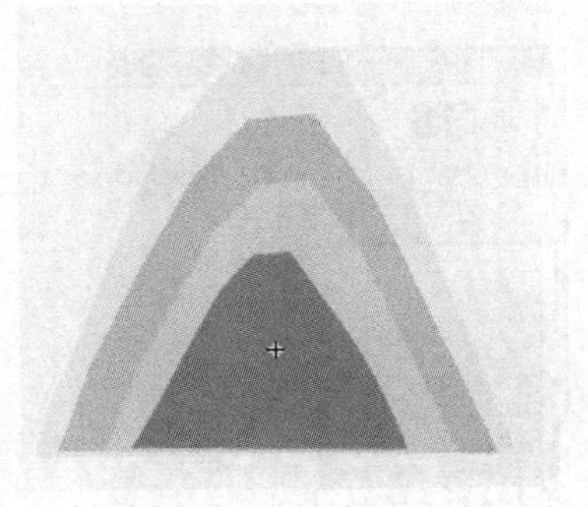

图 7-1-10　绘制四层山峰

(13) 新建一个名为"山 2"的图形元件,进入编辑状态。使用椭圆工具和部分选取工具绘制一个浑圆的山峰,填充色为湛青色＃367578,笔触为无,如图 7-1-11 所示。

(14) 新建图层 2、图层 3 和图层 4,将山峰图形复制到之后的三个图层上,使用变形工具使得每层的图形放大至前一层的 120%，填充色分别为＃2CB8AD、＃84CCC9 和＃C9E7E5，如图 7-1-12 所示。

图 7-1-11　绘制山峰形状

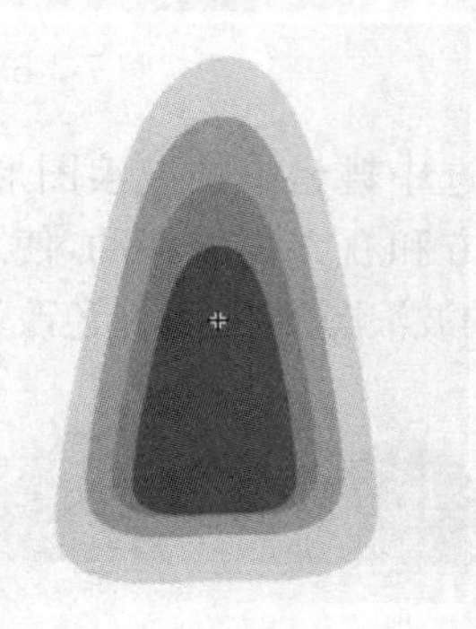

图 7-1-12　绘制四层山峰

Step2　接着我们来制作祥云、太阳的图形元件和仙鹤的影片剪辑元件。

(1) 新建一个名为“祥云”的图形元件，进入元件的编辑状态。

(2) 将素材“7.1.2a.png”文件导入到舞台，并使之与舞台中心对齐。

(3) 新建一个名为“祥云总”的图形元件，进入元件的编辑状态。

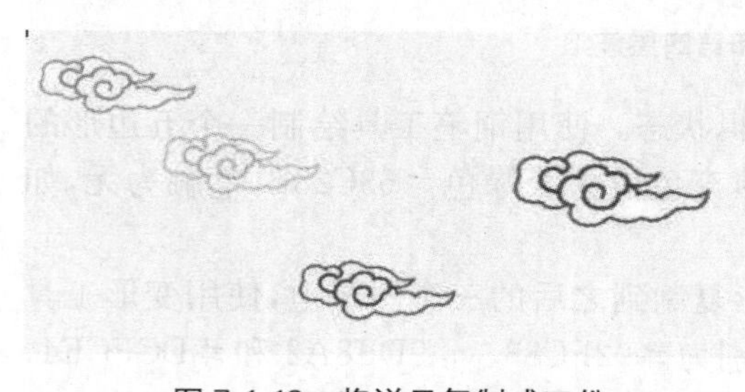

图 7-1-13　将祥云复制成四份

(4) 从库中将“祥云”元件拖入到舞台，将祥云复制成四份。在“属性”面板中修改部分祥云的透明度和大小，使之错落排列，如图 7-1-13 所示。

(5) 新建一个名为“太阳”的图形元件，进入该元件的编辑状态。

(6) 使用椭圆工具在舞台中心画一个正圆，填充色为从橘黄色＃FF9900 到金黄色＃FFFF00 的径向渐变，如图 7-1-14 和图 7-1-15 所示。

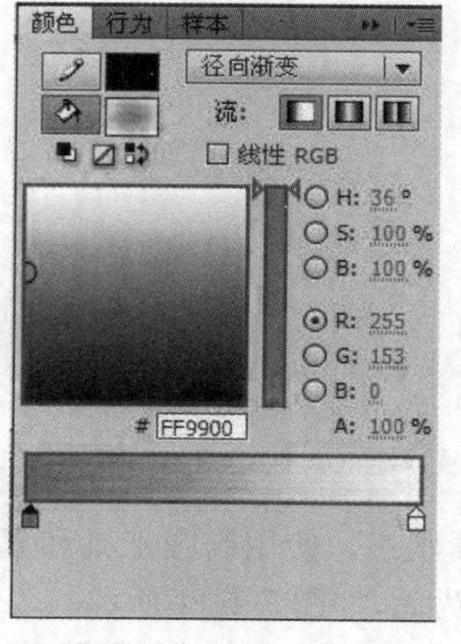

图 7-1-14　设置径向渐变

图 7-1-15　绘制太阳

(7) 新建名为“光芒”的图形元件，进入编辑状态。使用矩形工具在舞台上绘制一个宽为27、高为200、填充色为金黄色＃FFFF00的矩形，将其位置设置成x轴为－24、y轴为－387。

(8) 使用任意变形工具将矩形的中心点移至舞台中心。使用变形工具将旋转值设为30，多次按下“重置选区和变形”按钮，如图7-1-16所示，效果如图7-1-17所示。

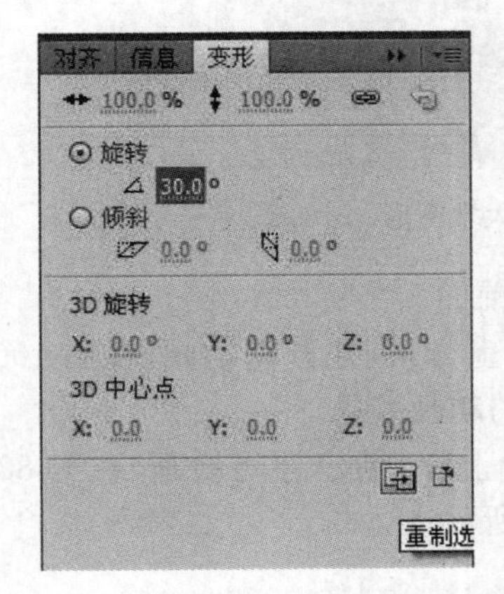

图7-1-16 重置选区和变形选项

图7-1-17 绘制光芒图像

(9) 新建命名为“仙鹤”的影片剪辑元件，进入编辑状态。将素材“7.1.2b.png”文件导入到舞台，并使之与舞台中心对齐。

(10) 在时间轴第6帧按F6键插入关键帧，将素材“7.1.2c.png”文件导入到舞台，将其位置的y轴稍加移动，使两个仙鹤位置上下错落，在第12帧按F5键插入帧。

Step3 最后，我们将这些元件放入主场景中，并设置太阳动画。

(1) 回到主场景，将第1层命名为“光芒”。在第47帧插入关键帧，将“光芒”元件拖入到舞台，创建补间动画，在第80帧插入关键帧。选中第47帧的光芒图形，将其大小缩放到1%，并将该帧顺时针旋转90度。

(2) 新建图层，将其命名为“太阳”。将“太阳”元件拖入到舞台，创建补间动画，在第45帧插入关键帧。改变太阳的位置，使之形成从地平线下缓缓上升的动画。

(3) 新建图层“山1”，将“山1”元件拖入到左边舞台，按住Ctrl键复制出一个山峰，改变新山峰的位置和大小，效果如图7-1-18所示。

(4) 新建图层“山2”，将“山2”元件拖入到右边舞台，复制新山峰并改变其位置和大小，效果如图7-1-19所示。

图7-1-18 放置左边山峰

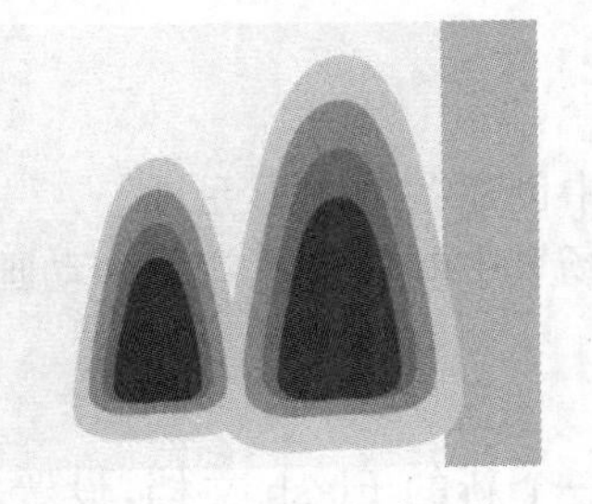

图7-1-19 放置左边山峰

（5）新建图层“大地”，将“大地 1”元件拖到左下侧舞台，旋转 15 度。将“大地 2”元件拖到右下侧舞台，旋转－5 度，如图 7-1-20 所示。

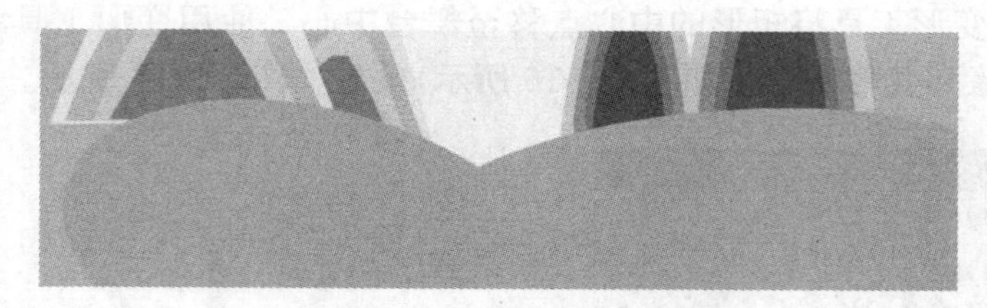

图 7-1-20 放置大地图形

（6）新建图层“海浪”，将“波浪”元件拖到山峰前面。

（7）新建图层“祥云”，将“祥云”元件拖到舞台上方，创建补间动画，在第 100 帧插入关键帧，改变祥云的位置，使之形成从右向左缓缓移动的动画效果。

（8）新建图层“仙鹤”，将“仙鹤”元件拖到舞台上方，创建补间动画，在第 80 帧插入关键帧，建立仙鹤展翅从左飞到右的效果，如图 7-1-21 所示。

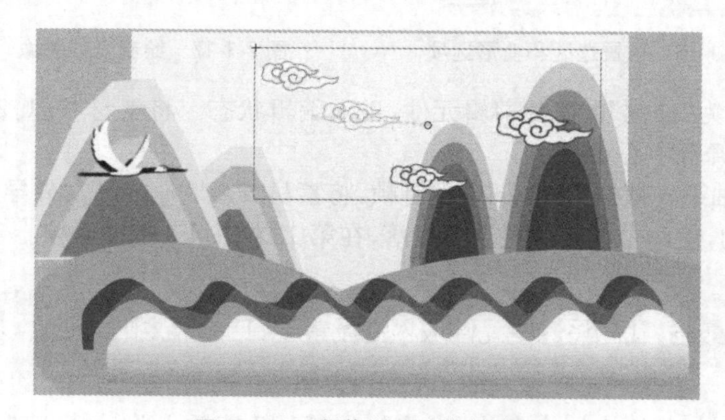

图 7-1-21 制作祥云和仙鹤动画

（9）除了“仙鹤”图层，选中其余图层，按 F5 键在所有图层的第 120 帧插入帧。

（10）测试动画，并以文件名“仙鹤飞舞. fla”保存。

7.1.3 小试身手——幸运转环

设计结果

在一片向日葵地中，一个幸运转环旋转出现，两只可爱的小鸟从转环里飞出，随后出现寄语贺卡，寄托着美好的祝福，如图 7-1-22 所示。

图 7-1-22 “幸运转环”效果图

设计思路

（1）在库中创建各个图形元件。

（2）在主场景中制作遮罩效果和动画效果。

操作提示

（1）创建一个新的 Flash 文档，设置舞台大小为 550×400 像素，背景为白色。

(2) 新建一个名为“花瓣”的图形元件，进入元件的编辑状态。使用矩形工具绘制一个矩形，填充色为金黄＃FFFF00，边框为土黄＃CC6600，笔触为 3，将其置于舞台的正上方。

(3) 使用部分选取工具删除其中一个节点，再使用选择工具修改矩形形状，如图 7-1-23 所示。

(4) 将花瓣的中心点置于舞台中心，旋转 45 度重制选区和变形，如图 7-1-24 所示。

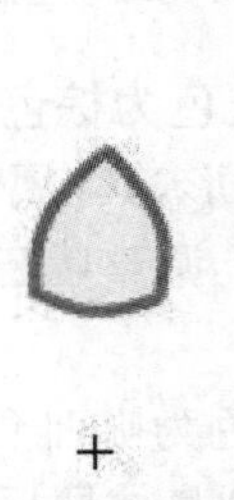

图 7-1-23 绘制一瓣花朵

图 7-1-24 复制花瓣

(5) 新建一个名为“花心”的图形元件，进入该元件的编辑状态。

(6) 使用椭圆工具绘制一个填充为从白色到浅棕 FF9900 径向渐变、边框为＃CC6600 棕色、笔触为 3 的正圆。使用铅笔工具，模式设置为平滑，在圆内部画上交叉的图形，如图 7-1-25 所示。

(7) 新建一个名为“花叶”的图形元件，进入该元件的编辑状态。

(8) 椭圆工具绘制一个填充为＃71B440 的椭圆，再使用部分选取工具修改其形状。使用铅笔工具绘制花径，如图 7-1-26 所示。

(9) 新建名为“向日葵”的图形元件，进入编辑状态。将元件“花心”、“花瓣”和“花叶”拖到舞台上，调整它们的位置和排列，使用画笔工具绘制一根枝叶，如图 7-1-27 所示。

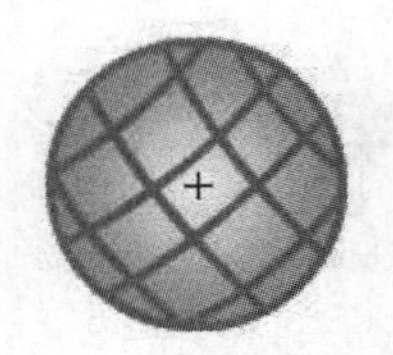

图 7-1-25 绘制花心

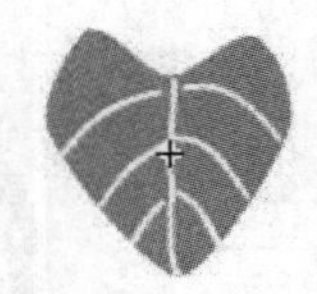

图 7-1-26 绘制叶子

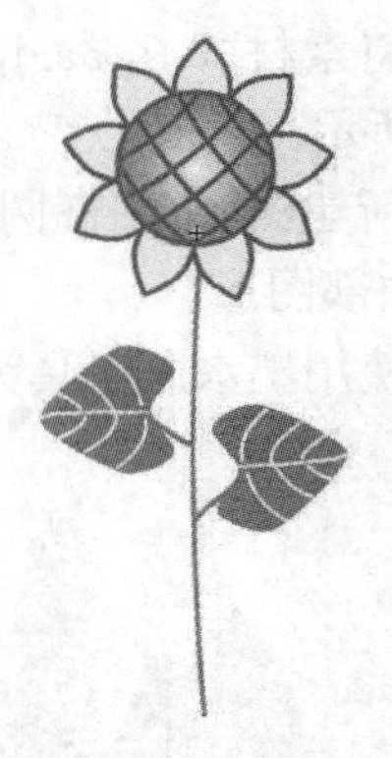

图 7-1-27 组合成向日葵

(10) 新建名为“小鸟”的图形元件，进入编辑状态。使用钢笔工具勾勒出小鸟的身体，填充色为土黄色＃F8DE56，边框为无，如图 7-1-28 所示。

(11) 新建图层 2，使用椭圆工具绘制一个实心无边框椭圆，填充色淡绿色＃99CC67。使用选择工具将其轮廓修整成翅膀形状。再使用直线工具绘制翅膀上的纹理，如图 7-1-29 所示。

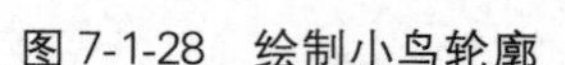

图 7-1-28　绘制小鸟轮廓

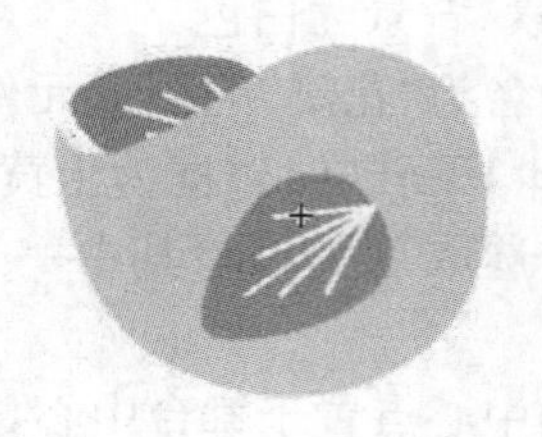

图 7-1-29　绘制小鸟翅膀

(12) 新建图层,使用椭圆工具绘制小鸟的眼睛,填充色为棕色＃563E26,无笔触。

(13) 新建图层,使用多边形工具画一个实心的三角形,其“属性”面板的设置如图 7-1-30 所示。填充色为橘色＃ED9B1E,无笔触。使用选择工具调整嘴巴形状。将此图层移到身体层后面。

(14) 新建图层,使用矩形工具绘制小鸟的脚,填充色为咖啡色＃A9725C,再使用部分选取工具删除部分节点,拉伸使脚变尖。也将这个图层移到身体层后面,如图 7-1-31 所示。

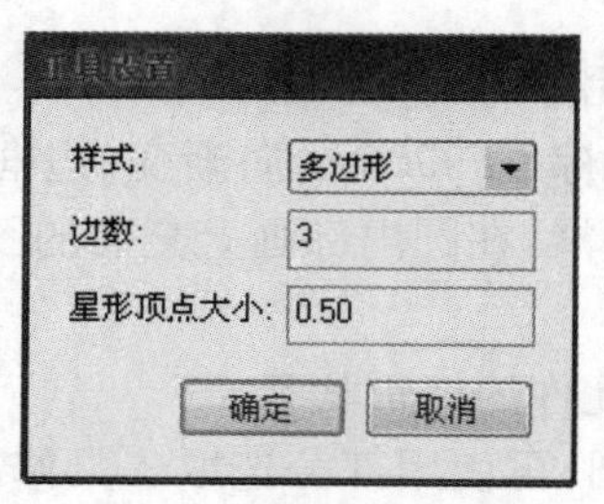

图 7-1-30　设置三角形属性

图 7-1-31　完成小鸟绘制

(15) 新建名为“边框”的图形元件,进入编辑状态。使用椭圆工具绘制一个宽高皆为 284 的正圆,并与舞台中心对齐。

(16) 将素材“7.1.3a.jpg”文件导入到库中。选中正圆,在油漆桶选项中选择该图形,如图 7-1-32 所示。

(17) 新建图层,用椭圆工具画一个略小的同心圆。将素材“7.1.3b.jpg”文件导入到库并作为圆的内部图形。

(18) 使用墨水瓶工具为两个同心圆添加浅绿色边框,如图 7-1-33 所示。

图 7-1-32　圆内部图形填充

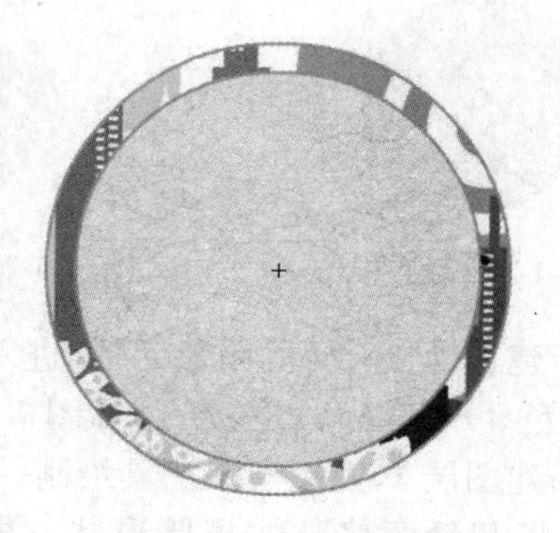

图 7-1-33　完成圆环制作

(19) 新建名为“遮罩”的图形元件,将“圆环”元件中较小的同心圆作为遮罩粘贴到舞台中心。

(20) 新建名为“文字”的图形元件,使用文本工具输入文字如图 7-1-34 所示。字体为华文行楷,大小为 24。

祝同学们

学业进步

\+

在新年拥有自己的幸福

wish you would have

your own well-being

图 7-1-34 创建文字

(21) 回到主场景,新建“背景”层。使用矩形工具绘制一个与舞台一样大小的矩形,填充为由浅蓝色＃00AAE7 到白色＃FFFFFF 线性渐变,居中对齐。在第 280 帧插入帧。

(22) 新建“边框”层。在第 20 帧插入关键帧,将“边框”元件拖入到舞台上方,创建传统补间并在第 80 帧插入关键帧。

(23) 将第 20 帧的 Alpha 值设置为 0,并设置顺时针旋转 2 圈。

(24) 新建“文字”层。在第 170 帧插入关键帧,将“文字”元件拖入到舞台上,并置于转环内。

(25) 新建“遮罩”层,在第 170 帧插入关键帧。使用矩形工具绘制一个矩形,并置于文字上方,创建传统补间。在第 280 帧插入关键帧,往下移动矩形,使之完全覆盖文字。

(26) 将“遮罩”层的属性设置为遮罩层,使之遮罩文字。

(27) 新建“小鸟 1”层,在第 90 帧插入关键帧,将“小鸟”元件拖到舞台上,并缩小至 50%,如图 7-1-35 所示,创建传统补间。在第 98 帧插入关键帧,向右偏移小鸟的位置。在第 99 帧插入关键帧,将小鸟放大至 63%。在第 166 帧插入关键帧,将小鸟的位置向右偏移出舞台,如图 7-1-36 所示。

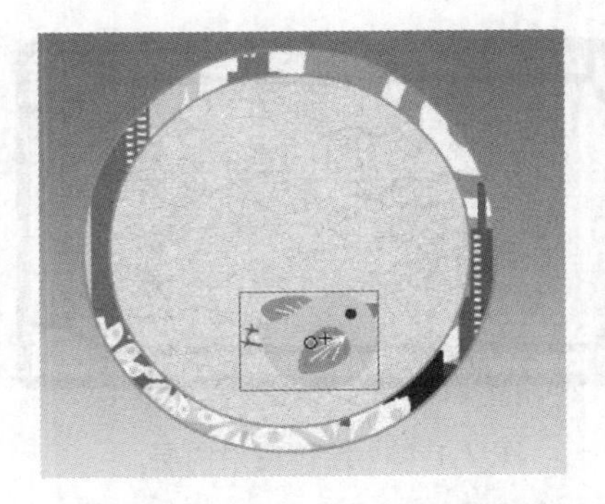

图 7-1-35 第 90 帧小鸟的位置

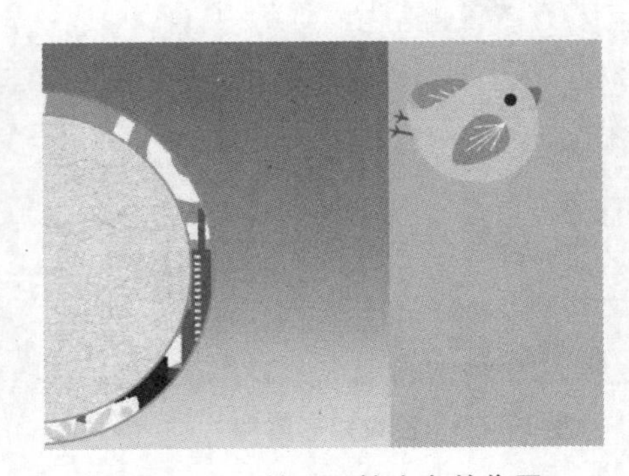

图 7-1-36 第 166 帧小鸟的位置

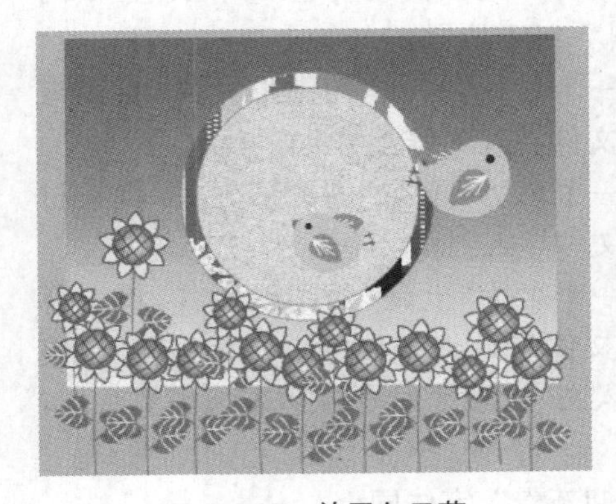

图 7-1-37 放置向日葵

(28) 新建“小鸟 2”层,在第 115 帧插入关键帧,将“小鸟”元件拖到舞台上缩小至 50%,并且水平翻转。动画效果相似于“小鸟 1”层,方向相反。

(29) 新建“向日葵”层,将“向日葵”元件从库中拖到舞台下方。按住 Ctrl 键复制出多个向日葵,并调整他们的位置和大小,如图 7-1-37 所示。

(30) 测试动画,并以文件名“幸运转环.fla”保存。

7.1.4 初露锋芒——恭贺新禧

设计结果

雪花飞舞中，喜鹊的折纸旋转打开，一对中国结聚拢到中央，春联成对展开，如图 7-1-38 所示。

图 7-1-38 "恭贺新禧"效果图

设计思路

(1) 创建不同的元件。

(2) 分三个场景制作，将元件导入到舞台中并设置动画效果。

操作提示

(1) 创建一个新的 Flash 文档，设置舞台大小为 694×380 像素，背景为白色。

(2) 新建一个名为"窗沿"的图形元件，使用矩形工具绘制一个宽为 694 像素、高为 380 像素的矩形，填充色为无，笔触为红褐色＃550000，大小为 15。在"属性"面板中设置"接合"为圆角，"尖角"值为 3，如图 7-1-39 所示。

(3) 新建图层 2，使用直线工具绘制窗沿的内层，颜色和大小同上，如图 7-1-40 所示。

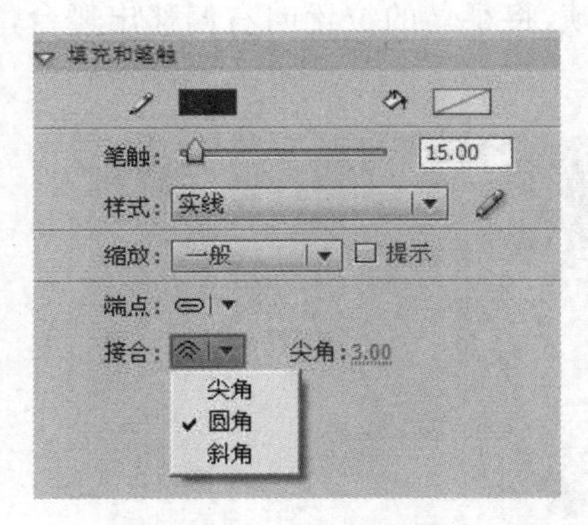

图 7-1-39 设置矩形属性

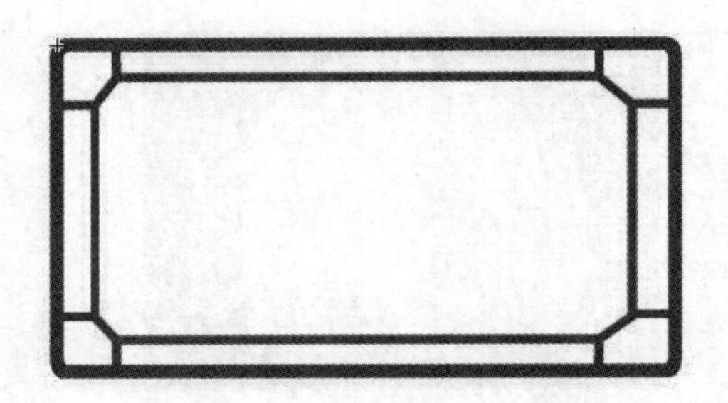

图 7-1-40 绘制窗沿内层

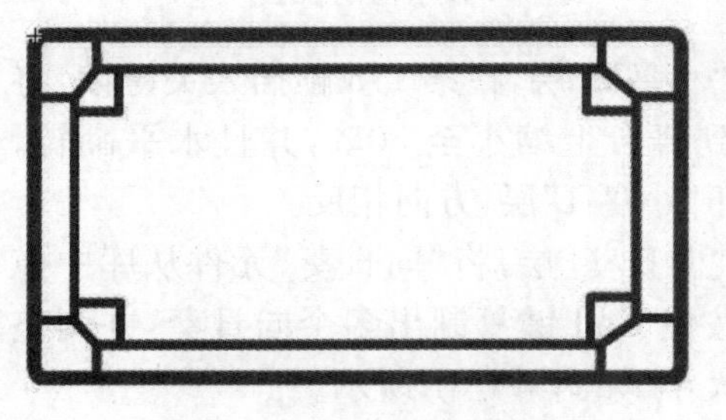

图 7-1-41 完成窗沿的绘制

(4) 新建图层 3，继续使用直线工具绘制窗沿的中心部分，如图 7-1-41 所示。

(5) 新建一个名为"雪花"的图形元件，将素材"7.1.4b.png"文件导入到舞台中央。

(6) 新建一个名为"窗花"的图形元件，将素材"7.1.4c.png"文件导入到舞台中央。

(7) 新建一个名为"上联"的图形元件，将素材"7.1.4d.png"文件导入到舞台中央。新建图层，使用文本工具输入文字"喜辞旧岁"，字体为华文行楷，大小为 42，颜色为深红色＃990000，排列方向为垂直。

(8) 新建一个名为"下联"的图形元件，输入文字"笑迎新春"，字体同上。

(9) 回到主场景，将素材“7.1.4a.png”文件导入到舞台中央，在第120帧插入帧。

(10) 新建图层2，将“雪花”元件拖入到舞台，并创建补间动画。在第120帧插入关键帧，改变雪花的y轴位置，形成雪花缓缓降落的效果。

图7-1-42　第60帧窗花的位置

(11) 新建图层3，在第20帧插入关键帧，将“窗花”元件拖到舞台的左下角，创建传统补间。在第60帧插入关键帧。将第20帧的窗花的Alpha值改为0，顺时针旋转1圈。将第60帧窗花的大小改为32%，如图7-1-42所示。

(12) 新建图层4，在第65帧插入关键帧，将“上联”元件拖入到舞台右上角，将Alpha值设置为0，创建传统补间。在第80帧插入关键帧，将对象向左移动，Alpha值为100。

图7-1-43　场景1的效果

(13) 新建图层5，在第80帧插入关键帧，将“下联”元件拖到“上联”右边，设置动画同步骤(12)。

(14) 新建图层6，将“窗沿”元件拖到舞台上，并居中对齐，如图7-1-43所示。

(15) 接着我们开始制作场景2的元件。新建一个名为“中国结”的图形元件，将素材“7.1.4f.png”文件导入到舞台中央。

(16) 新建一个名为“春”的图形元件，将素材“7.1.4g.png”文件导入到舞台中央。

(17) 回到主场景，插入场景2。

(18) 将素材“7.1.4e.png”文件导入到舞台上并居中对齐，在第120帧插入帧。

(19) 新建图层2，将“雪花”元件拖入到舞台，创建补间动画，动画效果同步骤(10)。

(20) 新建图层3，在第10帧插入关键帧，将“中国结”元件拖入到舞台左侧，Alpha值设置为0，并创建传统补间。在第50帧插入关键帧，将对象移到舞台中央，Alpha值为100。

(21) 新建图层4，在第10帧插入关键帧，将“中国结”元件拖入到舞台右侧，水平翻转该对象，Alpha值设置为0，并创建传统补间。在第50帧插入关键帧，将对象移到舞台中央，Alpha值为100，如图7-1-44所示。

图7-1-44　第50帧中国结的效果

(22) 新建图层5，在第70帧插入关键帧，将“春”元件拖入到舞台正中，将其缩放至1%，创建传统补间，并在帧上设置顺时针旋转3圈。在第110帧插入关键帧，大小为100%，形成旋转出现的效果。

图 7-1-45 场景 2 的效果

(23) 新建图层 6，将“窗沿”元件拖入到舞台并居中对齐，如图 7-1-45 所示。

(24) 最后我们来创建场景 3 中的元件。新建一个名为“如意”的图形元件，将素材“7.1.4i.png”文件导入到舞台中央。

(25) 新建一个名为“金玉满堂”的图形元件，将素材“7.1.4j.png”文件导入到舞台中央。

(26) 新建一个名为“恭”的图形元件，将素材“7.1.4k.png”文件导入到舞台中央。

(27) 分别新建名为“贺”、“新”、“禧”的图形元件，将素材“7.1.4l.png”、“7.1.4m.png”和“7.1.4n.png”分别导入到这三个元件中。

(28) 回到主场景，插入场景 3。

(29) 新建图层 2，在第 20 帧插入关键帧，将元件“如意”拖到舞台左侧，创建传统补间，在第 30 帧插入关键帧。将第 20 帧对象的色调设置为红 58 绿 0 蓝 0。

(30) 新建图层 3，在第 40 帧插入关键帧，将元件“金玉满堂”拖到舞台右侧，创建传统补间，在第 50 帧插入关键帧。将第 40 帧对象的色调设置为红 58 绿 0 蓝 0，如图 7-1-46 所示。

(31) 新建图层 4，在第 65 帧插入关键帧，将元件“恭”拖入到舞台左上方，大小设置为 200%，Alpha 值为 0，创建传统补间。在第 85 帧插入关键帧，大小设置为 56%，Alpha 值为 100。

图 7-1-46 第 40 帧的效果

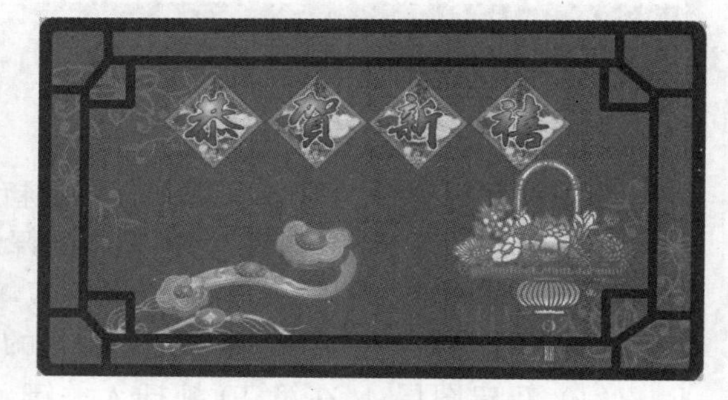

图 7-1-47 场景 3 的效果

(32) 新建图层 5、图层 6 和图层 7，将元件“贺”“、新”和“禧”依次设置如上动画，每个字依次延时 20 帧。

(33) 新建图层 8，将元件“窗沿”拖到舞台上并居中对齐，如图 7-1-47 所示。

(34) 测试动画，并以文件名“恭贺新禧.fla”保存。

7.2 影片剪辑

7.2.1 知识点和技能

影片剪辑元件可以创建一个独立的动画，也可以将这个动画作为场景的一部分，进行反复使用，十分简洁方便。当播放主动画时，它也会随之循环播放。在影片剪辑中，我们可以为其添加声音，创建补间动画，也可以添加脚本动作。Flash 动画俨然是继屏幕和平面之后的第三类传媒形式，随着网络的兴起充盈了人们的视线。在网络时代，人人都可以创作个性动画片，表达思想，传递心声。

我们之前所学到大部分是 Flash 基本知识点，各自都有无可替代的作用。但是，当我们想合成一个较为复杂的 Flash 场景时，我们就需要在场景中安排影片剪辑。下面我们来介绍几个 Flash 实例，学习怎样将影片剪辑运用到场景中。

7.2.2 范例——桃花盛开

设计结果

几根树枝交错地展开，随后，一朵朵鲜艳的桃花竞相绽放，争奇斗艳，如图 7-2-1 所示。

图 7-2-1 “桃花盛开”效果图

设计思路

(1) 制作树枝展开的影片剪辑。
(2) 制作桃花绽放的影片剪辑。
(3) 将元件放到主场景合适的位置上。

范例解题引导

Step1 我们先来制作树枝徐徐展开的动画效果。

(1) 创建一个新的 Flash 文档，设置舞台大小为 550 × 400 像素，背景色为淡绿色 #B9FFB9。

(2) 新建一个名称为“树枝”的图形元件，进入元件的编辑状态。

(3) 将素材“7.2.2a.png”文件导入到舞台并居中对齐。

图 7-2-2 第 1 帧笔刷效果图

(4) 新建一个名为“树枝变化”的影片剪辑元件，进入编辑状态。

(5) 将元件“树枝”拖放到舞台中心，并在第 90 帧插入帧。

(6) 新建图层 2，使用画笔工具，刷子大小为最大，颜色为蓝色 # 0000CC，沿着树枝进行描绘，如图 7-2-2 所示。

(7) 每隔 3 帧插入一个关键帧，每次都使用橡皮擦工具擦掉枝叶顶端的部分笔刷，到第 90 帧正好全部擦除笔刷。第 40 帧效果如图 7-2-3 所示，第 85 帧效果如图 7-2-4 所示。

(8) 选中图层 2 全部关键帧，单击鼠标右键，选中“翻转帧”，将所有的帧都前后翻转。

7-2-3　第 40 帧笔刷效果图

图 7-2-4　第 85 帧笔刷效果图

小贴士

凡是绘制逐渐出现的对象，我们一般都先用橡皮擦逐步擦除，再用翻转帧来实现逐步出现的功能。

(9) 将图层 2 的属性设置为“遮罩层”，使之遮罩树枝，实现树枝逐步生长的效果。

(10) 在第 90 帧上按 F6 插入关键帧，进入“动作”面板，输入“stop();”，使得树枝生长动画在该帧停止。

Step2　随后，我们制作桃花层层开花的效果。

(1) 新建一个名为“花心”的图形元件，进入编辑状态。使用椭圆工具绘制一个正圆，在“颜色”面板中设置填充为径向渐变，渐变颜色为黄＃FFFF33——粉＃FF66CC——土黄＃996600，如图 7-2-5 所示。

(2) 新建图层 2，使用铅笔工具绘制几根平滑的曲线，颜色为白色，如图 7-2-6 所示。

(3) 新建图层 3，复制图层 1 的圆形，缩小比例，重制出多个圆形排列在曲线顶部，如图 7-2-7 所示。

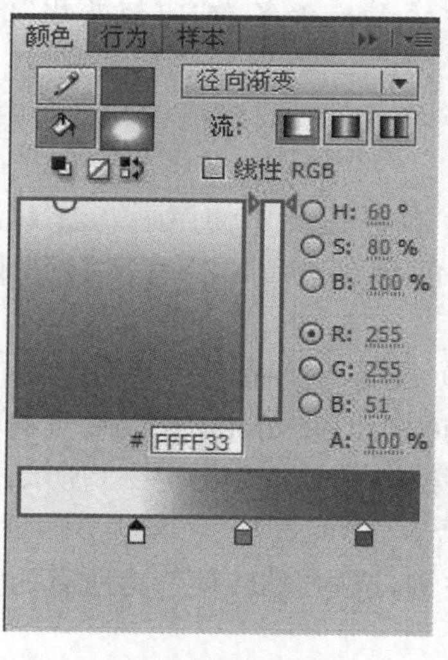

图 7-2-5　设置径向渐变

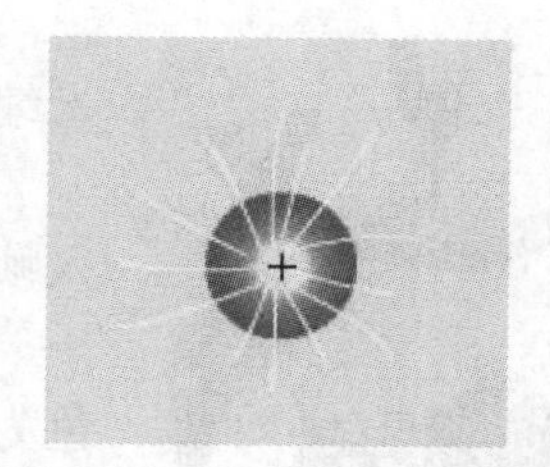

图 7-2-6　绘制平滑的曲线

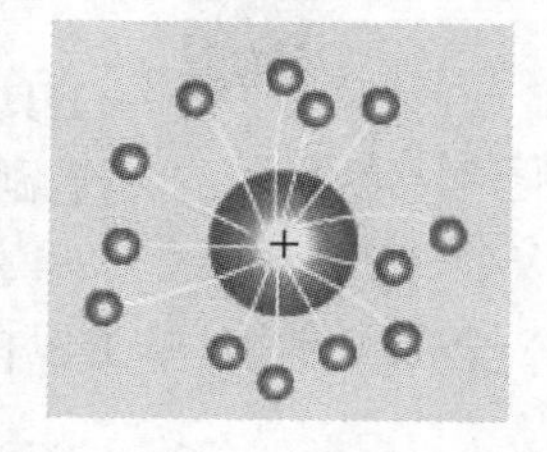

图 7-2-7　复制多个圆形

(4) 新建一个名为“花瓣”的图形元件，进入编辑状态。使用钢笔工具绘制一个花瓣，填充色为从粉色＃FF66CC到淡粉＃FFCCCC渐变，如图7-2-8所示，效果如图7-2-9所示。

(5) 新建图层2，使用钢笔工具绘制花瓣纹理，填充从白色到透明色的线性渐变，如图7-2-10所示。

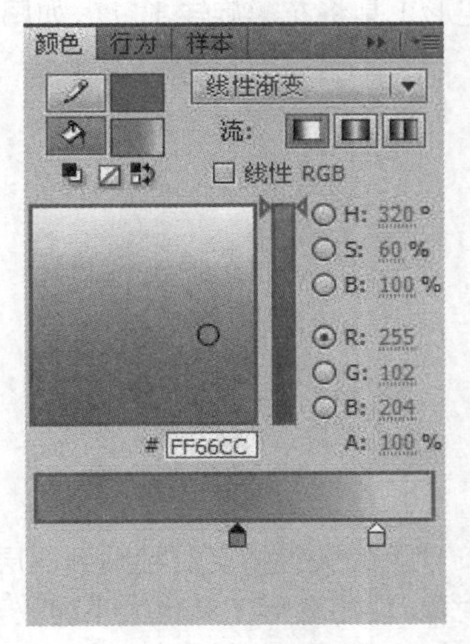

图7-2-8 设置线性渐变

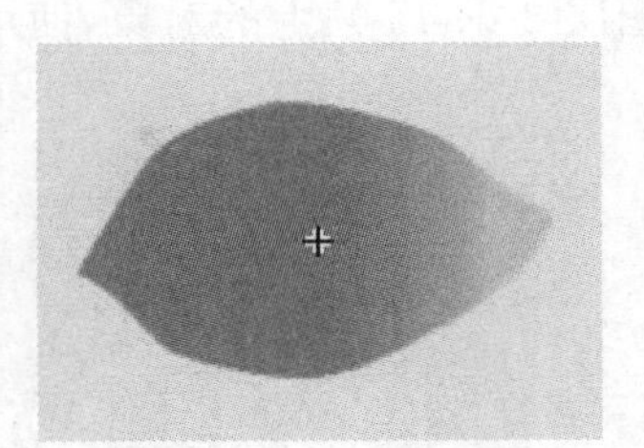

图7-2-9 绘制花瓣

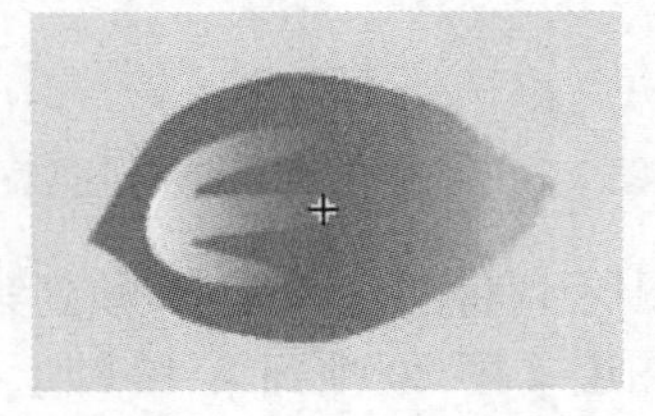

图7-2-10 绘制花瓣纹理

(6) 新建一个名为“花瓣群”的图形元件，进入元件的编辑状态。将元件“花瓣”放在舞台的上方，使用任意变形工具将花瓣中心点移动到舞台中心，再使用变形工具旋转72度。复制选区和变形，复制成五朵花瓣，如图7-2-11所示，效果如图7-2-12所示。

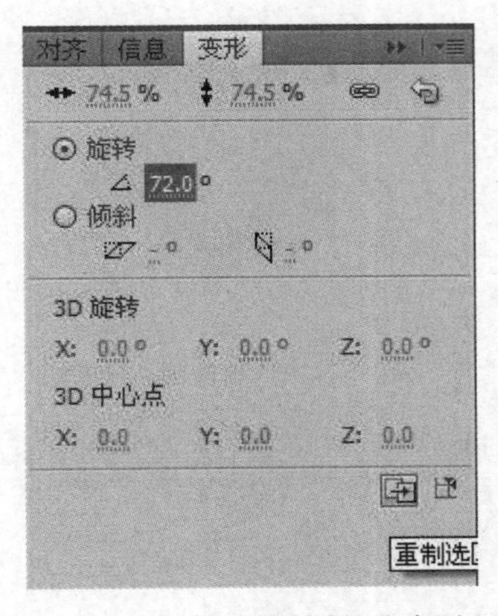

图7-2-11 设置重制选区和变形

图7-2-12 花瓣群效果

(7) 新建一个名为“桃花”的影片剪辑，制作桃花的开花动画。

(8) 将元件“花心”从库中拖入到舞台中央，调整花心大小，并创建传统补间。在第10帧插入关键帧。将第1帧上的花心大小缩放至0%，Alpha值为0。在第75帧上按F5插入帧。

(9) 新建图层2，拖动到图层1的下方。在第15帧插入关键帧，将元件“花瓣群”从库中拖入到舞台正中央，并调整到合适大小匹配花心，将“花瓣群”的Alpha值改为60，如图7-2-13

所示。

(10) 在图层 2 的第 15 帧上创建传统补间，在第 35 帧上插入关键帧，并将第 15 帧的花瓣的透明度和大小都改为 0%。

(11) 新建图层 3，选中图层 2 的第 15 帧到第 35 帧，复制并粘贴到图层 3 的第 45 帧到第 65 帧上。选中图层 3 第 45 帧上的对象，使用变形工具将花瓣旋转 12 度，如图 7-2-14 所示，第 65 帧设置同上。

图 7-2-13　花瓣大小和花心匹配

图 7-2-14　复制花瓣层

(12) 新建图层 4，将图层 2 第 15 帧到第 35 帧上的关键帧复制粘贴到图层 4 的第 20 帧到第 40 帧。选中图层 4 第 20 帧到第 40 帧上的对象，使用变形工具将大小缩放至 80%，旋转 36 度，如图 7-2-15 所示。将第 20 帧上对象的大小和透明度都改为 0%。

(13) 新建图层 5，在第 55 帧插入关键帧，将图层 2 上第 15 帧到第 35 帧上的关键帧复制粘贴到图层 5 的第 55 帧到第 75 帧。选中"图层 5"第 55 帧到第 75 帧上的对象，使用变形工具将大小缩放至 64%，如图 7-2-16 所示。将第 55 帧上的对象的大小和透明度都改为 0%。

图 7-2-15　制作第 3 层花瓣

图 7-2-16　制作第 4 层花瓣

(13) 新建图层 6，在第 75 帧插入关键帧，进入"动作"面板，输入"stop();"，在该帧上停止播放。

Step3　最后，我们将制作好的树枝和桃花动画放在主场景中。

(1) 回到主场景，使用矩形工具绘制一个宽为 550 像素、高为 400 像素的矩形，并与舞台中心对齐。将矩形的填充设置为从白色＃FFFFFF 到淡橘色＃FDD39B 的径向渐变，如图 7-2-17 所示，笔触为无，效果如图 7-2-18 所示。在第 260 帧插入帧。

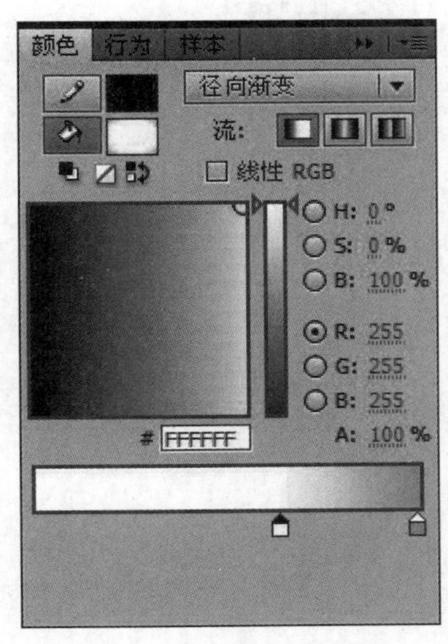

图 7-2-17 设置矩形径向渐变

图 7-2-18 矩形渐变效果

(2) 新建"图层 2",将元件"树枝变化"从库中拖入到舞台右方,如图 7-2-19 所示。

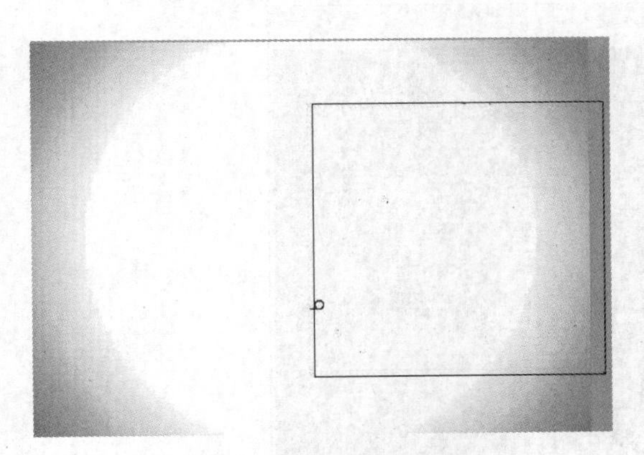

图 7-2-19 树枝元件拖入舞台

小贴士

由于该影片剪辑的第 1 帧为空,所以拖入舞台后无法直接预览。为了直观显示,可以新建图层,将静态树枝拖入舞台,确定好桃花的位置后再删除该层。

(3) 新建图层 3 到图层 9,在图层 3 的第 100 帧上插入关键帧,之后的层依次延后 10 帧插入关键帧,如图 7-2-20 所示。

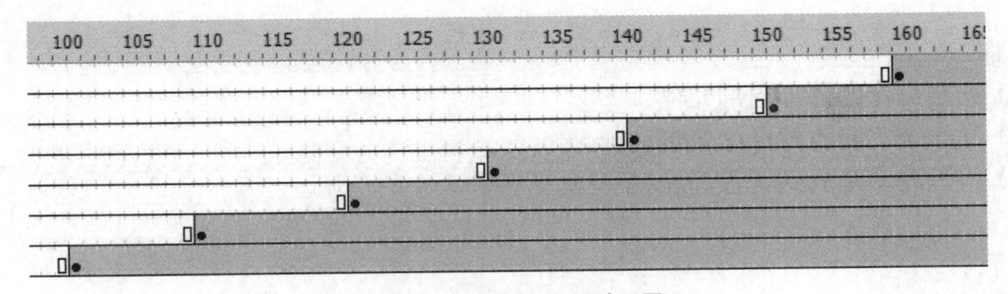

图 7-2-20 新建图层 3 到图层 9

(4) 将元件"桃花"依次放入这些图层的关键帧上,在舞台上的分布如图 7-2-21 所示。

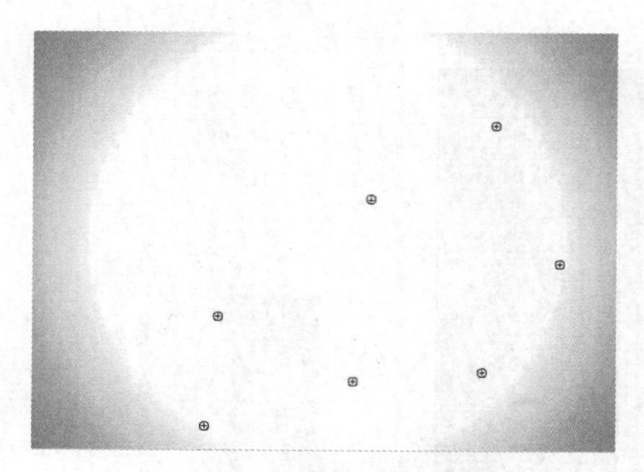

图 7-2-21　桃花在舞台上的分布

（5）测试动画，并以文件名"桃花盛开.fla"保存。

7.2.3　小试身手——璀璨烟花

设计结果

漆黑的夜晚，七彩烟花先后绽放，祝福祖国的贺词也随之在天空出现，如图 7-2-22 所示。

图 7-2-22　"璀璨烟花"效果图

设计思路

（1）绘制烟花的各个局部元件。

（2）制作烟花绽放的影片剪辑动画。

（3）将烟花动画放到场景，改变烟花的颜色和天空的色调。

操作提示

（1）创建一个新的 Flash 文档，设置舞台大小为 700×534 像素，背景为鲜绿色＃66FFCC。

（2）新建一个名称为"圆"的图形元件，进入元件的编辑状态。

(3) 使用椭圆工具绘制一个正圆，在“属性”面板中将填充色设置为从透明色到白色的径向渐变，如图 7-2-23 所示，在舞台居中对齐，效果如图 7-2-24 所示。

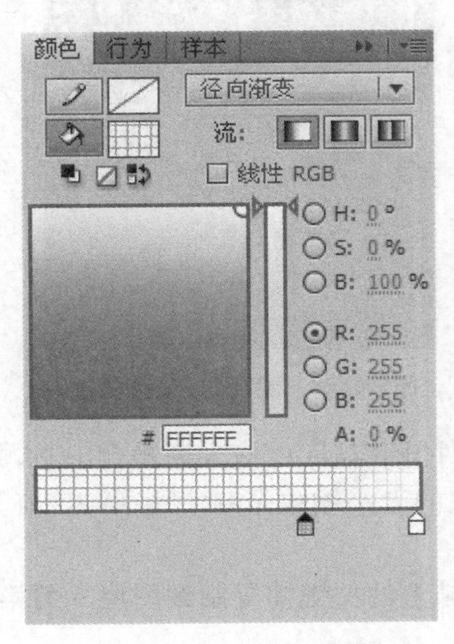

图 7-2-23　设置径向渐变

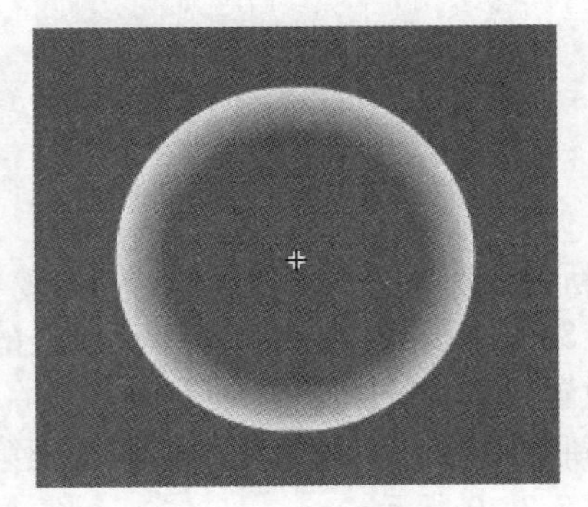
图 7-2-24　正圆效果图

(4) 新建一个名为“火”的图形元件，进入元件的编辑状态。

(5) 使用椭圆工具绘制一个填充色为白色、笔触为无的椭圆。使用选择工具改变椭圆的形状，使其一头变尖，再将该对象放置在舞台中心的正方上，如图 7-2-25 所示。

(6) 选中该对象，使用变形工具将其中心点拖动到舞台中心。在“变形”面板中将“旋转”设置为 22.5 度。复制选区和变形，形成如图 7-2-26 所示的火焰图形。

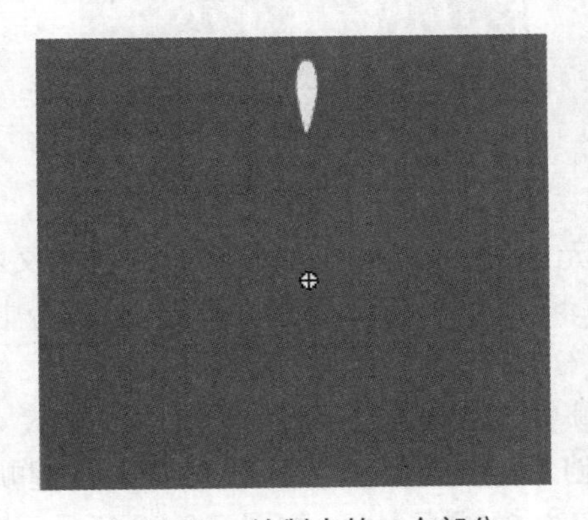
图 7-2-25　绘制火的一个部分

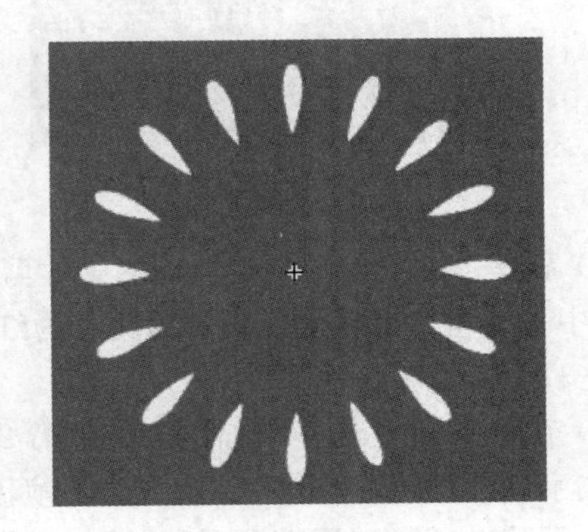
图 7-2-26　旋转重制该部分

(7) 新建一个名为“烟火”的影片剪辑元件，进入编辑状态。

(8) 将元件“火”从库中拖入到舞台中央，在第 1 帧上创建传统补间，同时在第 30 帧插入关键帧。将第 1 帧的对象大小缩放至 0%，将第 30 帧的对象的 Alpha 值设置为 0，形成火焰展开后消失的效果。

(9) 新建图层 2，复制图层 1 上的第 1 帧到第 30 帧关键帧，粘贴到图层 2 的第 10 帧到 40 帧，如图 7-2-27 所示。

(10) 新建图层 3，复制图层 2 上的第 10 帧到第 40 帧关键帧，粘贴到图层 3 的第 20 帧到

50 帧，如图 7-2-28 所示。

图 7-2-27　图层 2 的火焰图形

图 7-2-28　图层 3 火焰的图形

(11) 新建图层 4，在第 5 帧插入关键帧，将元件“圆”从库中拖入到舞台中心，并创建传统补间，在第 30 帧插入关键帧。将第 5 帧上的对象的大小缩放至 0%，将第 30 帧上的对象的 Alpha 值设置成 0，如图 7-2-29 所示。

(12) 新建图层 5，将图层 4 的第 5 帧至第 30 帧上的关键帧复制到图层 5 的第 15 帧到第 40 帧，如图 7-2-30 所示。

图 7-2-29　图层 4 的圆形图形

图 7-2-30　图层 5 的圆形图形

(13) 新建一个命名为“文字 1”的影片剪辑元件，进入元件的编辑状态。使用文本工具输入文字“中华盛世”，文字大小为 35，颜色为红色＃FF0000，字体为华文行楷，与舞台中心对齐，如图 7-2-31 所示。

(14) 在第 1 帧上创建传统补间，在第 25 帧插入关键帧。将第 1 帧的文字大小缩放为 0%，使文字慢慢出现。在第 30 帧上插入帧，并创建传统补间。在第 53 帧插入关键帧，将该帧的文字向下移动，并在“属性”面板中添加模糊特效，模糊值为 50，如图 7-2-32 所示。在该帧上添加代码“stop();”。

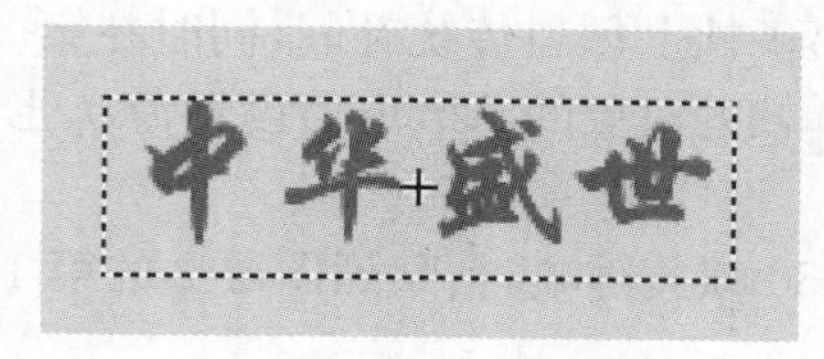

图 7-2-31　输入文字 1

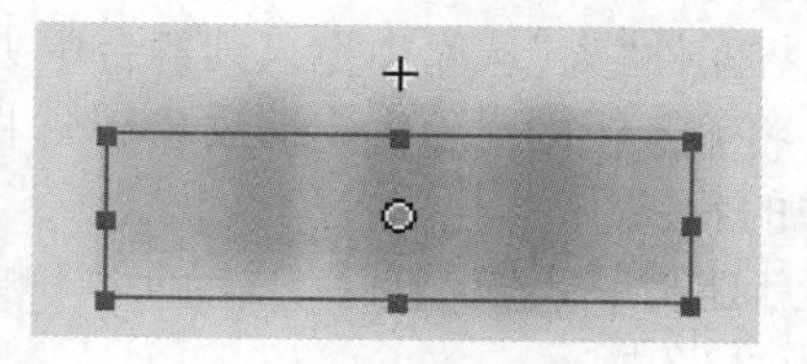
图 7-2-32　添加模糊特效

(15) 新建一个命名为“文字 2”的影片剪辑元件，进入编辑状态。输入文字“举国欢腾”，文字大小为 35，颜色为白色＃FFFFFF，字体为华文行楷，与舞台中心对齐，如图 7-2-33 所示。

(16) 文字的动画过程同“文字 1”，模糊后的效果如图 7-2-34 所示。

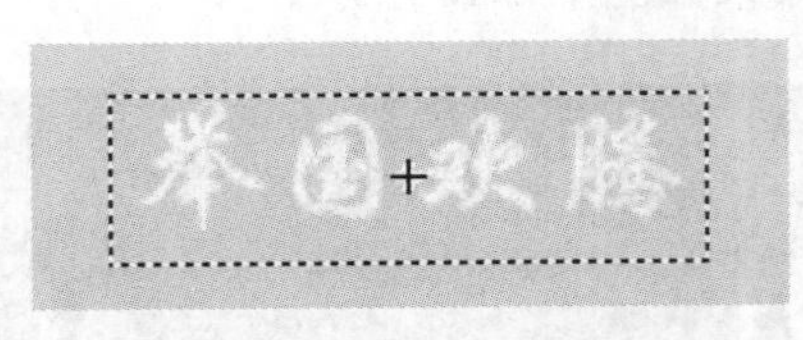

图 7-2-33　输入文字 2

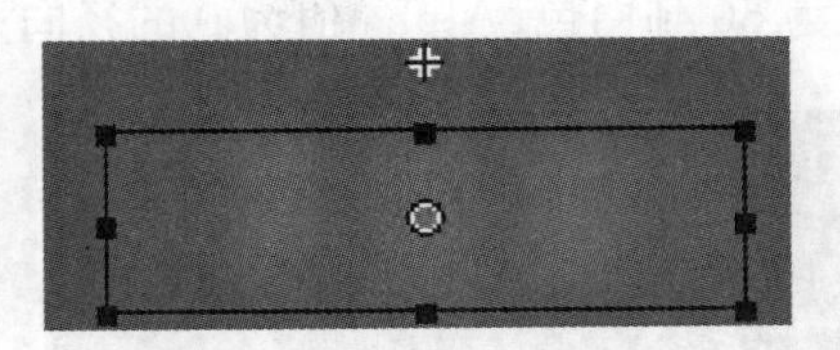

图 7-2-34　添加模糊特效

(17) 新建一个命名为“文字 3”的影片剪辑元件，进入编辑状态。输入文字“共创辉煌”，文字大小为 35，颜色为黄色＃FFFF00，字体为华文行楷，与舞台中心对齐，如图 7-2-35 所示。

(18) 文字的动画过程同“文字 1”，模糊后的效果如图 7-2-36 所示。

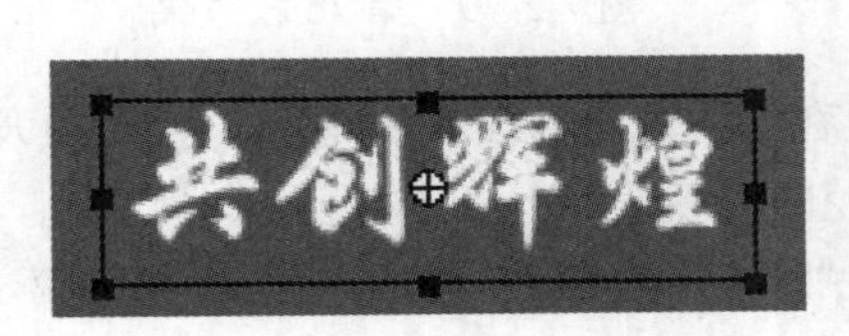

图 7-2-35　输入文字 3

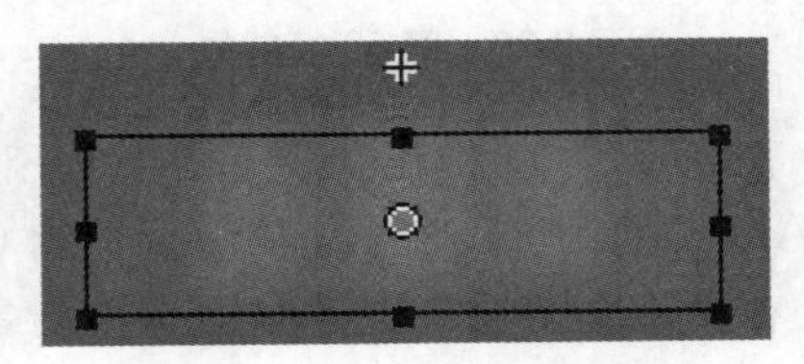

图 7-2-36　添加模糊特效

(19) 回到主场景，将素材“7.2.3a.png”文件导入到舞台中央，在第 130 帧插入帧。

(20) 新建图层 2，使用矩形工具新建一个 700×534 的矩形，并在舞台居中对齐。在“颜色”面板中设置矩形的填充为从蓝色＃00CCFF、Alpha 值为 50 到白色＃FFFFFF、Alpha 值为 0 的径向渐变，笔触为无，如图 7-2-37 所示。

(21) 在第 1 帧上创建补间形状，在第 25 帧插入关键帧。选中对象，在“颜色”面板中将填充色改为从绿色＃66FF66、Alpha 值为 50 到白色、Alpha 值为 0 的径向渐变，效果如图 7-2-38 所示。

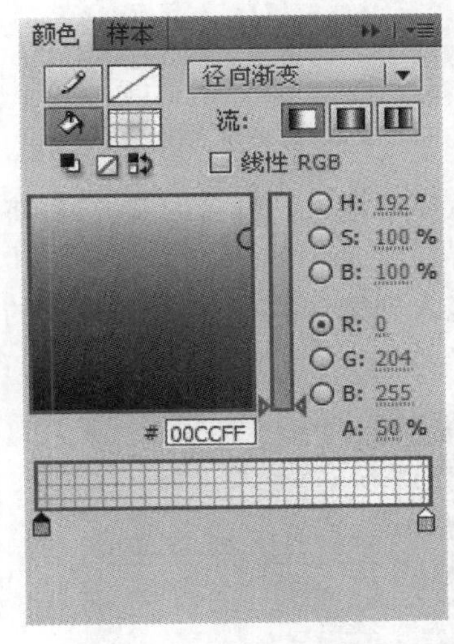

图 7-2-37　设置径向渐变

图 7-2-38　第 25 帧效果图

(22) 在第 50 帧插入关键帧。选中对象,在“颜色”面板中将填充色改为从黄色＃FFFF00、Alpha 值为 50 到白色、Alpha 值为 0 的径向渐变,效果如图 7-2-39 所示。

(23) 在第 75 帧插入关键帧。选中对象,在“颜色”面板中将填充色改为从紫色＃FF0099、Alpha 值为 50 到白色、Alpha 值为 0 的径向渐变,效果如图 7-2-40 所示。

图 7-2-39 第 50 帧效果

图 7-2-40 第 75 帧效果

(24) 在第 100 帧插入关键帧。选中对象,在“颜色”面板中将填充色改为从红色＃990000、Alpha 值为 50 到白色、Alpha 值为 0 的径向渐变。

(25) 在第 130 帧插入关键帧。选中对象,在“颜色”面板中将填充色改回为第 1 帧的颜色:从蓝色＃00CCFF、Alpha 值为 50 到白色、Alpha 值为 0 的径向渐变。

(26) 新建图层 3,将影片剪辑“烟火”从库中拖入到舞台的正上方。选中对象,在“色彩效果”面板中将烟火的色调改成绿色,如图 7-2-41 所示。

(27) 新建图层 4,将影片剪辑“烟火”从库中拖入到舞台的左上方,并将烟火的色调改成绿色,如图 7-2-42 所示。

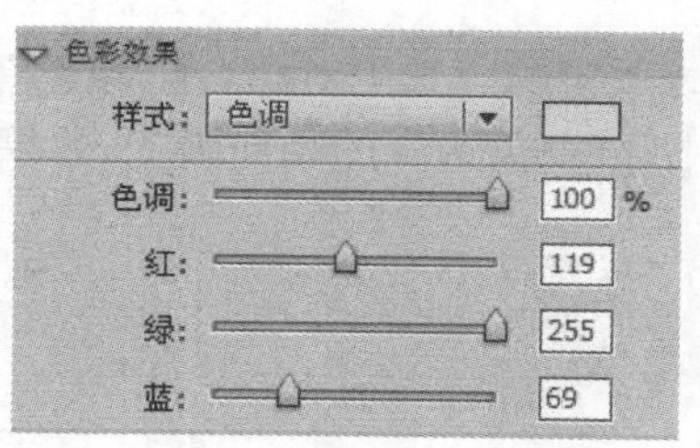

图 7-2-41 更改“图层 3”烟火色调

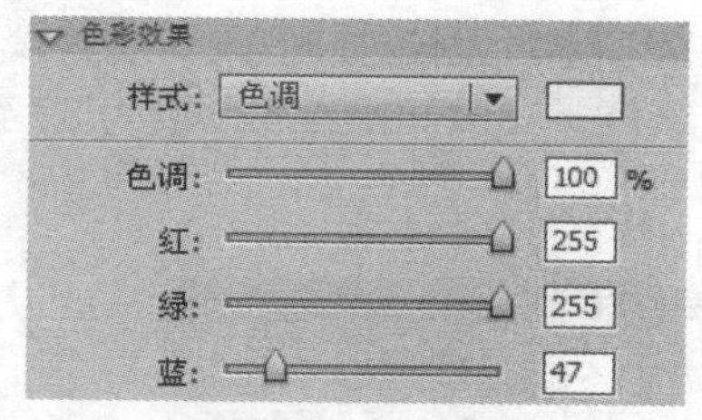

图 7-2-42 更改“图层 4”烟火色调

(28) 新建图层 5,在第 10 帧插入关键帧,将“烟火”从库中拖入到舞台的左方,并将烟火的色调改成紫色,如图 7-2-43 所示。

(29) 新建图层 6,在第 20 帧插入关键帧,将“烟火”拖入到舞台的右方,并将烟火的色调改成蓝色,如图 7-2-44 所示。

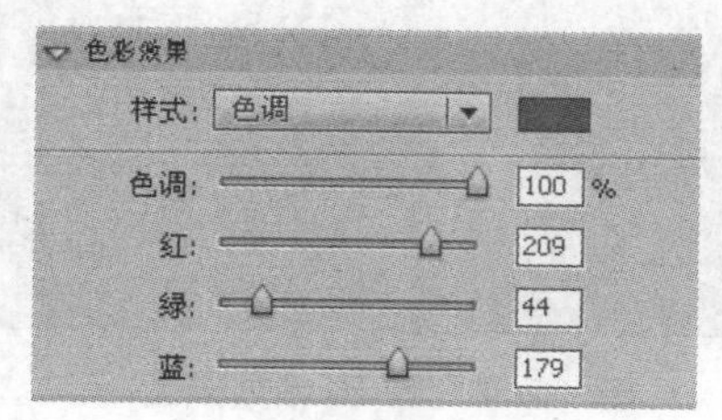

图 7-2-43 更改“图层 5”烟火色调

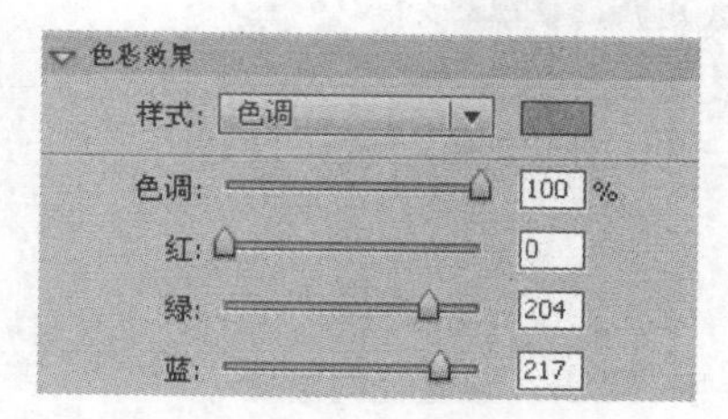

图 7-2-44 更改“图层 6”烟火色调

(30) 新建图层 7，在第 30 帧插入关键帧，将“烟火”拖入到舞台的左下方，并将烟火的色调改成粉色，如图 7-2-45 所示。

(31) 新建图层 8，在第 25 帧插入关键帧，将影片剪辑“文字 1”拖入到舞台的左上方。

(32) 新建图层 9，在第 50 帧插入关键帧，将元件“文字 2”拖入到舞台的右上方。

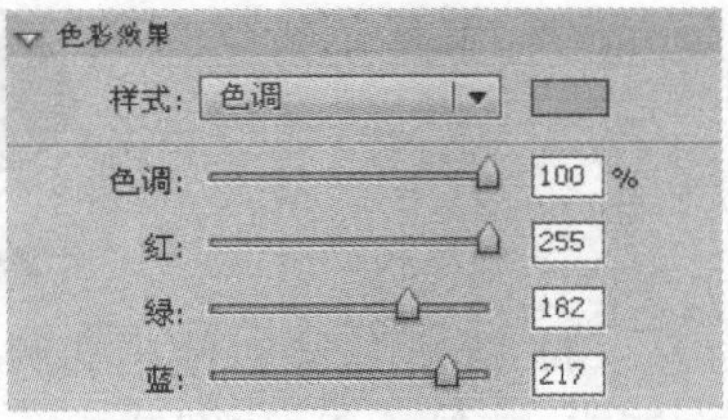

图 7-2-45　更改“图层 7”烟火色调

(33) 新建图层 10，在第 80 帧插入关键帧，将元件“文字 3”拖入到舞台的正中。

(34) 测试动画，并以文件名“璀璨烟花. fla”保存。

7.2.4　初露锋芒——荷风雅韵

设计结果

荷花徐徐出现后，一支毛笔轻盈地蘸在砚台上，墨汁随即点化。随后，在池塘碧波中，几尾彩色鲤鱼欢快地游动，宁静致远，如图 7-2-46 所示。

图 7-2-46　“荷风雅韵”效果图

设计思路

(1) 制作鱼身体的各个部分的动画。

(2) 在主场景上制作场景的动画。

操作提示

(1) 创建一个新的 Flash 文档，设置舞台大小为 800×574 像素，背景为白色。

(2) 新建四个图形元件，分别命名为“砚台”、“毛笔”、“荷花”和“水印”，将素材“7. 2. 4b. png”、“7. 2. 4c. png”、“7. 2. 4d. png”和“7. 2. 4e. png”文件依次放入这四个元件中。

(3) 新建一个名为“墨汁”的图形元件，使用椭圆工具绘制一个黑色实心椭圆图形，无笔触。再使用选择工具修改图形的形状，如图 7-2-47 所示。

图 7-2-47　绘制形状　　　　图 7-2-48　添加光影效果

(4) 新建图层 2,使用椭圆工具在墨点上绘制一个小的椭圆,其填充为从白色到透明色径向渐变,笔触为无,如图 7-2-48 所示。

(5) 新建一个名为“鱼鳍”的影片剪辑元件,进入编辑状态。使用钢笔工具绘制一个鱼鳍的形状,如图 7-2-49 所示。

(6) 在第 3 帧插入关键帧,创建补间形状。在第 9 帧插入关键帧,使用选择工具调整鱼鳍的形状,如图 7-2-50 所示。

(7) 在第 11 帧插入关键字,创建补间形状。在第 17 帧插入关键帧,再次修改鱼鳍的形状,如图 7-2-51 所示。

图 7-2-49　第 1 帧形状　　　图 7-2-50　第 9 帧形状　　　图 7-2-51　第 17 帧形状

(8) 在第 19 帧插入关键帧,创建补间形状。在第 26 帧创建关键帧,将第 1 帧的鱼鳍形状粘贴在该帧上。

(9) 在第 28 帧上按 F7 插入空白关键帧。

(10) 新建一个名为“鱼身”的影片剪辑元件,进入编辑状态。在第 1 帧上用钢笔工具和部分选取工具绘制一个鱼身的形状,如图 7-2-52 所示,并创建补间形状。

(11) 在第 4 帧插入关键帧,使用选择工具和“旋转”面板修改鱼身的形状,如图 7-2-53 所示。

(12) 在第 5 帧、第 6 帧和第 7 帧上插入关键帧,使用选择工具微微调整鱼尾的形状。

(13) 在第 7 帧上创建补间形状,在第 11 帧上插入关键帧,修改鱼尾的形状,如图 7-2-54 所示。

图 7-2-52　第 1 帧形状　　图 7-2-53　第 4 帧形状　　图 7-2-54　第 7 帧形状

(14) 在第 13 帧上插入关键帧,创建补间形状,在第 18 帧上插入关键帧,鱼的形状同第 4 帧。

(15) 在第 20 帧上插入关键帧，创建补间形状，在第 26 帧上插入关键帧，鱼的形状同第 1 帧。

(16) 在第 28 帧上插入帧。

(17) 新建一个名为“鱼”的影片剪辑元件，进入编辑状态。从库中将元件“鱼身”拖到舞台中央。

(18) 新建图层 2，从库中将元件“鱼鳍”导入到舞台，放在鱼身的左侧。

(19) 新建图层 3，复制鱼鳍图形，将鱼鳍水平翻转，放在鱼身的右侧，如图 7-2-55 所示。

(20) 新建一个名为“鱼群”的影片剪辑元件，进入编辑状态。在第 150 帧上插入关键帧，在该帧上添加动作“stop();”

(21) 新建图层 2，将元件“鱼”从库中拖入到舞台，在“属性”面板中将鱼的颜色改为深红色，并创建补间动画，鱼的运动路径如图 7-2-56 所示，并在第 65 帧插入关键帧。

(22) 新建图层 3，在第 10 帧插入关键帧，将元件“鱼”拖入到舞台，并将鱼的颜色改成灰色，创建补间动画使鱼沿着路径运动，在第 65 帧插入关键帧，如图 7-2-57 所示。

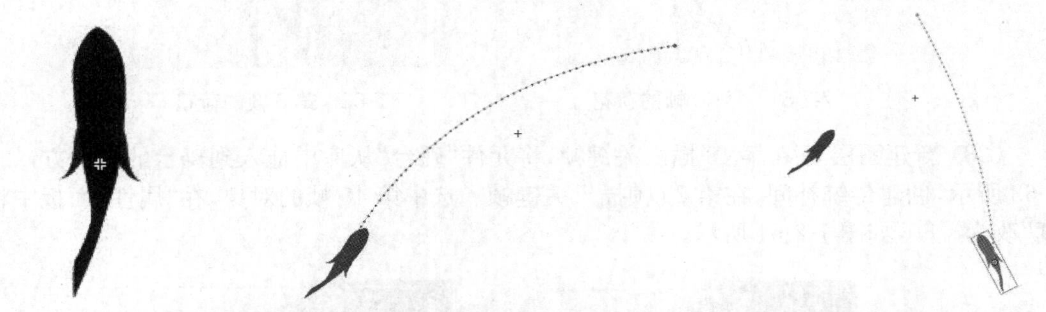

图 7-2-55　鱼的图形图　　7-2-56　图层 2 的运动路径　　7-2-57　图层 3 的运动路径

(23) 新建图层 4，在第 30 帧插入关键帧，将元件“鱼”拖入到舞台，创建补间动画使鱼沿着路径运动，在第 65 帧和第 100 帧插入关键帧，使鱼沿着曲线路径运动，如图 7-2-58 所示。

(24) 新建图层 5，在第 35 帧插入关键帧，将元件“鱼”拖入到舞台，并将鱼的颜色改成土黄色，创建补间动画。在第 65 帧和第 120 帧插入关键帧，调整路径曲线，使鱼沿着路径运动，如图 7-2-59 所示。

(25) 新建图层 6，在第 80 帧插入关键帧，将元件“鱼”拖到舞台上并改色成土黄色，创建补间动画。在第 120 帧插入关键帧，调整鱼的运动路径使鱼沿着曲线运动，如图 7-2-60 所示。

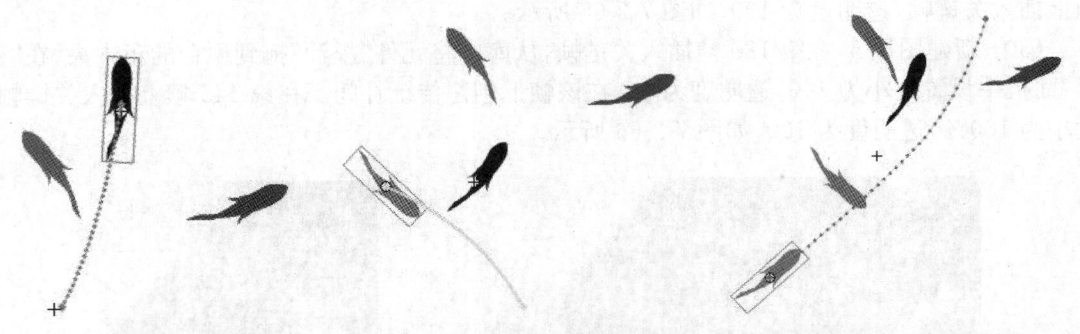

7-2-58　图层 4 的运动路径　　7-2-59　图层 5 的运动路径　　7-2-60　图层 6 的运动路径

(26) 回到主场景，将素材“7.2.4a.jpg”文件导入到舞台，并使之与舞台中心对齐。在第 300 帧插入帧。

（27）新建图层 2，在第 6 帧插入关键帧，将元件“荷花”从库中拖入到舞台的左下方，如图 7-2-61 所示，创建传统补间，在第 40 帧插入关键帧。选中第 6 帧的对象，在“属性”面板中将“亮度”改为－80，如图 7-2-62 所示。

7-2-61　第 40 帧的荷花

7-2-62　第 6 帧的荷花

（28）新建图层 3，在第 40 插入关键帧，将元件“砚台”从库中拖入到舞台的右下方，如图 7-2-63 所示，创建传统补间，在第 75 帧插入关键帧。选中第 40 帧的对象，在“属性”面板中将“亮度”改为－80，如图 7-2-64 所示。

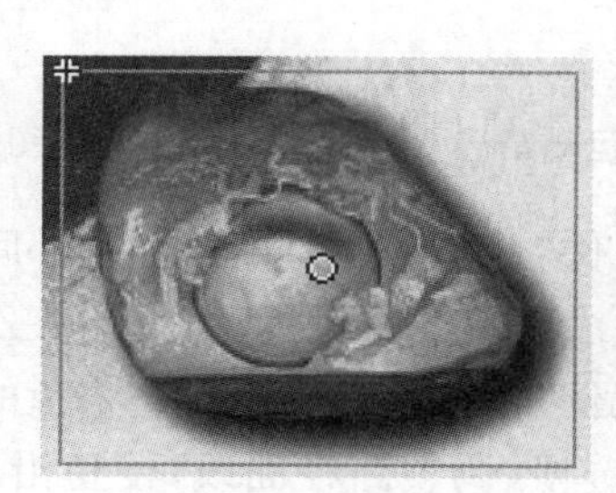

7-2-63　第 75 帧的砚台

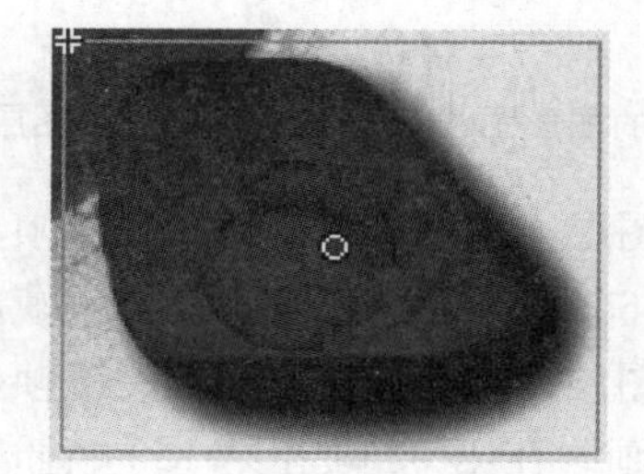

7-2-64　第 40 帧的砚台

（29）新建图层 4，把该层调整到图层 3 的下方。在第 130 帧插入关键帧，从库中将元件“墨迹”拖到砚台的下方，在“属性”面板中设置透明度为 0。在该帧上创建传统补间，在第 145 帧上插入关键帧，透明度为 100，如图 7-2-65 所示。

（30）新建图层 5，在第 120 帧插入关键帧，从库中将元件“墨汁”拖到砚台的正中央，在“变形”面板中设置大小为 1%，透明度为 0。在该帧上创建传统补间。在第 145 帧上插入关键帧，大小为 100%，透明度为 100，如图 7-2-66 所示。

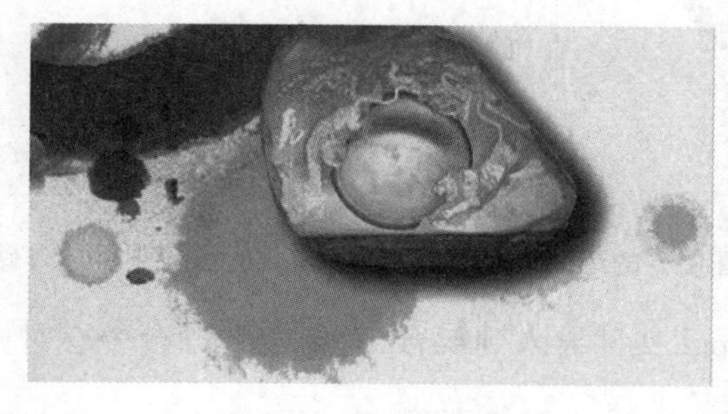

7-2-65　墨迹的效果

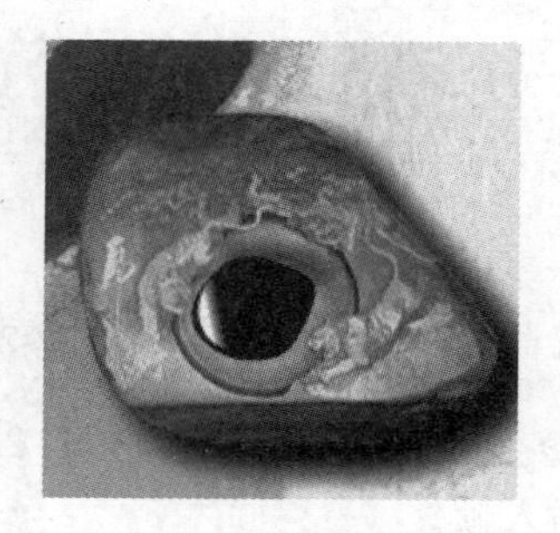

7-2-66　墨汁的效果

(31) 新建图层 6,在第 75 帧插入关键帧,从库中将元件“毛笔”拖到舞台的边缘右侧,如图 7-2-67 所示。创建传统补间,在“属性”面板中设置顺时针旋转 3 次。在第 95 帧插入关键帧,移动毛笔的位置到砚台右侧,并设置旋转角度为 28 度,如图 7-2-68 所示。在第 115 帧插入关键帧,移动毛笔的位置到砚台中心,如图 7-2-69 所示。

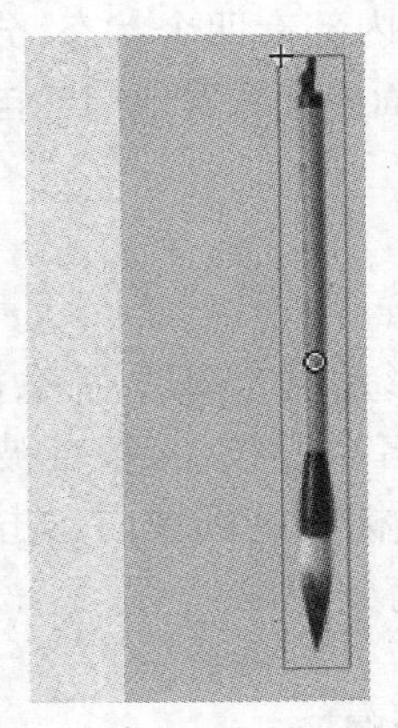

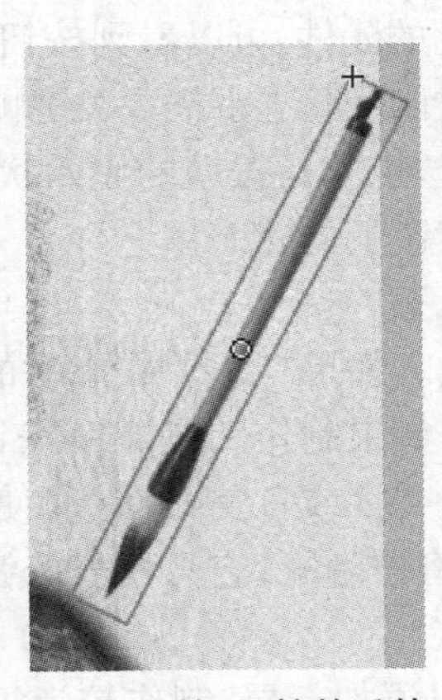

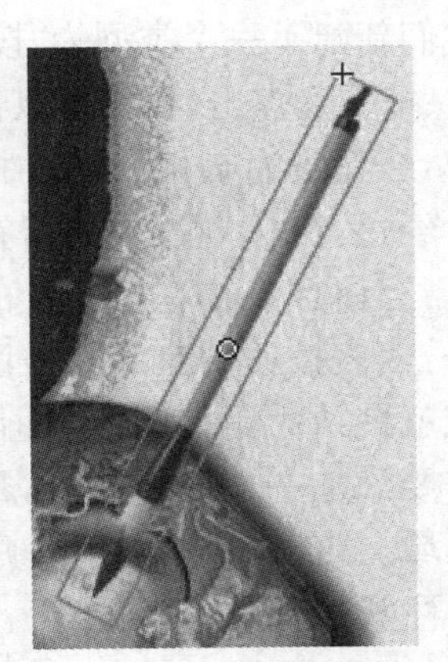

7-2-67 第 75 帧的毛笔　7-2-68 第 95 帧的毛笔　7-2-69 第 115 帧的毛笔

(32) 新建图层 7,在第 160 帧插入关键帧,从库中将元件“鱼群”拖到舞台的左下方,如图 7-2-70 所示。

(33) 新建一个名为“遮罩”的图形元件,进入编辑状态。从库中将素材“7.2.4a.jpg”文件拖入到舞台中央。

(34) 新建图层 2,使用椭圆工具绘制两个重叠的实心蓝色正圆,使其形状和背景水池的形状恰好吻合,如图 7-2-71 所示。

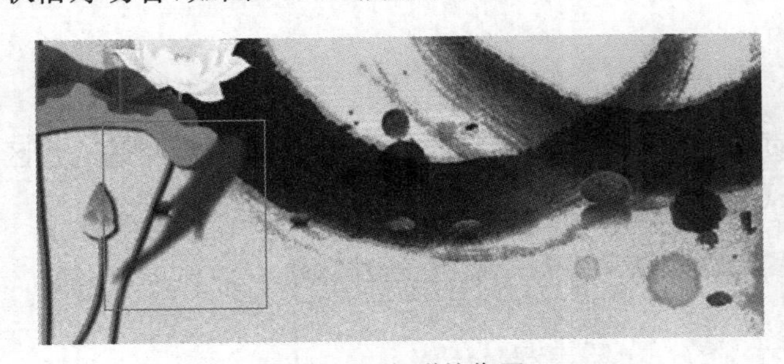

7-2-70 鱼群的位置

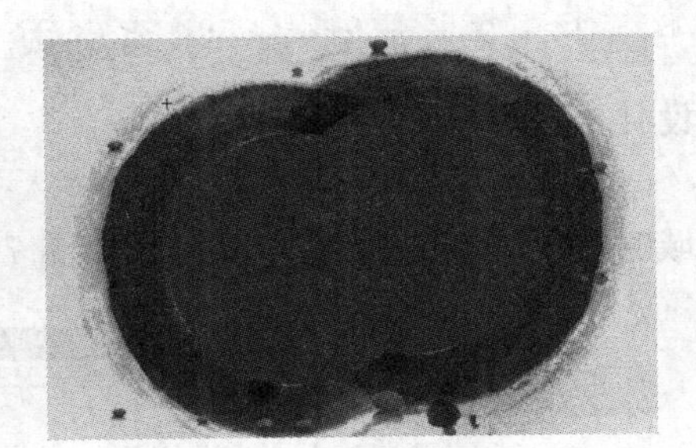

7-2-71 绘制遮罩

(35) 将图层 1 删除,仅剩遮罩层。

(36) 回到主场景,新建图层 8,将元件“遮罩”从库中拖到舞台上,正好遮在水池上。将图层 8 的属性设置为遮罩层,使其遮罩图层 7。

(37) 测试动画,并以文件名“荷风雅韵.fla”保存。

7.3 按钮

7.3.1 知识点和技能

Flash 网页通过按钮进行交互,可以让用户亲自参与控制和操作影片的进程。

我们就从原理开始来认识一下小身材大作用的按钮吧。

除了图形和影片剪辑之外，按钮是 Flash 的第三种元件类型，Flash 公用库本身就提供了很多现成的按钮，只要将此按钮拖到场景中就可以了。但是，如果我们希望 DIY 一些更有个性、更精致的按钮，就必须先了解按钮的内部原理。

当我们新建了一个类型为“按钮”的元件，可以看到按钮元件内部有四个状态，分别是弹起、指针经过、按下和点击，我们可以在这四个状态下插入关键帧，下面先来看看他们各自的作用。

弹起：按钮没有被触发时的样子，也就是按钮的原始状态。

指针经过：鼠标划过或停留在按钮上的状态。

按下：当鼠标点击在按钮上的状态。

点击：代表按钮的有效点击区域。如果“按下”状态时的图形是填充图形，那么按钮的有效点击区域就默认为是该图形。但是，如果制作的是文字按钮或者空心按钮，很难被选中，这时我们就需要添加一个区域图形，覆盖文字或者空心图形，使得鼠标在这区域内点击有效，这就是点击区域。该区域内的图形颜色将被隐藏，它只代表按钮的有效范围。

值得注意的几点：

(1) 在按钮的每个状态下都可以添加新层，制作较为复杂的图形。

(2) 在按钮中的某一状态下可以拖入影片剪辑，使得按钮有较多的变化动作。

(3) 在按钮中不能添加 ACTION。

(4) 按钮中可以适当添加响应音效，比如在按下状态中拖入一个音效，那么测试时，鼠标每次点击按钮就会出现相应的音效。

(5) 在制作过程中，被拖放到主场景的按钮只显示弹起状态下的内容，其他鼠标响应暂时无效，只有在测试影片或者直接导出影片时才能查看按钮的响应效果。

7.3.2 范例——学习主页

设计结果

这是一个学习论坛的主页，进入分页面的按钮都藏在主页的某些区域，当鼠标经过这些区域时，就会有按钮的响应效果，如图 7-3-1 所示。

图 7-3-1 “学习主页”效果图

设计思路

(1) 分别编辑每个按钮的状态。

(2) 将动态按钮放入主页面。

范例解题引导

Step1 先分别设计动态按钮的各个状态。

(1) 创建一个新的 Flash 文档,设置舞台大小为 780×360 像素,背景为白色。

(2) 将素材"7.3.2f.png"导入到舞台,将其大小调整为舞台的大小,并居中对齐。

(3) 将素材"7.3.2a.png"、"7.3.2b.png"、"7.3.2c.png"、"7.3.2d.png"和"7.3.2e.png"都导入到库中。

(4) 新建一个名称为"1"的图形元件。

(5) 进入元件的编辑状态,从库中将"7.3.2a.png"拖到舞台,并居中对齐。

(6) 仿照上述步骤,新建取名为"2"、"3"的图形元件,分别将"7.3.2b.png"和"7.3.2c.png"导入其中并居中对齐。

(7) 新建一个类型名称为"气泡框"的图形元件,进入编辑状态。

(8) 使用矩形工具和钢笔工具绘制一个圆角矩形,填充色为从白色到浅蓝色渐变,如图 7-3-2 所示。

(9) 新建一个名称为"首页"的按钮元件,如图 7-3-3 所示。

图 7-3-2 气泡框

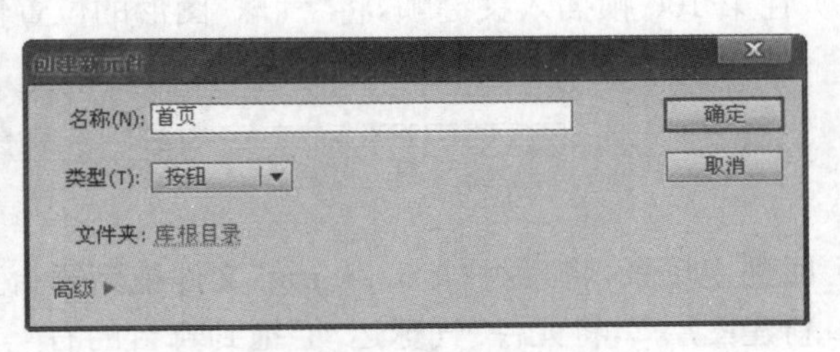

图 7-3-3 新建按钮元件

(10) 进入按钮的编辑状态,可以看到时间轴上有四个状态,分别是"弹起"、"指针经过"、"按下"和"点击"。从库中将元件"1"拖入到"弹起"状态中,并相对于舞台居中对齐,在"变形"面板中将其大小缩放为 80%,如图 7-3-4 所示。

(11) 在"指针经过"状态插入关键帧,选中图形,将其大小改为 100%。新建图层 2,将元件"气泡框"放在图形的右上侧。新建图层 3,使用文本工具输入文字"首页",在属性中添加红色阴影,如图 7-3-5 所示。

(12) 在"按下"状态插入关键帧,将图层 1 中图形的 Alpha 值设为 50,其余不变,如图 7-3-6 所示。

图 7-3-4 "弹起"状态

图 7-3-5 "指针经过"状态

图 7-3-6 "按下"状态

(13) 仿照上述步骤，新建命名为“视频点播”和“学习天地”的按钮元件，将其他的图形元件分别按步骤(10)～步骤(12)拖入到各个状态下。

(14) 新建一个名为“气球”的图形元件，进入编辑状态。从库中将素材“7.3.2d.png”文件拖入到舞台，置于中心点左侧。

(15) 新建图层 2，将素材“7.3.2e.png”文件从库中拖入到舞台中心点右侧。

(16) 新建图层 3，使用文本工具输入文字“欢迎光临 FLASH 学习网”，并在属性上添加阴影，如图 7-3-7 所示。

图 7-3-7 气球图形元件

(17) 新建一个名为“气球动画”的影片剪辑元件，进入编辑状态。将“气球”元件从库中拖入到舞台中心，并创建补间动画。

(18) 在第 60 帧插入关键帧，将“气球”图形微微向右水平移动。

(19) 在第 100 帧插入关键帧，将“气球”图形的位置恢复到第 1 帧的起始状态。

Step2 我们把这些已经制作完毕的按钮拖到场景中。

(1) 回到主场景，将素材“7.3.2f.jpg”文件拖到舞台上并居中对齐。

(2) 新建图层 2，将元件“气球运动”拖到舞台的右上方。

(3) 新建图层 3～图层 5，将制作完毕的三个按钮“首页”、“视频点播”和“学习天地”拖到舞台上并放在合适的位置上，如图 7-3-8 所示。

(4) 测试动画，并以文件名“学习主页.fla”保存。

图 7-3-8 将按钮拖到舞台上

7.3.3 小试身手——晴天娃娃

设计结果

天蓝色背景下，几个可爱的晴天娃娃挂在页面上，当鼠标触发它们的时候，娃娃就会轻轻地左右摇摆，文字层随机显现，如图 7-3-9 所示。

图 7-3-9 “晴天娃娃”效果图

设计思路

(1) 绘制晴天娃娃并制作晴天娃娃按钮的各个状态的动画。

(2) 绘制转动的星星和装饰线条。

(3) 将按钮分布到舞台的合适位置上。

操作提示

(1) 创建一个新的 Flash 文档，设置舞台大小为 327×700 像素，背景为淡蓝色。

(2) 将素材“7.3.3a.jpg”拖放到舞台，并相对于舞台居中对齐。

(3) 新建一个名称为“晴天娃娃”的图形元件，进入元件的编辑状态。

(4) 使用椭圆工具，填充为白色，笔触颜色黑色，粗细为 1，绘制一个椭圆。使用选择工具将椭圆拉伸变形，绘制出娃娃的脑袋，如图 7-3-10 所示。

(5) 使用钢笔工具绘制娃娃的身体和丝带，再使用部分选取工具做部分调整，如图 7-3-11 所示。

(6) 使用椭圆工具绘制两个黑色实心的椭圆作为眼睛。再使用椭圆工具绘制两个从粉色到透明色的放射渐变椭圆作为腮红。使用直线工具绘制直线并调整成嘴巴的形状，如图 7-3-12 所示。

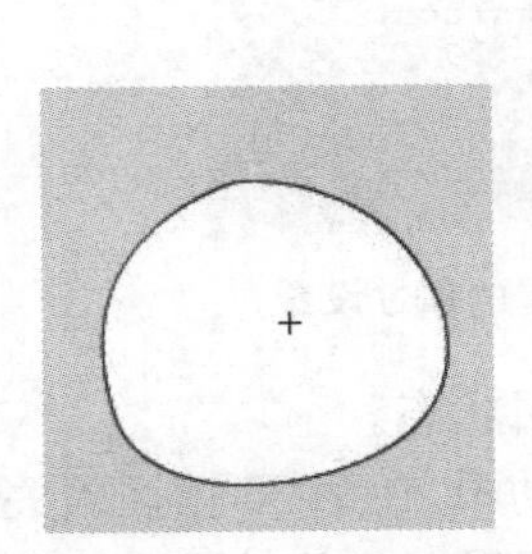

图 7-3-10 绘制脑袋

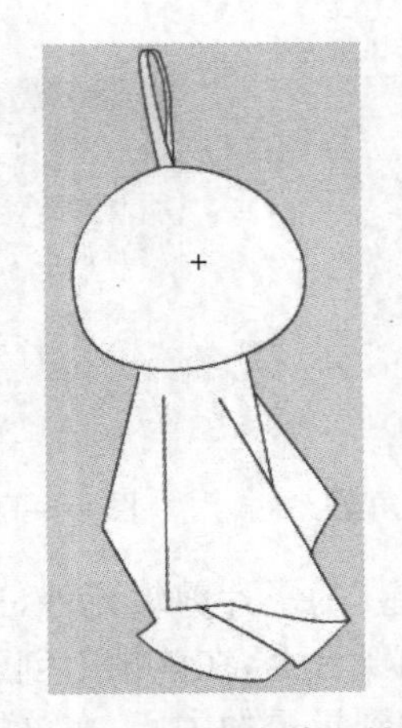

图 7-3-11 绘制身体和丝带

图 7-3-12 绘制五官

(7) 新建命名为“娃娃摆动”的影片剪辑，进入元件的编辑状态。

(8) 从库中将元件“晴天娃娃”拖入舞台中央，使用任意变形工具将中心点移到娃娃的丝带上面，如图 7-3-13 所示，并创建补间动画。

(9) 在第 15 帧插入关键帧，使用变形工具将娃娃围绕中心点向左旋转 15 度，如图 7-3-14 所示。

(10) 在第 30 帧插入关键帧，将娃娃围绕中心点向右旋转 15 度，如图 7-3-15 所示。

(11) 在第 45 帧插入关键帧，该帧的特征同第 15 帧。

(12) 在第 60 帧插入关键帧，该帧的特征同第 30 帧。

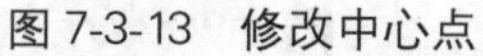

图 7-3-13　修改中心点

图 7-3-14　左旋转 15 度

图 7-3-15　右旋转 15 度

(13) 在第 70 帧插入关键帧,将娃娃的旋转角度变成 0。

(14) 新建一个名为“娃娃闪白”的影片剪辑元件,进入编辑状态。

(15) 从库中将元件“晴天娃娃”拖到舞台中心,并创建补间动画。

(16) 在第 10 帧插入关键帧,选中对象,在“属性”面板中将“亮度”提高到 100%,形成白色影子效果。

(17) 在第 20 帧插入关键帧,将“亮度”恢复到 0%。

(18) 新建一个名为“星星”的图形元件,进入编辑状态。

(19) 使用多边形工具绘制一个五角星,如图 7-3-16 所示。五角星的笔触为 2,样式为虚线,如图 7-3-17 所示。

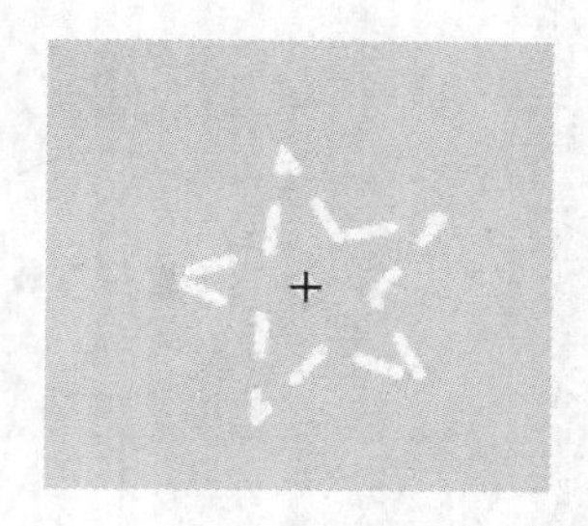

图 7-3-16　绘制虚线五角星

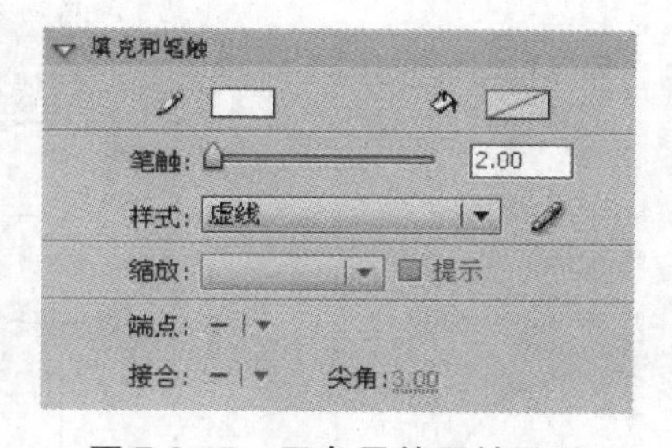

图 7-3-17　五角星的属性设置

(20) 新建一个名为“转动的星星”的影片剪辑元件,进入编辑状态。

(21) 从库中将元件“星星”拖到舞台上,在该帧上创建补间动画,在第 25 帧插入关键帧。

(22) 使用变形工具将中心点放到星星的中心,在该帧上设置顺时针旋转 1 次。

(23) 新建一个名为“按钮 1”的按钮元件,进入元件编辑状态。

(24) 在“弹起”状态下,将元件“晴天娃娃”从库中拖到舞台上并居中对齐。

(25) 新建图层 2,使用文本工具输入文字“个人主页”,字体为华文行楷,大小为 20,填充色为白色,添加红色发光效果。

(26) 在“指针经过”状态下添加关键帧,将元件“娃娃摆动”从库中拖到舞台上并居中对齐。放大文字大小到 200%。

(27) 在“按下”状态下添加关键帧,将元件“娃娃闪白”从库中拖到舞台中央。将文字大小恢复为原来大小。

(28) 新建名为“按钮 2”和“按钮 3”的按钮元件，将文字变为“与我联系”和“作品欣赏”，动画效果同“按钮 1”。

(29) 回到场景 1，将素材“7.3.3a.jpg”文件导入到舞台，并居中对齐。

(30) 新建图层 2，将元件“按钮 1”、“按钮 2”和“按钮 3”从库中拖到舞台上，排列如图 7-3-18 所示。

(31) 新建“图层 3”，使用直线工具在舞台画出虚线装饰线，从库中将元件“转动的星星”拖到舞台合适的位置，如图 7-3-19 所示。

(32) 测试动画，并以文件名“晴天娃娃.fla”保存。

图 7-3-18　放置晴天娃娃

图 7-3-19　添加装饰虚线

7.3.4 初露锋芒——水波

设计结果

这个实例的按钮是隐性的，作为水波动画的触发器。当鼠标划过触发点时会有水波出现。这个实例比较复杂，需要用到简单的代码知识，如图 7-3-20 所示。

图 7-3-20 “水波”效果图

设计思路

(1) 制作场景中的各个元件的动画效果。

(2) 制作按钮中的水波动画效果和按钮触发区域。

(3) 控制按钮触发的开始动作和停止动作。

(4) 将触发区域大量复制到场景中,形成波光。

操作提示

(1) 创建一个新的Flash文档,设置舞台大小为550×400像素,背景为浅绿色。

(2) 新建一个名为"荷花苞"的图形元件,将素材"7.3.4a.png"文件导入到舞台中央。

(3) 新建一个名为"荷花苞摆动"的影片剪辑元件,将元件"荷花苞"从库中拖入到舞台中央,并创建补间动画。

(4) 在第12帧上插入关键帧,使用变形工具将中心点移到荷花的根部,旋转对象,旋转角度为-3度。

(5) 在第25帧上插入关键帧,再次旋转荷花苞,角度为3度。

(6) 在第38帧上插入关键帧,该帧的荷花同第1帧。

(7) 新建三个图形元件,分别命名为"荷花"、"荷叶"和"桃花",将素材"7.3.4b.png"、"7.3.4c.png"和"7.3.4e.png"分别导入到舞台中心。

(8) 新建一个名为"桃花摇摆"的影片剪辑元件,进入编辑状态。

(9) 从库中将元件"桃花"拖到舞台中心,在该帧上创建补间动画。

(10) 在第10帧上插入关键帧,使用变形工具将桃花的中心点移到对象的右侧,在"变形"面板中将旋转角度设置为-2度。

(11) 在第20帧插入关键帧,该帧的状态同第1帧。

(12) 新建一个名为"鱼"的影片剪辑元件,进入编辑状态。

(13) 将素材"7.3.4d.png"文件导入到舞台中央,将金鱼分离为像素。

(14) 使用选择工具选中金鱼的尾部,新建图层2,将尾部粘贴到该层上。

(15) 使用"变形"面板的旋转工具,稍稍调整鱼尾的形状,如图7-3-21所示。

(16) 在图层1和图层2的第10帧插入关键帧,旋转和调节鱼尾的形状,如图7-3-22所示。如需要,可新建图层3,帮助鱼尾的变化。

图7-3-21 第1帧的金鱼

图7-3-22 第10帧的金鱼

(17) 新建一个名为"水圈运动"的影片剪辑文件,进入编辑状态。

(18) 使用椭圆工具绘制一个中空的白色实心水圈,如图7-3-23所示。

(19) 在该帧上创建补间形状,在第20帧上插入关键帧。将第1帧的水圈缩小至10%,第

20 帧的水圈设置 Alpha 值为 0，形成水圈放大消失的效果。

(20) 选中图层 1 上的关键帧并复制，新建图层 2，将图层 1 的关键帧粘贴到第 4 帧。

(21) 新建图层 3，将图层 1 的关键帧粘贴到第 8 帧，形成多个水圈逐步消失的效果，如图 7-3-24 所示。

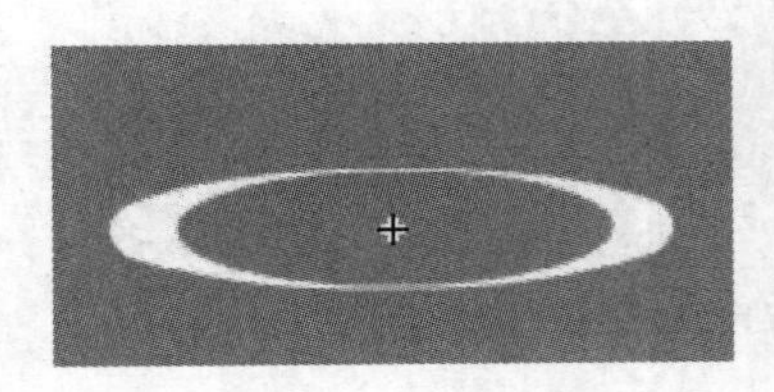

图 7-3-23 绘制一个水圈

图 7-3-24 水圈变化的效果

(22) 在最后 1 帧上单击鼠标右键，选择“动作”命令。在“动作”面板中输入“stop();”，使得影片剪辑在该帧停止。

(23) 新建一个名为“透明按钮”的按钮元件，进入编辑状态。

(24) 跳过“弹起”、“指针经过”和“按下”状态，在“点击”状态下插入关键帧，如图 7-3-25 所示。使用矩形工具绘制一个实心无边框的正方形，将填充的 Alpha 值设置为 0，如图 7-3-26 所示。

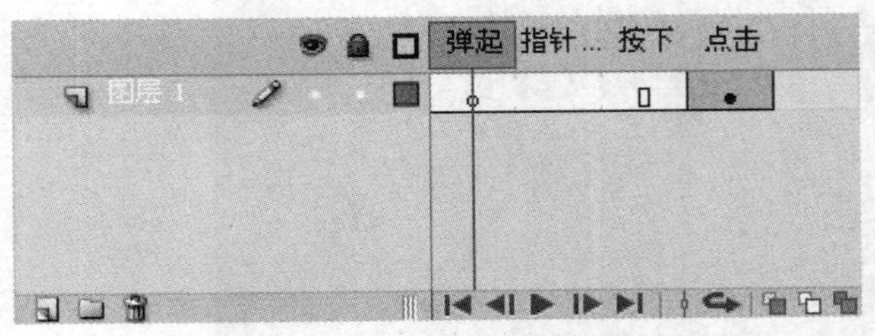

图 7-3-25 在“点击”状态下插入关键帧

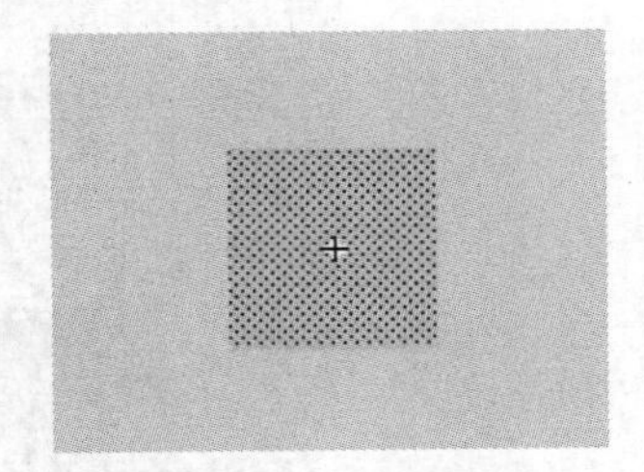

图 7-3-26 绘制透明区域

(25) 新建一个名为“触发区域”的影片剪辑元件，进入编辑状态。

(26) 从库中将元件“透明按钮”拖到舞台中央，在该帧上添加动作“stop();”。

(27) 在第 2 帧上插入关键帧，从库中将元件“水圈运动”拖入到舞台中央。在第 30 帧上插入帧。

(28) 回到场景 1，使用矩形工具绘制一个长为 550 像素、宽为 400 像素的矩形，填充为从浅蓝色到蓝色的上到下线性渐变，无边框。在第 100 帧上插入帧。

(29) 新建图层 2，从库中将元件“鱼”拖入到舞台的右下侧，在属性中将 Alpha 值设置为 0，创建补间动画。

(30) 分别在第 25 帧、第 32 帧和第 50 帧插入关键帧，在每个关键帧上调整鱼的位置和方向，形成鱼从右到左曲线游动的动画。第 25 帧和第 32 帧的鱼的 Alpha 值为 100，第 50 帧的鱼的 Alpha 值为 0。

(31) 新建图层 3，在第 60 帧上插入关键帧，从库中将元件“鱼”拖到舞台的左下侧并水平翻转，创建补间动画。

(32) 在第 80 帧、第 85 帧和第 100 帧上插入关键帧，调整鱼的位置和方向，形成鱼从左到右曲线游动的动画。第 80 帧和第 85 帧的鱼的 Alpha 值为 100，第 100 帧的鱼的 Alpha 值为 0。

(33) 新建图层 4，从库中将元件“荷花”、“荷花苞”和“荷叶”拖入到舞台下方，复制荷叶元件两次，并缩小至合适大小，如图 7-3-27 所示。

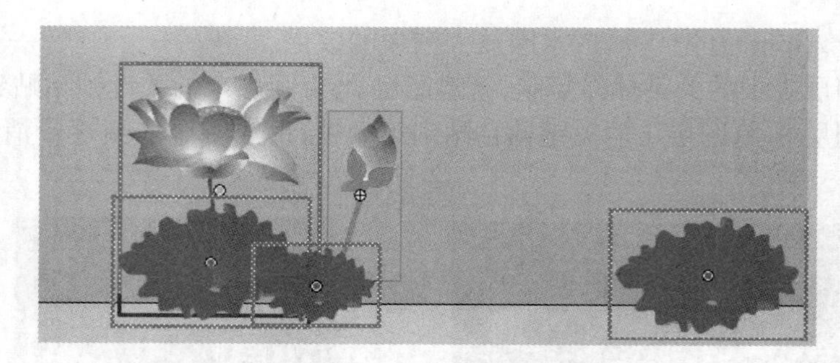
图 7-3-27　将荷花、荷叶元件拖动到舞台上

(34) 新建图层 5,从库中将元件"触发区域"拖动到舞台上,并复制出多个分布在舞台上,如图 7-3-28 所示。

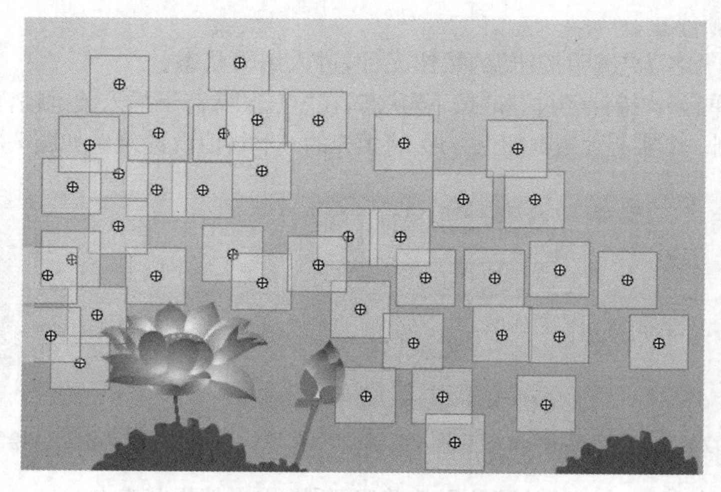
图 7-3-28　复制多个"触发区域"元件

(35) 新建图层 6,从库中将元件"桃花摇摆"拖动到舞台的正上方,如图 7-3-29 所示。

(36) 测试动画,并以文件名"水波. fla"保存。

图 7-3-29　将元件"桃花"拖动到舞台上方

7.4 库的应用

7.4.1 知识点和技能

通过前三节的学习,我们已经学会了库的三种类型:图形元件、影片剪辑和按钮的制作。现在,我们要将所学的知识点融会贯通,将三种类型的元件综合运用,制作一系列比较复杂的库。

7.4.2 范例——生日贺卡

设计结果

在充满神秘感的封面打开之后,礼品盒上的彩带自动打开,出现了一个生日蛋糕和祝福,并且要用鼠标移到蜡烛上,才会触发按钮点燃生日蜡烛,如图 7-4-1 所示。

图 7-4-1 “生日贺卡”效果图

设计思路

(1) 将贺卡的两个背景分成两部分分别制作。

(2) 制作每个背景上的小元件。

(3) 将元件小动画放置在各个背景上。

(4) 制作火苗的按钮动画,并放置在背景中。

范例解题引导

Step1 我们先新建两个文件夹,分别放置两个场景的文件。

(1) 创建一个 Action Script 2.0 的 Flash 文档,设置舞台大小为 600×600 像素,背景色为淡绿色。

(2) 将素材“7.4.2a.jpg”~“7.4.2l.mp3”文件导入到库。

(3) 新建一个名为“场景 1”的文件夹。

(4) 在“场景 1”文件夹下新建一个名为“礼物”的图形元件,将“7.4.2b.png”文件拖入到舞台上并中心对齐。

(5) 新建一个名为“礼物动画”的影片剪辑文件,进入到编辑状态。

(6) 将“礼物”元件拖入到舞台中央,在“变形”面板中将该对象的大小缩放至 50%。

(7) 在第 70 帧插入关键帧,保持大小不变。

(8) 在第 78 帧插入关键帧,将“礼物”大小缩放至 70%,并在该帧上添加动作“stop();”。

(9) 新建一个名为“小蛋糕”的图形元件,将“7.4.2c.png”文件拖入到舞台上并中心对齐。

(10) 新建一个名为“小蛋糕动画”的影片剪辑文件,进入到编辑状态。

(11) 将“小蛋糕”元件拖入到舞台中央,在“变形”面板中将该对象的大小缩放至 50%,如

图 7-4-2 所示。

(12) 在第 5 帧插入关键帧，在“变形”面板中将对象旋转 15 度，如图 7-4-3 所示。

(13) 在第 10 帧插入关键帧，在“变形”面板中将对象旋转－15 度，如图 7-4-4 所示。

图 7-4-2　第 1 帧蛋糕

图 7-4-3　第 5 帧蛋糕

图 7-4-4　第 10 帧蛋糕

(14) 在第 15 帧插入关键帧，该帧上的蛋糕形状同第 1 帧。

(15) 新建一个名为“文字”的影片剪辑元件，进入编辑状态。

(16) 在第 5 帧上插入关键帧，使用文本工具输入文字“亲爱的”，字体为华文行楷，大小为 20，颜色为深红色＃990000，如图 7-4-5 所示。

(17) 选中文字单击右键，选择“分离”命令，将文字拆分成独立的个体。

(18) 移动和旋转每个文字，形成参差错落的效果，如图 7-4-6 所示。

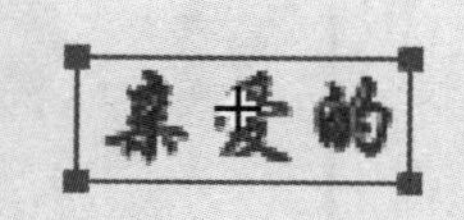

图 7-4-5　输入文字

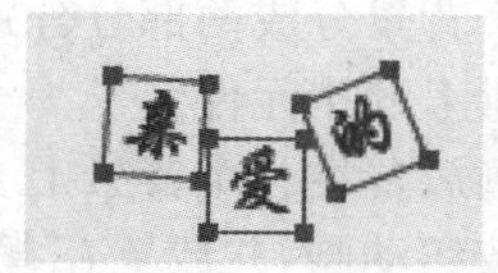

图 7-4-6　修改后的文字

(19) 在第 10 帧和第 15 帧上插入关键帧，将第 5 帧上的文字删除后两个字，第 10 帧上的文字删除最后一个字，形成文字逐字出现的效果。在第 70 帧插入帧。

(20) 新建图层 2，在第 30 帧上插入关键帧，输入文字“我要给你一份特别的生日礼物”，字体属性同前。

(21) 选择“分离”命令，将文字拆分开。

(22) 移动旋转各个文字，形成错落有致的效果，如图 7-4-7 所示。

(23) 在第 35 帧上插入关键帧，调整文字的形状，如图 7-4-8 所示。

图 7-4-7　第 30 帧的文字

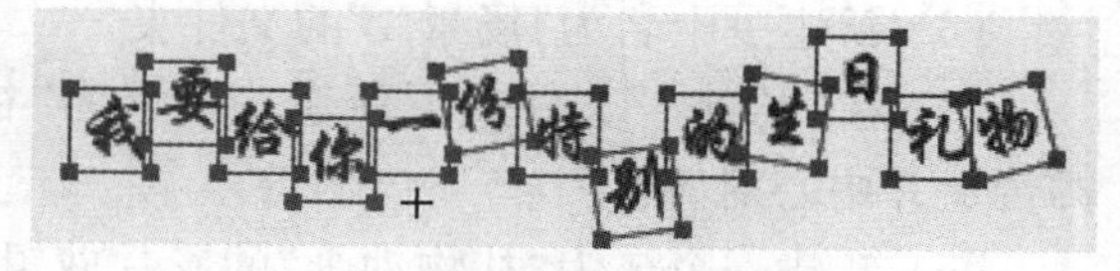

图 7-4-8　第 35 帧的文字

(24) 在第 40 帧上插入关键帧，继续调整文字的形状，如图 7-4-9 所示。在第 45 帧上插入关键帧，再次调整文字的形状，如图 7-4-10 所示。

(25) 新建图层 3，在第 70 帧上插入关键帧，添加代码“stop();”。

(26) 新建一个名为“封面一”的影片剪辑元件，进入编辑状态。

(27) 从库中将素材“7.4.2a.jpg”文件拖到舞台上，并且与舞台中心对齐。

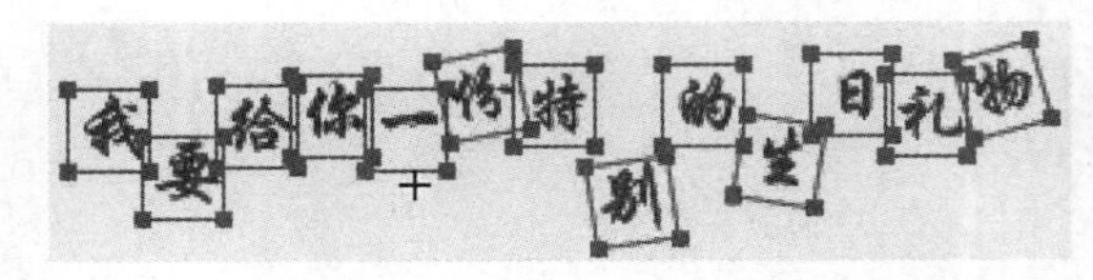

图 7-4-9　第 40 帧的文字

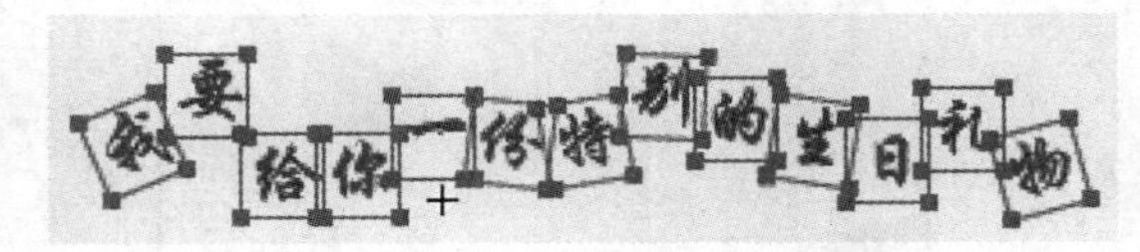

图 7-4-10　第 45 帧的文字

(28) 从库中将元件“文字”拖到舞台的下方，将元件在第 100 帧上插入帧。

(29) 新建图层 2，从库中将元件“小蛋糕动画”拖到舞台的左下方，如图 7-4-11 所示。

(30) 新建图层 3，从库中将元件“礼物动画”拖到舞台的中心，如图 7-4-12 所示。

图 7-4-11　添加小蛋糕动画

图 7-4-12　添加礼物动画

(31) 新建图层 4 在第 100 帧上插入关键帧，添加代码“stop();”。

(32) 新建一个名为“场景 2”的文件夹。

(33) 在“场景 2”文件夹下新建一个名为“彩带打开”的影片剪辑元件，进入编辑状态。

(34) 从库中将“7.4.2e.png”文件拖入到舞台上并中心对齐。单击鼠标右键，选择“分离”命令，将丝带图片进行分离，如图 7-4-13 所示。

(35) 使用选择工具将丝带分离出两小块，如图 7-4-14 所示。

图 7-4-13　丝带分离前

图 7-4-14　丝带分离后

(36) 新建图层 2 和图层 3，在第 55 帧上插入关键帧，将分割出来的两小块分别剪切并粘贴到新建的两个图层上。

(37) 在三个图层的第 55 帧上皆创建传统补间，在第 100 帧上插入关键帧，将三部分向外移动，如图 7-4-15 所示。

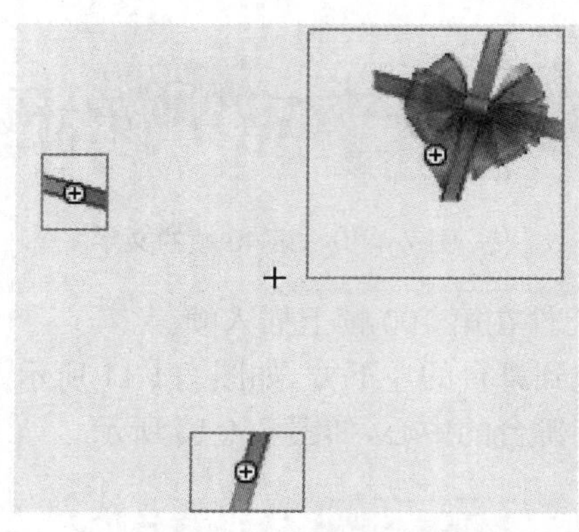

图 7-4-15　丝带向外移动

第 55 帧之前的丝带呈现图片的分离状态，第 55 帧到第 100 帧的丝带是进行运动的组合状态。

(38) 在第 100 帧上添加代码“stop()；”。

(39) 新建一个名为“背景”的图形元件，将素材“7. 4. 2d. png”文件拖入到舞台上并居中对齐。

(40) 分别新建名为“蛋糕”、“樱桃”、“点缀”、“蜡烛”、“烛光”和“生日快乐”的图形元件，分别将素材“7. 4. 2f. png”、“7. 4. 2g. png”、“7. 4. 2h. png”、“7. 4. 2i. png”、“7. 4. 2j. png”和“7. 4. 2k. png”从库中拖入到这些元件的舞台中心。

(41) 新建一个名为“火苗”的影片剪辑文件，进入编辑状态。

(42) 从库中将素材“7. 4. 2j. png”文件拖到舞台中央，并分离该对象。

(43) 在该帧上创建补间形状，在第 5 帧上插入关键帧。

(44) 将该对象的中心点移到底部，使用变形工具将火苗压缩为原来宽度的 80%。

(45) 在第 10 帧上插入关键帧，将火苗的形状恢复到第 1 帧的形状。

(46) 新建一个名为“火苗点燃”的影片剪辑元件，进入编辑状态。

(47) 从库中将元件“火苗”拖到舞台中央，在属性中将 Alpha 值改为 0。

(48) 在第 4 帧上插入关键帧，同时创建传统补间动画。

(49) 在第 15 帧上插入关键帧，将 Alpha 值改为 100。

(50) 在第 25 帧上插入帧。

(51) 新建图层 2，在第 1 帧和第 25 帧上添加动作“stop()；”。

(52) 新建一个名为“火苗按钮”的按钮元件，进入编辑状态。

(53) 在“弹起”状态下创建关键帧，从库中将元件“火苗点燃”拖到舞台中央。其余状态延续帧。

(54) 新建一个名为“封面 2”的影片剪辑元件，进入编辑状态。

(55) 将元件“背景”从库中拖到舞台中央，将 Alpha 值改为 40。

(56) 在第 100 帧上插入关键帧，并创建传统补间。在“属性”面板中设置顺时针旋转 3 次。

(57) 在第 150 帧上插入关键帧，将 Alpha 值改为 100，如图 7-4-16 所示。

(58) 在第 400 帧上插入帧。

(59) 新建图层 2，从库中将元件“彩带打开”拖到舞台中央，删除 100 帧以后的帧，如图 7-4-17 所示。

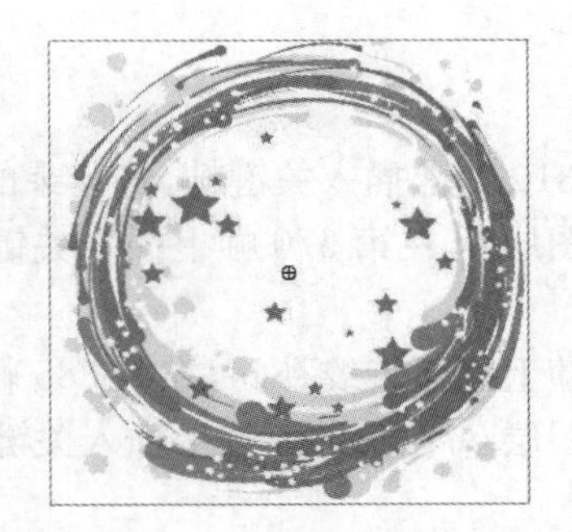

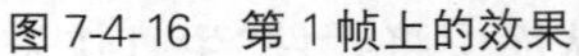

图 7-4-16　第 1 帧上的效果　　图 7-4-17　第 150 帧上的效果

(60) 新建图层 3，在第 170 帧上插入关键帧，从库中将元件“蛋糕”拖到舞台上，位于背景的上方，如图 7-4-18 所示。

(61) 在该帧上创建传统补间，在第 220 帧上插入关键帧，将蛋糕的位置移到背景中央，如图 7-4-19 所示。

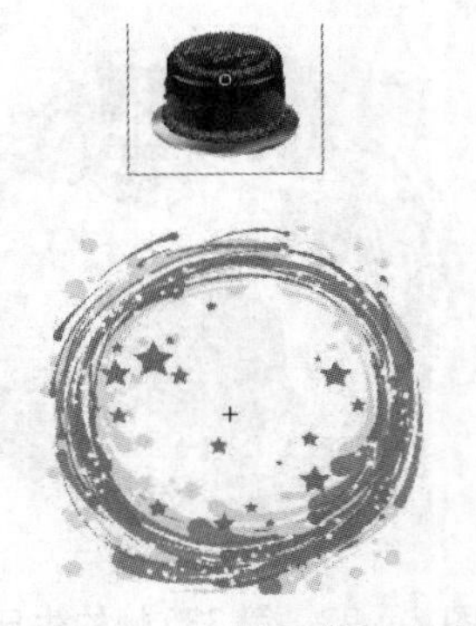

图 7-4-18　蛋糕在背景上方　　图 7-4-19　蛋糕在背景中央

(62) 删除传统补间，在第 223 帧上插入关键帧，在“变形”面板中将蛋糕的高度变为 95%，宽度不变。

(63) 在第 226 帧上插入关键帧，将蛋糕的高度恢复为 100%。

(64) 新建图层 4，在第 250 帧上插入关键帧，从库中将元件“樱桃”拖到舞台上，位于背景的左上方，如图 7-4-20 所示。

(65) 在该帧上创建传统补间，在第 275 帧上插入关键帧，将樱桃的位置移到蛋糕的左下方，如图 7-4-21 所示。

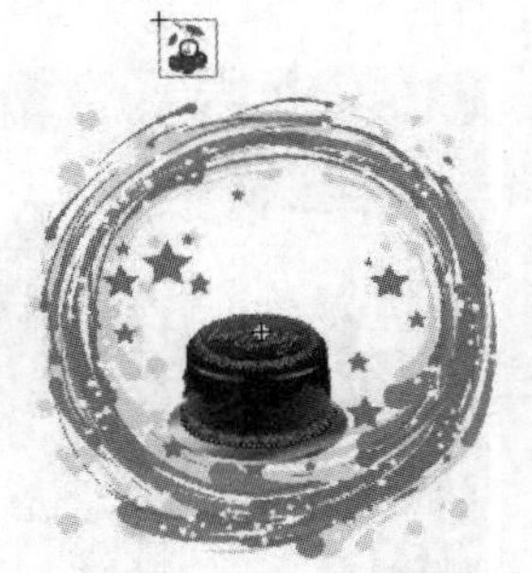

图 7-4-20　蛋糕在背景上方　　图 7-4-21　蛋糕在背景中央

(66) 新建图层 5，在第 285 帧上插入关键帧，从库中将元件“花朵”拖到舞台的右上方，并创建传统补间。

（67）在第 310 帧上插入关键帧，将花朵的位置移到蛋糕的右下方。

（68）新建图层 6，在第 370 帧上插入关键帧，从库中将元件“蜡烛”拖入舞台，将其 Alpha 值改为 0。

（69）在该帧上创建传统补间，在第 385 帧上插入关键帧，将 Alpha 值改为 100。

（70）新建图层 7，在第 385 帧上插入关键帧，从库中将元件“火苗按钮”拖到舞台上，放在蜡烛上。

（71）新建图层 8，在第 310 帧上创建关键帧，从库中将元件“生日快乐”拖到舞台的正上方，同时将其大小改为 0%。

（72）在该帧上创建补间动画，在第 330 帧上创建关键帧，将对象大小改为 100%，如图 7-4-22 所示。

（73）删除补间，在第 335 帧上创建关键帧，旋转和调整文字的位置，如图 7-4-23 所示。

图 7-4-22　第 330 帧的生日快乐

图 7-4-23　第 335 帧的生日快乐

（74）在第 340 帧上创建关键帧，该帧上文字的位置同第 330 帧。

（75）新建图层 9，在第 400 帧上添加动作“stop()；”。

（76）回到“场景 1”，在第 85 帧上创建关键帧。从库中将元件“封面二”拖到舞台上并居中对齐。在第 600 帧上插入帧。

（77）新建图层 2，从库中将元件“封面一”拖到舞台中心。

（78）在第 85 帧上创建关键帧，并创建补间动画。使用变形工具将对象的中心点移到左侧边缘，如图 7-4-24 所示。

（79）水平翻转“封面一”，翻转过程如图 7-4-25 所示。

图 7-4-24　封面一翻转前

图 7-4-25　封面一的翻转过程

(80) 执行“修改/变形/任意变形”命令，将“封面一”修改成如图 7-4-26 所示的形状。

(81) 新建图层 3，在“属性”面板的声音选项上添加素材“7. 4. 2l. mp3”文件，效果为“淡出”，同步为“事件”，并重复一次，如图 7-4-27 所示。

图 7-4-26　封面一的翻转结果

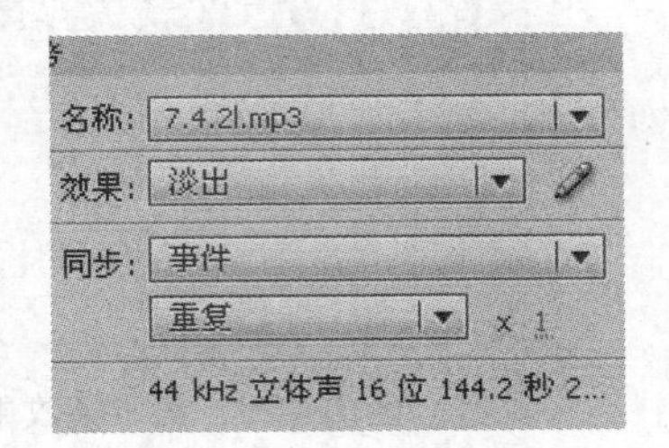

图 7-4-27　设置音频

(82) 测试动画，并以文件名“生日贺卡. fla”保存。

7.4.3　小试身手——化妆品广告

设计结果

繁花背景上，一滴露水滴在玫瑰花上。随后，化妆品系列闪耀登场，突出了化妆品源于自然的健康理念，如图 7-4-28 所示。

图 7-4-28　“化妆品广告”效果图

设计思路

(1) 在场景上制作各个元件和其动画效果。

(2) 制作光芒遮罩效果。

(3) 将背景音乐置于背景中，并设置循环播放效果。

操作提示

(1) 创建一个新的 Flash 文档，设置舞台大小为 900×400 像素，背景为白色。

(2) 将图层 1 重命名为“背景”，将素材“7. 4. 3a. jpg”文件导入到舞台上，并将其水平中齐、底对齐，并在“属性”面板中将 Alpha 值改为 0，如图 7-4-29 所示。

(3) 在该帧上创建传统补间，在第 60 帧上插入关键帧，将对象的位置调整为中心对齐，并将 Alpha 值改为 100，如图 7-4-30 所示。

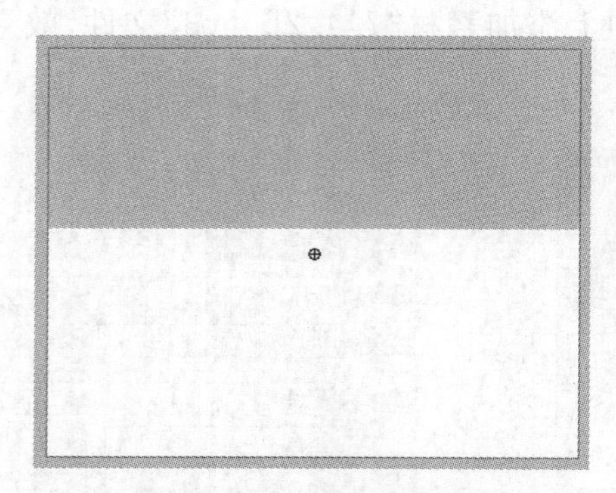

图 7-4-29　第 1 帧效果

图 7-4-30　　第 60 帧效果

(4) 在第 70 帧插入关键帧，将 Alpha 值改为 50，删除补间。

(5) 在第 230 帧插入空白关键帧，将素材“7. 4. 3b. jpg”文件导入到舞台上，并将其水平中齐、底对齐，创建传统补间。

(6) 在第 280 帧上插入关键帧，将对象的位置调整为中心对齐。

(7) 在第 290 帧上插入关键帧，对象的位置不变。在第 305 帧上插入关键帧，将 Alpha 值改为 50。

(8) 在第 440 帧上插入关键帧，添加动作“stop();”。

(9) 新建名为“美女”和“花朵”的图形元件，分别将素材“7. 4. 3c. png”和“7. 4. 3d. png”文件导入到这两个元件内，并居中对齐。

(10) 回到主场景，新建图层，重命名为“花”。在第 75 帧上插入关键帧，从库中将元件“花朵”拖到舞台左下侧，Alpha 值设置为 0。

(11) 在该帧上创建补间动画，在第 90 帧插入关键帧，将花的位置往左偏移，Alpha 值改为 100。

(12) 在第 230 帧上插入空白关键帧。

(13) 新建图层，重命名为“美女”。在第 75 帧上插入关键帧，从库中将元件“美女”拖到舞台右下侧，Alpha 值设置为 0，如图 7-4-31 所示。

(14) 在该帧上创建补间动画，在第 90 帧插入关键帧，将花的位置往右偏移，Alpha 值改为 100，如图 7-4-32 所示。

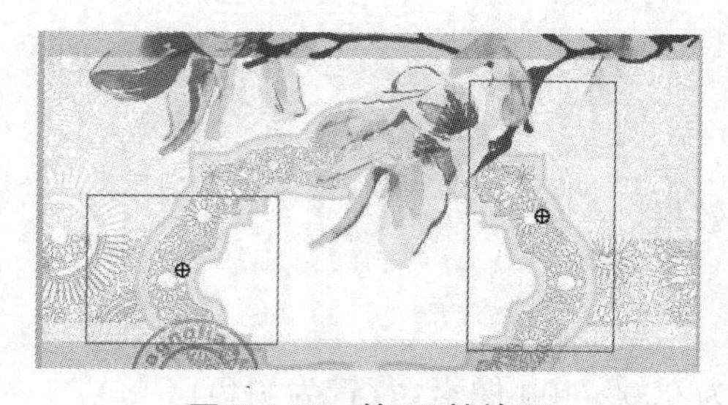

图 7-4-31　第 75 帧效果

图 7-4-32　第 90 帧效果

(15) 在第 230 帧上插入空白关键帧。

(16) 新建图层，重命名为“水滴”。在第 95 帧插入关键帧，从库中将元件“水滴”拖到舞台上，放置在“花朵”的上方，在“属性”面板中将“水滴”的透明度设置为 0，如图 7-4-33 所示。

(17) 在该帧上创建补间动画，在第 125 帧上创建关键帧，将对象的透明度改为 100，如图 7-4-34 所示。

图 7-4-33　第 75 帧效果

图 7-4-34　第 90 帧效果

(18) 新建一个名为“文字动画 1”的影片剪辑元件，进入编辑状态。

(19) 使用文本工具输入文字“玫瑰健康美丽的天然源泉”，文字大小为 30，字体为宋体，字符间距为 5，前两个字颜色为玫红色＃CC3366，其余字颜色为黑色＃000000，如图 7-4-35 所示。

(20) 选中文字，单击鼠标右键，选择“分离”命令，将文字逐字分离，如图 7-4-36 所示。

玫瑰　健康美丽的天然源泉

图 7-4-35　文字效果

玫瑰　健康美丽的天然源泉

图 7-4-36　文字分离

(21) 再次选中文字，单击鼠标右键，选择“分离到图层”命令，将每个文字分离到每个图层上。

(22) 选中“玫”图层上的文字，创建传统补间，在第 10 帧上插入关键帧。将第 1 帧上的文字的位置移到左上角，并将其大小改为 0，Alpha 值改为 0。

(23) 在所有图层的第 70 帧上插入帧。

(24) 选中“瑰”图层上的文字，将其从第 1 帧移动到第 5 帧上，创建补间动画，并在第 15 帧上插入关键帧，改变第 1 帧上的文字属性。

(25) 将之后每层上的文字依次后移 5 帧，每个字的第 1 帧上设置从不同的方向变化到末尾帧。

(26) 新建图层，在第 70 帧上插入关键帧，添加动作“stop()；”。图层的动画设置如图 7-4-37 所示。

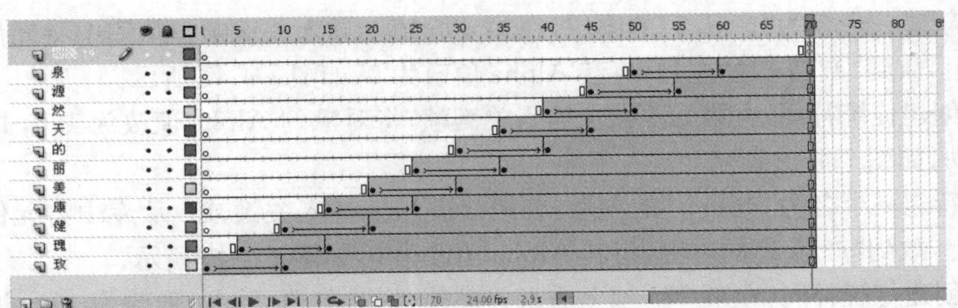

图 7-4-37　图层的动画设置

(27) 回到场景 1,新建图层,重命名为“文字”。在第 150 帧插入关键帧,从库中将元件“文字动画 1”拖到舞台的左上角。

(28) 新建三个图形元件,分别命名为“产品 1”、“产品 2”和“产品 3”,分别将素材“7. 4. 3f. png”、素材“7. 4. 3g. png”和素材“7. 4. 3h. png”导入到元件中,并与舞台中心对齐。

(29) 新建一个名为“遮罩”的图形元件,使用矩形工具绘制一个实心的矩形,填充为蓝色,笔触为无,如图 7-4-38 所示。

(30) 回到场景 1。新建图层,命名为“被遮罩 1”。在第 305 帧插入关键帧,从库中将元件“产品 1”拖到舞台中央,并选中对象,在“属性”面板中将“亮度”设置为 100%。

(31) 新建图层,命名为“遮罩 1”。在第 305 帧插入关键帧,从库中将元件“遮罩”放置到产品 1 的上方,如图 7-4-39 所示。

(32) 创建传统补间,在第 320 帧插入关键帧,将“遮罩”位置移动到产品 1 的下方,如图 7-4-40 所示。

图 7-4-38　绘制矩形

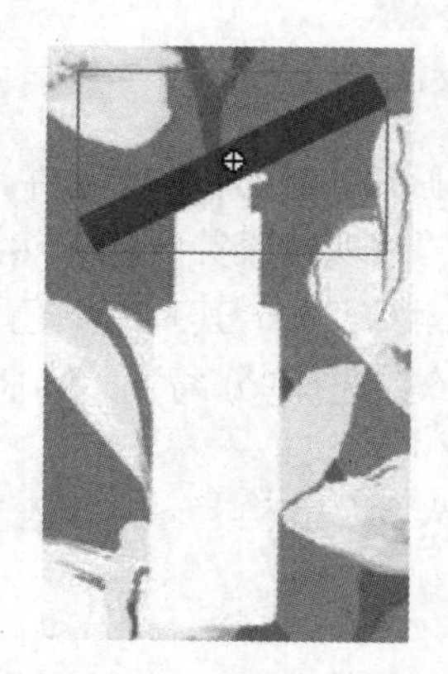
图 7-4-39　第 305 帧位置

图 7-4-40　第 320 帧位置

(33) 创建传统补间,在第 320 帧插入关键帧,将“遮罩”位置移动到产品 1 的下方,如图 7-4-40 所示。在第 335 帧上插入关键帧,将第 305 帧复制粘贴到该帧上。

(34) 将“遮罩”所在图层的属性改为“遮罩层”。

(35) 新建图层,命名为“产品 1”,在第 325 帧插入关键帧,将“被遮罩 1”图层的第 305 帧复制到该帧上。选中对象,将亮度恢复到 0%,Alpha 值改为 0。

(36) 创建传统补间,在第 325 帧插入关键帧,将对象的 Alpha 值改为 100。

(37) 在第 345 帧插入关键帧,创建传统补间,在第 355 帧插入关键帧,将对象的大小改为 90%,并移动到舞台的左下角。

(38) 新建一个名为“产品 2”的图层,在第 355 帧上插入关键帧。从库中将元件“产品 2”拖到舞台上,放到“产品 1”的左侧,将其 Alpha 值改为 0,如图 7-4-41 所示。

(39) 创建传统补间,在第 365 帧上插入关键帧,将对象的 Alpha 值改为 100,并将其位置朝右侧移动,如图 7-4-42 所示。

(40) 新建一个名为“产品 3”的图层,在第 365 帧上插入关键帧。从库中将元件“产品 2”拖到舞台上,放到“产品 1”的右侧,将其 Alpha 值改为 0,如图 7-4-43 所示。

(41) 创建传统补间,在第 375 帧上插入关键帧,将对象的 Alpha 值改为 100,并将其位置靠近产品 1,如图 7-4-44 所示。

图 7-4-41　产品 2 初始位置

图 7-4-42　产品 2 最终位置

图 7-4-43　产品 3 初始位置

图 7-4-44　产品 3 最终位置

(42) 新建一个名为“文字动画 2”的影片剪辑文件，进入编辑状态。

(43) 使用文本工具输入文字“玫瑰水　天然水”，将文字改为垂直，字体为黑体，大小为 30，字母间距为 8。“玫瑰水”三个字颜色为枚红色＃CC3366，“天然水”三个字颜色为黑色。

(44) 选中文字，将文字分离。

(45) 单击鼠标右键，选择“分散到图层”。在所有图层的第 60 帧上插入帧。

(46) 选中文字“玫”，创建传统补间，在第 10 帧上插入关键帧。选中第 1 帧文字，将其大小改为 150%，透明度为 0。

(47) 其余文字依次每字延后 10 帧，动画变化效果同上，时间轴如图 7-4-45 所示。

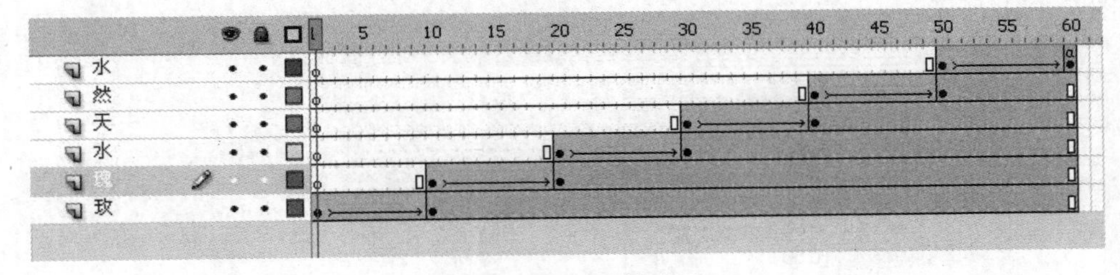

图 7-4-45　时间轴动画

(48) 在第 60 帧上添加动作“stop();”。

(49) 回到“场景 1”，新建一个名为“文字 2”的图层，在第 380 帧上插入关键帧。从库中将元件“文字动画 2”拖到舞台右上侧。

(50) 将图层“遮罩”和“被遮罩”移动到最上方。

(51) 新建图层,命名为“音乐”。将素材“声音. mp3”文件拖到库中。选中“音乐”层的第 1 帧,在“属性”面板中将声音选为“声音. mp3”,效果为“无”,同步为“数据流”,并“循环”。

(52) 测试动画,并以文件名“化妆品广告. fla”保存。

7.4.4 初露锋芒——虫儿飞 MTV

设计结果

Flash MTV 是 Flash 学习中比较复杂的内容,要考虑元件、场景、字幕和音乐等多个元素的结合,还要制作摄像机镜头运动的效果。这次我们将要学习制作“虫儿飞”的 MTV,在悠扬的歌声旋律中,伴随着 Play 键的点击,一幅宁静的夏天画卷出现在我们面前,小草青青,虫儿吟唱,一个女孩坐在云端歌唱。最后可以点击 Replay 键再次播放,如图 7-4-46 所示。

图 7-4-46 “虫儿飞 MTV”效果图

设计思路

(1) 制作场景 1 和场景 2 中的各个动画元件。

(2) 制作两个按钮元件。

(3) 制作场景元件,并将各个元素放入场景中。

(4) 为场景添加摄像机效果。

操作提示

(1) 创建一个新的 Flash 文档,设置舞台大小为 800×550 像素,背景为浅绿色。

(2) 新建一个名为“星星”的图形元件,进入编辑状态。

(3) 使用多角星形工具绘制一个五角星,工具设置如图 7-4-47 所示。五角星的填充为从白色到黄色径向渐变,笔触为 5,白色。

(4) 新建图层 2,使用椭圆工具绘制一个黑色实心小圆,放在五角星的上方,形成穿孔的效果,如图 7-4-48 所示。

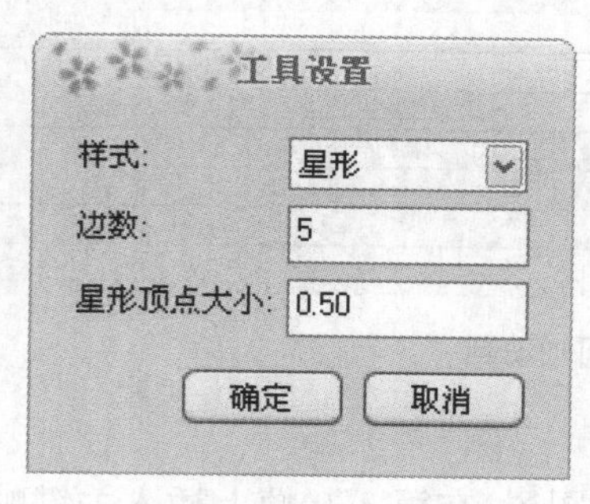

图 7-4-47 工具设置

图 7-4-48 五角星效果

(5) 新建一个名为“运动的星星”的影片剪辑元件,进入编辑状态。

(6) 从库中将“星星”元件拖到舞台上,在第1帧上添加传统补间。

(7) 在第30帧上插入关键帧,将星星的位置垂直下移。

(8) 在第60帧上插入关键帧,将第1帧复制到该帧上。

(9) 新建图层2,使用直线工具绘制一根宽为5的白色垂直直线,直线下方正好落在星星的圆孔中,如图7-4-49所示。在第1帧上创建形状补间。

(10) 在第30帧上插入关键帧,配合星星的运动将直线拉长,如图7-4-50所示。

图7-4-49 第1帧效果

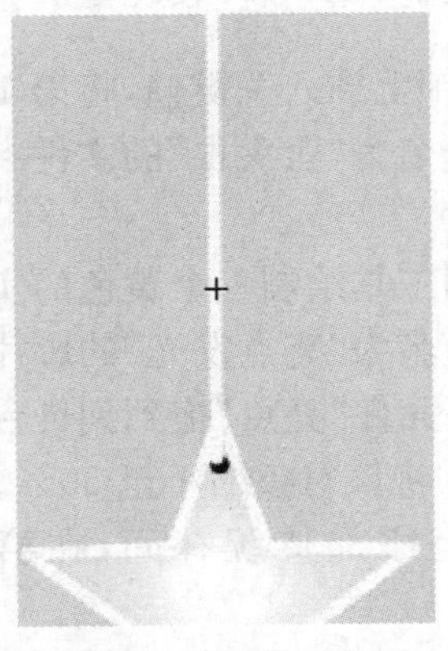

图7-4-50 第30帧效果

(11) 在第60帧上插入关键帧,该帧上直线的状态同第1帧。

(12) 新建一个名为“云朵”的图形元件,进入编辑状态。

(13) 使用钢笔工具绘制一个多边形的云朵形状,填充为从白色到浅蓝色#E3FDFD的径向渐变,笔触为5,白色。使用椭圆工具绘制两个黑色实心的小圆,如图7-4-51所示。

(14) 新建图层2,使用直线工具绘制两条相交的白色直线,笔触为5。

(15) 新建图层3,使用文本工具输入文字“虫儿飞”,字体为华文琥珀,大小为38,颜色为蓝色#0099FF,如图7-4-52所示。

图7-4-51 云朵的形状

图7-4-52 添加文字后的效果

(16) 新建一个名为“运动的云朵”的影片剪辑元件,进入编辑状态。

(17) 从库中将元件“云朵”拖到舞台中心。使用任意变形工具将中心点移动到对象的最上方,将对象旋转5度,如图7-4-53所示。

(18) 在该帧上创建传统补间,在第30帧上插入关键帧,将对象旋转-5度,如图7-4-54所示。

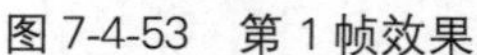

图 7-4-53 第 1 帧效果

图 7-4-54 第 30 帧效果

(19) 在第 60 帧上插入关键帧，将第 1 帧复制粘贴到该帧上。

(20) 新建一个名为“萤火虫”的文件夹，在该文件夹下新建一个名为“亮点”的图形元件，进入编辑状态。

(21) 使用椭圆工具绘制一个黄色的实心小圆，笔触为无。

(22) 新建一个名为“亮点发光”的影片剪辑元件，进入编辑状态。

(23) 从库中将元件“亮点”拖到到舞台中心，在“属性”面板中添加模糊滤镜，X 和 Y 的模糊值都为 10 像素。将该对象缩小至 50%。

(24) 在该帧上添加传统补间，在第 10 帧上插入关键帧。将该帧对象的大小调整为 100%。

(25) 分别在第 20 帧、第 30 帧和第 40 帧上插入关键帧，对象大小分别为 50%、100% 和 50%。

(26) 新建一个名为“虫身”的影片剪辑元件，进入编辑状态。

(27) 从库中将元件“亮点发光”拖到舞台上，在第 40 帧插入帧。

(28) 新建图层 2，使用椭圆工具绘制两个左右对称的深红色小圆作为翅膀，填充为 #660000，无笔触，如图 7-4-55 所示。

(29) 新建图层 3，继续绘制两个对称小圆，填充从深红色 #660000 到黄色 #FFED0A 的线性渐变，笔触为深红色，如图 7-4-56 所示。

(30) 新建图层 4，绘制两个黑色正圆作为萤火虫的眼睛，如图 7-4-57 所示。

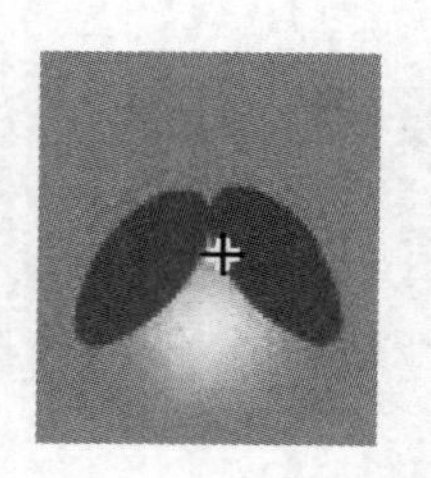

图7-4-55 绘制翅膀 1

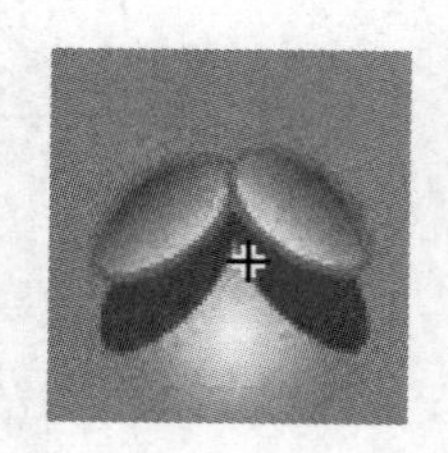

图 7-4-56 绘制翅膀 2

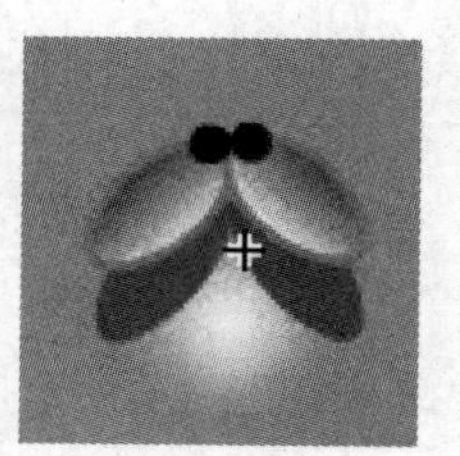

图 7-4-57 绘制眼睛

(31) 新建一个名为“play”的按钮元件，进入编辑状态。

(32) 从库中将元件“虫身”拖入到舞台中央，在“点击”状态下延续帧。

(33) 新建图层 2，输入文字“play”，字体为华文琥珀，大小为 24，颜色为深红色 ##990000。

(34) 在“指针经过”状态下插入关键帧，在其“属性”面板中添加滤镜“渐变发光”，设置值为默认。

(35) 在“按下”状态下插入关键帧，将文字的位置朝右下方稍加移动。

(36) 在“点击”状态下延续帧。

(37) 将“play”按钮复制为“replay”，进入编辑状态。

(38) 将所有状态中的文字“play”改为“replay”，其余不变。

(39) 回到“场景 1”，使用矩形工具绘制一个长为 800 像素、宽为 550 像素的矩形，填充色为蓝色＃266088，将此矩形相对舞台中心对齐。

(40) 从库中将“运动的星星”元件拖到舞台上两次，使用变形工具缩放其中一个元件的大小，形成大小不一的效果。

(41) 新建图层 2，从库中将“运动的云朵”元件和“play”按钮分别拖到舞台的中央和右下方，如图 7-4-58 所示。选中“play”，添加动作“on (release) {gotoAndPlay(“场景 2”, 1);}”。

(42) 新建图层 3，使用钢笔工具绘制封闭的云层图案，填充为从浅蓝色＃D2FCFD 到白色＃FFFFFF 的线性渐变，笔触为白色、宽度为 10，如图 7-4-59 所示。

图 7-4-58　完成图层 2

图 7-4-59　完成图层 3

(43) 执行“插入/场景”命令，插入场景 2。

(44) 在库中新建一个名为“第一幕”的文件夹。在该文件夹下新建一个名为“草地”的图形元件，进入编辑界面。

(45) 使用钢笔工具绘制一个长半圆形，再使用油漆桶工具填充，颜色为从深绿＃1D9F1B 到黄绿＃BEE29A 渐变，如图 7-4-60 所示。

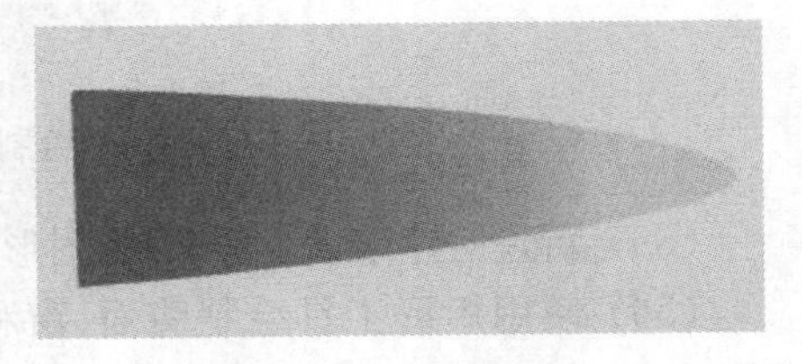
图 7-4-60　完成图层 1

(46) 新建图层 2，使用钢笔工具继续绘制一个渐变草地，如图 7-4-61 所示。

(47) 新建图层 3，绘制第三个渐变草地，再用橡皮擦工具擦出边缘毛糙的效果，如图 7-4-62 所示。

图 7-4-61　完成图层 2

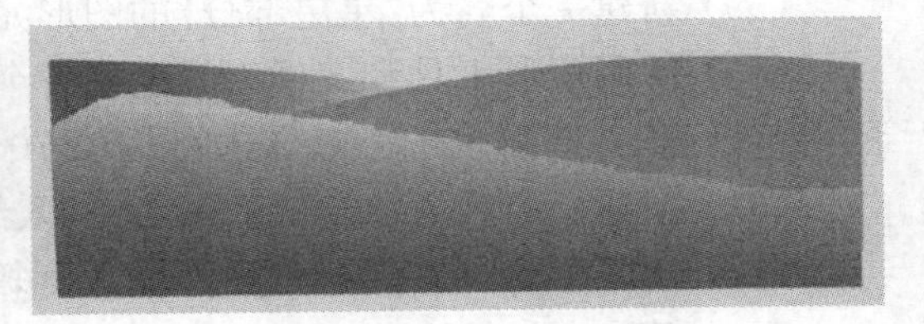
图 7-4-62　完成图层 3

(48) 新建一个名为“草”的影片剪辑元件，进入编辑界面。

(49) 使用矩形工具绘制一个填充为草绿色＃95D92C 的矩形，再使用选择工具将其形状变化成小草的形状，再将其与舞台中心对齐，如图 7-4-63 所示。

(50) 在该帧上创建补间动画，在第 15 帧上插入关键帧，将小草的中心点移到根部，再将其旋转 5 度，如图 7-4-64 所示。

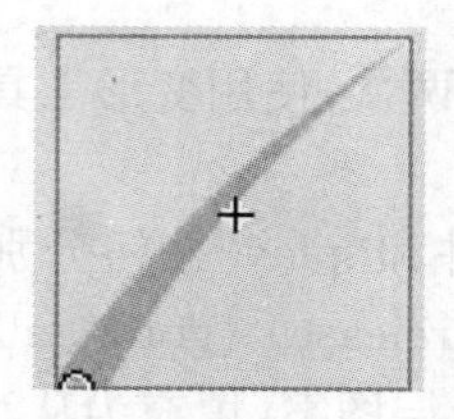

图 7-4-63　第 1 帧

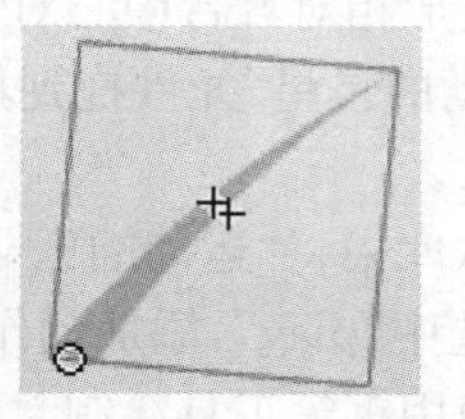

图 7-4-64　第 15 帧

(51) 在第 30 帧上插入关键帧，将第 1 帧复制粘贴到该帧上。

(52) 新建一个名为“树”的图形元件，进入编辑状态。

(53) 使用椭圆工具和选择工具绘制一棵树的形状，颜色从浅绿＃B3E96A 到深绿＃71C02D 线性渐变，如图 7-4-65 所示。

(54) 使用铅笔工具，选项为“平滑”，绘制黄色的笔触，如图 7-4-66 所示。

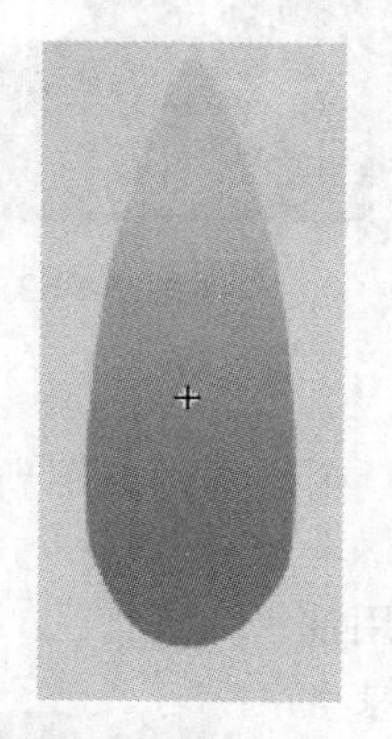

图 7-4-65　绘制形状

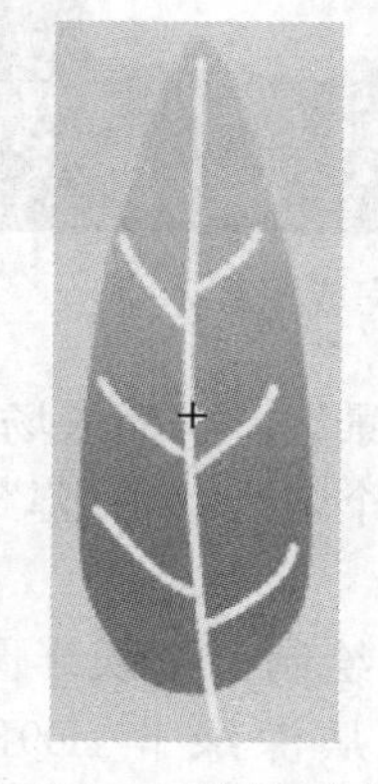

图 7-4-66　添加笔触

(55) 新建一个名为“房子”的图形元件，进入编辑状态。

(56) 使用矩形工具绘制墙面、窗和门，如图 7-4-67 所示。

(57) 新建图层，使用多角星形工具绘制一个三角形的屋顶，如图 7-4-68 所示。

(58) 新建多个图层，用同样方法绘制另一个房子，如图 7-4-69 所示。

(59) 新建一个名为“星星部分”的图形元件，进入编辑界面。

(60) 使用矩形工具和选择工具绘制一个两头尖的光芒，渐变为从透明到不透明再到透明的白色渐变，并与舞台中心对齐，如图 7-4-70 所示。

(61) 新建一个名为“星星”的图形，进入编辑界面。

(62) 从库中将“星星部分”元件拖入到舞台中心，在变形面板中将其旋转 45 度重制选区和变形，如图 7-4-71 所示。

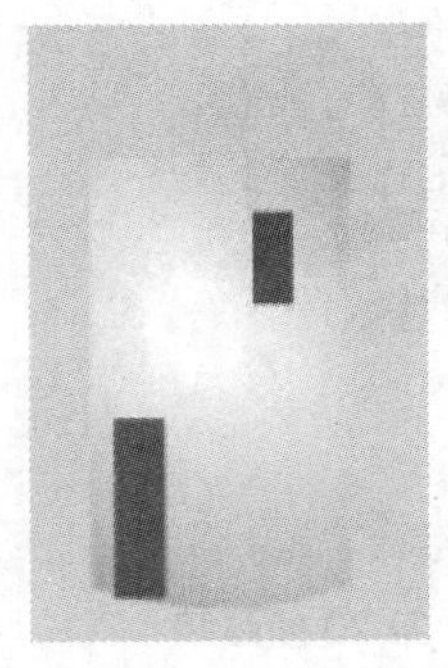

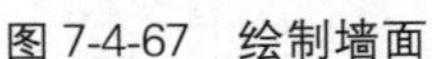
图 7-4-67　绘制墙面

图 7-4-68　绘制屋顶

图 7-4-69　绘制另一个房子

图 7-4-70　星星部分

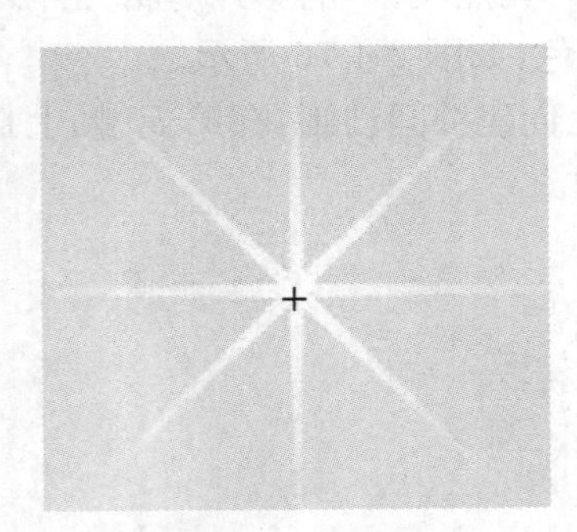
图 7-4-71　绘制星星

(63) 新建一个名为“星星发光”的影片剪辑元件，从库中将“星星”元件拖到舞台中央，调整其大小，创建传统补间。

(64) 在第 20 帧上插入关键帧，将其缩小至一半大小。在第 40 帧上插入关键帧，将其恢复到原来大小。

(65) 新建一个名为“月亮”的影片剪辑元件，进入编辑状态。

(66) 使用椭圆工具和选择工具绘制一个黄色实心的月亮形状，在第 12 帧上插入帧，如图 7-4-72 所示。

(67) 新建图层 2，使用笔刷工具和油漆桶工具及椭圆工具绘制一顶帽子，如图 7-4-73 所示。

图 7-4-72　绘制月亮

图 7-4-73　绘制帽子

(68) 新建图层 3 和图层 4，使用笔刷工具绘制嘴巴和闭着的眼睛，如图 7-4-74 所示。

(69) 在图层 4 的第 6 帧上插入空白关键帧，画一只睁开的眼睛，如图 7-4-75 所示。在第 12 帧上插入空白关键帧，将第 1 帧复制粘贴到该帧上。

图 7-4-74　第 1 帧眼睛

图 7-4-75　第 20 帧眼睛

(70) 新建一个"亮点飞舞"的影片剪辑元件。使用椭圆工具绘制一个径向渐变的正圆，填充为从黄色到透明色，如图 7-4-76 所示。

(71) 在该帧上创建补间动画，在第 50 帧上插入关键帧，将其位置移动到左上方，运动曲线如图 7-4-77 所示。

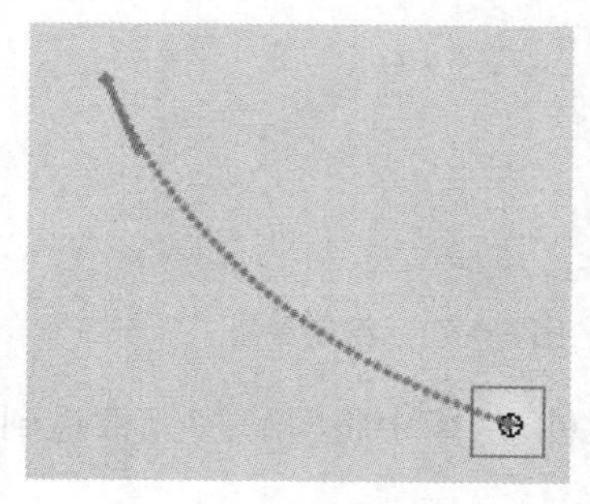

图 7-4-76　第 1 帧位置

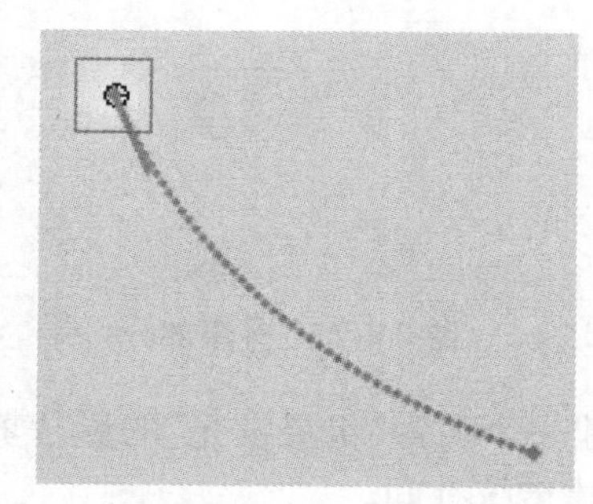

图 7-4-77　第 50 帧位置

(72) 在第 75 帧上插入关键帧，将其透明度改成 0。

(73) 我们将以上元件进行汇总。新建一个名为"scene1"的影片剪辑元件，进入编辑状态。

(74) 使用矩形工具绘制一个宽为 800、高为 1 000 的矩形，填充为从白色到深蓝色渐变，如图 7-4-78 所示。

(75) 新建多个图层，将"树"、"房子"、"草地"和"亮点飞舞"等元件拖到舞台上，排列在适合的位置上，如图 7-4-79 所示。

(76) 新建图层，将"草"元件拖到舞台上，并复制多个，修改部分颜色，如图 7-4-80 所示。

图 7-4-78　添加天空

图 7-4-79　添加草地、房屋、树和亮点

图 7-4-80　添加草

(77) 新建图层，将“月亮”和“萤火虫”元件拖到舞台上，如图 7-4-81 所示。

(78) 回到“场景 2”，将素材“7.4.4b.mp3”导入到库中，在图层 1 的第 500 帧上插入帧。选中第 1 帧，在“属性”面板中将声音设为“7.4.4b.mp3”，数据流重复 1 次，如图 7-4-82 所示。

图 7-4-81　添加月亮和萤火虫

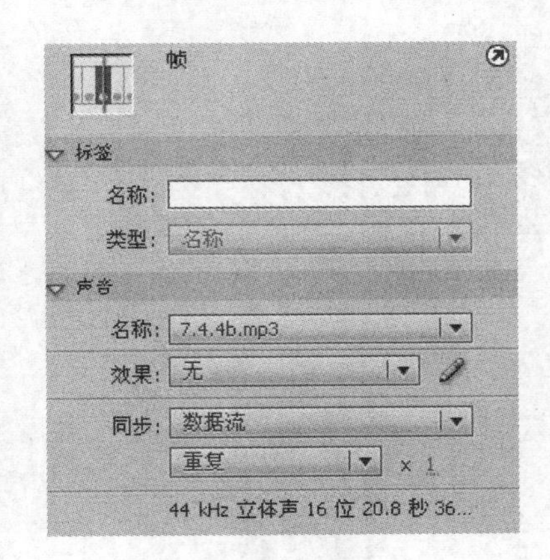

图 7-4-82　添加音乐

(79) 新建图层 2，从库中将“scene1”拖到舞台上，放大 150%，位置为 X—196、Y—750，将该层显示为轮廓，如图 7-4-83 所示。

(80) 在该帧上添加传统补间，在第 70 帧上插入关键帧，将对象缩小为 100%，如图 7-4-84 所示。

图 7-4-83　第 1 帧

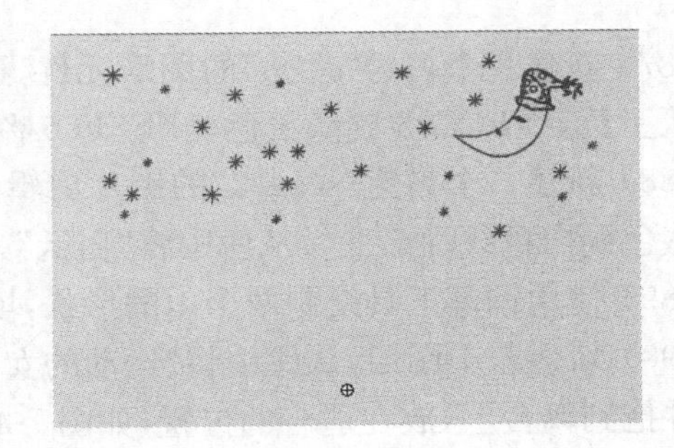

图 7-4-84　第 75 帧

(81) 在第 150 帧插入关键帧，将对象向下拖动，如图 7-4-85 所示。

(82) 在第 350 帧插入关键帧，创建补间动画，在第 390 帧插入关键帧，将对象的透明度变为 0。

(83) 下面我们来绘制第二幕的对象。新建一个名为“第二幕”的文件夹，在该文件夹中新建一个名为“白云”的图形元件。

(84) 使用钢笔工具和部分选择工具绘制一个云彩形状，笔触为 5 的白色，填充为浅蓝—白—浅蓝的线性渐变，如图 7-4-86 所示。

(85) 新建一个名为“女孩”图形元件，将素材“7.4.4a.png”导入到舞台上。新建图层，将元件“白云”拖到女孩的下方，如图 7-4-87 所示。

(86) 新建一个名为“运动女孩”的影片剪辑元件，将元件拖到舞台上，并在“属性”面板中创建发光效果。在该帧上创建补间动画，在第 35 帧上创建关键帧，将对象往右下方稍稍偏移。在第 40 帧和第 75 帧上插入关键帧，将第 1 帧复制粘贴到第 75 帧上，在第 80 帧上延续帧。

图 7-4-85　第 150 帧

图 7-4-86　白云元件

图 7-4-87　女孩元件

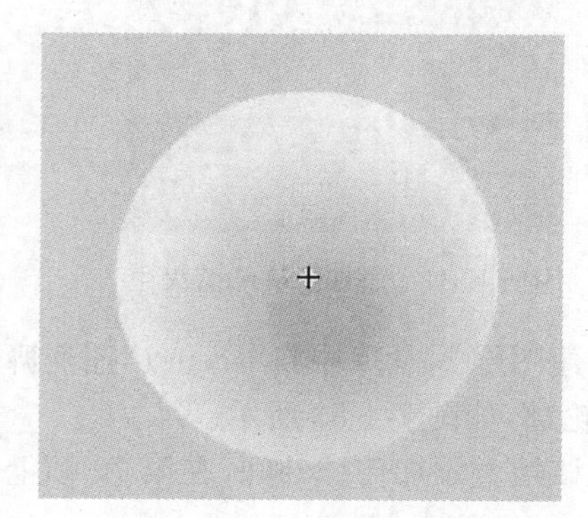

图 7-4-88　月亮元件

(87) 新建一个名为"月亮"的图形元件，进入编辑状态。使用椭圆工具绘制一个正圆，填充为从土黄＃FFCC33 到淡黄色＃FFFF66 径向渐变，如图 7-4-88 所示。

(88) 新建一个名为"scene2"的影片剪辑元件，绘制一个宽为 800、高为 550 的矩形，填充为从蓝色到白色线性渐变。从库中将"白云"元件复制两次，拖到舞台上，改变其大小。

(89) 使用钢笔工具绘制两个山的形状，填充为从白色到绿色渐变，如图 7-4-89 所示。

(90) 新建若干图层，从库中将"运动的女孩"、"白云"、"运动的星星"、"亮点飞舞"和"树"等元件拖到舞台上，放在适合的位置，如图 7-4-90 所示。

图 7-4-89　添加山和白云

图 7-4-90　添加其他元件

(91) 回到"场景 2"，新建图层 3，在第 350 帧上插入关键帧。将"scene2"元件拖到舞台上并居中对齐，将其透明度设置为 0%，并创建补间动画。

(92) 在第 390 帧上插入关键帧，将其透明度改为 100%。

(93) 新建图层 4，在第 30 帧、第 140 帧、第 260 帧和第 370 帧上插入关键帧，依次将四句歌词写在舞台的正下方，字体为楷体，填充为深红色。

(94) 在第 500 帧上插入关键帧，添加动作“stop();”。

(95) 新建图层 5，在第 500 帧插入关键帧，从库中将“replay”元件拖到舞台右下角，添加动作“on(release) {gotoAndPlay(“场景 2”, 1);}”。

(96) 测试动画，并以文件名“虫儿飞 MTV. fla”保存。

第 8 章　声音和视频动画

8.1　添加声音

8.1.1　知识点和技能

Flash 支持的声音格式有 MP3、WAV、AIFF 和 WMA 等。它有三种取样频率：10 kHz、22 kHz 和 44 kHz，传输速率有 8 bit 和 16 bit。

声音的同步方式有四种，分别是事件、开始、停止和流式。事件：等声音完全下载完才可以播放动画。开始：如果已经播放某个声音，则不播放此后的声音文件，如果没有，则开始播放。停止：可使正在播放的声音文件停止。流式：声音与动画的播放保持同步。本章节中，我们将学习 Flash 中有关声音的一些知识点。

8.1.2　范例——打击乐

设计结果

在 Flash 动画中，我们可以为对象添加音效，当鼠标指向哪个乐器，就会发出相应的打击声，我们通过按钮来实现这个效果，如图 8-1-1 所示。

图 8-1-1　效果图

设计思路

（1）分别创建三个按钮元件，将音效放在按钮里。

（2）将带有触发区域的按钮拖到主场景中。

范例解题引导

Step1 我们首先要创建带有触发区域的按钮。

(1) 创建一个 Action Script 2.0 的 Flash 文档，设置舞台大小为 550×400 像素，背景色为白色。

(2) 将素材“8.1.2a.png”文件导入到舞台，并使之与舞台中心对齐。

(3) 新建一个名为“鼓 1”、类型为“按钮”的元件，进入编辑状态。

(4) 在“点击”状态下插入关键帧，将素材“8.1.2a.png”文件从库中导入到舞台。

(5) 新建图层 2，在“点击”状态下插入关键帧，使用钢笔工具绘制一个鼓形状的触发区域，如图 8-1-2 所示。

(6) 将素材“8.1.2b.mp3”、“8.1.2c.mp3”和“8.1.2d.mp3”导入到库中。

(7) 新建图层 3，在“指针经过”状态下插入关键帧，在“属性”面板中将声音设置为“8.1.2b.mp3”，同步为“事件”，“重复”1 次，如图 8-1-3 所示。

图 8-1-2　鼓的触发区域

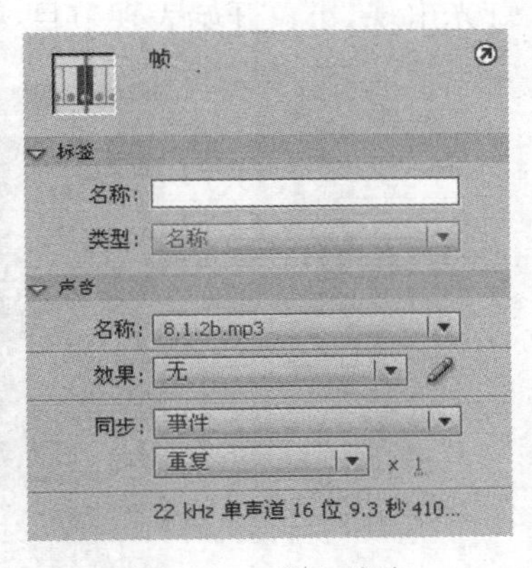

图 8-1-3　添加声音

(8) 把图层 1 删除，只留下点击状态下的触发区域。

(9) 新建名为“锣 1”和“锣 2”的按钮元件，仿效第 1 个元件，创建两个锣的点击状态下的触发区域，声音分别为“8.1.2c.mp3”文件和“8.1.2d.mp3”。

Step2 接着，将三个触发区域放在对象上面。

(1) 回到主场景，在第 60 帧插入帧。

(2) 新建图层 2，从库中将元件“鼓 1”、“锣 1”和“锣 2”放到各自的对象上面，如图 8-1-4 所示。

(3) 测试动画，并以文件名“打击乐.fla”保存。

图 8-1-4　放置触发区域

8.1.3　小试身手——马戏团

设计结果

这个例子中,我们将学习如何用按钮控制声音并触发元件。当按下"播放"按钮时,音乐响起,灯光出现,小象开始表现节目,如图 8-1-5 所示。

图 8-1-5　效果图

设计思路

(1) 在库中创建各个图形和影片剪辑元件。

(2) 创建播放和停止按钮。

(3) 在主场景中用按钮控制影片剪辑和声音。

操作提示

(1) 创建一个新的 Flash 文档,设置舞台大小为 657×700 像素,背景为绿色。

(2) 新建一个名为“灯光”的图形元件，进入编辑状态。

(3) 使用矩形工具和选择工具绘制灯的形状，填充为黑白线性渐变，如图 8-1-6 所示。

(4) 新建图层，再次使用矩形工具绘制一个从白色到透明线性渐变的光束，如图 8-1-7 所示。

(5) 新建一个名为“灯光摇摆”的影片剪辑文件，将“灯光”元件拖至舞台中心，将中心点移至灯的部分，在第 1 帧到第 140 帧期间使得灯做左右摇摆运动几次。

(6) 新建一个名为“灯光总”的影片剪辑元件，将“灯光摇摆”拖到舞台上两次，分别旋转两个灯光，使得其呈左右对称结构，如图 8-1-8 所示。

图 8-1-6 灯的形状

图 8-1-7 光束的形状

图 8-1-8 灯光总

(7) 将素材“8. 1. 3a. mp3”、“8. 1. 3b. jpg”、“8. 1. 3c. png”和“8. 1. 3d. png”导入到库。

(8) 新建两个分别取名为“小象”和“小球”的图形元件，将“8. 1. 3c. png”文件和“8. 1. 3d. png”文件分别放到这两个元件中。

(9) 新建一个名为“小象滚球”的影片剪辑元件。从库中将“小球”元件拖到舞台上，在第 1 帧上创建补间动画，使得小球顺时针滚动 1 次，在第 40 帧上插入关键帧。

(10) 新建图层，从库中将“小象”元件放在小球上面，如图 8-1-9 所示。

(11) 新建一个名为“播放按钮”的按钮元件，进入编辑状态。

(12) 在弹起状态下，使用矩形工具绘制一个深红色的圆角矩形，如图 8-1-10 所示。

(13) 新建图层 2 和图层 3，使用矩形工具和选择工具绘制按钮的水晶表面，渐变为从白到透明线性渐变。使用文字工具输入“播放”两字，并发光，如图 8-1-11 所示。

图 8-1-9 小象滚球

图 8-1-10 按钮形状

图 8-1-11 水晶按钮

(14) 在“指针经过”状态下添加关键帧，将图层 1 和图层 2 上的图形向右稍偏。在“按下”状态下添加关键帧，在文字上添加阴影，其余不变。

（15）将“播放按钮”重制为“停止按钮”，将各个状态下的文字“播放”改为“停止”，其余不变。

（16）新建一个名为“音乐”的影片剪辑元件，进入编辑状态。

（17）在第1帧的属性上添加声音“8.1.3a.mp3”，同步为“数据流”，重复为1次。在第200帧上插入空白关键帧。

（18）在第1帧上添加动作“stop();”，在第200帧上添加动作“gotoAndPlay(2);”，使得音乐在最后帧时转到第2帧重复播放。

（19）回到主场景。从库中将文件“8.1.3b.jpg”拖到舞台上并居中对齐，在第90帧上延续帧。

（20）新建图层2，从库中将“小象滚球”元件拖到舞台上，在第1帧到第90帧之间添加几次关键帧，并创建补间动画，使得小象滚球来回水平移动几次。

（21）新建图层3，从库中将“灯光总”拖到舞台上，在属性面板中取名为“dg”，Alpha值为0，如图8-1-12所示。

（22）新建图层4，从库中将“音乐”元件拖到舞台上，在“属性”面板中取名为“yy”。

（23）新建图层5，从库中将“播放按钮”和“停止按钮”拖到舞台相应位置上。选中“播放按钮”，单击右键，在动作面板中添加动作：

```
“on (release) {
    dg._alpha=100;
    yy.play();
}”。
```

（24）同样右键单击“停止按钮”，在动作面板上添加如下动作：

```
“on (release) {
    dg._alpha=0;
    yy.stop();
}”
```

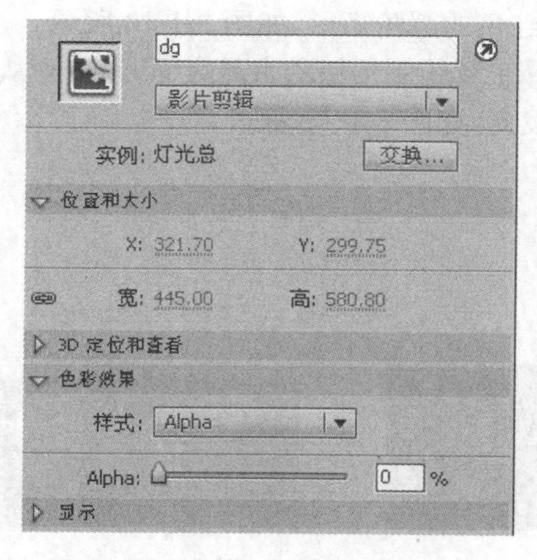

图8-1-12　灯光的属性

小贴士

添加此代码的目的为：单击播放按钮时，灯光的透明度为100%，音乐播放；单击停止按钮时，灯光的透明度为0%，音乐停止。

（25）测试动画，单击播放按钮时，音乐响起，灯光照亮全场，如图8-1-13所示。单击停止按钮时，音乐和灯光一起消失，如图8-1-14所示。命名为“马戏团.fla”并保存。

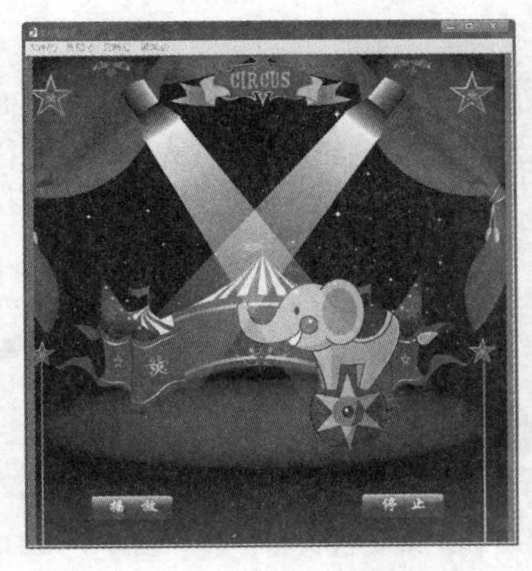

图 8-1-13　单击播放按钮

图 8-1-14　单击停止按钮

8.1.4　初露锋芒——调节音量

设计结果

在 Flash 的声音动画中，我们非但可以播放或者停止声音，还可以通过调节音量来控制声音。在本例中，随着画面上音箱的震动和五线谱的缓缓流动，我们播放一首激昂的歌曲，并通过音量键加增大或者减小音量，如图 8-1-15 所示。

图 8-1-15　效果图

设计思路

(1) 分别绘制五线谱和音符等元件。

(2) 绘制四个按钮元件。

(3) 在按钮上添加代码控制声音。

操作提示

(1) 创建一个新的 Flash 文档，设置舞台大小为 700×500 像素，背景为白色。

(2) 新建一个名为“音符 1”的图形元件，进入编辑状态。使用椭圆工具和直线工具绘制一个音符图形,如图 8-1-16 所示。

(3) 新建一个名为“音符 2”的图形元件,绘制另一个音符图形,如图 8-1-17 所示。

(4) 新建一个名为“跳跃的音符”的影片剪辑元件,进入编辑状态。从库中将“音符 2”元件拖到舞台上,并创建传统补间动画。

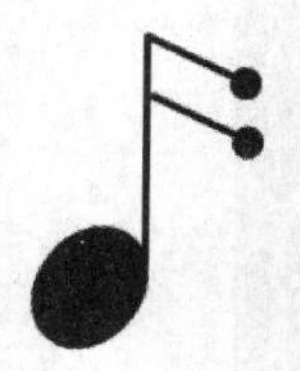

图 8-1-16　音符 1

图 8-1-17　音符 2

图 8-1-18　第 3 帧状态

图 8-1-19　第 5 帧状态

(5) 在第 3 帧上插入关键帧,将音符顺时针旋转 10 度,如图 8-1-18 所示。

(6) 在第 5 帧上插入关键帧,将音符顺时针旋转 20 度,如图 8-1-19 所示。

(7) 在第 7 帧上插入关键帧,音符位置同第 1 帧。

(8) 新建一个名为“五线谱”的影片剪辑元件,进入编辑状态。

(9) 使用钢笔工具绘制一条弯曲的曲线,再复制四次,形成一个五线谱图形,如图 8-1-20 所示。在所有层的第 120 帧处插入帧。

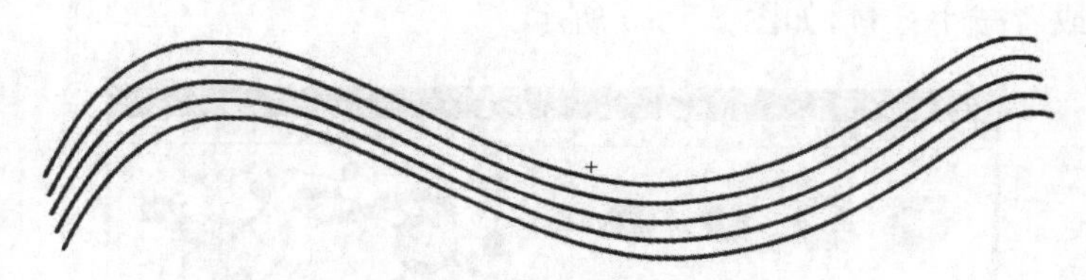

图 8-1-20　五线谱图形

(10) 新建图层,在第 20 帧上插入关键帧,将“跳跃的音符”元件放到五线谱的右侧,从第 20 帧到第 120 帧之间创建补间动画,插入几个关键帧,形成音符缓缓流过五线谱的动画。

(11) 新建图层,在第 30 帧上插入关键帧,将“音符 1”元件放到“跳跃的音符”的后面,同样为音符 1 制作沿着五线谱运动的动画。第 30 帧和第 100 帧的状态如图 8-1-21 和 8-1-22 所示。

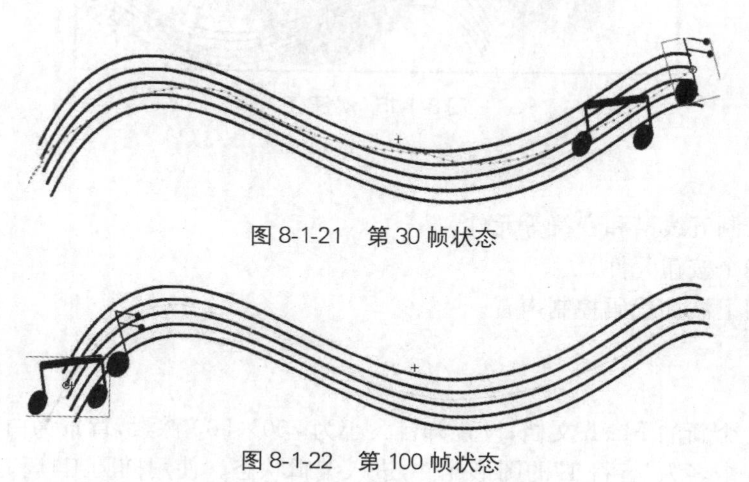

图 8-1-21　第 30 帧状态

图 8-1-22　第 100 帧状态

(12) 将素材“8.1.4a.png”文件、“8.1.4b.png”文件和“8.1.4c.mp3”文件导入到库。

(13) 新建一个名为“音箱”的图形元件，将“8.1.4b.png”文件放入该元件。

(14) 新建一个名为“音箱倒影”的图形元件，将元件“音箱”拖到舞台中央，垂直翻转该图形，透明度改为50%。

(15) 新建图层，使用矩形工具绘制一个从透明到白色的矩形置于音箱上，形成音箱的倒影的效果，如图8-1-23所示。

(16) 新建一个名为“音箱动画”的影片剪辑元件，进入编辑状态。

(17) 新建图层1和图层2，从库中将元件“音箱”和“音箱倒影”分别拖到这两层上，上下对齐，如图8-1-24所示。

(18) 在第15帧和第16帧上插入关键帧，在第15帧上将音箱和背景朝相反的方向垂直稍稍移动，如图8-1-25所示。第16帧不变。

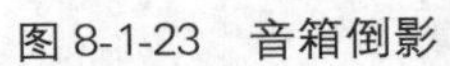

图8-1-23　音箱倒影

图8-1-24　第1帧位置

图8-1-25　第15帧位置

(19) 将第15帧和第16帧重制5次，形成音箱和倒影多次震动的效果。

(20) 新建一个名为“播放”的按钮元件，进入编辑状态

(21) 在“弹起”状态下，使用椭圆工具绘制一个正圆，填充为从红到深红的径向渐变。

(22) 新建图层2，使用椭圆工具绘制一个椭圆，大小为正圆的一半左右，填充为从白色到透明的线性渐变，作为水晶表面，如图8-1-26所示。

(23) 新建图层3，使用多角星形工具绘制一个白色三角形，如图8-1-27所示。

(24) 在“指针经过”状态下，在图层1上插入关键帧，将正圆的颜色改为从橘黄到土黄的径向渐变，其余图层不变。

(25) 在“按下”状态下，在图层1和图层2上插入关键帧，将正圆和椭圆缩小到80%，其余不变。

(26) 在库中选中“播放”按钮，直接复制，改名为“停止”，进入编辑状态。

(27) 将“图层3”的三角形改为正方形，其余图层和状态保持不变，如图8-1-28所示。

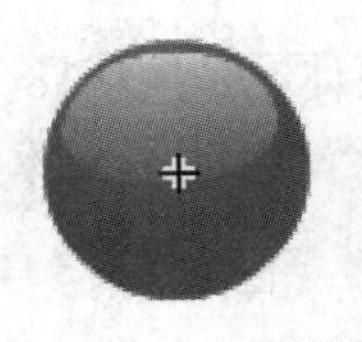

图8-1-26　水晶按钮

图8-1-27　播放键

图8-1-28　停止键

(28) 将“播放”键在库中重制为“降低音量”，在图层3上将三角形改成水平矩形长条，其

余不变，如图 8-1-29 所示。

(29) 将“降低音量”键重制为“增大音量”，新增图层，添加垂直矩形长条，其余不变，如图 8-1-30 所示。

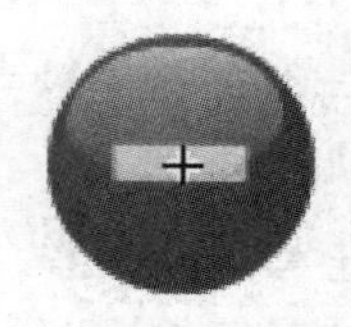

图 8-1-29　降低音量键

图 8-1-30　增大音量键

(30) 从库中将文件“8. 1. 4a. png”拖到舞台上并居中对齐，在第 120 帧处插入帧。

(31) 新建图层 2，从库中将元件“音箱动画”拖到舞台的左方。

(32) 新建图层 3，从库中将元件“五线谱”拖到舞台的右下角。

(33) 新建图层 4，从库中将按钮元件“播放”、“停止”、“增大音量”和“降低音量”拖到舞台上方，如图 8-1-31 所示。

(34) 在库中选中“8. 1. 4c. mp3”文件，在 AS 链接中添加名字为“mp3”，如图 8-1-32 所示。

图 8-1-31　添加五线谱、音箱和按钮

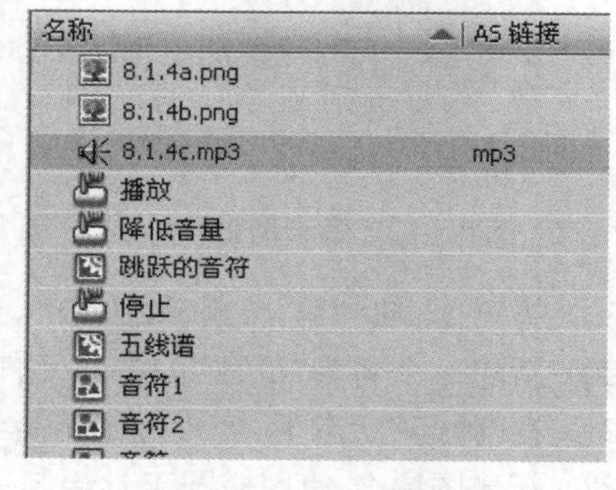

图 8-1-32　设置 AS 链接

(35) 选中“播放”按钮，右键单击添加动作：

```
“on (release) {
    mp3. start();
}”。
```

小贴士

此代码的作用为：单击播放按钮时，音乐开始；单击停止按钮时，音量停止。

(36) 选中“停止”按钮，右键单击添加动作：

```
“on (release) {
    mp3. stop();
}”。
```

(37) 新建图层 5，使用文字工具输入文本“音量”，字体为黑体，大小为 18。再新建一个文本框，输入文本“50”，属性同上，如图 8-1-33 所示。在属性中设置为动态文本，并添加一个变量，取名为“text”，如图 8-1-34 所示。

(38) 选中“增大音量”按钮，右键单击添加动作：

```
“on(release){text=int(text)+10;
  if(text>100){
```

图 8-1-33　添加两个文本

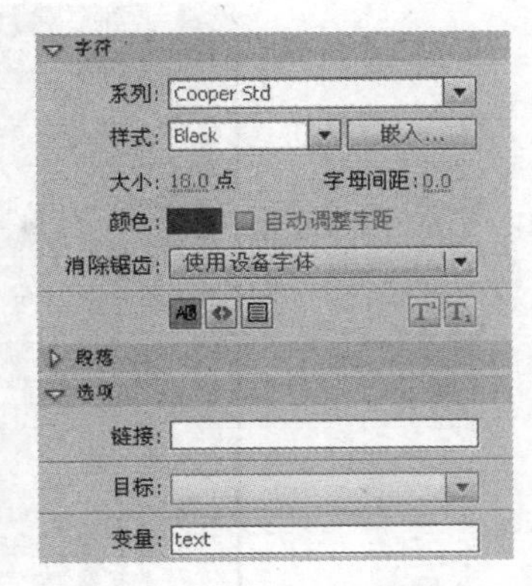

图 8-1-34　为文本“50”设置变量

```
        text=100;
    }
    mp3.setVolume(text);
}”
```

小贴士

增大音量按钮的代码解释为：鼠标每次单击，数值都增加十，超过一百的话则不计数。并且以此值的大小设置音量的强弱。降低音量反之亦然。

(39) 选中“降低音量”按钮，右键单击添加动作：

```
“on(release){
    text=int(text)-10;
    if(text<0){
        text=0;
    }
    mp3.setVolume(text);
}”
```

(40) 在第 1 帧上添加如下动作：

```
“mp3=new Sound();
mp3.attachSound("mp3");
mp3.setVolume(50);
var text=50;”
```

小贴士

此代码的解释为：为场景添加一个声音，此声音链接到 mp3 文件。声音的初始音量设定为 50，变量 text 的值也是 50。

(41) 测试动画，并以文件名“调节音量.fla”保存。

8.2　添加视频

8.2.1　知识点和技能

在 Flash 中可以导入的视频格式有 mov、avi、mpg、wmv、flv 等。执行“文件/导入/导入到库”命令，导入时会打开一个向导，分别为选择视频来源、设定播放器外观、完成视频导入，如图 8-2-1、8-2-2 和 8-2-3 所示。

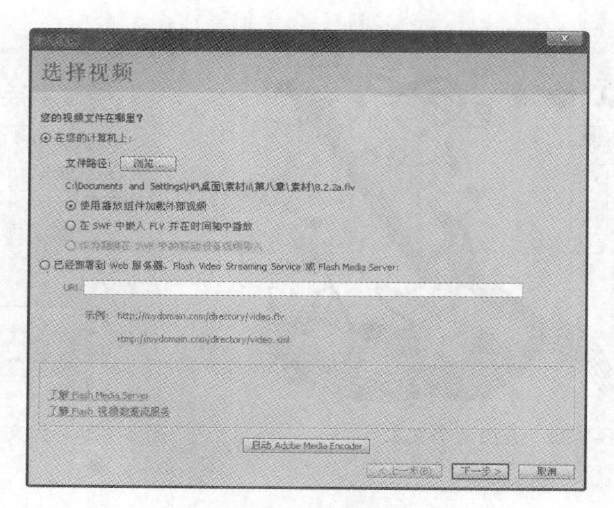

图 8-2-1　选择视频

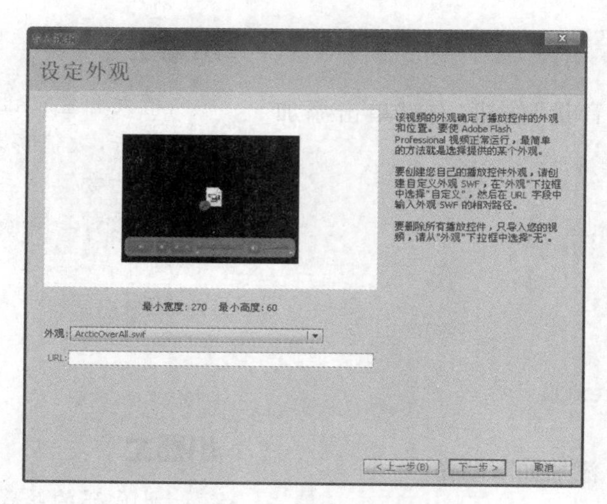

图 8-2-2　设定外观

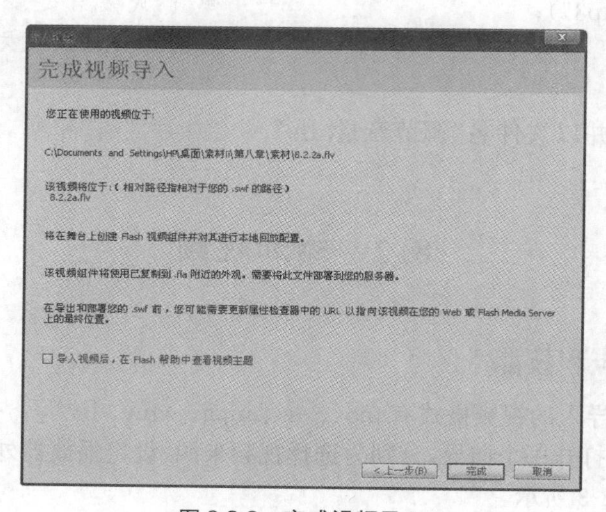

图 8-2-3　完成视频导入

8.2.2 范例——电视机

设计结果

制作一个电视机效果，利用播放键、停止键、暂停键、快退键和快进键可以控制该视频的播放，如图 8-2-4 所示。

图 8-2-4 效果图

设计思路

（1）分别创建多个带立体效果的按钮。

（2）将按钮拖到主场景，添加不同功能的动作。

范例解题引导

Step1 我们首先要创建带有触发区域的按钮。

（1）创建一个 Action Script 2.0 的 Flash 文档，设置舞台大小为 550×400 像素，背景色为白色。

（2）将素材“8.2.2b.png”文件导入到舞台，并使之与舞台中心对齐。

（3）新建一个名为“圆形”的图形元件，进入编辑状态。

（4）使用椭圆工具画一个正圆，填充为粉色＃FF99FF，笔触为无。

（5）再使用椭圆工具画一个略小的同心圆，填充为从白色到玫红＃CC0066 的线性渐变，如图 8-2-5 所示。

（6）新建一个名为“播放”的按钮元件，进入编辑状态。

（7）在“弹起”状态下，将“圆形”元件拖到舞台中央。新建“图层 2”，使用多角星形工具绘制一个白色的三角形，如图 8-2-6 所示。

图 8-2-5 圆形

图 8-2-6 播放键

（8）在“指针经过”状态下，将所有对象的透明度降低为 50%。

（9）在“按下”状态下，将所有对象的透明度调整为 100%，大小皆缩小为 75%。

（10）依次创建“停止”、“快退”和“快进”的按钮元件，在“弹起”状态中的形状分别如图 8-2-7、8-2-8 和 8-2-9 所示。

（11）其余状态下的变化和“播放键”相同。

（12）创建一个名为“视频”的影片剪辑元件，将视频文件“8.2.2a.flv”导入，部署方式：在 swf 中嵌入 FLV 并在时间轴上播放，如图 8-2-10、8-2-11 所示。

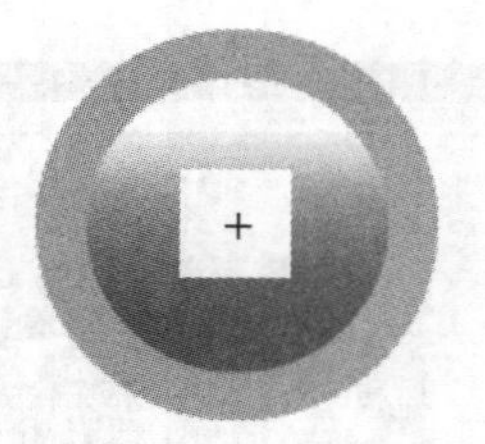

图 8-2-7　停止键

图 8-2-8　快退键

图 8-2-9　快进键

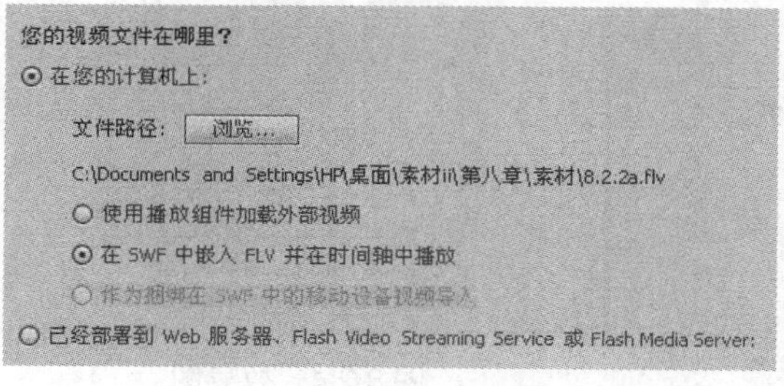

图 8-2-10　部署方式

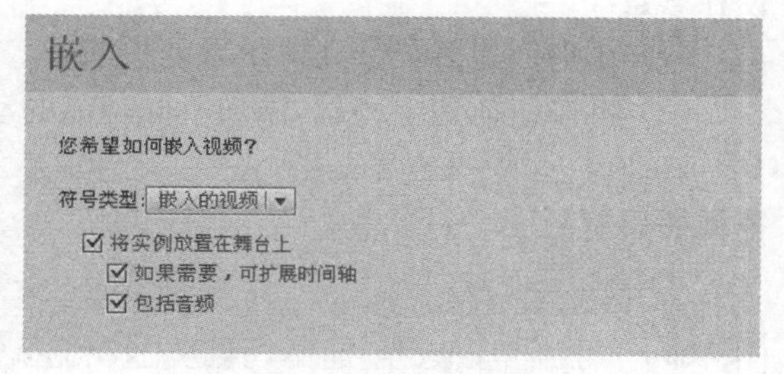

图 8-2-11　嵌入方式

(13) 选中舞台上的视频，在属性中将视频取名为“dongwu”，如图 8-2-12 所示。

(14) 在第 330 帧上插入帧，同时在第 1 帧上添加动作“stop();”使视频不能自动播放。

(15) 回到场景 1，新建图层 2，将该图层移动到最下层。从库中将元件“视频”拖到舞台的电视机里。

(16) 新建图层 3，从库中将五个按钮依次放在电视机上，如图 8-2-13 所示。

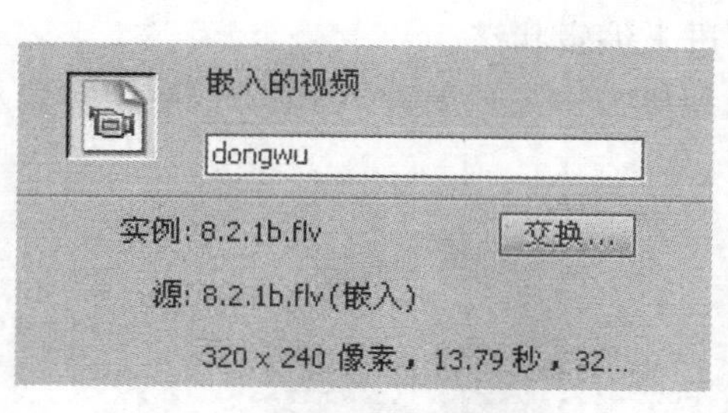

图 8-2-12　修改视频属性

图 8-2-13　放置按钮

Step2　我们接下来要进行的工作是为按钮添加动作。

(1) 选中“播放”按钮，右键单击添加动作：“

```
on(release) {
if ( this. movie. dongwu. _ parent. _ currentframe = = this. movie. dongwu. _ parent. _
totalframes)
{this. movie. dongwu. _parent. gotoAndPlay(1);}
else {this. movie. dongwu. _parent. play();}
}”
```

小贴士

“播放”代码的解释为：点击按钮，如果元件的当前帧等于它的总帧数，意味着影片播放完了，那么影片从第1帧开始播放。

“停止”代码的解释为：点击按钮，影片停止在第1帧处。

“暂停”代码的解释为：点击按钮，影片停止。

“快退”代码的解释为：点击按钮，影片从第50帧开始播放。

“快进”代码的解释为：点击按钮，影片从第250帧开始播放。

(2) 选中“停止”按钮，右键单击添加动作：“

```
on (release) {
this. movie. dongwu. _parent. gotoAndStop(1);
}”
```

(3) 选中“暂停”按钮，右键单击添加动作：“

```
on (release) {
this. movie. dongwu. _parent. stop();
}”
```

(4) 选中“快退”按钮，右键单击添加动作：“

```
on (release) {
this. movie. gotoAndPlay("50");
}”
```

(5) 选中“快进”按钮，右键单击添加动作：“

```
on (release) {
this. movie. gotoAndPlay("250");
}”
```

(6) 测试动画，并以文件名“电视机. fla”保存。

8.2.3 小试身手——广告回看

设计结果

使用六个按钮控制广告的播放，其中除了播放、停止、快退和快进之外，还新建了片首和片尾两个按钮，使得广告可以直接前进到初始画面或最后画面，如图8-2-14所示。

图8-2-14 效果图

设计思路

(1) 分别在库中制作各个按钮和视频外观效果。

(2) 为按钮添加行为控制视频播放。

操作提示

(1) 创建一个新的 Flash 文档，设置舞台大小为 685×360 像素，背景为蓝色。

(2) 新建一个名为“圆”的影片剪辑元件，进入编辑状态。

(3) 使用椭圆工具绘制一个正圆图形，填充为紫色＃＃8B0EFC，大小为 50，与舞台中心对齐。

(4) 在第 3 帧、第 5 帧、第 7 帧、第 9 帧上插入关键帧，将第 1 帧重制在这 4 帧上。

(5) 将第 3 帧、第 7 帧上椭圆的颜色改成白色。

(6) 在第 20 帧上延续帧。

(7) 新建一个名为“韩流广告”的影片剪辑元件，进入编辑状态。

(8) 从库中将元件“圆”拖到舞台上，在第 50 帧上插入帧。

(9) 新建图层 2，在第 5 帧上插入关键帧，再拖动“圆”到之前圆的右侧，位置稍低。

(10) 新建图层 3，在第 10 帧上插入关键帧，再拖“圆”到右侧，位置高于之前两个。

(11) 新建图层 4，在第 15 帧上插入关键帧，再次拖动“圆”到右侧，位置稍低，如图 8-2-15 所示。

(12) 新建图层 5，在第 15 帧上插入关键帧，输入文字“韩流广告”，如图 8-2-16 所示。

图 8-2-15　四个圆

图 8-2-16　输入文字

(13) 将素材“8. 2. 3a. flv”、“8. 2. 3b. png”和“8. 2. 3c. png”导入到库，其中视频文件的导入方式同上题。

(14) 新建两个图形元件“舞台”和“屏幕”，从库中分别将“8. 2. 3b. png”文件和“8. 2. 3c. png”文件拖到这两个元件的舞台上。

(15) 新建一个名为“广告”的影片剪辑元件，将“8. 2. 3a. flv”文件拖到舞台上，将大小改为 344×207 像素，在第 450 帧上延续帧，在第 1 帧上添加动作“stop();”。

(16) 新建一个名为“遮罩”的图形元件，进入编辑状态。

(17) 从库中将“屏幕”元件拖到舞台上，并锁定该层。

(18) 新建图层 2，使用钢笔工具绘制一个和屏幕内圈一样的遮罩，如图 8-2-17 所示。

(19) 删除图层 1，只剩下遮罩。

(20) 新建一个名为“播放”的按钮元件，进入编辑状态。

(21) 在“弹起”状态下使用椭圆工具位置一个无填充、笔触为 1、颜色为紫色＃9F04BB 的空心正圆。

(22) 新建图层 2，使用椭圆工具绘制一个较小的正圆，填充为紫色，笔触为无。

(23) 新建图层 3，使用多角星形工具绘制一个白色的三角形，如图 8-2-18 所示。

(24) 在“指针经过”状态下，将图层 2 正圆的颜色改为从白色到紫色的线性渐变，并新建图层新建文字“播放”，如图 8-2-19 所示。

图 8-2-17　遮罩

图 8-2-18　播放按钮

图 8-2-19　指针经过状态

(25) “按下”的状态同“弹起”状态。

(26) 新建“停止”按钮、“快退”按钮、“快进”按钮、“片首”按钮和“片尾”按钮，如图 8-2-20～8-2-24所示，这几个按钮的变化过程同“播放”按钮。

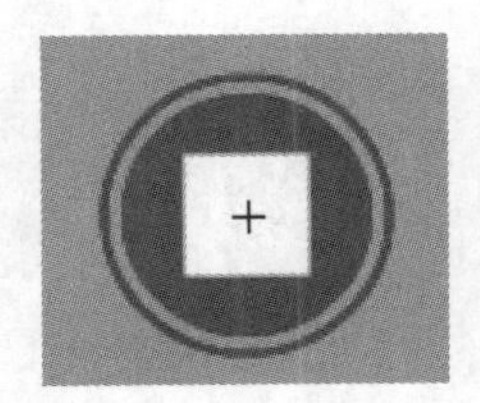

图 8-2-20　停止按钮

图 8-2-21　快退按钮

图 8-2-22　快进按钮

图 8-2-23　片首按钮

图 8-2-24　片尾按钮

(27) 回到主场景，从库中将元件“舞台”拖到舞台中央。

(28) 新建图层 2，从库中将元件“屏幕”拖到舞台上。

(29) 新建图层 3，将元件“广告”拖到舞台上，在属性中将实例名称改为“guanggao”。

(30) 新建图层 4 将元件“遮罩”拖到舞台上，并覆盖在广告上。将该层设置为“遮罩层”，如图 8-2-25 所示。

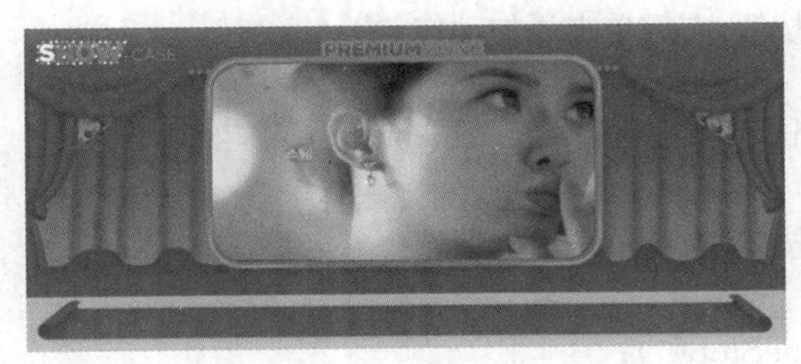

图 8-2-25　设置广告遮罩

(30) 新建图层 5，将六个按钮分别拖到舞台上。

(31) 新建图层 6，将元件“韩流广告”从库中拖到舞台左上方，如图 8-2-26 所示。

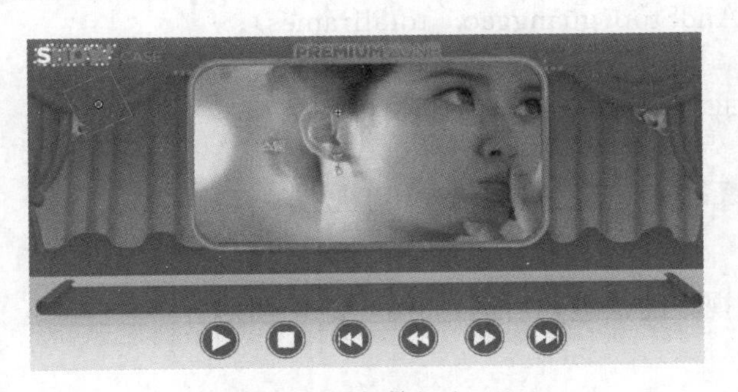

图 8-2-26　添加按钮和 LOGO

小贴士

"播放"代码的解释为:点击按钮,视频开始播放。
"停止"代码的解释为:点击按钮,视频停止播放。
"快退"代码的解释为:点击按钮,视频停止在当前帧的前20帧处。
"快进"代码的解释为:点击按钮,视频停止在当前帧的后20帧处。
"片首"代码的解释为:点击按钮,视频停止在第1帧处。
"片尾"代码的解释为:点击按钮,视频停止在最后1帧处。

(32) 选中"播放"按钮,右键单击添加动作:"

```
on (release) {
    guanggao.play();
}"
```

(33) 选中"停止"按钮,右键单击添加动作:"

```
on (release) {
    guanggao.stop();
}"
```

(34) 选中"快退"按钮,右键单击添加动作:"

```
on (release) {
    guanggao.gotoAndStop(guanggao._currentframe-20);
    }"
```

(35) 选中"快进"按钮,右键单击添加动作:"

```
on (release) {
    guanggao.gotoAndStop(guanggao._currentframe+20);
    }"
```

(36) 选中"片首"按钮,右键单击添加动作:"

```
on (release) {
    guanggao.gotoAndStop(1);
}"
```

(37) 选中"片尾"按钮,右键单击添加动作:"

```
on (release) {
    guanggao.gotoAndStop(guanggao._totalframes);
}"
```

(38) 测试动画,并以文件名"广告回看.fla"保存。

8.2.4 初露锋芒——使用滑块控制视频

设计结果

使用滑块来控制视频的快进和后退,如图 8-2-27 所示。

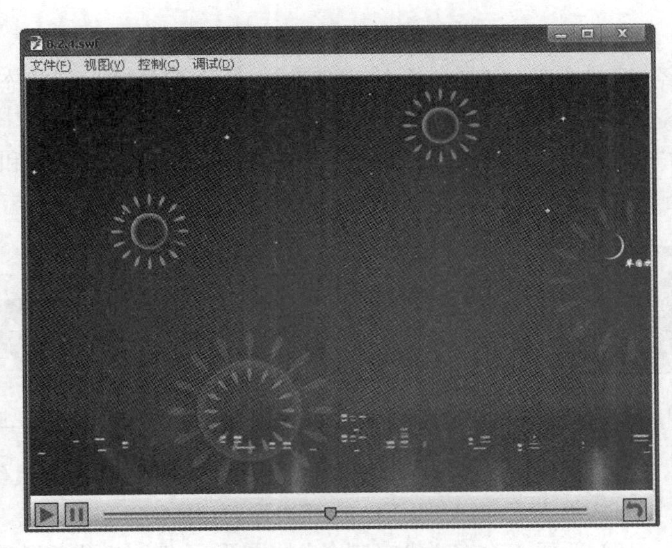

图 8-2-27 效果图

设计思路

(1) 设计开始触发画面。

(2) 制作时间条和滑块。

(3) 添加动作代码。

操作提示

(1) 创建一个新的 Flash 文档,设置舞台大小为 580×430 像素,背景为白色。

(2) 将素材“8. 2. 4a. jpg”、“8. 2. 4b. png”文件导入到库。新建一个名为“手指指向”的影片剪辑元件,进入编辑状态。

(3) 从库中将“8. 2. 4b. png”文件拖到舞台中央。在第 4 帧插入关键帧,将手指的位置向下稍加移动。

(4) 在第 8 帧上插入帧。

(5) 新建一个名为“按钮”的按钮元件,进入编辑状态。

(6) 在弹起状态下,使用椭圆工具绘制一个填充为白色到深红色 #990000 径向渐变的正圆。

(7) 新建图层 2,从库中将“手指指向”元件放到正圆的上方,如图 8-2-28 所示。

(8) 在“指针经过”状态下,将椭圆的颜色改成从白色到褐色 #CC6600 径向渐变。在图层 2 上插入空白关键帧。新建图层 3,输入文字“播放”,并添加阴影,如图 8-2-29 所示。

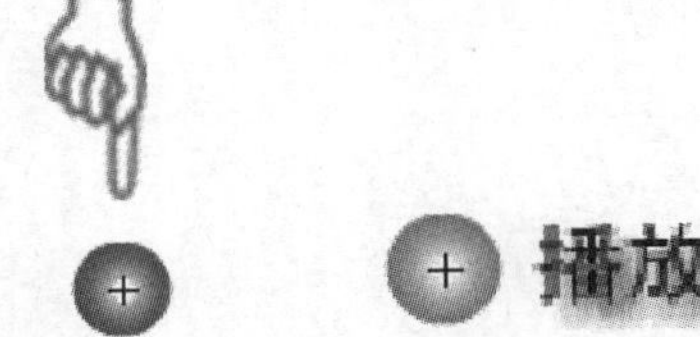

图 8-2-28 弹起　　图 8-2-29 指针经过

(9) 在“按下”状态下,将正圆的大小调整为 120%,其余不变。

(10) 新建一个名为“播放”的按钮元件,进入编辑状态。

(11) 使用矩形工具绘制一个描边为黑色、填充为浅蓝色 # #C7C7F5 的正方形。

(12) 新建图层 2 使用多角星形工具绘制一个蓝色 #0066CC 的三角形,如图 8-2-30

所示。

(13) 在“指针经过”状态下，将三角形的颜色改成白色。在“按下”状态下，将三角形的颜色改成红色，其余不变。

(14) 新建名为“暂停”和“返回”的按钮，按钮的初始状态如图 8-2-31 和图 8-2-32 所示，其余状态的变化和“播放”按钮一致。

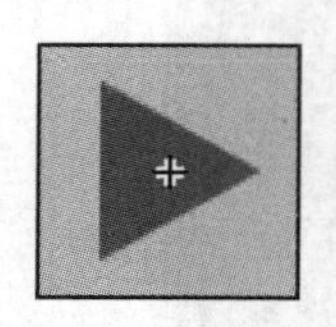

图 8-2-30 播放按钮

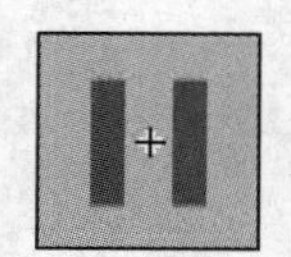

图 8-2-31 暂停按钮

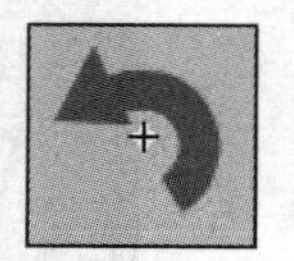

图 8-2-32 返回按钮

图 8-2-33 滑块

(15) 新建一个名为“滑块”的图形元件，使用钢笔工具绘制一个描边为黑色、填充为淡蓝色＃A8BFFD 的五边形，如图 8-2-33 所示。

(16) 新建一个名为“控制条”的图形元件，使用矩形工具绘制一个宽为 450、高为 6 的矩形，填充为黑—白—黑的线性渐变，如图 8-2-34 所示。

图 8-2-34 控制条

(17) 新建一个名为“背景条”的图形元件，使用矩形工具绘制一个宽为 580、高为 30 的矩形，填充为从浅蓝色＃C2C2F5 到白色的线性渐变，并将底面描黑色边，如图 8-2-35 所示。

图 8-2-35 背景条

(18) 新建一个名为“加载影片”的影片剪辑元件，该元件为空，目的是加载外部的影片。

(19) 在 Flash 文件的同级目录下，新建一个名为“swf”的文件夹，将素材“8. 2. 4c. swf”文件放在该文件夹内。

(20) 回到主场景，从库中将素材“8. 2. 4a. jpg”文件拖到舞台上并居中对齐。

(21) 从库中将元件“按钮”拖到舞台合适位置，并添加文字“请欣赏影片”，文字上添加发光效果，如图 8-2-36 所示。

图 8-2-36 第 1 帧

(22) 在第 5 帧上插入空白关键帧,从库中将元件“背景条”放在舞台的底部。将元件“播放”、“暂停”、“返回”“控制条”和“滑块”放在合适的位置,如图 8-2-37 所示。

图 8-2-37　第 5 帧

(23) 分别选中元件“播放”、“暂停”、“返回”“控制条”和“滑块”,在属性中分别为他们添加实例名称“play_bt”、“stop_bt”、“back_bt”、“biaoChi_jj”和“huaKuai_jj”。

(24) 从库中将元件“载入影片”拖到舞台的左上方,将实例名称改为“yingpian”。

(25) 下面我们来添加动作。选中第 1 帧,单击右键添加动作:

```
“stop();                                 /防止影片自动跳转到第 5 帧;
button. onRelease=function(){
    gotoAndStop(5);                      /按下按钮之后,影片才跳转到第 5 帧;
  loadMovie("swf/8. 2. 4c. swf", yingpian);  /将外部影片“8. 2. 4c. swf”载入到“载入影片”
                                         的影片剪辑元件中;
}”
```

(26) 选中第 5 帧,单击右键添加动作:

```
“stop();                        /防止影片自动跳转;
flag=true;                      /标志为真;
play_bt. onRelease=function(){
    yingpian. play();           /按下“play”按钮后,影片开始播放;
};
pause_bt. onRelease=function(){
    yingpian. stop();           /按下“暂停”按钮后,影片停止播放;
};
huaKuai_jj. onPress=function(){ /拖动“滑块”时;
    flag=false;                 /标志为“假”;
    startDrag("huaKuai_jj", false, biaoChi_jj. _x, biaoChi_jj. _y-0,
            biaoChi_jj. _x+biaoChi_jj. _width-huaKuai_jj. _width, biaoChi_jj. _y-0);
};                                   /后四个是指鼠标可拖动的位置,分别为“左”,“上”,
                                     “右”,“下”;
huaKuai_jj. onRelease=function(){    /放开“滑块”时;
```

```
flag=true;                          /标志为“真”;
    stopDrag();                     /停止鼠标拖动;
    yingpian. gotoAndPlay(int(yingpian. _totalframes*
    (huaKuai_jj. _x-biaoChi_jj. _x)/(biaoChi_jj. _width-huaKuai_jj. _width)));
};                                  /影片跳转到刚才滑块的位置开始播放;
this. onEnterFrame = function() {   /循环执行;
    if(flag){                       /当为“真”时,滑块的位置为刚才鼠标拖动的位置;
        huaKuai_jj. _x = biaoChi_jj. _x+(biaoChi_jj. _width-huaKuai_jj. _width)
            * yingpian. _currentframe/yingpian. _totalframes;
    }else{                          /当为“假”时,影片跳转到滑块放开的位置;
        yingpian. gotoAndStop(int(yingpian. _totalframes*
(huaKuai_jj. _x-biaoChi_jj. _x)/(biaoChi_jj. _width-huaKuai_jj. _width)));
    }
};”
```

(27) 测试动画,并以文件名“使用滑块控制动画. fla”保存。

第 9 章　ActionScript 语言

9.1　ActionScript 语言概述

9.1.1　ActionScript 概述

动作脚本(Action Script)是 Flash 内置的编程语言,通过它可以实现各种精彩纷呈的动画特效。在简单动画中,Flash 按顺序播放动画中的场景和帧。而在交互动画中,用户可以使用键盘或鼠标与动画交互。例如,可以单击动画中的按钮,然后跳转到动画的不同部分继续播放;可以移动动画中的对象;可以在表单中输入信息;等等。ActionScript 的老版本(ActionScript 1.0 和 2.0)提供了创建效果丰富的 Web 应用程序所需的功能和灵活性。ActionScript3.0 是随着 Adobe Flash CS3 和 Flex 2.0 的推出而同步推出的脚本编程语言,为基于 Web 的应用程序提供了更多的可能性,进一步增强了这种语言,提供了出色的性能,简化了开发的过程,因此更适合高度复杂的 Web 应用程序和大数据集。ActionScript 3.0 可以为以 Flash Player 为目标的内容和应用程序提供高性能和开发效率,符合 ECMAScript Language Specification 第三版。它还包含基于 ECMAScript Edition 4 的功能,比如类、包和名称空间,可选的静态类型,生成器和迭代器,以及非结构化赋值(destructuring assignments)。

ActionScript3.0 核心语言与 ECMAScript 标准兼容,并和新改进的一些功能区域进行结合。它具有如下新特点:

(1) 运行时的异常处理机制;

(2) 运行时类型;

(3) 密封类;

(4) 闭包方法;

(5) E4X;

(6) 正则表达式;

(7) 命名空间;

(8) 新基元类型。

9.1.2　工作环境

如果要在 Flash CS5 中加入 ActionScript 代码,可以直接使用"动作"面板来输入。执行"窗口/动作"命令或直接按快捷键 F9,即可打开"动作"面板。打开后的"动作"面板可大致分为工具栏、动作工具箱、脚本导航器和脚本编辑窗口四部分,如图 9-1-1 所示:

(1) 动作工具箱:它是动作脚本语言元素的分类列表。单击条目前面的图标可以显示对应条目下的动作脚本语句元素。可以通过双击或者拖动的方式将其中的 ActionScript 元素添加到脚本窗格中。

(2) 脚本导航器:其有两个功能,一是通过单击其中的项目,可以将与该项目相关的代码

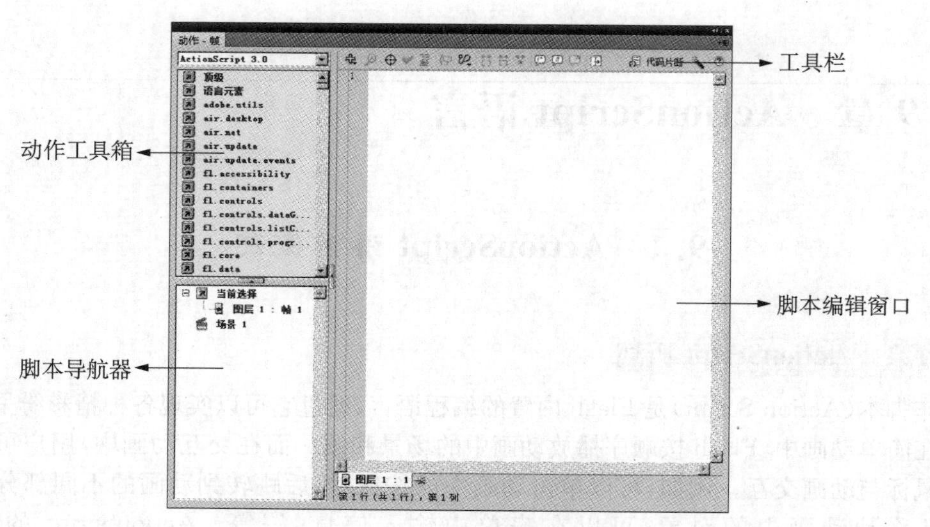

图 9-1-1　动作面板

显示在脚本窗口中。二是通过双击其中的项目，对该项目的代码进行固定操作。

(3) 工具栏：动作面板的功能菜单，帮助使用者输入代码。

工具栏中各个功能按钮的说明如下：

将新项目添加到脚本中按钮 ：该按钮主要用于显示语言元素，这些元素同时也会显示在动作工具箱中。可以利用它来选择要添加到脚本中的项目或者元素名称。

查找按钮 ：主要用于查找并替换脚本中的文本。

插入目标路径按钮 ：为脚本中的某个动作设置绝对或相对目标路径。

语法检查按钮 ：用于检查当前脚本中的语法错误。

自动套用格式按钮 ：用来调整脚本的格式以实现正确的编码语法和更好的可读性。

显示代码提示按钮 ：用于在关闭了自动代码提示时，可使用此按钮来显示光标所在代码行的代码提示。

调试选项按钮 ：用于设置和删除断点，以便在调试时可以逐行执行脚本。

折叠成对大括号按钮 ：用于对出现在当前包含插入点的成对大括号或小括号间的代码进行折叠。

折叠所选按钮 ：用于折叠当前所选的代码块。

展开全部按钮 ：用于展开当前脚本中所有折叠的代码。

应用块注释按钮 ：用于将注释标记添加到所选代码块的开头和结尾。

应用行注释按钮 ：用于在插入点处或所选多行代码中每一行的开头处添加单行注释标记。

删除注释按钮 ：用于从当前行或当前选择内容的所有行中删除注释标记。

显示/隐藏工具箱按钮 ：用于显示或隐藏“动作”工具箱。

代码片断按钮 代码片断 ：用于将 ActionScript 3.0 代码快捷的添加到 FLA 文件以启用常用功能，使用“代码片断”不需要 ActionScript 3.0 的知识。

脚本助手按钮 ：用于打开和关闭“脚本助手”模式。

帮助按钮 ：用于显示脚本编辑窗口中所选 ActionScript 元素的参考信息。

(4) 脚本编辑窗口：脚本添加的区域。可以直接在脚本编辑窗口中编辑、输入动作参数或删除动作；也可以双击或者拖动动作工具箱中的某一项向脚本窗口添加动作；也可以通过脚本编辑窗口上方的添加脚本工具，向脚本窗口添加动作。

9.1.3 编程基础

Flash CS5 中有两种写入 ActionScript 3.0 代码的方法。一种是在时间轴的关键帧加入 ActionScript 代码；另一种是在外部写出单独的 ActionScript 类文件，通过绑定或者导入到 fla 文件中来。

1. 点语法

在 ActionScript 中，应使用点(.)运算符访问属于舞台上的对象或实例的属性或方法。点语法表达式由对象或影片剪辑实例名称开始，接着是一个点，最后是要指定的属性，方法或变量，如：Ball._x//调用对象 Ball 的_x 属性。

语法使用两个特殊的别名：root 和 parent。别名 root 是指主时间轴，可以使用 root 别名创建一个绝对路径。如：下面的语句调用主时间轴中影片剪辑实例 aa 的 alpha 属性：_root.aa._alpha。别名 parent 用来引用嵌套当前影片剪辑的影片剪辑，也可以用 parent 创建一个相对目标路径。如：影片剪辑实例 circle 被嵌套在影片剪辑实例 shape 中，那么，要在实例 circle 上添加语句停止播放影片剪辑实例 shape，语句如下：parent.stop()。

2. 大括号

使用大括号({})将 ActionScript 事件、类定义和函数组合成块，如：

```
on(press)
{
stop();
}
```

3. 分号

动作脚本语句用分号(;)作为一条语句的分隔符，这样可以实现在一行中书写多条语句。如果省略语句结尾的分号，以换行符作为一条语句的结束，仍然可以成功的编译脚本。

4. 小括号

在 ActionScript 中定义函数时，将参数放在小括号()标点符号里面，如下面的几行代码中所示：

```
myFunction(myName, myAge, happy){
    //此处是您的代码。
}
```

调用函数时，还要将传递给该函数的所有参数都包含在小括号中，如下面的示例所示：

```
myFunction("Carl", 78, true);
```

还可使用小括号覆盖 ActionScript 的优先顺序或增强 ActionScript 语句的可读性。这意味着可以通过在某些值两边添加小括号来改变计算值的顺序，如下面的示例所示：

```
var computedValue:Number=(circleClip._x+20) * 0.8;
```

5. 字母的大小写

在 ActionScript 中，变量和对象都区分大小写，下面的语句定义了两个不同的变量：

```
var ball:Number=0;
var Ball:Number=3;
```

6. 注释

注释是一种使用简单易懂的句子对代码进行注解的方法，编译器不会对注释进行求值计算。可以在代码中使用注释来描述代码的作用或描述返回到文档中的数据。注释可帮助程序员记住重要的编码决定，并且对其他任何阅读代码的人也有帮助。注释必须清楚地解释代码的意图，而不是仅仅翻译代码。如果代码中有些内容阅读起来含义不明显，则应对其添加注释。如果要使用多行注释时，可以使用"/ * "和" * /"，位于注释开始标签（/ * ）和注释结束标签（ * /）之间任何字符都被认为是注释并忽略，如：

```
/* 自定义鼠标光标
用指定的元件实例替换默认的鼠标光标。
*/

stage.addChild(movieClip_1);
movieClip_1.mouseEnabled=false;
movieClip_1.addEventListener(Event.ENTER_FRAME, fl_CustomMouseCursor);

function fl_CustomMouseCursor(event:Event)
{
    movieClip_1.x=stage.mouseX;
    movieClip_1.y=stage.mouseY;
}
Mouse.hide();
```

若要指示某一行或一行的某一部分是注释，应在注释前加两个斜杠（//）

```
_circle.graphics.drawCircle(-5,-5,10);  //绘制一个圆形
```

7. 关键字和保留字

动作脚本保留一些单词，专用于脚本语言中。因此，不能用这些保留字作为变量，函数或标签的名字。

ActionScript3.0 中的保留字分为 3 类：词汇关键字、语法关键字和供将来使用的保留字。

- 词汇关键字。
- 句法关键字。
- 供将来使用的保留字。

9.1.4 变量和常量

变量和常量，都是为了储存数据而创建的。变量和常量就像是一个容器，用于容纳各种不同类型的数据。当然对变量进行操作，变量的数据就会发生改变，而常量则不会。

1. 常量

ActionScript 3.0 中增加了一个 const 关键字，用于声明常量。常量是指具有无法改变的

固定值的属性。比如 Math. PI 就是一个常量。常量可以看作一种特殊的变量，不过这种变量不能赋值，不能更改而已。使用用 const 声明常量的语法格式和 var 声明的变量的格式一样：

const 常量名：数据类型；

const 常量名：数据类型＝值；

下面声明常量的代码：

const g：Number＝9.8；

下面罗列了 ActionScript3.0 的内建常量：

true 逻辑真。

false 逻辑假。

null 空值，可与未定义值相等（但类型不同）。如 variable 未定义时，variable＝＝null 为 true。

NaN 表示 Not a Number，即非数字值。用于表征数值计算时发生的非数值型错误。如：1 * 'a'就得 NaN。

newline 表示换行符，即'/n'。

Infinite 表示无穷大数值。如：1/0 得－Infinite。

－Infinite 表示负无穷大数值。如：－1/0 得－Infinite。

* 表示指定变量是无类型的。

Underfined 表示变量尚未赋值。

2. 变量

变量是保存信息的容器，它可以存放包括字符串，数值，布尔值（值为 true 或 false）和表达式在内的任何信息。

a）声明变量

在 ActionScript 3.0 中，使用 var 关键字来声明变量。格式如下所示：

var 变量名：数据类型；

var 变量名：数据类型＝值；

变量名加冒号加数据类型就是声明的变量的基本格式。要声明一个初始值，需要加上一个等号并在其后输入响应的值。但值的类型必须要和前面的数据类型一致。如声明一个名称是 winName 的字符串类型变量：

Var winName：String；

也可以直接为变量赋值，如：

Var winName：String＝"Jack"；

b）命名规则

变量必须是一个标识符。标识符是变量、属性、对象、函数或方法的名称。标识符的第一个字符必须为字母、下划线（_）或美元符号（$）。其后的字符可以是数字、字母、下划线或美元符号。

变量不能是关键字或 ActionScript 文本，例如 true、false、null 或 undefined。

变量在其作用域内必须是唯一的。

变量不能是 ActionScript 语言中的任何元素，例如类名称。

c）变量的作用域

变量的作用域指可以使用或者引用该变量的范围，通常变量按照其作用域的不同可以分为全局变量和局部变量。全局变量指在函数或者类之外定义的变量，而在类或者函数之内定义的变量为局部变量。

全局变量在代码的任何地方都可以访问，所以在函数之外声明的变量同样可以访问，如下面的代码，函数 Test()外声明的变量 i 在函数体内同样可以访问。

```
var i:int=1;
//定义 Test 函数
function Test(){
trace(i);
}
Test()//输出:1
```

9.1.5 数据运算

运算符是指定如何组合、比较或更改表达式中的值的字符。表达式是 Flash 可以计算并返回值的任何语句。可以通过组合运算符和值或者调用函数来创建表达式。在 Flash 中运算符分为很多种：数值运算符，关系运算符，逻辑运算符，按位运算符，赋值运算符等。

数值运算符：在 ActionScript 中，可以使用数值运算符来对值进行加、减、乘、除运算。可以执行不同种类的算术运算。最常见的一种运算符是递增运算符，其常见形式为 i++。

关系运算符：用来对两个表达式的值进行比较，比较的结果是一个逻辑值，即真(True)或假(False)。常用的关系操作符有：等于(=)，小于(<)，大于(>)，小于或等于(<=)，大于或等于(>=)。

逻辑运算符：可以使用逻辑运算符对布尔值进行比较，然后根据比较结果返回一个布尔值。如果两个操作数都计算为 true，则逻辑"与"运算符(&&)将返回 true，例：(3<8)&&(5<6)结果为 true。如果其中一个或两个操作数都计算为 true，则逻辑"或"运算符(||)将返回 true，例：(3>8)||(5<6)结果为 true。

按位运算符：位运算符用来处理浮点数，所谓浮点数在计算机中用以近似表示任意某个实数。具体的说，这个实数由一个整数或定点数(即尾数)乘以某个基数(计算机中通常是 2)的整数次幂得到，这种表示方法类似于基数为 10 的科学记数法。运算时先将操作数转化为 32 位的二进制数，然后对每个操作数分别按位进行运算，运算后再将二进制的结果按照 Flash 的数值类型返回运算结果。动作脚本的位运算符包括：按位与(&)，按位或(|)，按位异或(∧)，按位左移位(<<)，按位右移位(>>)等。

赋值运算符：赋值运算符(=)用于给变量，数组元素，或对象的属性赋值。

9.2 基本语句

9.2.1 知识点和技能

1. 停止与播放语句——Play()播放，Stop()停止

play()和 stop()是 Flash 中最为基本的 ActionScript 语句。它们通常与按钮连用，制作最为简单的交互动画。

如：

```
play();
```

```
//直接加在时间轴关键帧上,控制时间轴播放。
on(press){
    play();
}//直接在按钮上附加代码,利用按钮控制时间轴播放。
on(press){
    stop();
}//直接在按钮上附加代码,利用按钮控制时间轴停止。
on(press){
    _root. ball. play();
}//直接在按钮上附加代码,利用按钮控制影片剪辑 ball 的播放。
on(press){
    _root. ball. stop();
}//直接在按钮上附加代码,利用按钮使影片剪辑 ball 停止。
```

2. 时间轴跳转语句——gotoAndPlay()跳转并播放,gotoAndStop()跳转并停止

在动画中要跳转到特定的帧或场景都可以使用它,goto 语句分为 gotoAndPlay()和 gotoAndStop()两种。gotoAndPlay("场景名",帧)——将播放头转到场景中指定的帧并从该帧开始播放。如果未指定场景,则播放头将转到当前场景中的指定帧。只能在主时间轴上使用场景名参数,不能在影片剪辑或文档中的其它对象的时间轴内使用该参数。

参数:

场景名:可选参数,指定播放头要转到的场景的名称,必须用半角双引号将场景名括起来。

帧:表示播放头转到的帧编号的数字,或者表示播放头转到的帧标签的字符串。如果是表示帧编号的数字则不用半角双引号括起来,如果表示播放头转到的帧标签的字符串就必须用半角双引号括起来。

如:

```
gotoAndStop("场景 1", 3)
//直接加在时间轴关键帧上,跳转到场景 1 的第 3 帧,并停止播放。
on(press){
goto AndPlay("2",5)
}//直接在按钮上附加代码,利用按钮,使跳转到名为 2 的场景并从它的第 5 帧开始播放。
on(press){
    gotoAndPlay("start")
}//直接在按钮上附加代码,利用按钮,跳转到当前场景帧标签为"start"的那一帧开始播放。
```

3. 网络链接语句——getURL("") 链接到指定地址

getURL(url, window, method)将来自特定 URL 的文档加载到窗口中,或将变量传递到位于所定义的 URL 的另一个应用程序。若要测试此函数,请确保要加载的文件位于指定的位置。若要使用绝对 URL(例,http://www. myserver. com),则需要网络连接。发送邮件;利用 getURL()发送邮件,必须使用关键字"mailto",后面加上目标邮箱地址。

参数:

url:可从该处获取文档的 URL。

window:可选参数,指定应将文档加载到其中的窗口或 HTML 帧。您可输入特定窗口的名称，或从下面的保留目标名称中选择：

_self 指定当前窗口中的当前帧。

_blank 指定一个新窗口。

_parent 指定当前帧的父级。

_top 指定当前窗口中的顶级帧。

method：可选参数，用于发送变量的 GET 或 POST 方法。如果没有变量，则省略此参数。GET 方法将变量附加到 URL 的末尾，它用于发送少量的变量。POST 方法在单独的 HTTP 标头中发送变量，它用于发送长字符串的变量。

如：

getURL("http://www.baidu.com")

//链接到百度首页。

getURL("mailto:hy163.com")

//出现一个收件人已设置为"hy163.com"的邮件编写窗口。

与 JavaScript 连用

getURL("javascript:alert('you clicked me')");

//弹出警告框，警告文本为"you clicked me"。

一般通过按钮设置链接语句，可直接附加在按钮上，格式可参看跳转语句。

4. fscommand 控制播放窗口

fscommand()使 SWF 文件与 Flash Player 或承载 Flash Player 的程序(如 Web 浏览器)进行通讯。还可以使用 fscommand()函数将消息传递给 Macromedia Director，或者传递给 Visual Basic(VB)、Visual C++和其它可承载 ActiveX 控件的程序。

fscommand()函数有两个参数：command 和 arguments。若要使用 fscommand()将消息发送给 Flash Player，必须使用预定义的命令和参数。下表列出了可以为 fscommand()函数的 command 参数和 parameters 参数指定的值。这些值控制在 Flash Player 中播放的 SWF 文件，包括放映文件。

参数：

命令	Arguments	目的
quit	无	关闭播放器
fullscreen	true 或 false	指定 true 将 Flash Player 设置为全屏模式。指定 false 使播放器返回标准菜单视图
allowscale	true 或 false	指定 false 设置播放器始终按 SWF 文件的原始大小绘制 SWF 文件，从不进行缩放。指定 true 强制 SWF 文件缩放到播放器的 100%大小
showmenu	true 或 false	指定 true 启用整个上下文菜单项集合。指定 false 使除"设置"和"关于 Flash Player"外的所有上下文菜单项变暗
exec	应用程序的路径	在播放器内执行应用程序

可用性：

- 表中描述的命令在 Web 播放器中都不可用。

● 所有这些命令在独立的应用程序(例如,放映文件)中都可用。

● 只有 allowscale 和 exec 在测试影片播放器中可用。

● exec 命令只能包含字符 A－Z、a－z、0－9、句号(.)和下划线(_)。exec 命令仅在 fscommand 子目录中运行。也就是说,如果使用 exec 命令调用应用程序,该应用程序必须位于名为 fscommand 的子目录中。exec 命令只在 Flash 放映文件内起作用。

如:

```
on(release){
 fscommand("fullscreen", "true");
}//按钮释放时将 SWF 文件缩放至整个显示器屏幕大小。
on(release){
 fscommand("quit");
}//按钮释放时,关闭 SWF 文件。
```

9.2.2 范例——旋转风车

设计结果

屏幕中的风车可通过按钮 play 播放,通过 stop 按钮停止,如图 9-2-1 所示。

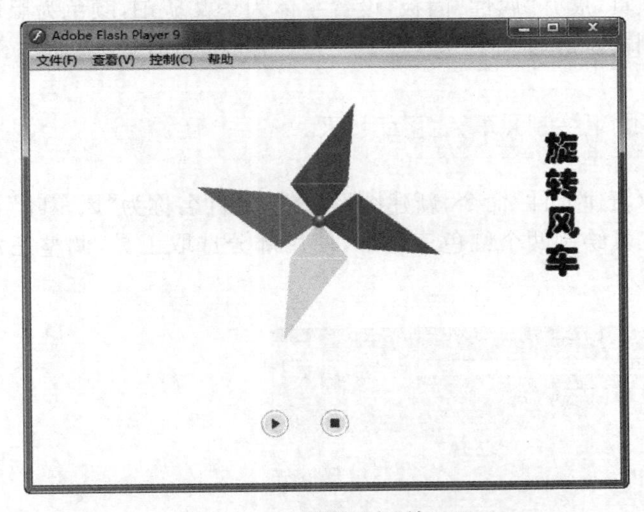

图 9-2-1 "旋转风车"效果图

设计思路

(1) 利用文本工具和"混色器"面板制作标题文本。

(2) 利用矩形工具和刷子工具绘制风车并制作补间动画。

(3) 制作按钮并为按钮添加语句 play()和 stop()实现功能。

范例解题引导

Step1 我们首先来制作标题文本,当然你也可以自己设计哦。

（1）执行“文件/新建”命令，选择 ActionScript 2.0 类型，创建一个新的 Flash 文档，设置舞台大小为 550×400 像素，背景为白色，如图 9-2-2 和 9-2-3 所示。

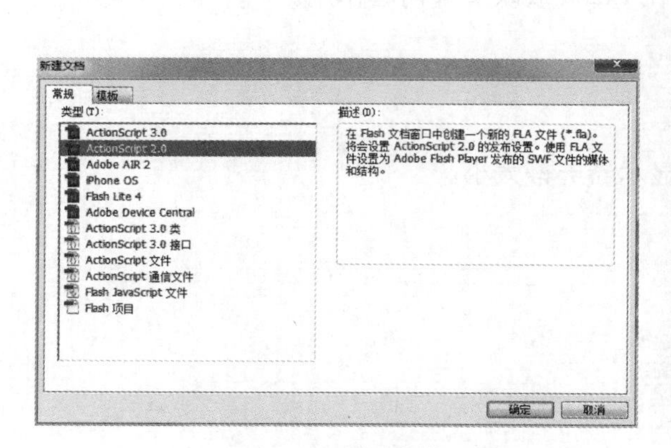

图 9-2-2　新建文档

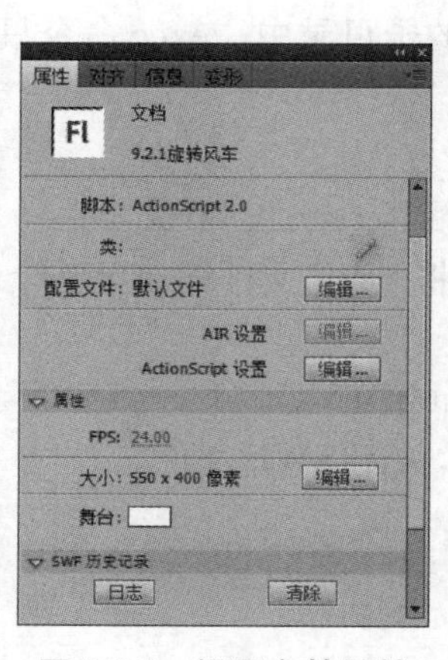

图 9-2-3　设置文档属性

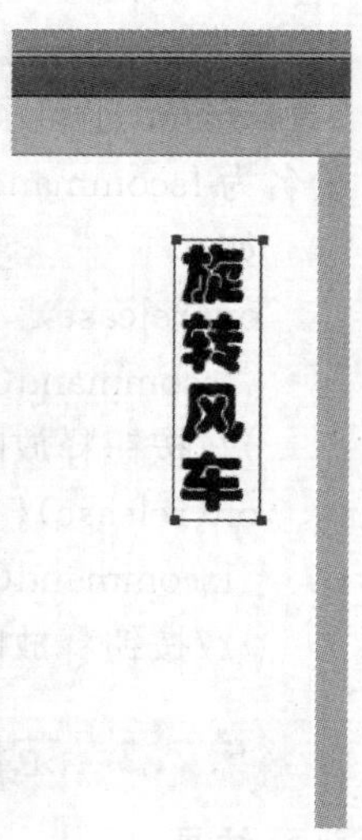

图 9-2-4　效果图

（2）选择文本工具，展开“属性”面板，设置字体为华文琥珀，颜色为黑色，字体大小为 33。

（3）在场景右侧输入静态文本“旋转风车”，最后效果如图 9-2-4 所示。

Step2　下面来绘制风车，让它动起来。

（1）执行“插入/新建元件”命令，新建图形元件，元件名称为“风车叶”，如图 9-2-5 所示。

（2）使用钢笔工具绘制两个红色三角形，使用部分选取工具，调整三角形的节点位置，最后效果如图 9-2-6 所示。

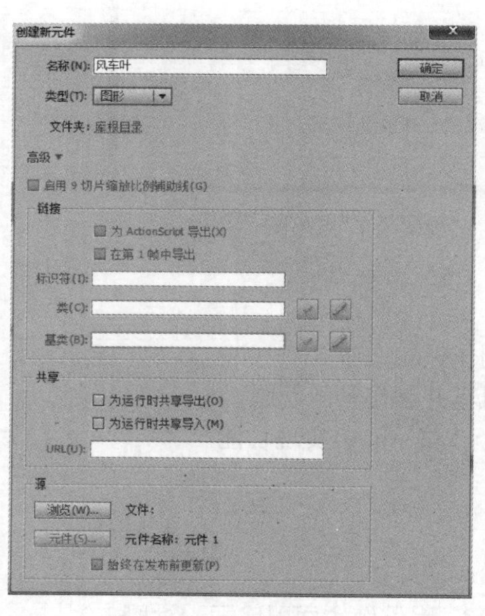

图 9-2-5　新建图形元件

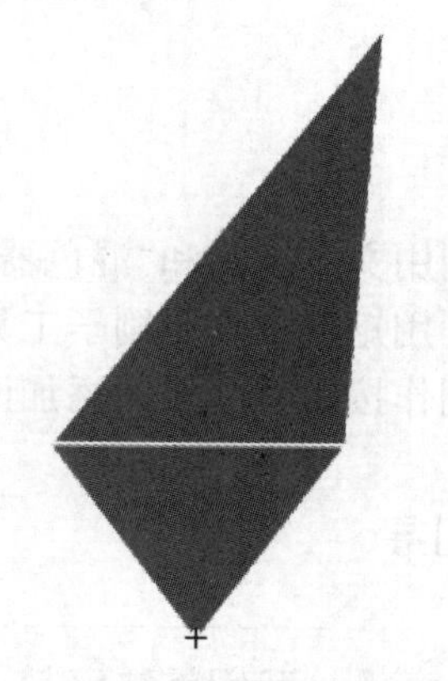

图 9-2-6　绘制风车叶

(3) 执行“插入/新建元件”命令，新建图形元件，元件名称为“风车”，如图 9-2-7 所示。

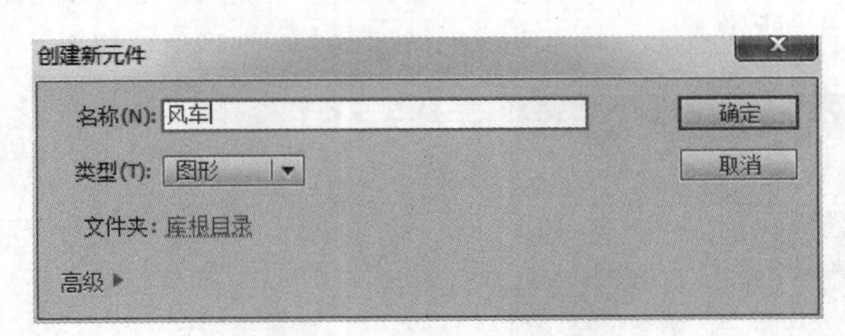

图 9-2-7　新建图形元件

(4) 将库中的图形元件“风车叶”拖入“风车”场景中，在“对齐”面板中设置“相对于舞台”，“水平中齐”和“底对齐”，如图 9-2-8、9-2-9 所示。

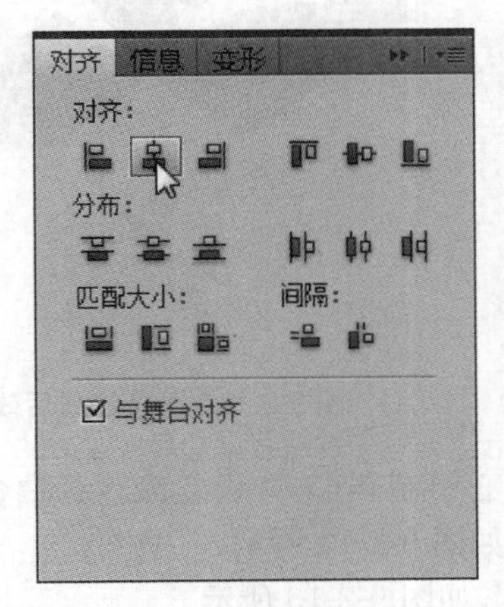

图 9-2-8　设置对齐方式

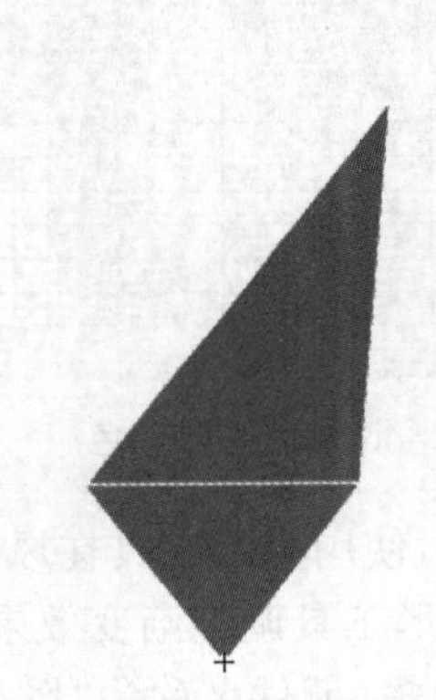

图 9-2-9　对齐后效果

(5) 切换至“变形”面板，设置“旋转”项角度为“90”，并单击“重制选区和变形”按钮三次，分别复制三个风车叶，如图 9-2-10、9-2-11 所示。

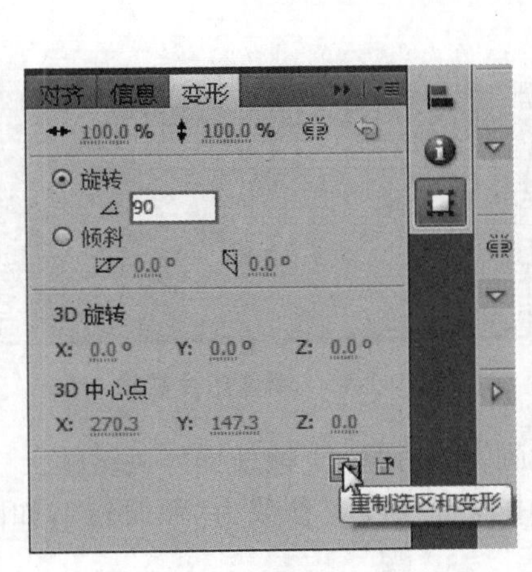

图 9-2-10　复制多个风车叶

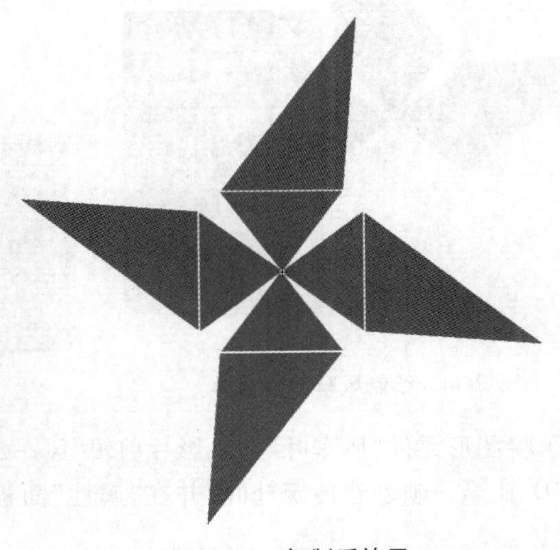

图 9-2-11　复制后效果

(6) 分别选取复制的风车叶，在“属性”面板的“色彩效果”选项中设置风车叶为蓝、黄、绿色，如图 9-2-12、9-2-13 所示。

图 9-2-12　设置风车叶颜色

图 9-2-13　颜色设置后效果

(7) 新建图层 2，使用椭圆工具在风车页中心绘制圆形，并设置颜色为白色到紫色径向渐变效果，使用渐变变形工具调整渐变效果位置，如图 9-2-14 所示。

(8) 新建影片剪辑，元件名称为“风车动画”，如图 9-2-15 所示。

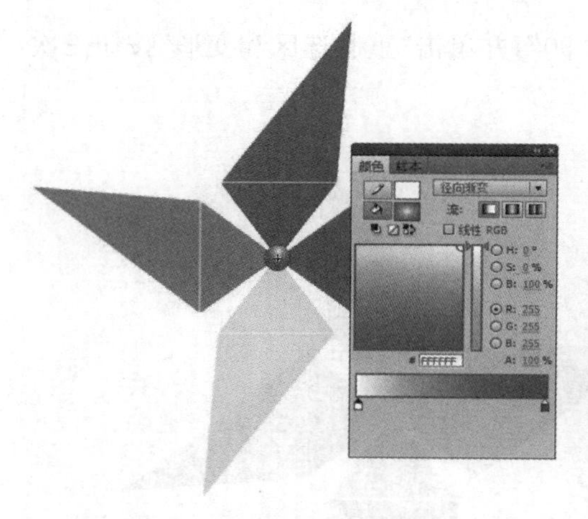

图 9-2-14　绘制风车中心圆形

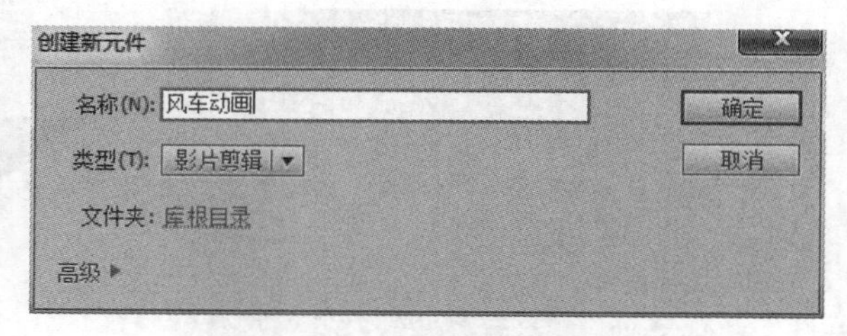

图 9-2-15　新建影片剪辑

(9) 将图形元件“风车叶”拖入影片剪辑“风车动画”中，在第 41 帧处插入关键帧。

(10) 在第一帧创建传统补间，并在“属性”面板中设置“旋转”参数为“顺时针”，如图 9-2-16 所示。

(11) 在第 40 帧处插入关键帧后，删除第 41 帧关键帧，如图 9-2-17 所示。

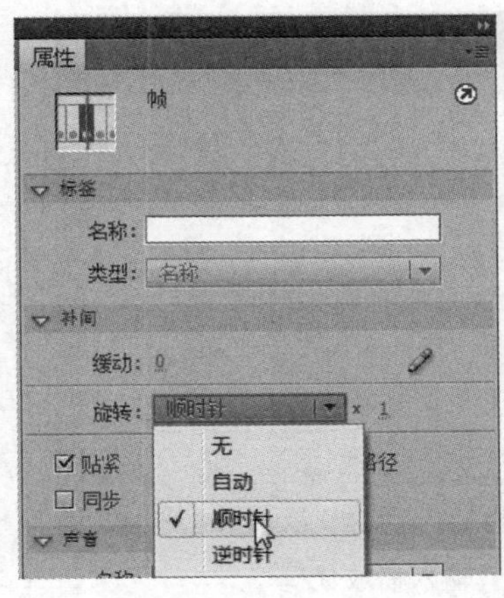

图 9-2-16　设置旋转参数

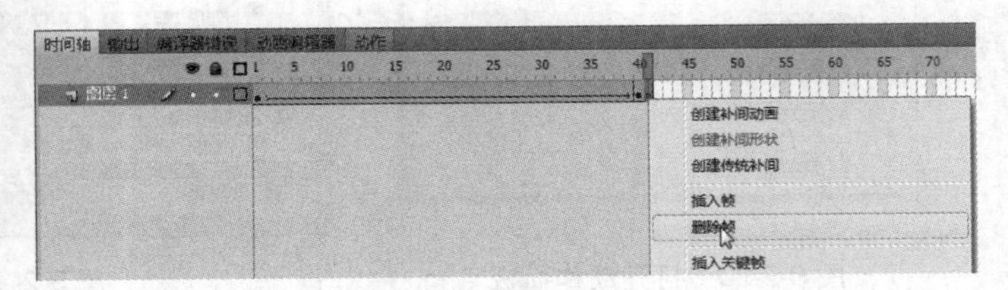

图 9-2-17　删除 41 帧

小贴士

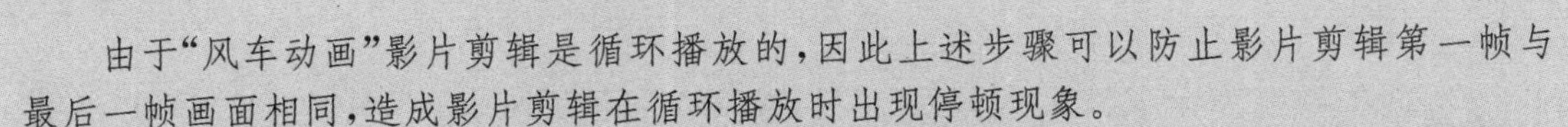

由于“风车动画”影片剪辑是循环播放的，因此上述步骤可以防止影片剪辑第一帧与最后一帧画面相同，造成影片剪辑在循环播放时出现停顿现象。

Step3　下面制作用按钮控制风车的旋转。

(1) 返回主场景，将“风车动画”影片剪辑拖入主场景，并在“属性”面板中设置“实例名称”为“fc”，如图 9-2-18 所示。

(2) 执行“窗口/公用库/按钮”命令，打开“库”面板，将“flat blue play”按钮和“flat blue stop”按钮拖入主场景中，如图 9-2-19 所示。

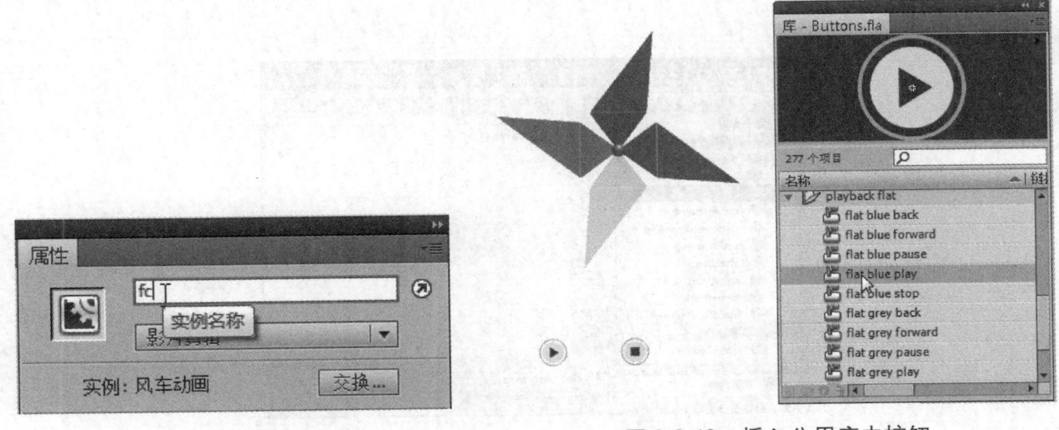

图 9-2-18　设置实例名称　　　　图 9-2-19　插入公用库中按钮

(3) 选取“flat blue play”按钮，单击鼠标右键，在弹出菜单中选取“动作”，打开“动作”面板，如图 9-2-20 所示。

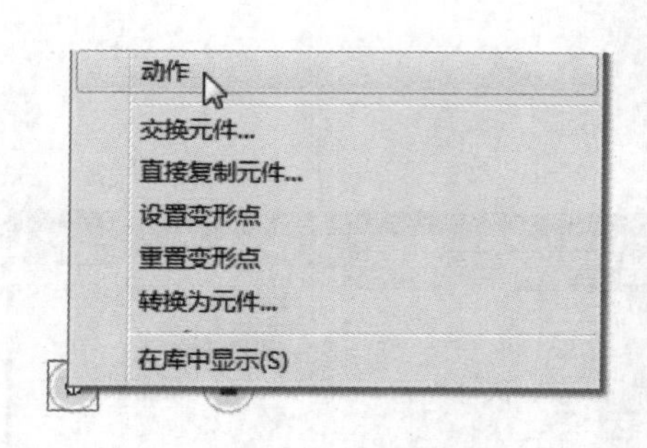

图 9-2-20　打开动作面板

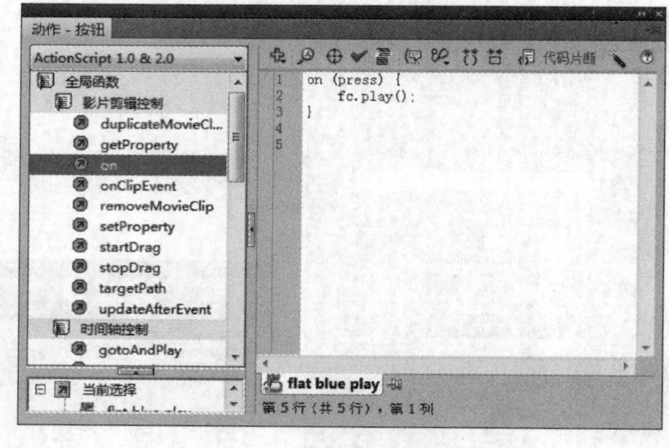

图 9-2-21　输入播放代码

(4) 在“动作”面板中输入代码，如图 9-2-21 所示。

```
on(press){
    fc. play();
}
```

小贴士

语句注释：

on(press)　//当用户点击按钮后触发该事件。当事件触发后，将执行该事件后面大括号{}中的语句。

fc. play();//播放影片剪辑 fc。

(5) 同理，在“flat blue stop”按钮上添加停止播放命令，代码如下，如图 9-2-22 所示。

```
on(press){
    fc. stop();
}
```

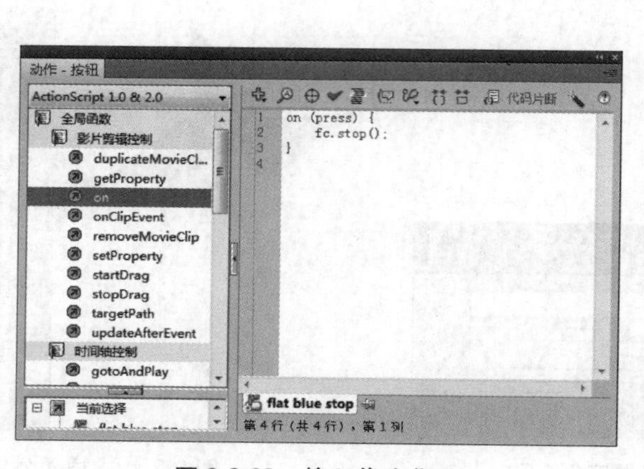

图 9-2-22　输入停止代码

(6) 保持“动作”面板为打开状态，选取时间轴的第一帧，为第一帧添加帧动作，代码如下，如图 9-2-23 所示。

```
fc.stop();
```

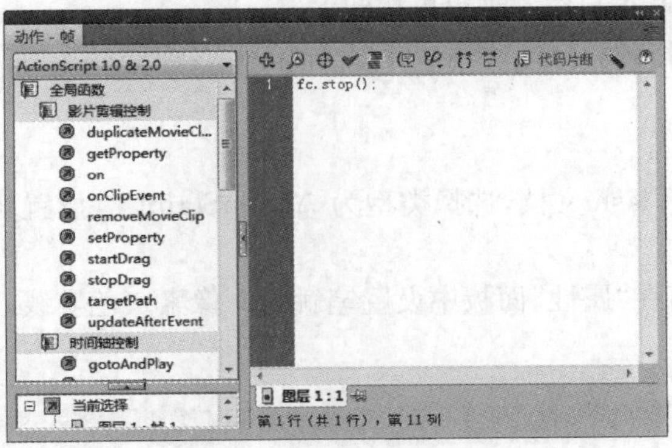

图 9-2-23　输入停止代码

小贴士

语句注释：

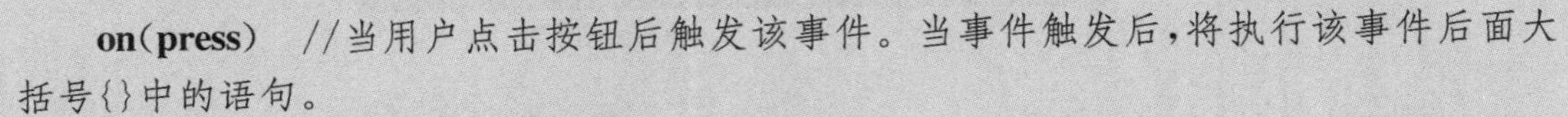

on(press)　//当用户点击按钮后触发该事件。当事件触发后，将执行该事件后面大括号{}中的语句。

fc.stop();//停止播放影片剪辑 fc。

主场景中的影片剪辑在动画播放时，默认情况下会自动播放。在风车动画中，我们希望风车一开始不要自动旋转，需要靠按钮的控制来实现风车旋转。因此，需要在帧上添加动作，让风车在动画播放时处在停止的状态。

(7) 测试动画，并以文件名"旋转风车"保存。

9.2.3　小试身手——下拉菜单

设计结果

制作下拉菜单特效，并设置网络链接，如图 9-2-24 所示。

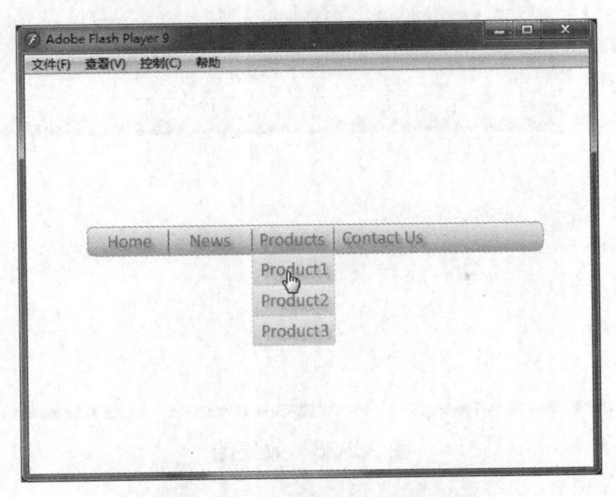

图 9-2-24　"下拉菜单"效果图

设计思路

(1) 绘制导航条背景并制作一级菜单按钮。

(2) 制作下拉菜单特效。

操作提示

(1) 创建一个新的 Flash 文档,选择类型为 ActionScript 2,设置舞台大小为 550×400 像素,背景为白色。

(2) 绘制圆角矩形,在"属性"面板中设置笔触为 1 像素灰色实线,填充颜色为白色到灰色渐变,如图 9-2-25 所示。

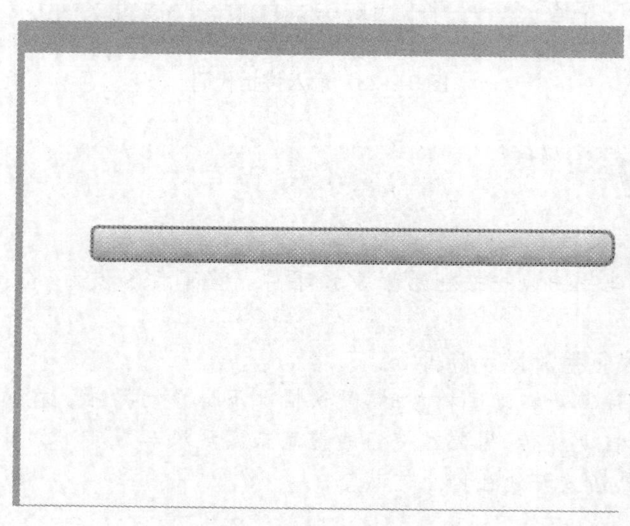

图 9-2-25　效果图

(3) 新建图层 2,绘制导航条中的分隔线,分隔线为 1 像素灰色实线,如图 9-2-26 所示。

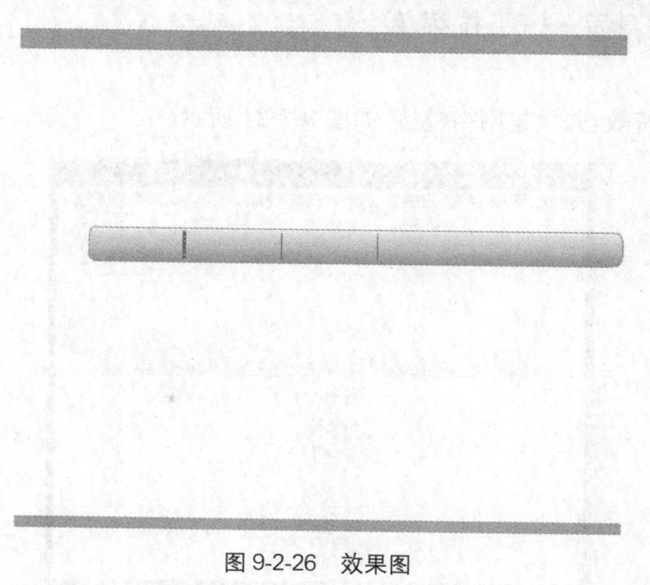

图 9-2-26　效果图

(4) 制作按钮元件“Home”，在按钮元件“home”中输入字体为 Calibri，大小为 18 点的灰色字“Home”，并在“属性”面板中设置投影滤镜效果，参数及效果如图 9-2-27 所示。

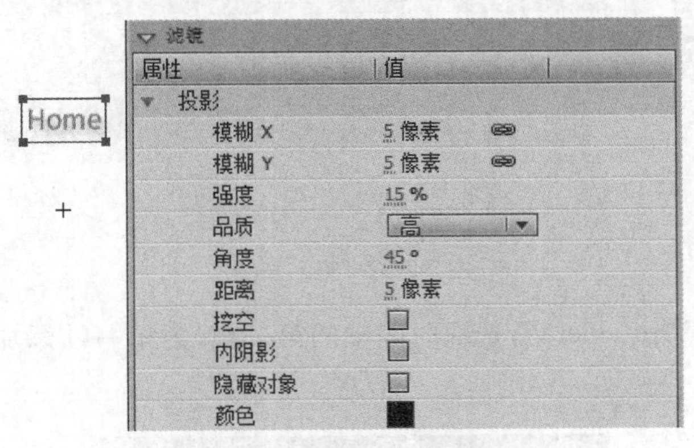

图 9-2-27　效果图

(5) 同理完成按钮元件“News”、“Products”、“Contact Us”的制作，如图 9-2-28、9-2-29 所示。

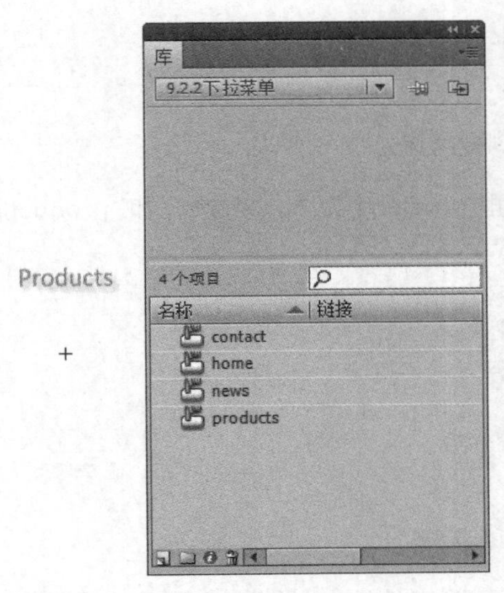

图 9-2-28　效果图

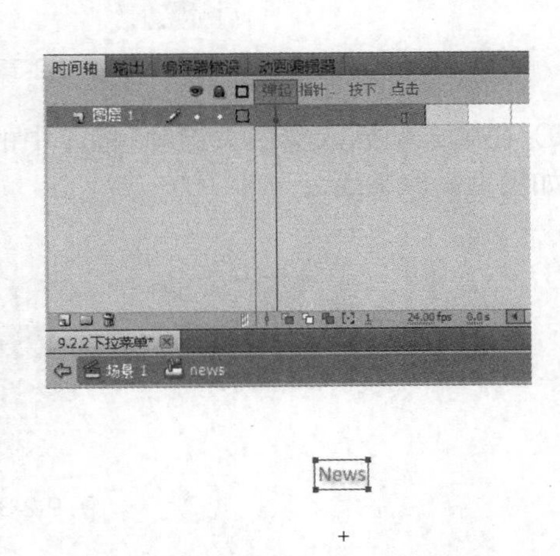

图 9-2-29　按钮示意图

(6) 制作按钮元件“product1”，制作渐变背景，并输入文字“product1”，文字效果参照前面按钮，如图 9-2-30 所示。同理完成按钮“product2”和“product3”，如图 9-2-31 所示。

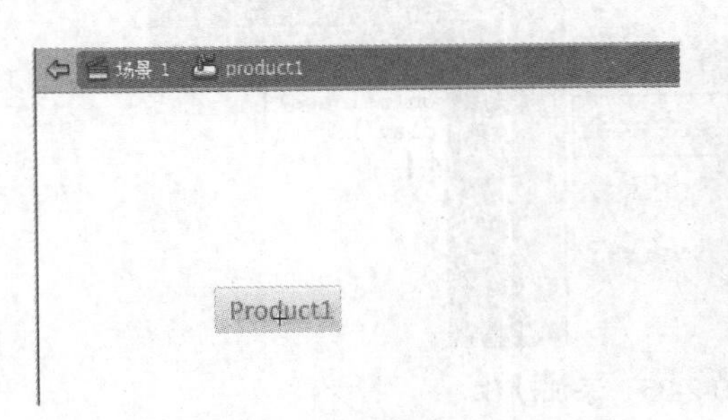

图 9-2-30　效果图

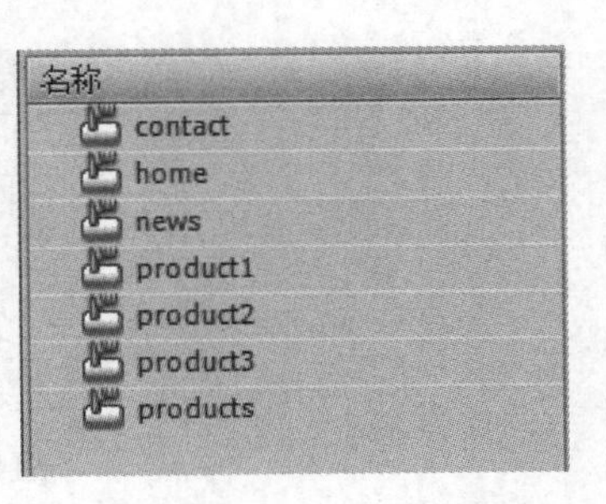

图 9-2-31　按钮示意图

(7) 返回主场景，新建图层 3，将库中的按钮依次拖入导航栏背景中，如 9-2-32 所示。

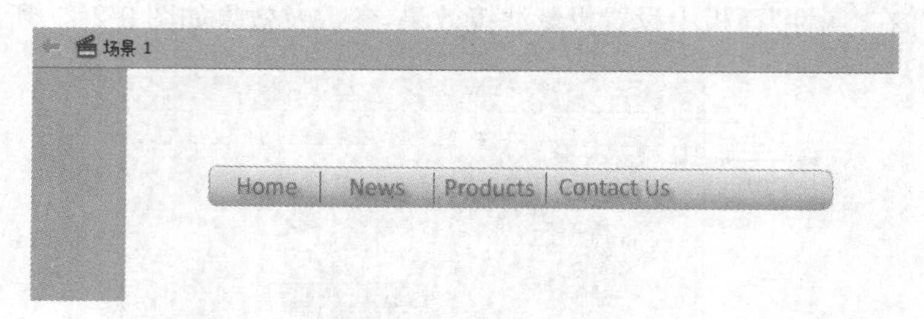

图 9-2-32　拖入按钮

(8) 新建影片剪辑“product0”，选取时间轴的第一帧，为第一帧添加帧动作，如图 9-2-33 所示。

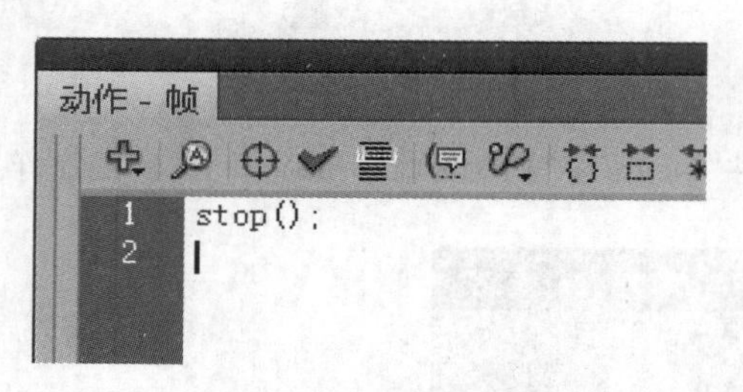

图 9-2-33　添加帧动作

(9) 在第二帧插入空白关键帧，将库中的按钮“product1”、“product2”和“product3”依次拖入，如图 9-2-34 所示。

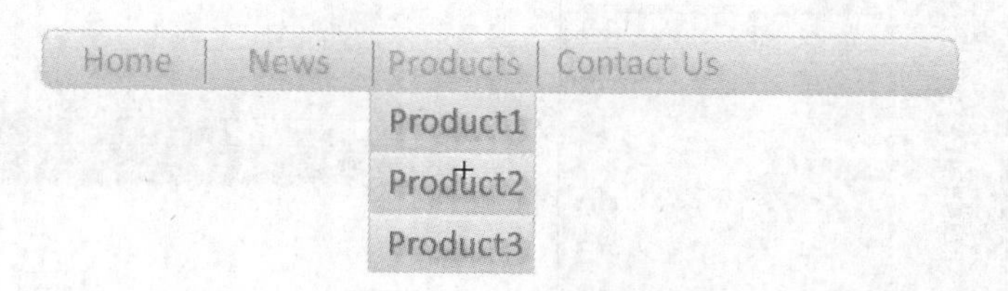

图 9-2-34　拖入按钮

(10) 选取按钮“product1”，右击鼠标，在弹出菜单中选取“动作”，打开“动作”面板，在“动作”面板中输入代码，如图 9-2-35 所示。

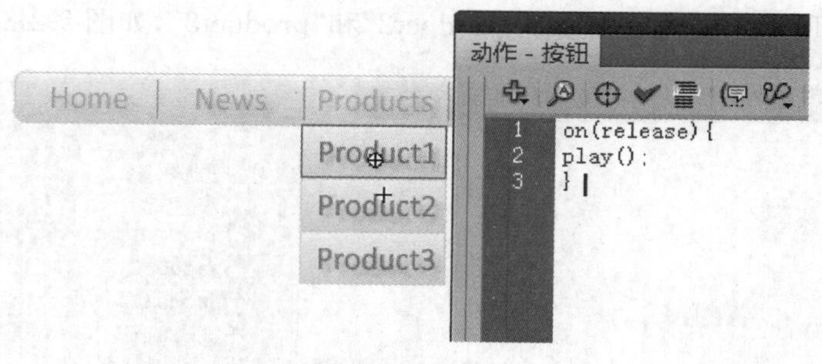

图 9-2-35　添加动作

```
on(release){
    play();
}
```

(11) 同理制作按钮“product2”和“product3”,完成按钮的动作添加。

(12) 新建图层 2,在第一、二帧插入空白关键帧。在第二帧 Products 按钮处,绘制矩形,并将其转换为按钮元件“hot”,如图 9-2-36 所示。

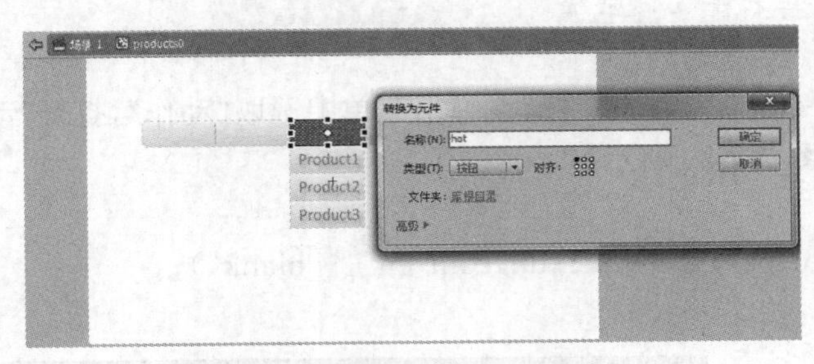

图 9-2-36　插入按钮

(13) 双击按钮“hot”,进入按钮编辑状态,通过鼠标拖曳,将“弹起”关键帧拖放至“点击”关键帧,如图 9-2-37 所示。

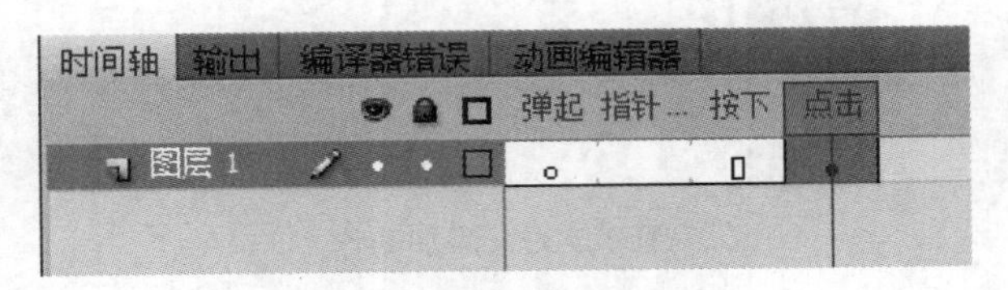

图 9-2-37　移动关键帧

(14) 返回影片剪辑“product0”编辑状态,选取按钮“hot”,右击鼠标,在弹出菜单中选取“动作”,打开“动作”面板,在“动作”面板中输入代码,如图 9-2-38 所示。

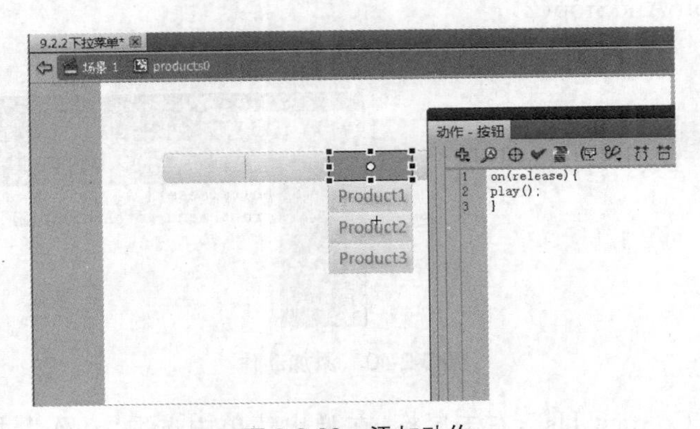

图 9-2-38　添加动作

```
on(release){
    play();
}
```

(15) 返回主场景,新建图层 4,将库里的影片剪辑“product0”拖入主场景中,对齐下拉菜单的位置，在“属性”面板中设置实例名称为“menu”。

小贴士

由于影片剪辑“product0”第一帧为空帧，对齐位置会有一定的困难。我们可以将影片剪辑“product0”中图层 2 的第二帧暂时调整到第一帧，这样在主场景中就能根据按钮“hot”的位置，对下拉菜单进行调整。

(16) 选取按钮“Home”，右击鼠标，在弹出菜单中选取“动作”，打开“动作”面板，在“动作”面板中输入代码，如图 9-2-39 所示。

```
on(press){
    getURL("http://www.feixun.com.cn","_blank");
}
```

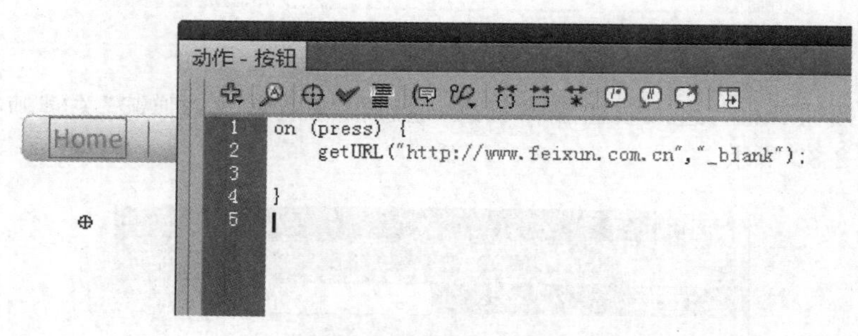

图 9-2-39　添加动作

(17) 选取按钮“Products”，右击鼠标，在弹出菜单中选取“动作”，打开“动作”面板，在“动作”面板中输入代码，如图 9-2-40 所示。

```
on(release){
_root.menu.gotoAndStop(2);
}
```

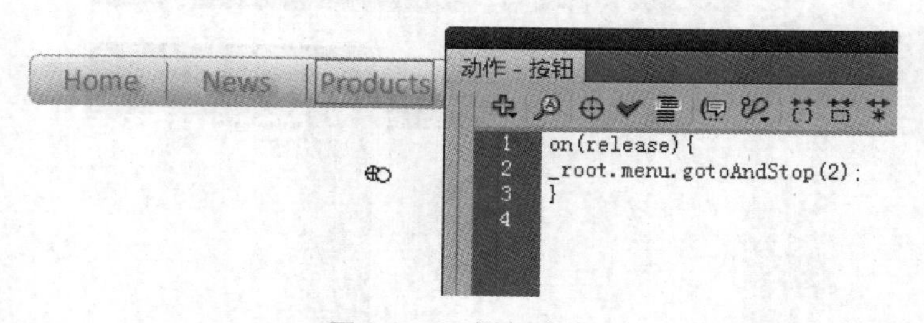

图 9-2-40　添加动作

(18) 选取按钮“Contact Us”，右击鼠标，在弹出菜单中选取“动作”，打开“动作”面板，在“动作”面板中输入代码，如图 9-2-41 所示。

```
on(press){
    getURL("mailto:luying@aliyun.com.cn");
}
```

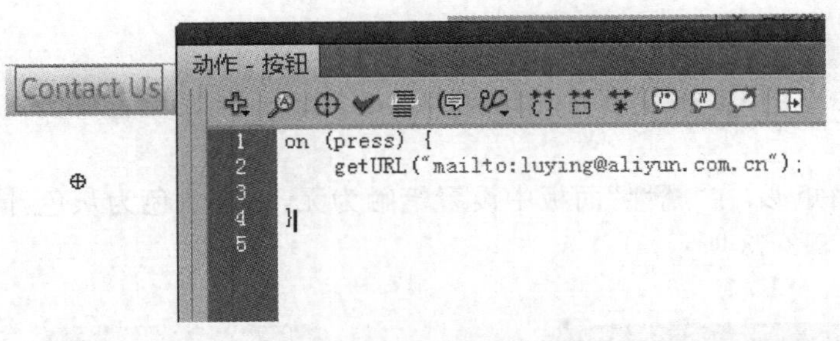

图 9-2-41　添加动作

小贴士

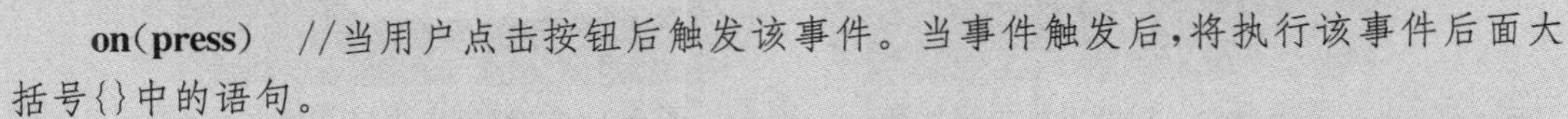

语句注释：

on(press)　//当用户点击按钮后触发该事件。当事件触发后，将执行该事件后面大括号{}中的语句。

on(release)　//当用户释放按钮后触发该事件。当事件触发后，将执行该事件后面大括号{}中的语句。

getURL("http://www.feixun.com.cn","_blank");//链接到飞讯首页，并以新窗口的形式显示。

getURL("mailto:luying@aliyun.com.cn");//自动打开 outlook express 出现一个收件人已设置为“luying@aliyun.com.cn”的邮件编写窗口。

(19) 测试动画，并以文件名“9.2.3 下拉菜单”保存。

9.2.4　初露锋芒——电视机

设计结果

制作电视机特效，能开关电视并且调整电视机播放参数，如图 9-2-42 所示。

图 9-2-42　“电视机”效果图

设计思路

(1) 绘制电视机，制作汽车动画。

(2) 制作控制按钮，添加动作，完成对电视机的控制。

操作提示

(1) 创建一个新的 Flash 文档,选择类型为 ActionScript 2,设置舞台大小为 550×400 像素,背景为白色。

(2) 绘制圆角矩形,在“属性”面板中设置笔触为无,填充颜色为灰色,同理绘制蓝色和黑色圆角矩形,如图 9-2-43 所示。

图 9-2-43 绘制电视关闭状态

图 9-2-44 绘制电视打开状态

(3) 在图层 1 的第 2 帧插入关键帧,将电视机中间的黑色区域删除,如图 9-2-44 所示。

(4) 新建图形元件“car0”,导入素材图片 9.2.4.png。

(5) 新建影片剪辑“car”,制作汽车从右向左移动的动画,在第 30 帧添加帧动作,如图 9-2-45 所示。

```
gotoAndPlay(1);
```

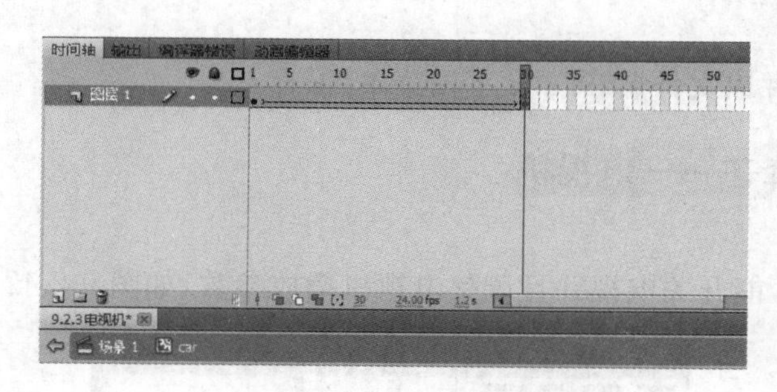

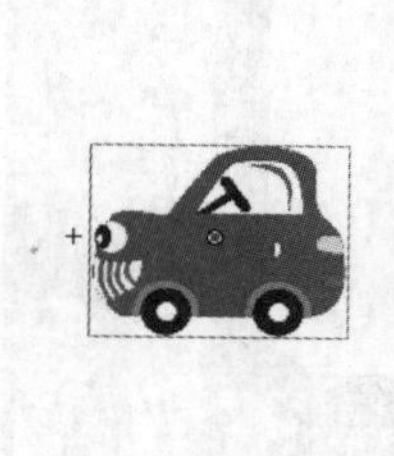

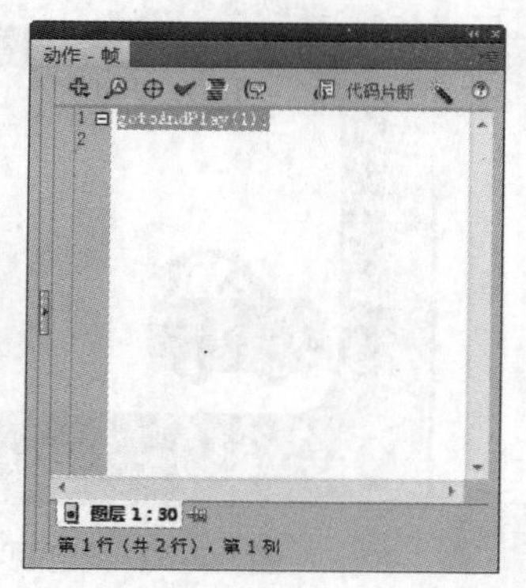

图 9-2-45 制作汽车动画并添加帧动作

(6) 返回主场景,新建图层 2,在第 1、2 帧插入空白关键帧,在第 2 帧拖入影片剪辑“car”,并适当调整位置,并将图层 2 置于图层 1 下方,如图 9-2-46 所示。

图 9-2-46　插入影片剪辑“car”

(7) 新建“开”按钮元件，利用椭圆工具及文本工具制作开按钮，如图 9-2-47、9-2-48 所示。

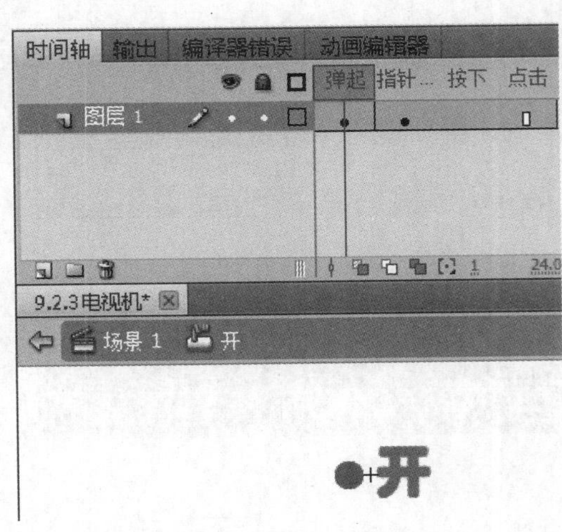

图 9-2-47　按钮弹起状态

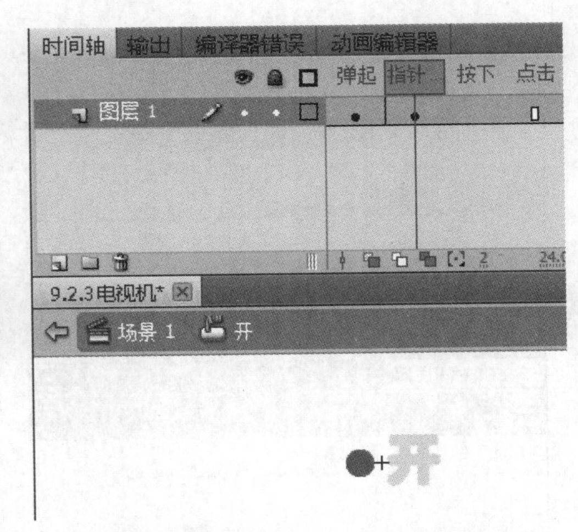

图 9-2-48　指针经过状态

(8) 同理，完成按钮元件“关”、“on”、“off”的制作，如图 9-2-49～9-2-54 所示。

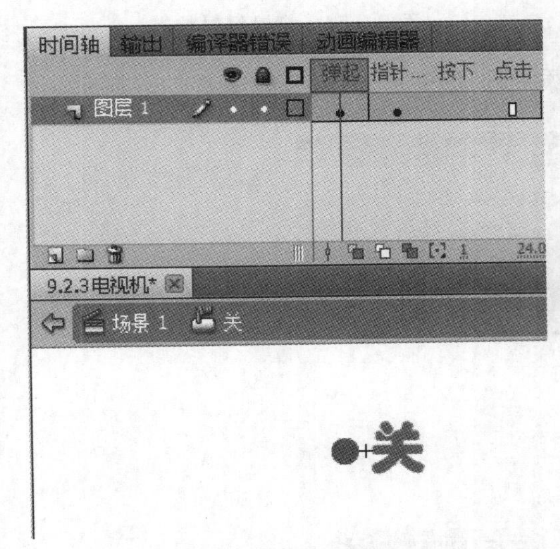

图 9-2-49　指针经对状态

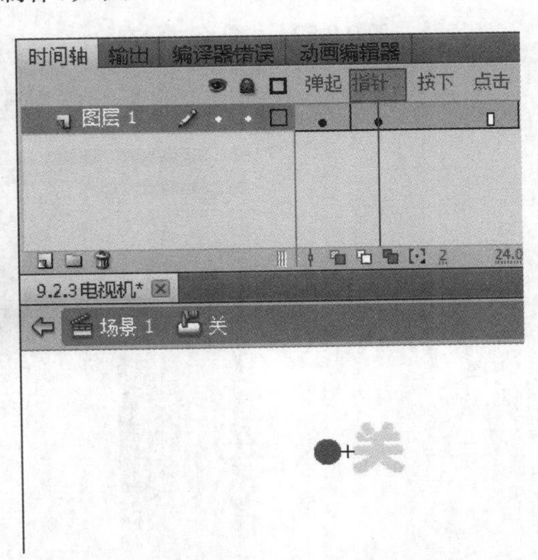

图 9-2-50　指针经过状态

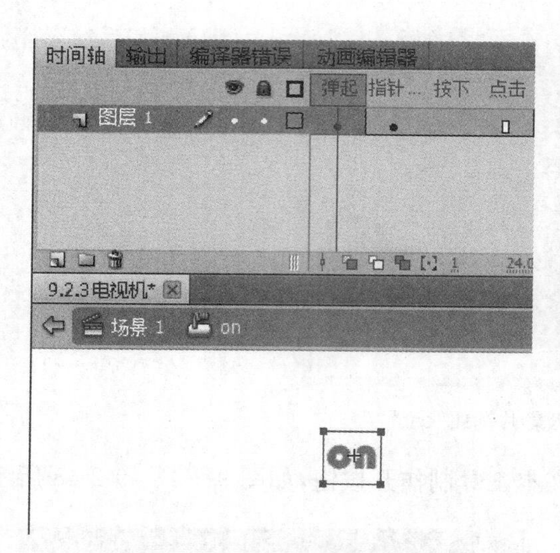

图 9-2-51　指针经以状态

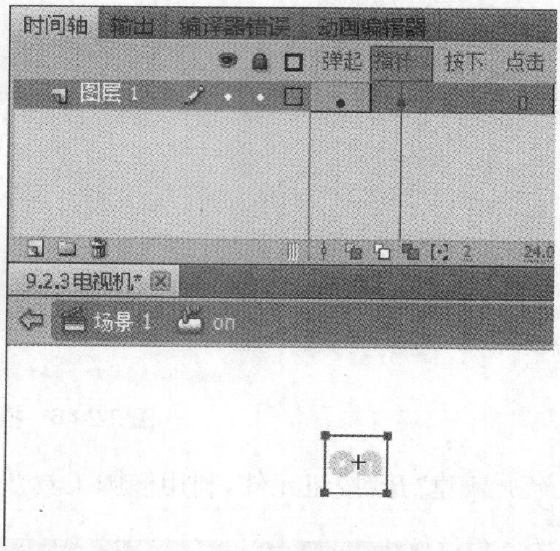

图 9-2-52　指针经过状态

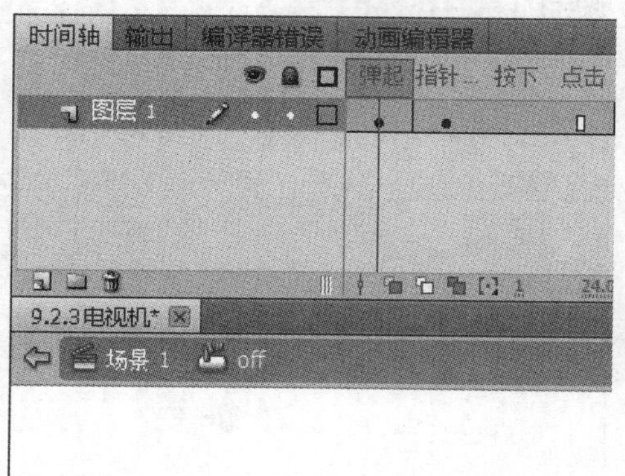

图 9-2-53　指针经过状态

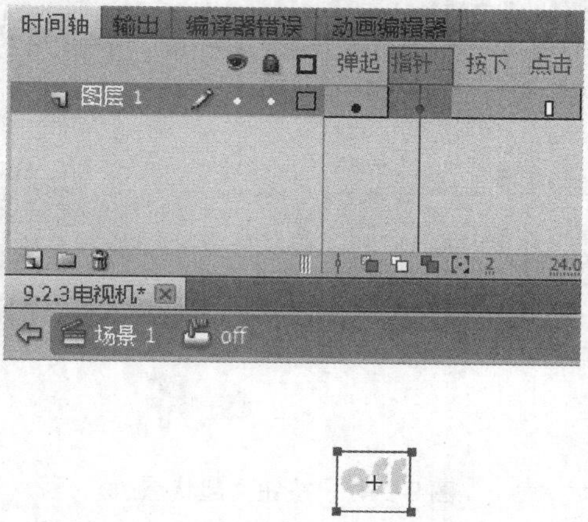

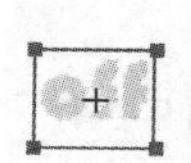

图 9-2-54　指针经过状态

(9) 返回主场景，在图层 1 的第 1、2 帧中添加帧动作“stop();”，如图 9-2-55 所示。

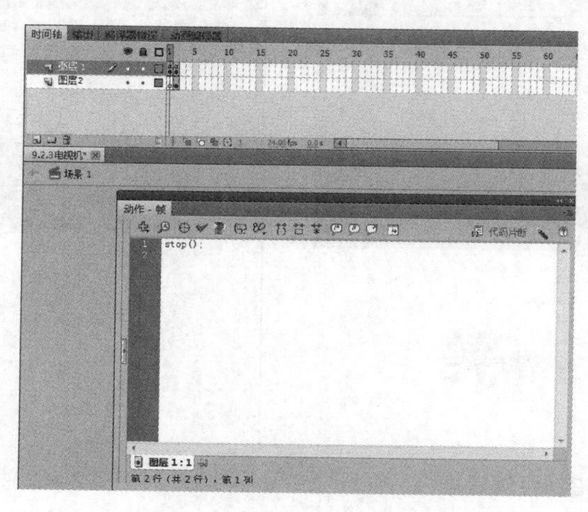

图 9-2-55　指针经过状态

(10) 在图层 1 的第 1、2 帧中分别插入按钮“开”和“关”，如图 9-2-56、9-2-57 所示。

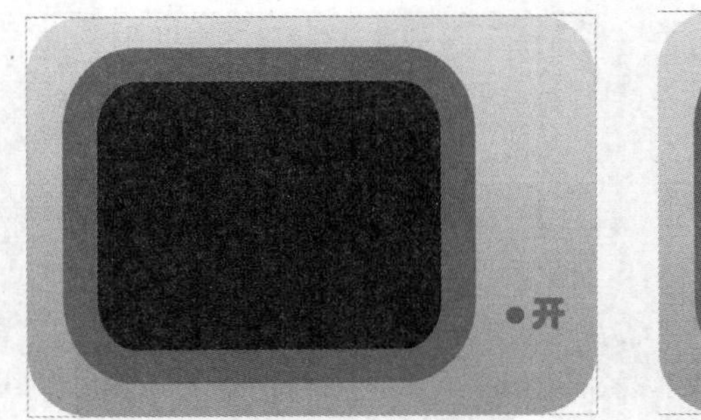

图 9-2-56　插入“开”按钮

图 9-2-57　插入“关”按钮

(11) 在“开”按钮上添加按钮动作，如图 9-2-58 所示。

```
on(press){
    gotoAndStop(2);
}
```

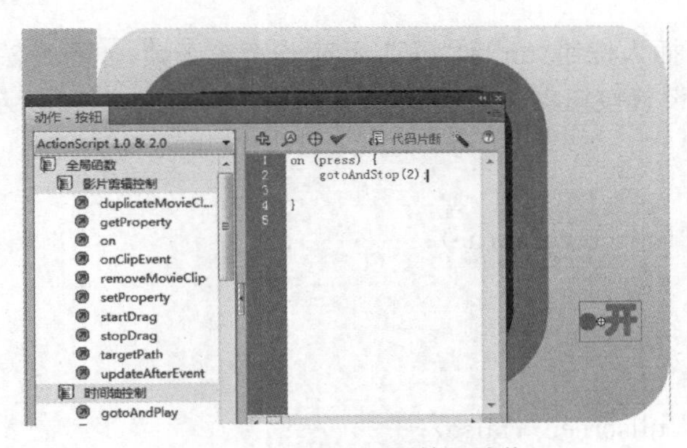

图 9-2-58　设置“开”按钮动作

(12) 在“关”按钮上添加按钮动作，如图 9-2-59 所示。

```
on(press){
    gotoAndStop(1);
}
```

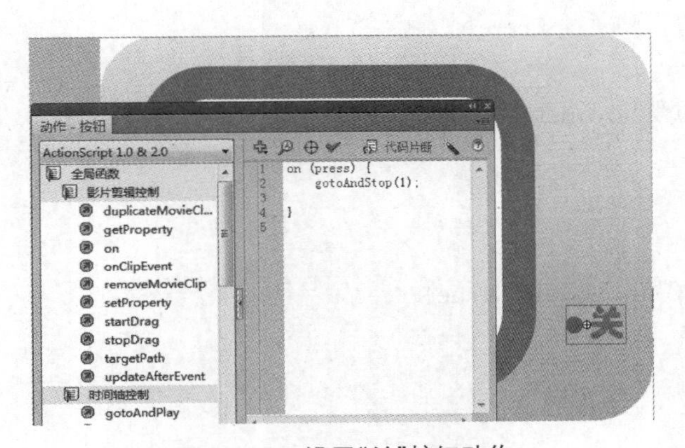

图 9-2-59　设置“关”按钮动作

(13) 新建图层 3，输入文字“全屏”、“菜单”和“缩放”，并延长至第 2 帧，如图 9-2-60 所示。

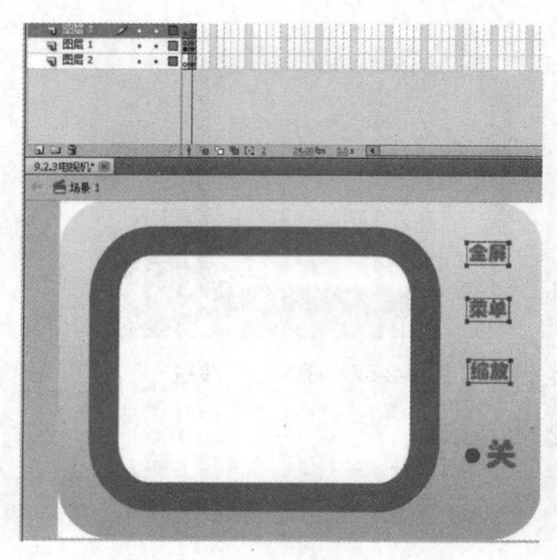

图 9-2-60　制作按钮标题

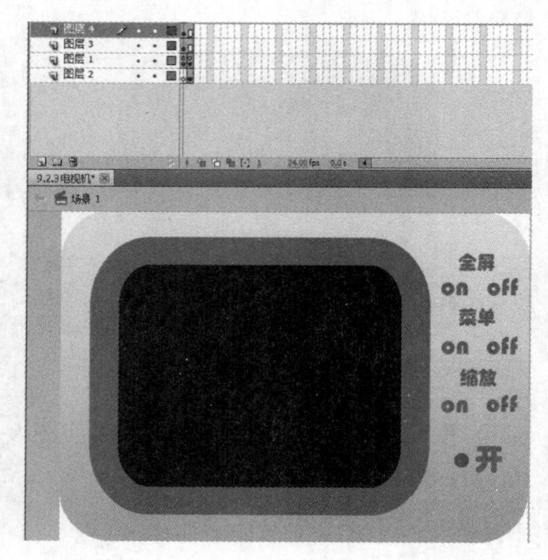

图 9-2-61　插入按钮

(14) 新建图层 4，插入按钮“on”和“off”，并延长至第 2 帧，如图 9-2-61 所示。

(15) 为插入按钮设置按钮动作，代码如下，如图 9-2-62～9-2-63 所示。

全屏 on 按钮：

```
on(press){
    fscommand("fullscreen",true);
}
```

全屏 off 按钮：

```
on(press){
    fscommand("fullscreen",false);
}
```

菜单 on 按钮：

```
on(press){
    fscommand("showmenu",true);
}
```

菜单 off 按钮：

```
on(press){
    fscommand("showmenu",false);
}
```

缩放 on 按钮：

```
on(press){
    fscommand("allowscale",true);
}
```

缩放 off 按钮：

```
on(press){
```

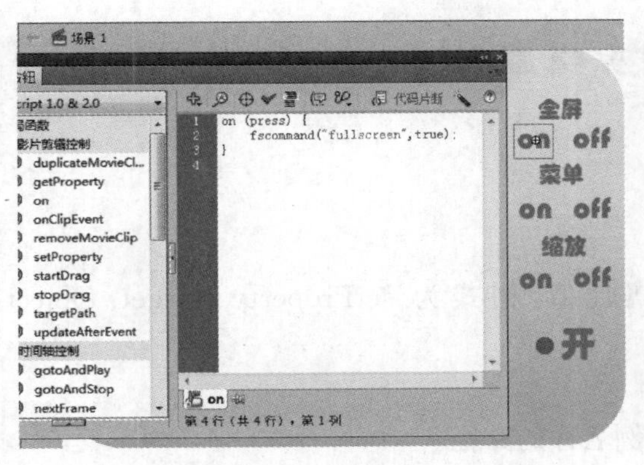

图 9-2-62　设置全屏按钮 on 动作

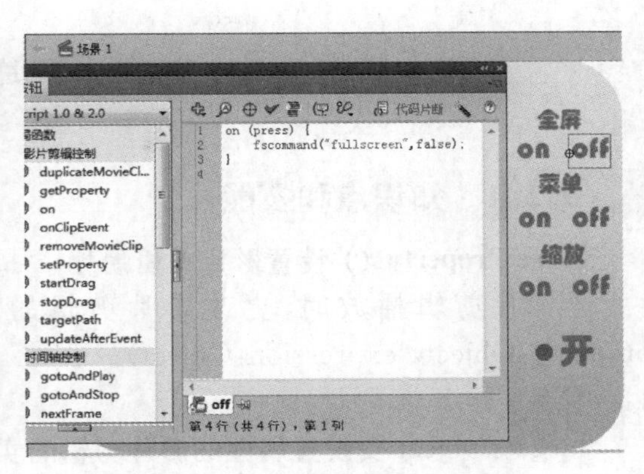

图 9-2-63　设置全屏按钮 off 动作

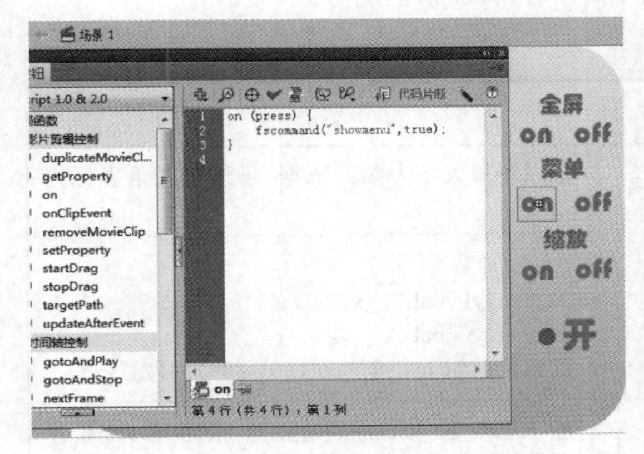

图 9-2-64　设置菜单按钮 on 动作

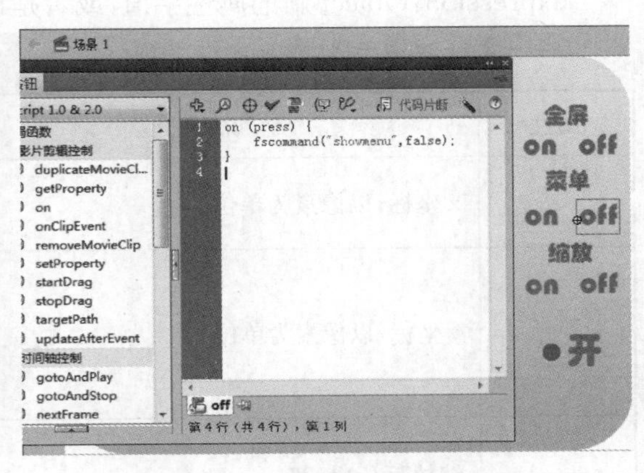

图 9-2-65　设置菜单按钮 off 动作

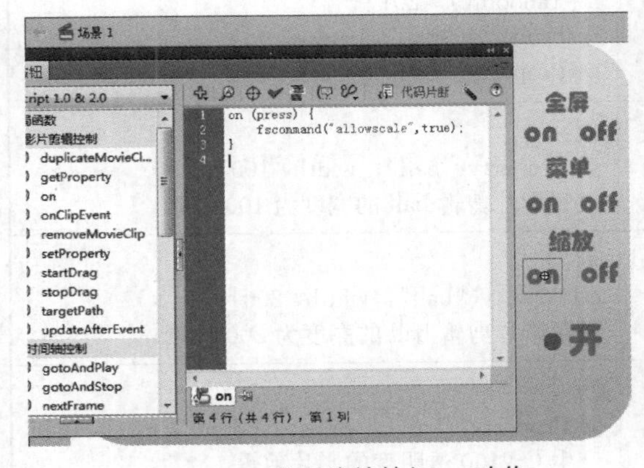

图 9-2-66　设置缩放按钮 on 动作

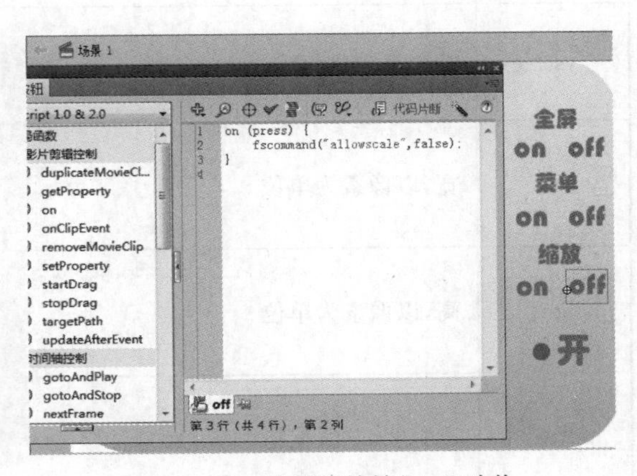

图 9-2-67　设置缩放按钮 off 动作

```
    fscommand("allowscale",false);
}
```

（16）测试动画，并以文件名“9.2.4 电视机”保存。

9.3 影片剪辑属性

9.3.1 知识点和技能

1. setProperty () 设置影片剪辑属性

当影片剪辑播放时，更改影片剪辑的属性值，格式为 setProperty(target:Object, property:Object, expression:Object)。

参数：

target:Object 要设置属性的影片剪辑的实例名称的路径。

property:Object 要设置的属性。

expression:Object 新的属性字值，或者是计算结果为属性新值的等式。

常用属性设置一览表：

属性	说明	示例
_x	x 坐标，以像素为单位	一般以场景大小为参照依据，场景左上角坐标为(0, 0)

_y	y 坐标，以像素为单位	例：
		setProperty("ball",_x, 50);
		setProperty("ball",_y,200);
		设置影片剪辑 ball 坐标在(50, 200)的位置

_xscale	缩放百分比(宽)	一般_xscale 和_yscale 同时设置，采用同一变量控制参数值)
		例：
		a=random() * 20;
		setProperty("ball",_xscale, a);
		setProperty("ball",_yscale, a);

_yscale	缩放百分比(高)	
_width	宽，以像素为单位	例： setProperty("ball",_width, 100); 设置影片剪辑 ball 的宽度为 100 像素
_height	高，以像素为单位	例： etProperty("ball",_width, 200); 设置影片剪辑 ball 的高度为 200 像素
_alpha	透明度，取值范围为 0～100	例： setProperty("ball",_alpha,random() * 100)随机产生 0～100 透明度的影片剪辑
_rotation	旋转角度，取值范围为 0～360	例： setProperty("ball",_rotation,random() * 360)随机产生 0～360 度的角度旋转
_visible	设置可见性，true 为显示，false 为不显示。	例： setProperty("ball",_visible,false) 设置影片剪辑 ball 不可见

2. getProperty () 获取影片剪辑属性

获取指定影片剪辑的属性值,格式为 getProperty(my_mc:Object, property:Object)。

参数:

my_mc:Object 要检索的影片剪辑的实例名称。

property:Object 影片剪辑的属性。

在 Flash Player 5 后不推荐使用。可用点语法表示。

如:

getProperty("ball",_x);可以写成_root.ball._x(调用主时间轴中影片剪辑实例 ball 的_x属性)

获取常用属性见上表。

3. duplicateMovieClip () 复制影片剪辑

复制指定影片剪辑,复制的影片剪辑始终从第 1 帧开始播放。

格式为 duplicateMovieClip(target:String, newname:String, depth:Number)。

参数:

target:Object 要复制的影片剪辑的目标路径。

newname:String 所复制影片剪辑的实例名称。

depth:Number 所复制的影片剪辑的唯一深度级别。深度级别是所复制的影片剪辑的堆叠顺序。

如:

duplicateMovieClip(paopao,"paopao1",1);//复制影片剪辑 paopao,复制出的影片剪辑名为 paopao1,且深度级别为 1。

9.3.2 范例——rpg 人物行走

设计结果

通过按钮或键盘上的方向键,控制人物的行走方向,如图 9-3-1 所示。

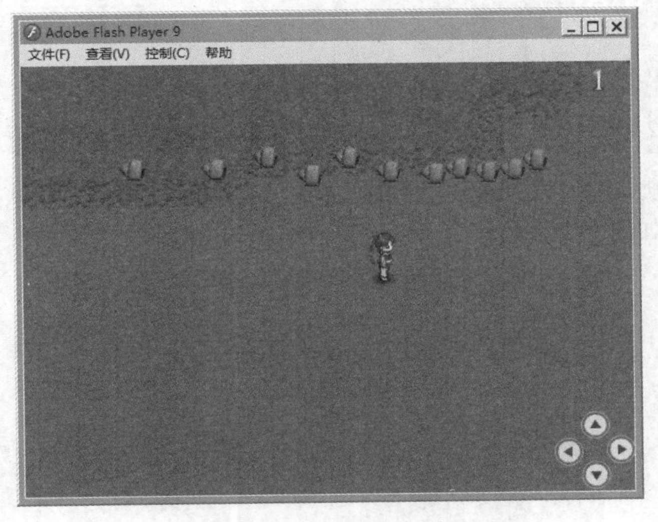

图 9-3-1 "rpg 人物行走"效果图

设计思路

(1) 导入人物行走图片,完成四个方向行走的影片剪辑。

(2) 完成行走影片剪辑制作。

(3) 完成场景制作,并设置按钮动作,完成对人物行走的控制。

范例解题引导

Step1 我们首先来制作人物四个方向行走的影片剪辑。

(1) 创建一个新的 Flash 文档,选择类型为 ActionScript 2,设置舞台大小为 550×400 像素,背景为白色。

(2) 将"9. 3. 2a1"~"9. 3. 2d4"导入到库,如图 9-3-2 所示。

(3) 新建影片剪辑,元件名称为"上"。

(4) 在影片剪辑"上"的编辑状态下,分别将库中图片"9. 3. 2a1"~"9. 3. 2a4"拖入场景,每张图片持续 3 帧,如图 9-3-3 所示。

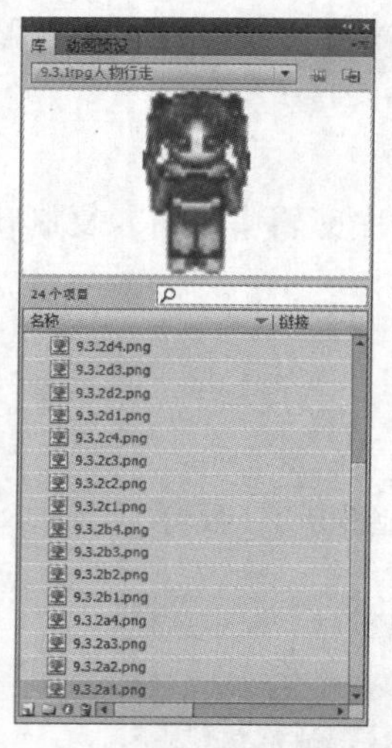

图 9-3-2 导入行走素材图

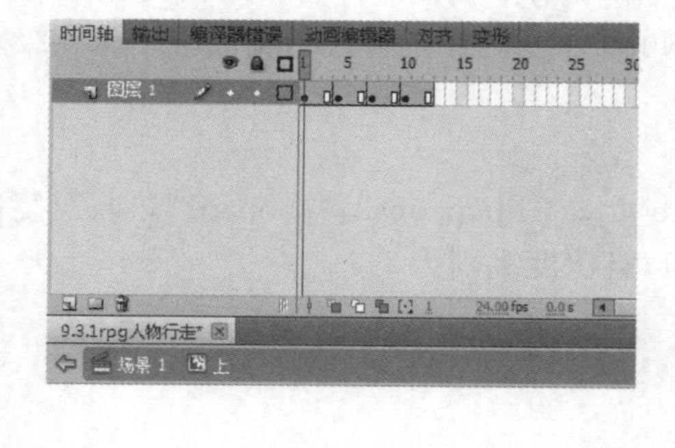

图 9-3-3 制作向上行走动画

(5) 选取第 1 帧,在"属性"面板中设置帧标签名为"up",选取第 12 帧,按快捷键 F6,设置第 12 帧为关键帧,如图 9-3-4 所示。

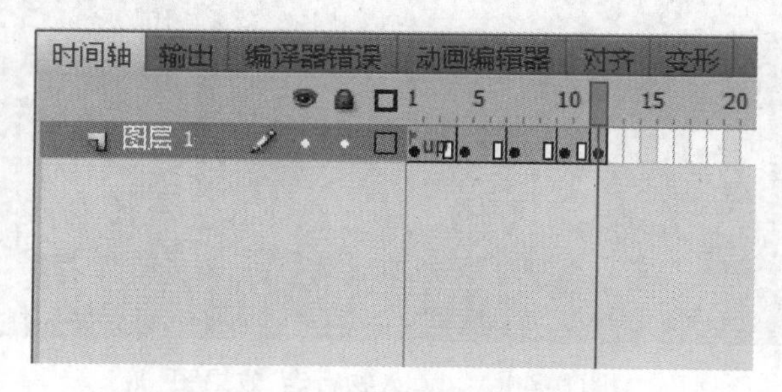

图 9-3-4 设置帧属性及关键帧

(6) 在第 12 帧设置帧动作，如图 9-3-5 所示。

```
gotoAndPlay("up");
```

(7) 同理完成影片剪辑“下”，“左”，“右”，如图 9-3-6～9-3-8 所示。

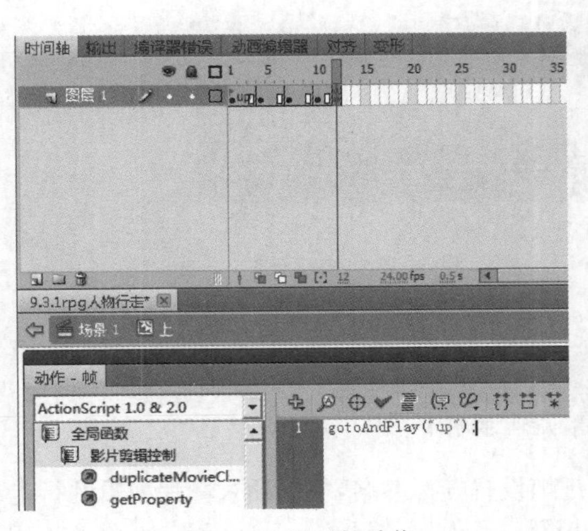

图 9-3-5　设置帧动作

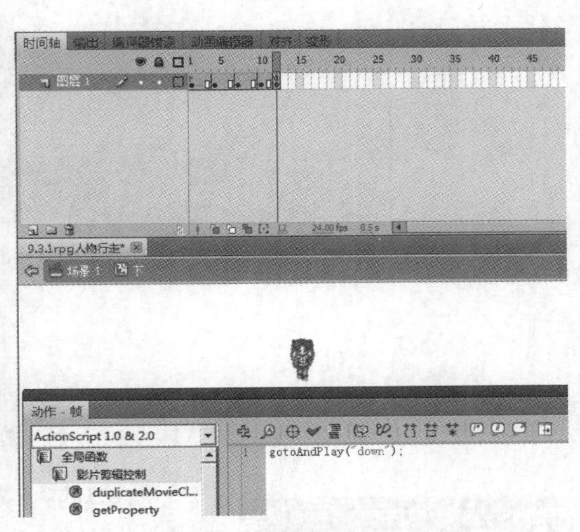

图 9-3-6　影片剪辑“下”的制作

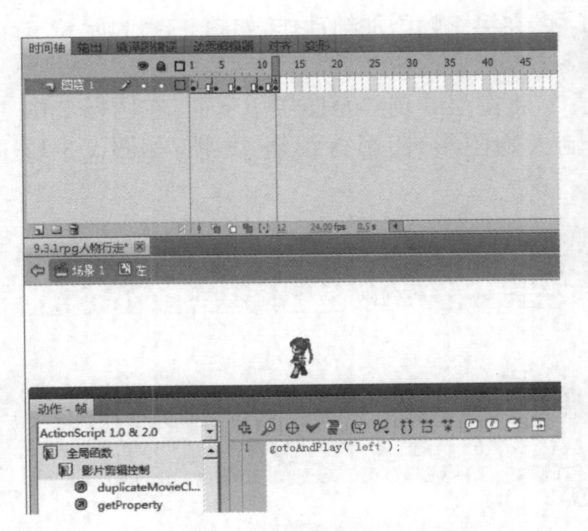

图 9-3-7　影片剪辑“左”的制作

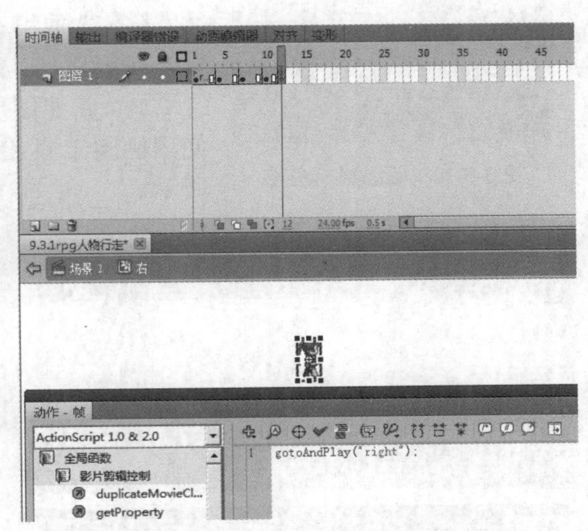

图 9-3-8　影片剪辑“右”的制作

Step2　下面来制作“walk”影片剪辑。

(1) 新建影片剪辑，影片剪辑名称为“walk”。

(2) 分别将影片剪辑“上”、“下”、“左”、“右”拖入“walk”影片剪辑场景中，并设置每个行走方向的影片剪辑持续 12 帧，如图 9-3-9 所示。

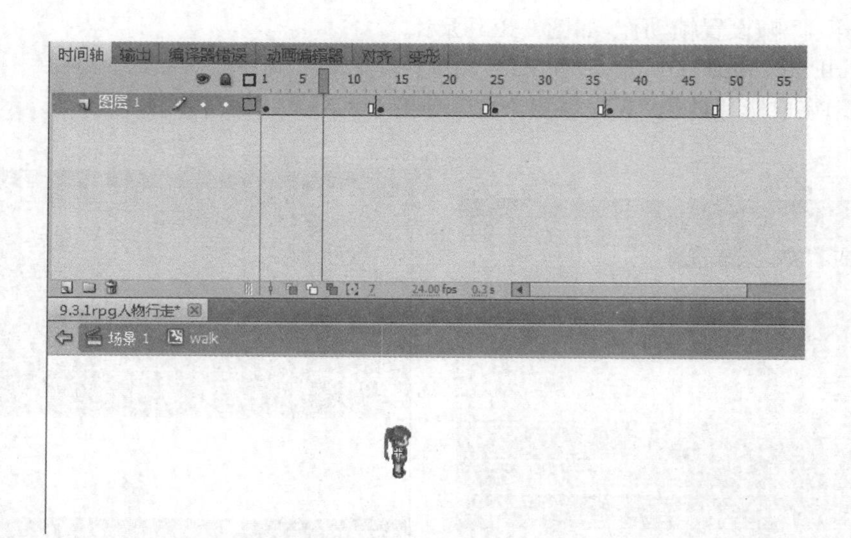

图 9-3-9　影片剪辑“walk”的制作

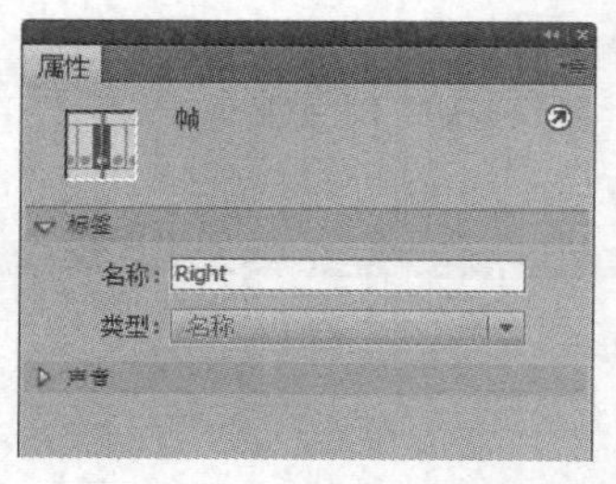

图 9-3-10　设置帧标签名

(3) 为每个关键帧设置帧标签名，根据插入影片剪辑的行走方向，分别为“Right”、“Left”、“Up”、“Down”，如图 9-3-10 所示。

(4) 选取第 1 帧，在第 1 帧添加帧动作，如图 9-3-11 所示。

```
stop();
```

(5) 新建图层 2，将图层 2 调整至图层 1 下面，在图层 2 中使用椭圆工具绘制人物阴影，阴影持续至 48 帧，如图 9-3-12 所示。

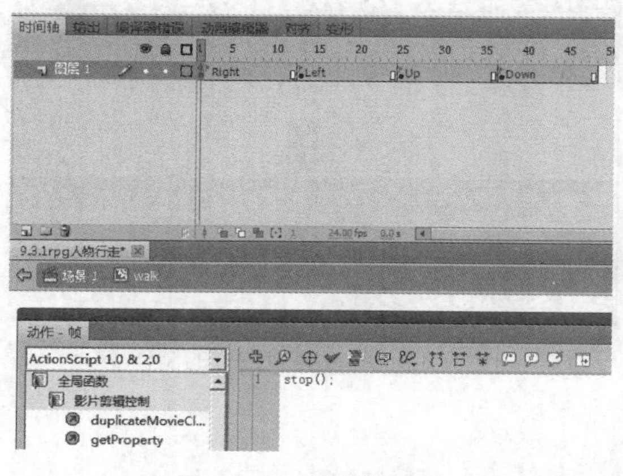

图 9-3-11　设置帧动作

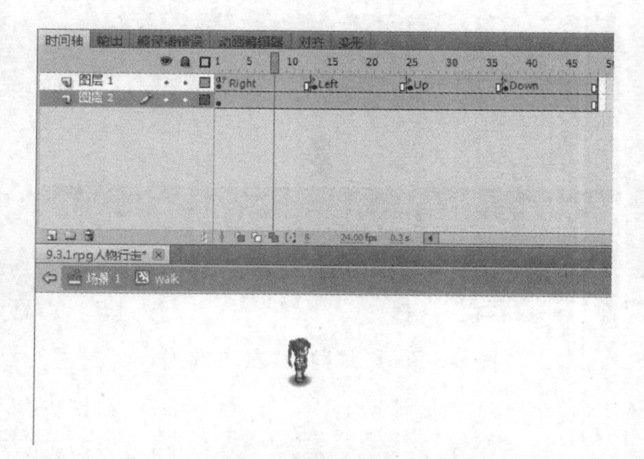

图 9-3-12　制作人物行走阴影

Step3　返回主场景，设置按钮动作，就可以控制人物的行走咯！

(1) 返回主场景，将素材图“9.3.2e.jpg”导入到舞台，调整大小，作为动画背景，如图 9-3-13 所示。

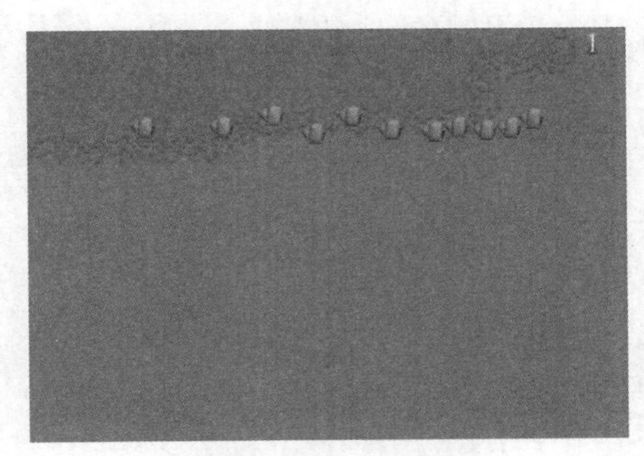

图 9-3-13　导入动画背景图

（2）将影片剪辑“walk”拖入到主场景中，保持选中状态，在“属性”面板中设置实例名称为“walk”，如图 9-3-14 所示。

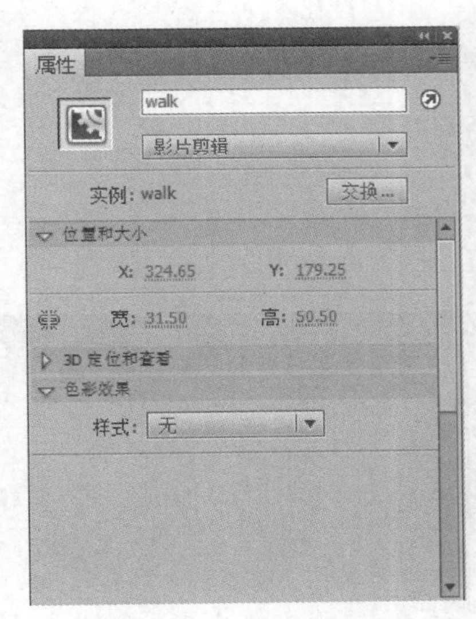

图 9-3-14　设置实例名称

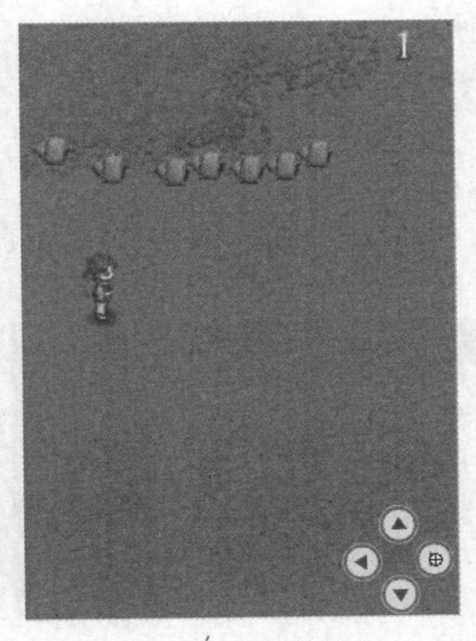

图 9-3-15　添加控制按钮

（3）新建图层 2，执行“窗口/公用库/按钮”命令，打开“库”面板，将“flat gray play”按钮拖入主场景中，复制三个副本，并将箭头方向做适当调整，如图 9-3-15 所示。

（4）为四个按钮分别添加按钮动作，代码如下，如图 9-3-16～9-3-19 所示。

向上按钮：

```
on(press,keyPress "<Up>" ){
    if(walk.currentframe!="Up"){
        walk.gotoAndStop("Up");
        }
        walk._y-=5;
}
```

向下按钮：

```
on(press,keyPress "<Down>" ){
      if(walk. currentframe!="Down"){
                        walk. gotoAndStop("Down");
               }
               walk. _y+=5;
}
```

向左按钮：

```
on(press,keyPress "<Left>" ){
      if(walk. currentframe!="Left"){
                        walk. gotoAndStop("Left");
               }
               walk. _x-=5;
}
```

向右按钮：

```
on(press,keyPress "<Right>" ){
      if(walk. currentframe!="Right"){
                        walk. gotoAndStop("Right");
               }
               walk. _x+=5;
}
```

图 9-3-16　添加向上控制按钮动作

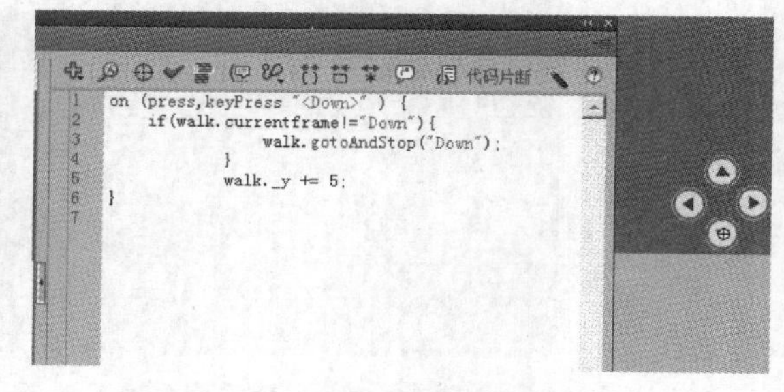

图 9-3-17　添加向下控制按钮动作

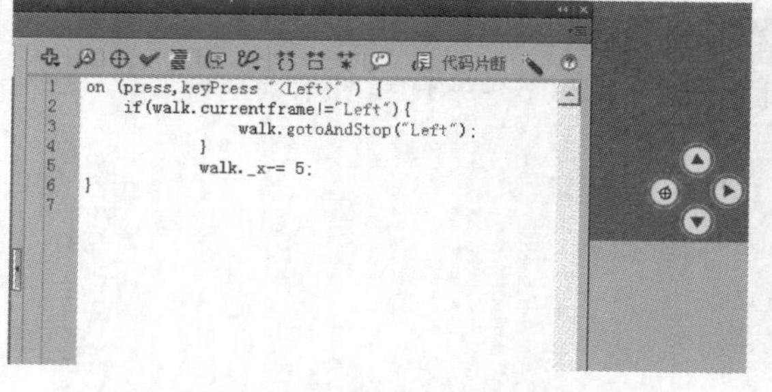

图 9-3-18　添加向左控制按钮动作

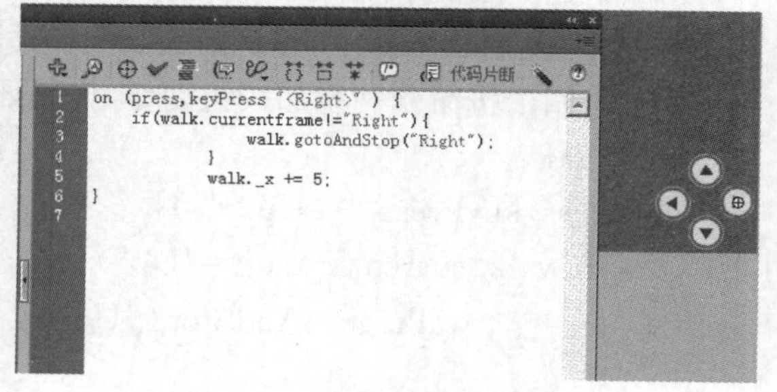

图 9-3-19　添加向右控制按钮动作

小贴士

语句注释：

on(press,keyPress "<Up>"){ } //当用户点击按钮或者按键盘按键 Up 后触发该事件，当事件触发后，将执行该事件后面大括号{}中的语句。

if(条件){执行语句 1} //如果满足条件，执行语句 1，如不满足，则不执行语句。if 条件语句将在后续章节中详细介绍。

```
if(walk.currentframe! ="Up"){
        walk.gotoAndStop("Up");
        }
```

//如果影片剪辑 walk 当前帧的帧标签名不是 Up，影片剪辑 walk 的当前帧将跳转到帧标签名为 Up 的帧上。如果影片剪辑 walk 当前帧的帧标签名是 Up，则不执行 if 语句。

walk._y-=5;//相当于 walk._y=walk._y-5 walk 影片剪辑的 y 坐标值减少 5 像素，即影片剪辑 walk 上移 5 像素。代码也可写成"setProperty("walk",_y,getProperty("walk",_y)-5);"执行结果一致，但目前已不建议使用该命令。

walk._y+=5;//相当于 walk._y=walk._y+5 walk 影片剪辑的 y 坐标值增加 5 像素，即影片剪辑 walk 下移 5 像素。

(5) 测试动画，并以文件名"rpg 人物行走"保存。

9.3.3 小试身手——可控探照灯

设计结果

制作可控探照灯，如图 9-3-20 所示。

图 9-3-20 "可控探照灯"效果图

设计思路

(1) 制作旋转按钮和开关按钮。

(2) 制作显示图案和遮罩。

(3) 编写动作控制探照灯的旋转和显示。

操作提示

(1) 创建一个新的 Flash 文档,选择类型为 ActionScript 2,设置舞台大小为 550×400 像素,背景为黑色。

(2) 新建按钮元件"wheel button",在按钮编辑状态绘制圆形,颜色设置径向渐变,如图 9-3-21所示。

(3) 新建图层 2,在按钮编辑状态绘制圆形和三角形,完成按钮方向箭头的制作,如图 9-3-22 所示。

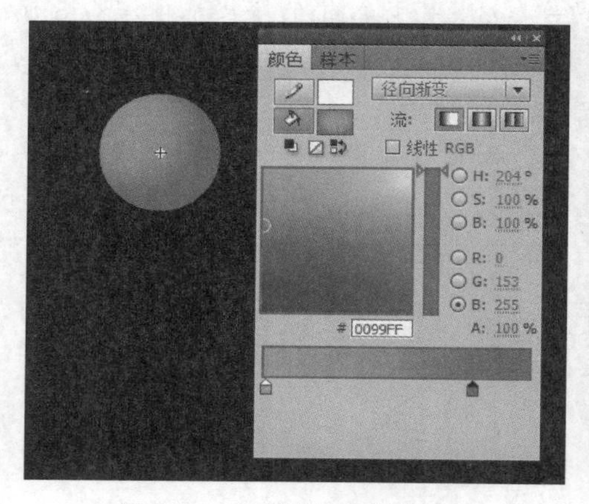

图 9-3-21　绘制径向渐变圆形

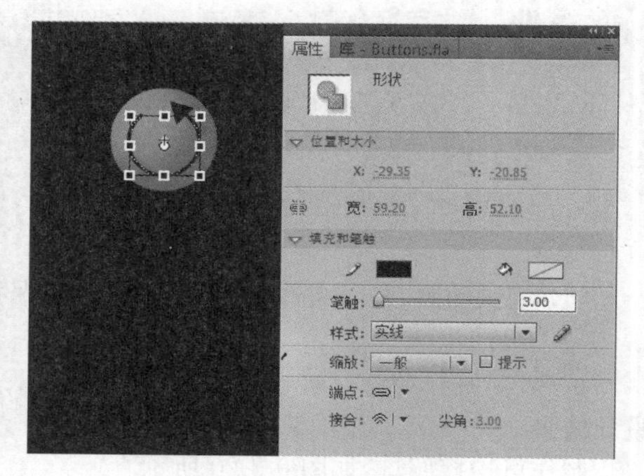

图 9-3-22　绘制方向箭头

(4) 新建按钮元件"switch on",在按钮编辑状态输入文字"switch on",文字颜色为黄色,字体为 Chiller,大小为 73 点,如图 9-3-23 所示。

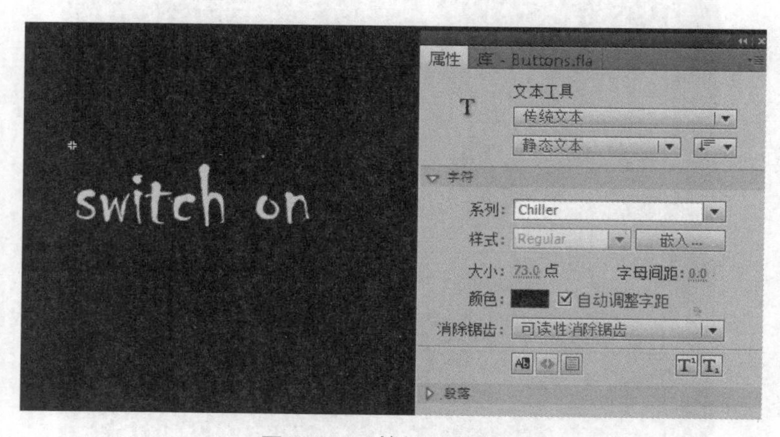

图 9-3-23　按钮 switch on

(5) 同理,完成按钮元件"switch off",如图 9-3-24 所示。

图 9-3-24　按钮 switch off

(6) 新建影片剪辑“tzd”,在影片剪辑编辑状态绘制梯形,颜色为白色渐变透明,如图 9-3-25 所示。

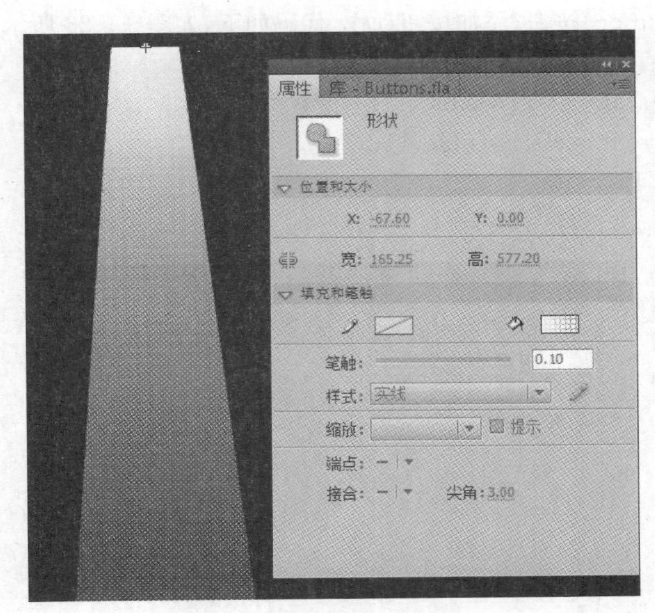

图 9-3-25　探照灯效果图

(7) 新建影片剪辑“pic”,在影片编辑状态导入素材图 9. 3. 3. gif,如 9-3-26 所示。

图 9-3-26　导入素材图

(8) 新建影片剪辑“switch”,将库中按钮元件“switch on”放在第 1 帧,将库中按钮元件“switch off”放在第 2 帧,并在第一帧添加帧动作“stop();”,如图 9-3-27 所示。

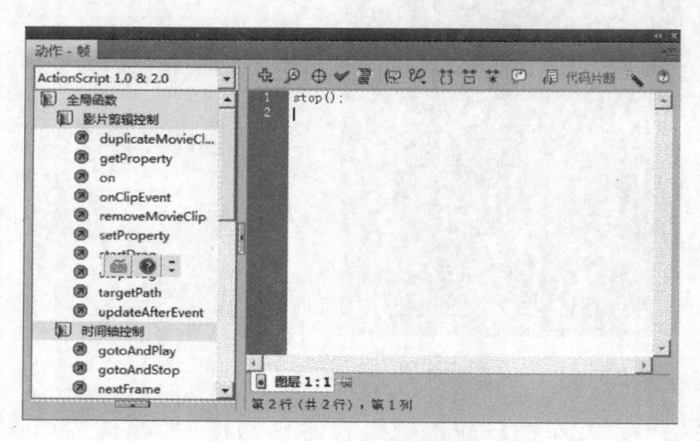

图 9-3-27　添加帧动作

(9) 选取“switch on”按钮,添加按钮动作,代码如下,如图 9-3-28 所示。

```
on(press){
setProperty("_root. tzd", _visible,1);
setProperty("_root. pic", _visible,1);
gotoAndStop(2)
}
```

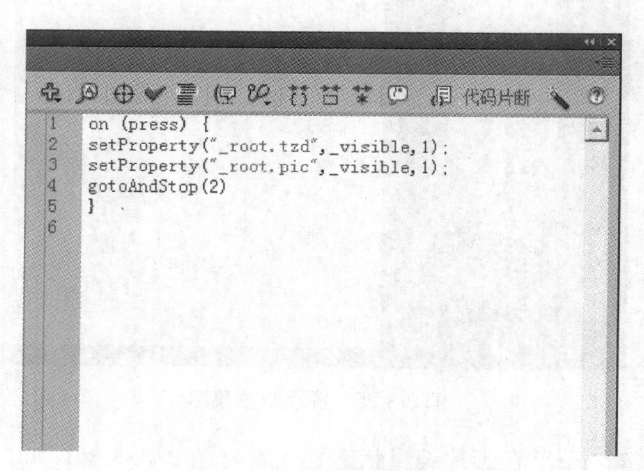

图 9-3-28　添加按钮动作

(10) 选取“switch off”按钮,添加按钮动作,代码如下,如图 9-3-29 所示。

```
on(press){
setProperty("_root. tzd", _visible,0);
setProperty("_root. pic", _visible,0);
setProperty("_root. tzd", _rotation,0);
setProperty("_root. zz", _rotation,0);
gotoAndStop(1)
}
```

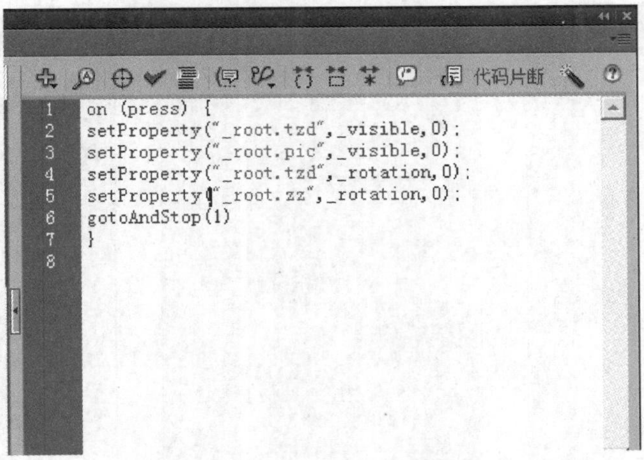

```
on (press) {
setProperty("_root.tzd",_visible,0);
setProperty("_root.pic",_visible,0);
setProperty("_root.tzd",_rotation,0);
setProperty("_root.zz",_rotation,0);
gotoAndStop(1)
}
```

图 9-3-29　添加动作

小贴士

语句注释：

on(press){

setProperty("_root. tzd", _visible,1);　//设置主时间轴上影片剪辑“tzd”为可见。

setProperty("_root. pic", _visible,1);　//设置主时间轴上影片剪辑“pic”为可见。

gotoAndStop(2);//跳转至当前第 2 帧,并停止播放。

}　//当用户点击按钮 switch on 后触发该事件,程序将执行后面大括号{}中的语句。

on(press){

setProperty("_root. tzd", _visible,0);　//设置主时间轴上影片剪辑“tzd”为不可见。

setProperty("_root. pic", _visible,0);　//设置主时间轴上影片剪辑“pic”为不可见。

setProperty("_root. tzd", _rotation,0);　//设置主时间轴上影片剪辑“tzd”当前旋转角度为 0 度。

setProperty("_root. zz", _rotation,0);　//设置主时间轴上影片剪辑“zz”当前旋转角度为 0 度。

gotoAndStop(1);　//跳转至当前第 1 帧,并停止播放。

}//当用户点击按钮 switch off 后触发该事件,程序将执行后面大括号{}中的语句。

(11) 返回主场景,在图层 1 中拖入库中影片剪辑“pic”,并在“属性”面板中设置实例名称为“pic”,如图 9-3-30 所示。

(12) 新建图层 2,在图层 2 中拖入库中影片剪辑“tzd”,并在“属性”面板中设置实例名称为“zz”,并设置图层 2 为图层 1 的遮罩,如图 9-3-31 所示。

(13) 新建图层 3,在图层 2 中拖入库中影片剪辑“tzd”,并在“属性”面板中设置实例名称为“tzd”,设置影片剪辑“tzd”与影片剪辑“zz”重叠,如图 9-3-32 所示。

(14) 将库中按钮元件“wheel button”和影片剪辑“switch”拖入主场景,如图 9-3-33 所示。

(15) 设置第 1 帧帧动作,代码如下,如图 9-3-34 所示。

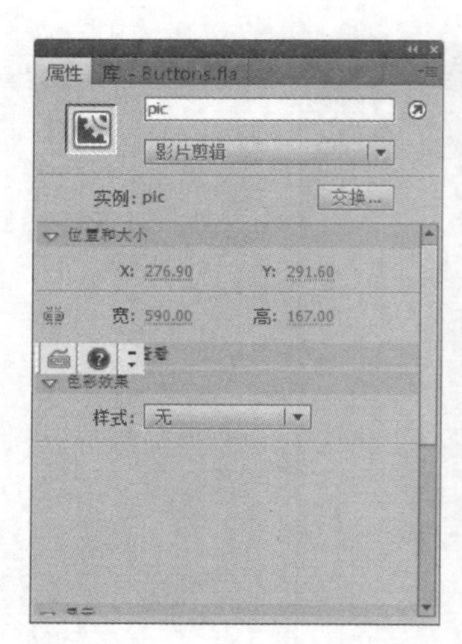

图 9-3-30 设置"pic"实例名称

图 9-3-31 制作遮罩层

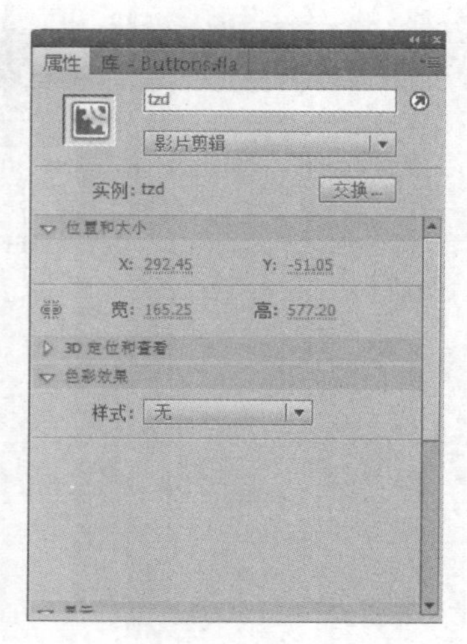

图 9-3-32 制作探照灯层

图 9-3-33 拖入元件

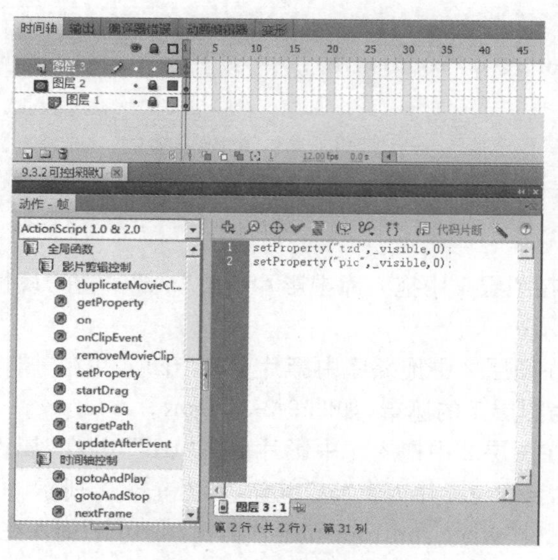

图 9-3-34 设置帧动作

```
setProperty("tzd", _visible,0);
setProperty("pic", _visible,0);
```

(16) 分别设置两个旋转按钮的按钮动作,代码如下,如图 9-3-35,9-3-36 所示。

向左按钮:

```
on(press){
    setProperty("tzd", _rotation,getProperty("tzd", _rotation)-5);
    setProperty("zz", _rotation,getProperty("zz", _rotation)-5);
}
```

向右按钮:

```
on(press){
    setProperty("tzd", _rotation,getProperty("tzd", _rotation)+5);
    setProperty("zz", _rotation,getProperty("zz", _rotation)+5);
}
```

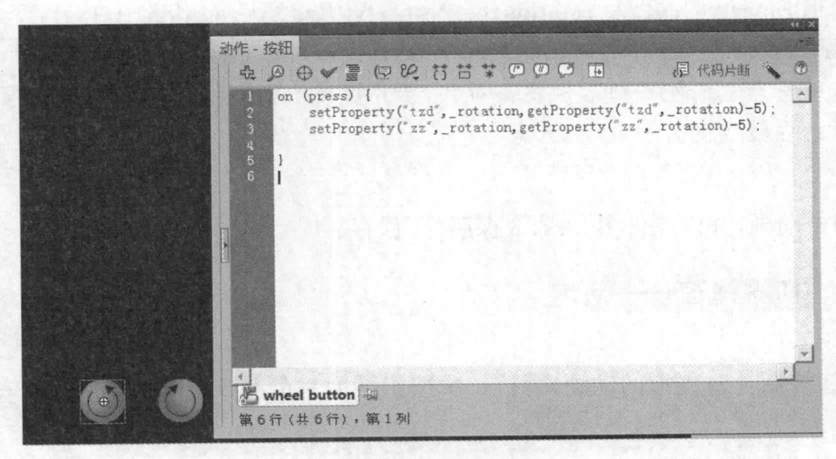

图 9-3-35　设置帧动作

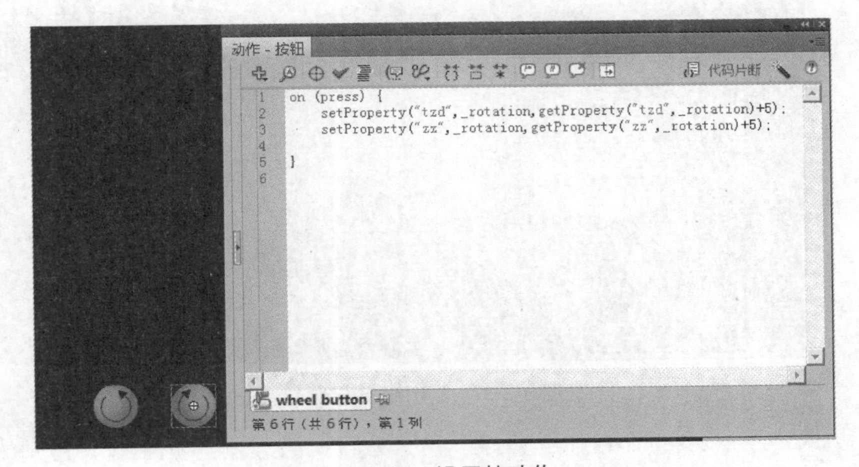

图 9-3-36　设置帧动作

小贴士

语句注释：

setProperty("tzd", _visible,0);//设置影片剪辑 tzd 不可见。

setProperty("pic", _visible,0);//设置影片剪辑 pic 不可见。

向左按钮：

```
on(press){
    setProperty("tzd", _rotation,getProperty("tzd", _rotation)-5);
    setProperty("zz", _rotation,getProperty("zz", _rotation)-5);
}//当用户点击向左按钮后触发该事件，影片剪辑 tzd 和影片剪辑中 zz 比原有角度减少 5 度，即向左转 5 度。
```

向右按钮：

```
on(press){
    setProperty("tzd", _rotation,getProperty("tzd", _rotation)+5);
    setProperty("zz", _rotation,getProperty("zz", _rotation)+5);
}//当用户点击向左按钮后触发该事件，影片剪辑 tzd 和影片剪辑中 zz 比原有角度增加 5 度，即向右转 5 度。
```

(17) 测试动画，并以文件名“9.3.3 探照灯”保存。

9.3.4 初露锋芒——泡泡

设计结果

制作按钮控制上升气泡的动画，每按一次按钮增加一个上升的气泡，如图 9-3-37 所示。

图 9-3-37 “泡泡”效果图

设计思路

(1) 绘制气泡，制作气泡上升动画。

(2) 制作控制按钮，添加动作，完成对气泡的控制。

操作提示

(1) 创建一个新的 Flash 文档，选择类型为 ActionScript 2，设置舞台大小为 1024×576 像素，背景为白色。

(2) 新建图形元件“泡泡”，绘制圆形，在“属性”面板中设置笔触为 1 像素白色，填充颜色为径向渐变，透明到白色。在圆形左上角绘制白色椭圆，如图 9-3-38 所示。

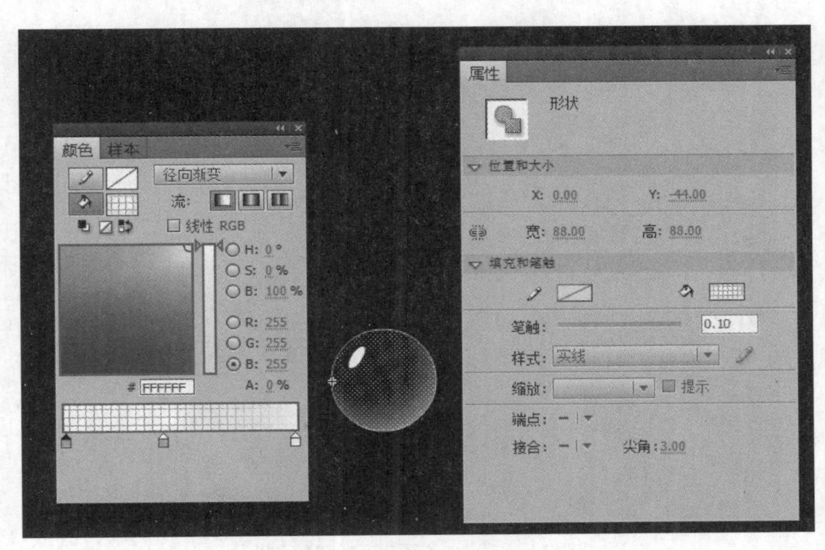

图 9-3-38　绘制气泡

(3) 新建影片剪辑“泡泡动画”，将图形元件“泡泡”拖入图层 1，如图 9-3-39 所示。

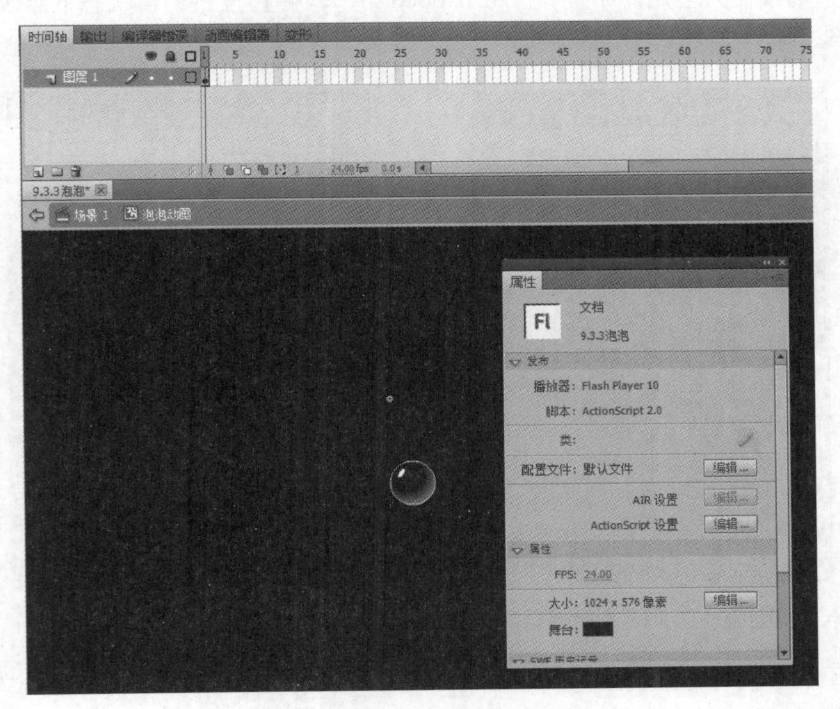

图 9-3-39　拖入图形元件“气泡”

（4）新建图层 2，绘制气泡运动路径，并完成气泡由下向上沿路径移动的引导层动画，如图 9-3-40 所示。

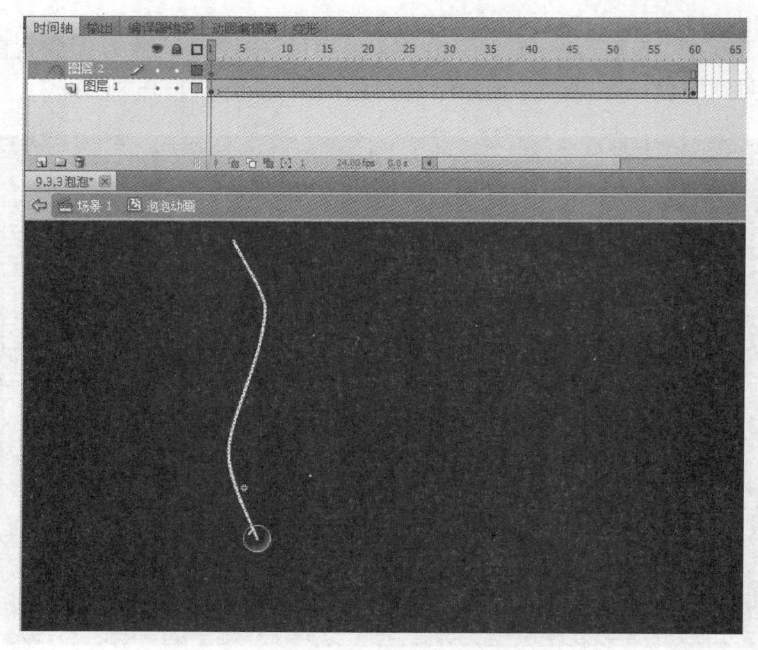

图 9-3-40　拖入图形元件“气泡”

（5）返回主场景，导入背景图 9. 3. 4. jpg。

（6）在主场景插入公用库中按钮“bar capped grey”，并在按钮编辑状态下修改按钮文本为“泡泡”，如图 9-3-41 所示。

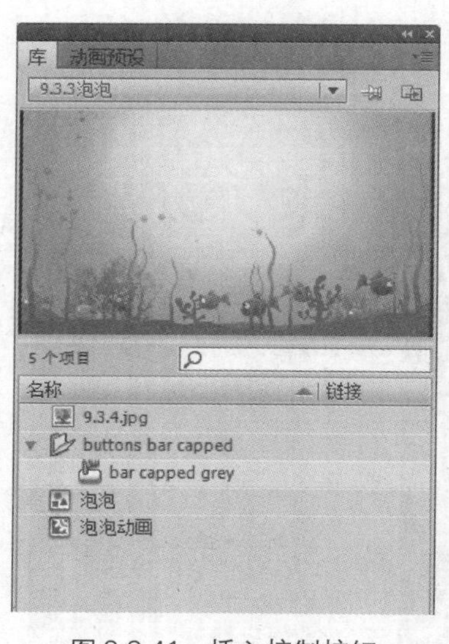

图 9-3-41　插入控制按钮

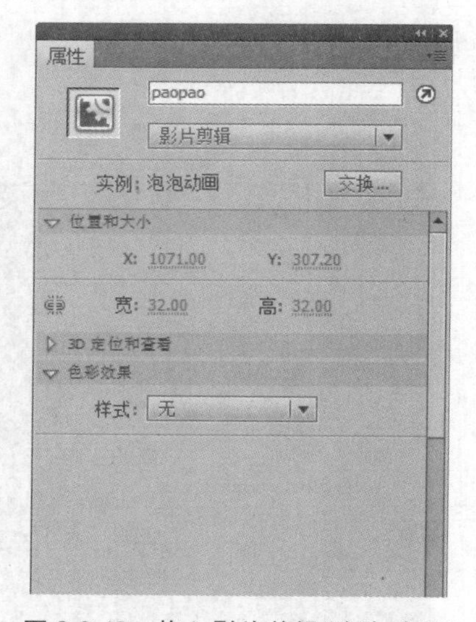

图 9-3-42　拖入影片剪辑“泡泡动画”

（7）在主场景中拖入影片剪辑“泡泡动画”，并在“属性”面板中设置实例名称为“paopao”，如图 9-3-42 所示。

(8) 在主场景第 1 帧设置帧动作，代码如下，如图 9-3-43 所示。

```
i=0;
```

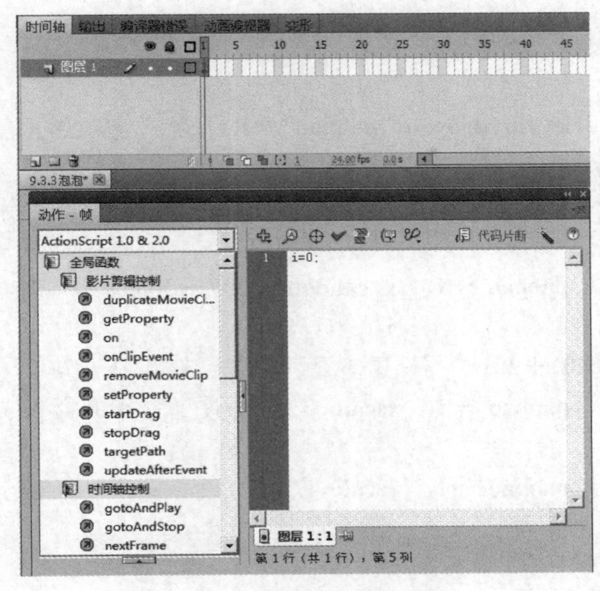

图 9-3-43　添加帧动作

(9) 选取“泡泡”按钮，添加按钮动作，代码如下，如图 9-3-44 所示。

```
on(press){
    duplicateMovieClip(paopao,"paopao"+i,i);
    setProperty("paopao"+i, _x,random(1024));
    setProperty("paopao"+i, _y,random(200)+300);
    j=random(80)+20;
    setProperty("paopao"+i, _xscale,j);
    setProperty("paopao"+i, _yscale,j);
    i=i+1;
}
```

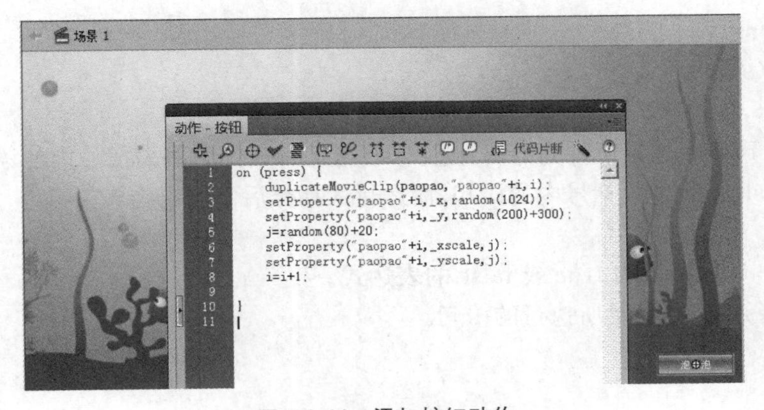

图 9-3-44　添加按钮动作

小贴士

语句注释：

i=0； //设置变量 i 的值为 0。

on(press){

duplicateMovieClip(paopao,"paopao"+i,i)； //复制影片剪辑 paopao，第一次复制的影片剪辑名称为 paopao0，深度为 0。

setProperty("paopao"+i, _x,random(1024))； //设置影片剪辑 paopao0 的 x 坐标为随机 0～1024。

setProperty("paopao"+i, _y,random(200)+300)； //设置影片剪辑 paopao0 的 y 坐标为随机 300～500。

j=random(80)+20； //设置变量 j 的值为随机 20～100。

setProperty("paopao"+i, _xscale,j)； //设置影片剪辑 paopao0 的宽度缩放百分比为变量 j 的值。

setProperty("paopao"+i, _yscale,j)； //设置影片剪辑 paopao0 的高度缩放百分比为变量 j 的值。

i=i+1； //变量 i 累加 1。

}当用户点击按钮 switch off 后触发该事件，程序将执行后面大括号{}中的语句。即当用户每按一次按钮，该段程序将复制出一个新影片剪辑。

(10) 测试动画，并以文件名"泡泡"保存。

9.4 条件语句

9.4.1 知识点和技能

在 ActionScript 中，条件语句是起判断控制的作用，它是基本的语句类型，是 ActionScript 灵活控制动画的重要语句，条件语句基本可以分为以下 3 种 if，if... else，if... else if。

1. if 语句

```
if(conditions){
statement(s);
}
```

对条件进行判断，如果条件为 true，则 Flash 将运行条件后面大括号内的语句。如果条件为 false，则 Flash 将跳过大括号内的语句，而运行大括号后面的语句。

参数：

conditions：计算结果为 true 或 false 的表达式。

statement(s)：条件满足所执行的语句。

如：

```
If(i>5){
//如果 i 大于 5
```

```
stop();
//停止播放动画
}
```

2. if..else 语句

```
if(conditions){
statement(s)1;
}
else{statement(s)2;
}
```

对条件进行判断如果条件为 true，则执行 statement1(s)语句，否则，执行 statement2(s)语句。

参数：

conditions：同上。

statement(s)1：条件满足所执行的语句。

statement(s)2：条件不满足所执行的语句。

例：

```
If(this._x<0){
//如果 x 轴的坐标值小于 0
this._x=0
//设置 x 轴坐标值等于 0
}
Else{
//如果不满足条件
This._x=this._x-5
//设置 x 轴坐标值减少 5
}
```

if...else if

```
if(condition(s)1){
statement(s)1;
}elseif(condition(s)2){
Statement(s)2;
}
```

如果条件 condition(s)1 满足，则执行 statement(s)2 语句；如果 condition(s)1 不满足，但 condition(s)2 满足，则执行 statement(s)2 语句。

参数：

conditions：同上。

statement(s)1：条件 condition(s)1 满足所执行的语句。

statement(s)2：条件 condition(s)2 满足所执行的语句。

如：

```
if(this._x>=0){
```

```
//如果 x 轴的坐标值大于等于 0
this._x=0
//设置 x 轴坐标值等于 0
    }
else if(this._x<=-500){
//如果 x 轴的坐标值小于-500
        this._x=-500
//设置 x 轴坐标值等于-500
        }
}
```

9.4.2 范例——蝴蝶飞舞

设计结果

蝴蝶从右向左随机上下飞舞，如图 9-4-1 所示。

图 9-4-1 "蝴蝶飞舞"效果图

设计思路

(1) 导入背景图和蝴蝶动画。

(2) 设置蝴蝶影片剪辑动作，使蝴蝶从右向左随机上下飞舞。

范例解题引导

Step1 我们首先来制作背景图和蝴蝶动画。

(1) 创建一个新的 Flash 文档,选择类型为 ActionScript 2,设置舞台大小为 357×467 像素,背景为白色。

(2) 导入背景图 9.4.2a.jpg,并设置背景图的坐标为(0, 0),如图 9-4-2 所示。

图 9-4-2 设置背景图坐标

(3) 导入蝴蝶飞舞 gif 动态图"9.4.3b.gif",并修改导入的影片剪辑名为"蝴蝶",如图 9-4-3 所示。

Step2 我们首先来制作背景图和蝴蝶动画。

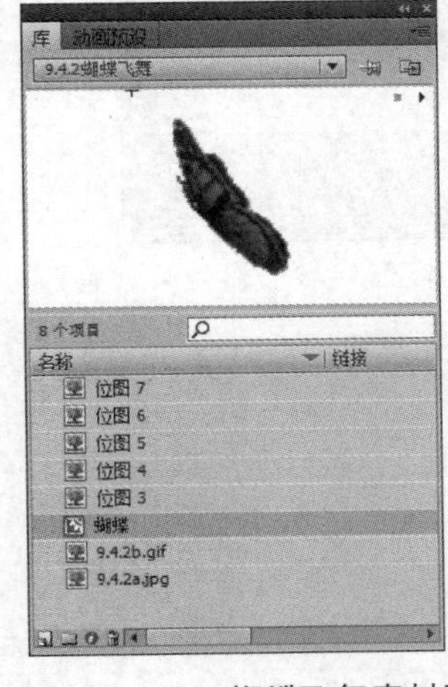

图 9-4-3 导入蝴蝶飞舞素材图

图 9-4-4 拖入影片剪辑

(1) 将影片剪辑"蝴蝶"拖入主场景右侧,如图 9-4-4 所示。

(2) 选取影片剪辑“蝴蝶”，添加影片剪辑动作，代码如下，如图 9-4-5 所示。

```
onClipEvent(enterFrame){
    _x-=2;
    if(Math.random()>0.5){
    _y+=10;
    } else {
    _y-=10;
    }
    if(_x<-70){
    _x=357;
    }
    if(_y<0 || _y>467){
    _y=170;
    }
}
```

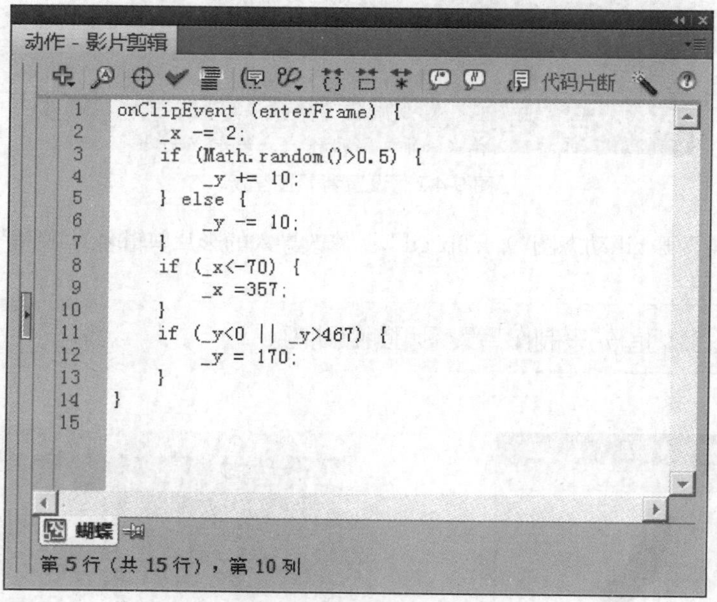

动作 - 影片剪辑

```
1  onClipEvent (enterFrame) {
2      _x -= 2;
3      if (Math.random()>0.5) {
4          _y += 10;
5      } else {
6          _y -= 10;
7      }
8      if (_x<-70) {
9          _x =357;
10     }
11     if (_y<0 || _y>467) {
12         _y = 170;
13     }
14 }
15
```

蝴蝶

第 5 行（共 15 行），第 10 列

图 9-4-5　添加影片剪辑动作

小贴士

语句注释：

onClipEvent(enterFrame){//当前影片剪辑被加载时，不停地循环执行大括号里的命令。

_x-=2;//当前影片剪辑的 x 坐标减少 2 像素，即影片剪辑向左移动 2 像素。

```
        if(Math.random()>0.5){//判定随机产生的数值是否大于0.5,如果大于0.5,
将执行大括号中的命令。如果小于0.5,将执行else后大括号中的命令。
            _y+=10;//当前影片剪辑的y坐标增加10像素,即影片剪辑向下移动10像素。
        } else {
            _y-=10;//当前影片剪辑的y坐标减少10像素,即影片剪辑向下移动10
像素。
        }
        if(_x<-70){
            _x=357;
        }//如果当前影片剪辑的x坐标小于-70,即影片剪辑移出画面,则影片剪辑的x
坐标重置为357。
        if(_y<0 || _y>467){
            _y=170;
        }//如果当前影片剪辑的y坐标小于0或者y坐标大于467时,即影片剪辑移出
画面,则影片剪辑的y坐标重置为170。
    }
```

(3) 测试动画,并以文件名"9.4.2 蝴蝶飞舞"保存。

9.4.3 小试身手——滚动字幕

设计结果

制作按钮控制字幕滚动效果,如图9-4-6所示。

图9-4-6 "滚动字幕"效果图

设计思路

(1) 导入背景图片输入背景文字。

(2) 将文本复制到场景中,将其转化成影片剪辑元件并添加遮罩层控制它的显示区域。

(3) 制作按钮并通过 if 语句来控制文本的滚动方向。

操作提示

(1) 创建一个新的 Flash 文档,设置舞台大小为 560×460 像素,背景为白色。

(2) 将"9.4.3.jpg"导入到库中。

(3) 将"9.4.3.jpg"从库中拖入主场景,利用"对齐"面板使其中心与舞台中心对齐。

(4) 选择文本工具,在场景中输入静态文本"LYRICS",并在"属性"面板中设置字体为 Arial,颜色为暗红色,字体大小为 52,如图 9-4-7 所示。

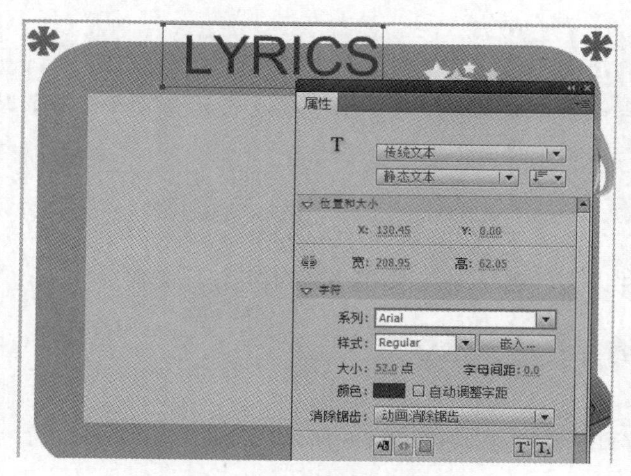

图 9-4-7 设置静态文本属性

(5) 新建图层 2,打开配套的"lyrics.txt"文件,将文本复制到主场景中,并在"属性"面板中设置字体为 Arial,颜色为暗红色,字体大小为 12,文本位置如图 9-4-8 所示。

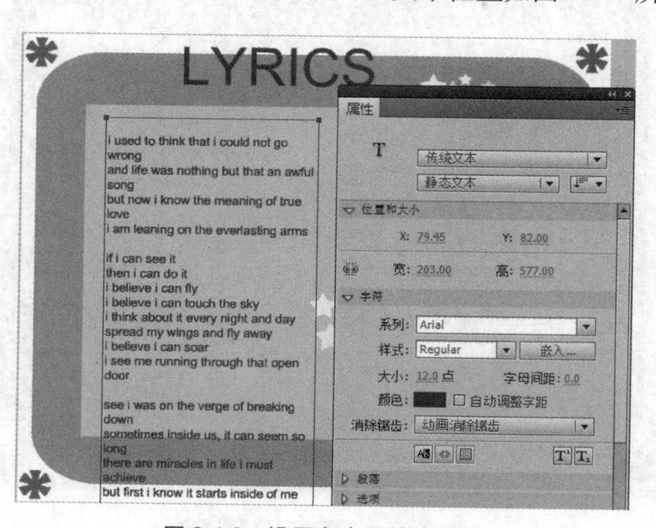

图 9-4-8 设置文本属性及位置

(6) 选取文本，按快捷键 F8 将文本转换为影片剪辑，影片剪辑名为“lyrics”，并设置顶端中心对齐，如图 9-4-9 所示。

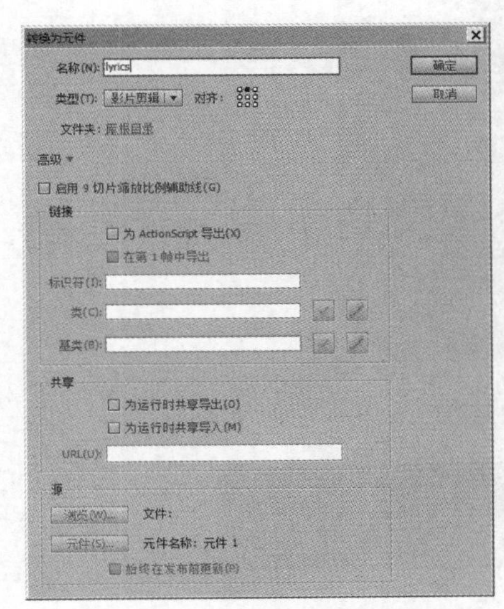

图 9-4-9　转换为元件影片剪辑对话框

图 9-4-10　绘制的矩形

(7) 返回主场景，新建图层 3，在图层 3 使用矩形工具绘制一矩形，使其刚好覆盖背景图上的文字，如图 9-4-10 所示。

(8) 在图层 3 的名称上右击鼠标，选择“遮罩层”命令，将图层 3 作为图层 2 的遮罩层，如图 9-4-11 所示。

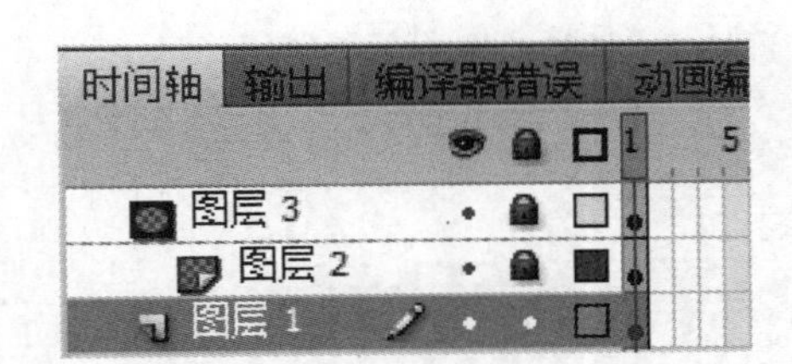

图 9-4-11　创建遮罩层

图 9-4-12　绘制按钮

(9) 新建按钮元件“button”，在按钮编辑状态使用椭圆工具和多角星形工具绘制箭头按钮，如图 9-4-12 所示。

(10) 返回主场景，选择图层 1 的第 1 帧，将“button”按钮元件拖入主场景中。

(11) 复制“button”按钮元件，执行“修改/变形/垂直翻转”命令，垂直翻转复制出按钮元件，如图 9-4-13 所示。

(12) 选择向上按钮，添加动作，代码如下，如图 9-4-14 所示。

```
on(press){
    lyrics._y=_root.lyrics._y-10
    if(lyrics._y<=-180.9){
        lyrics._y=-180.9
        }
}
```

图 9-4-13　场景中的按钮元件

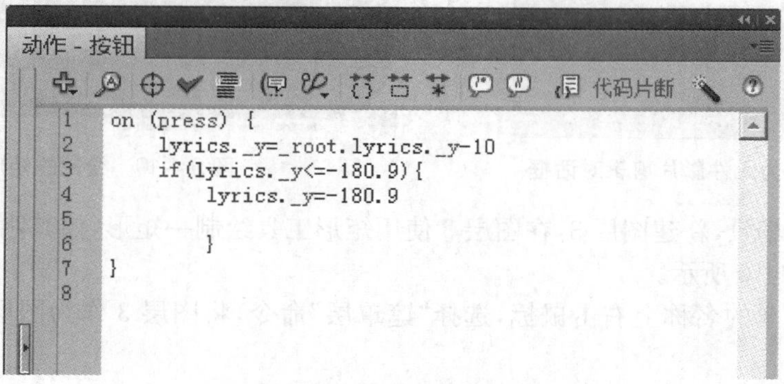

动作 - 按钮

代码片断

```
1  on (press) {
2      lyrics._y=_root.lyrics._y-10
3      if(lyrics._y<=-180.9){
4          lyrics._y=-180.9
5
6          }
7  }
8
```

图 9-4-14　添加向上按钮动作

小贴士

语句注释：

on(press){按下鼠标触发动作

lyrics. _y＝_root. lyrics. _y－10　向上移动 10 个单位。注：越向上移动，y 轴坐标值越小。

if(lyrics. _y＜＝－180. 9){

lyrics. _y＝－180. 9

}

If 语句控制影片剪辑上移的极限；如果 y 轴坐标小于等于－180. 9，则设置它的 y 轴坐标为－180. 9。这样就能保证字幕到达极限位置就不再滚动。当然这个极限位置不是固定的，根据你所放置字幕的位置不同会有不同的值。

(13) 选择向下按钮，添加动作，代码如下，如图 9-4-15 所示。

```
on(press){
    lyrics._y=_root.lyrics._y+10
    if(lyrics._y>=82){
```

```
        lyrics._y=82
        }
}
```

```
动作 - 按钮
1  on (press) {
2      lyrics._y=_root.lyrics._y+10
3      if(lyrics._y>=82){
4          lyrics._y=82
5
6          }
7  }
8
```

图 9-4-15　添加向下按钮动作

小贴士

语句注释：

lyrics. _y=_root. lyrics. _y+10　向下移动 10 个单位。

if(lyrics. _y>=82){

lyrics. _y=82

}

If 语句控制文本下移的极限；如果 y 轴坐标大于等于 82，则设置它的 y 轴坐标为 82。

（14）测试动画，并以文件名“滚动字幕. fla”保存。

9.4.4　初露锋芒——雪花纷飞

设计结果

制作雪花纷飞，从上往下落的动画，如图 9-4-16 所示。

图 9-4-16　“雪花纷飞”效果图

设计思路

(1) 导入雪花图片,制作雪花从上到下飘落动画。

(2) 制作场景中雪花纷飞效果。

操作提示

(1) 创建一个新的 Flash 文档,选择类型为 ActionScript 2,设置舞台大小为 550×361 像素,背景为黑色。

(2) 新建影片剪辑"雪花",导入雪花图片"9. 4. 4b. png",如图 9-4-17 所示。

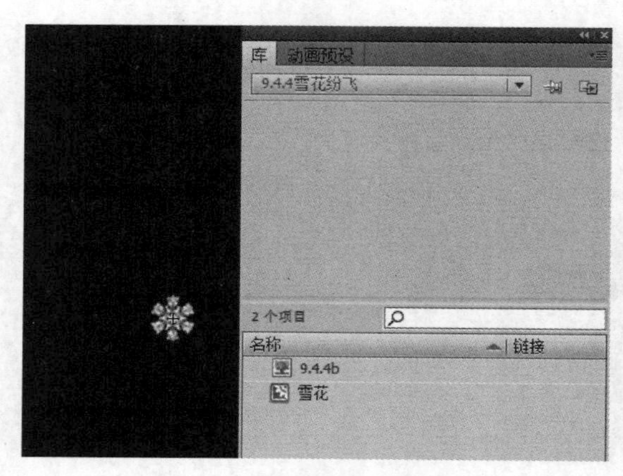

图 9-4-17　制作雪花影片剪辑

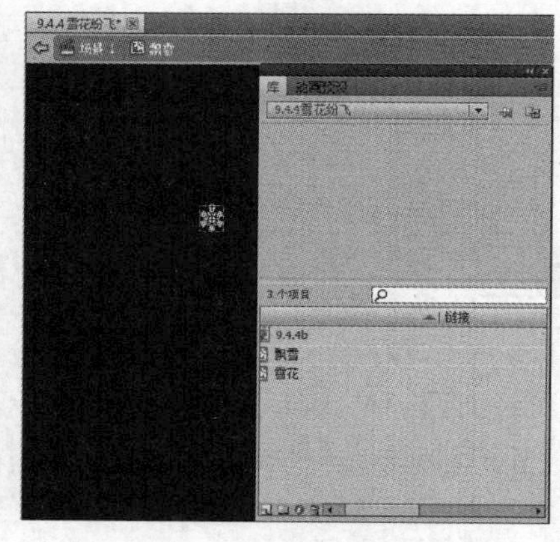

图 9-4-18　拖入影片剪辑"雪花"

(3) 新建影片剪辑"飘雪",将影片剪辑"雪花"拖入当前影片剪辑的编辑窗口,如图 9-4-18 所示。

(4) 选取拖入的影片剪辑"雪花",为影片剪辑"雪花"添加动作,代码如下,如图 9-4-19 所示。

动作 - 影片剪辑

```
onClipEvent (enterFrame) {
    if (Math.random()>0.5) {
        this._x = this._x+5;
    } else {
        this._x = this._x-5;
    }
    this._y = this._y+5;
    if (this._y>250) {
        this._y = 0;
    }
}
```

雪花

第 9 行 (共 12 行), 第 13 列

图 9-4-19　添加影片剪辑"雪花"动作

```
onClipEvent(enterFrame){
    if(Math. random()>0. 5){
        this. _x=this. _x+5;
    } else {
        this. _x=this. _x-5;
    }
    this. _y=this. _y+5;
    if(this. _y>250){
        this. _y=0;
    }
}
```

小贴士

语句注释：

onClipEvent(enterFrame){//当前影片剪辑被加载时，不停地循环执行大括号里的命令。

if(Math. random()>0. 5){//判定随机产生的数值是否大于0.5，如果大于0.5，将执行大括号中的命令。如果小于0.5，将执行else后大括号中的命令。

this. _x=this. _x+5;//当前影片剪辑的x坐标增加5像素，即影片剪辑向右移动5像素。

} **else** {

this. _x=this. _x-5;//当前影片剪辑的x坐标减少5像素，即影片剪辑向左移动5像素。

}

this. _y=this. _y+5;//当前影片剪辑的y坐标增加5像素，即影片剪辑向下移动5像素。

if(this. _y>250){

this. _y=0;//如果当前影片剪辑的y坐标大于250时，即影片剪辑"雪花"掉落地面，则影片剪辑的y坐标重置为0。

}

}

(5) 返回主场景，导入背景图"9. 4. 4a. jpg"。

(6) 在主场景中拖入影片剪辑"飘雪"，并在"属性"面板中设置实例名称为"snow"，如图9-4-20所示。

(7) 新建图层2，在第1～3帧分别插入空白关键帧，并分别在此三个空白帧中添加帧动作，代码如下，如图9-4-21～9-4-23所示。

第1帧：

```
i=0;
```

图 9-4-20　插入控制按钮

第 2 帧：

```
ran=Math.random()*70+30;
duplicateMovieClip(snow, "snow"+i, i);
setProperty("snow"+i, _x, Math.random()*550);
setProperty("snow"+i, _y, Math.random()*20);
setProperty("snow"+i, _xscale, ran);
setProperty("snow"+i, _yscale, ran);
setProperty("snow"+i, _alpha, ran);
i=i+1;
if(i>50){
    i=1;
}
```

第 3 帧：

```
gotoAndPlay(2);
```

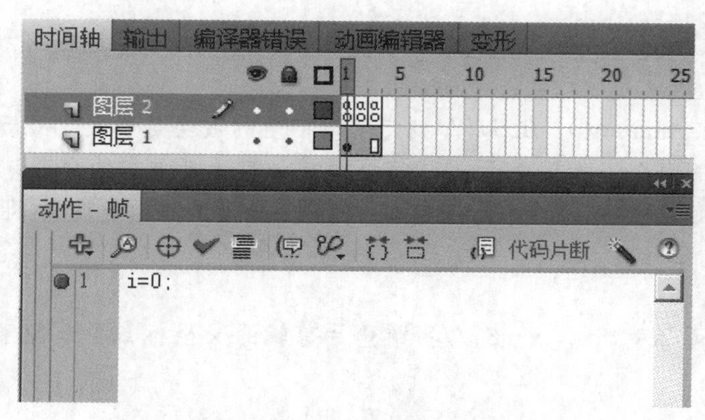

图 9-4-21　第 1 帧动作

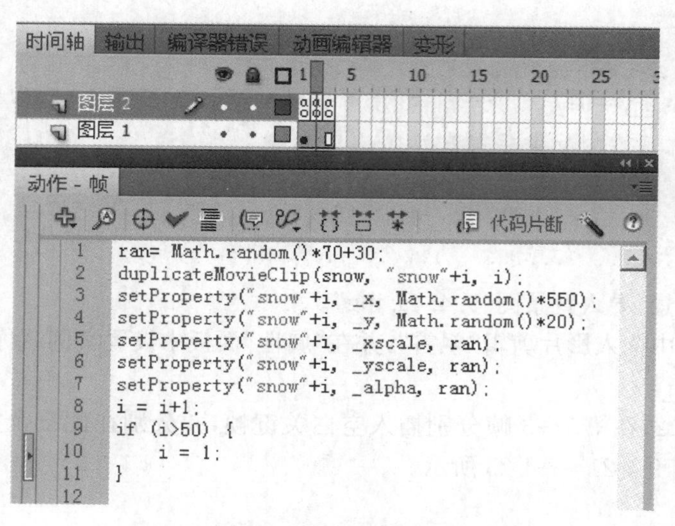

图 9-4-22　第 2 帧动作

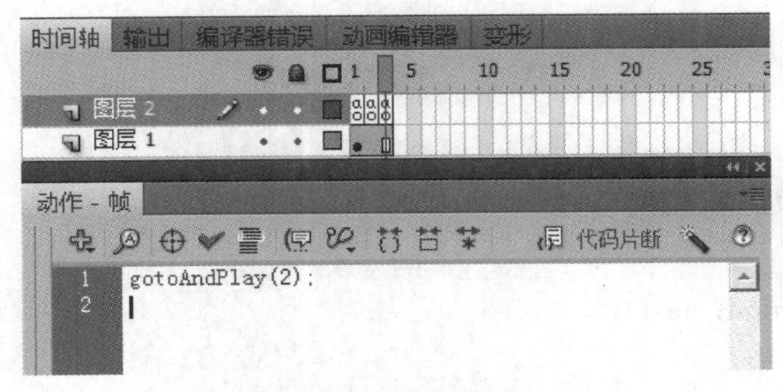

图 9-4-23　第 3 帧动作

小贴士

语句注释：

第 1 帧：

i=0;//设置变量初始值为 0。

第 2 帧：

ran=Math.random()＊70+30;//设置变量 ran 的值为随机 30～100。

duplicateMovieClip(snow,"snow"+i,i);//复制影片剪辑 snow，影片剪辑副本名称为"snow"+i，即第一次执行该动作，影片剪辑副本名为 snow0。第二次执行该动作，影片剪辑副本名为 snow1，以此类推。

setProperty("snow"+i,_x,Math.random()＊550);//设置影片剪辑副本的 x 坐标为 0～550。

setProperty("snow"+i,_y,Math.random()＊20);//设置影片剪辑副本的 y 坐标为 0～20。

setProperty("snow"+i,_xscale,ran);//设置影片剪辑副本的宽度缩放比为 30%～100%。

setProperty("snow"+i,_yscale,ran);//设置影片剪辑副本的高度缩放比为 30%～100%。

setProperty("snow"+i,_alpha,ran);//设置影片剪辑副本的透明度为 30%～100%。

i=i+1;//变量 i 累加 1。

if(i>50){

　　i=1;

}如果变量 i 的值大于 50，则变量 i 的值变为 1。

第 3 帧：

gotoAndPlay(2);//跳转到第 2 帧播放。

(8) 测试动画，并以文件名"雪花纷飞.fla"保存。

9.5 循环语句

9.5.1 知识点和技能

1. for 语句

```
for(init; condition; next){
statement(s);
}
```

计算一次 init(初始化)表达式,然后开始一个循环序列。循环序列从计算 condition 表达式开始。如果 condition 表达式的计算结果为 true,将执行 statement(s)并计算 next 表达式。然后循环序列再次从计算 condition 表达式开始。直到 condition 表达式的计算结果为 false,则跳过代码块,执行 for 语句后面的代码。

参数:

init:赋值表达式,为循环变量赋初值。

condition:循环的条件。

next:循环变量操作语句,增加或减少循环变量的值。

statement(s):循环条件满足时,执行的循环语句。

如:用 for 循环将从 1 到 100 的数字相加。

```
var sum:Number=0;
//定义变量 sum,设置它的初始值为 0
for(var i:Number=1; i <=100; i++){
//循环变量 i 的初值为 1,循环条件为 i<100,每次执行完循环语句 i 的值递增
sum+=i;
//变量 sum 的值增加 i
}
trace(sum);
//在输出面板中显示变量 sum 的值,也就是 1 到 100 的和
```

2. while 语句

```
while(condition){
statement(s);
}
```

在执行 statement(s)代码块之前,首先判断循环条件 condition,如果返回 true,则执行代码块。如果为 false,则跳过代码块,执行 while 语句块后面的语句。通常将循环变量的值作为 condition,在每个循环结尾递增或递减循环变量的值,直到达到指定值为止。此时,condition 不再为 true,循环结束。

参数:

condition:同上。

statement(s):同上。

如:while 语句用于测试表达式。在 i 的值小于 20 时,跟踪 i 的值。当条件不再为 true

时,循环将退出。

```
var i:Number=0;
//定义循环变量 i,设置初始值为 0
while(i<20){
//循环条件为 i<20
trace(i);
//在输出面板中显示 i 的值
i+=3;
//循环变量 i 的值增加 3
}
```

3. do... while 语句

```
do {
statement(s)
}
while(condition)
```

与 while 循环类似,不同之处是在对条件进行初始计算前执行一次语句。随后,仅当条件判断结果是 true 时执行语句。因此,do... while 循环确保循环内的代码至少执行一次。

参数:

condition:同上。

statement(s):同上。

如:使用 do... while 循环语句判断条件"myVar 大于 5"是否为 true,并一直跟踪 myVar,直到 myVar 大于 5。当 myVar 大于 5 时,循环将结束。

```
var myVar:Number=0;
//定义循环变量 myVar,设置初始值为 0
do {
trace(myVar);
//在输出面板中显示 myVar 的值
myVar++;
//变量 myVar 递增
}
while(myVar<5);//循环条件为 myVar<5
```

4. for... in 语句

```
for(variableIterant in object){
statement(s);
}
```

迭代对象的属性或数组中的元素,并对每个属性或元素执行 statement(s)。

注:所谓迭代就是遍历一个集合中数据

参数:

variableIterant:要作为迭代变量的变量的名称,迭代变量引用对象的每个属性或数组中的每个元素。

statement(s)：同上。

如：使用 for...in 迭代数组的元素

```
var myArray:Array=new Array("one", "two", "three");
//创建数组 myArray，数组中有 3 个元素分别为"one"，"two"，"three"
for(var index in myArray){
//遍历每个数组元素
trace("myArray["+index+"]="+myArray[index]);
//在输出面板中显示 myArray[2]=three, myArray[1]=two ,myArray[0]=one
}
```

9.5.2 范例——枫叶

设计结果

单击按钮，场景随机产生 50 片大小不同，角度不同，透明度不同的枫叶，如图 9-5-1 所示。

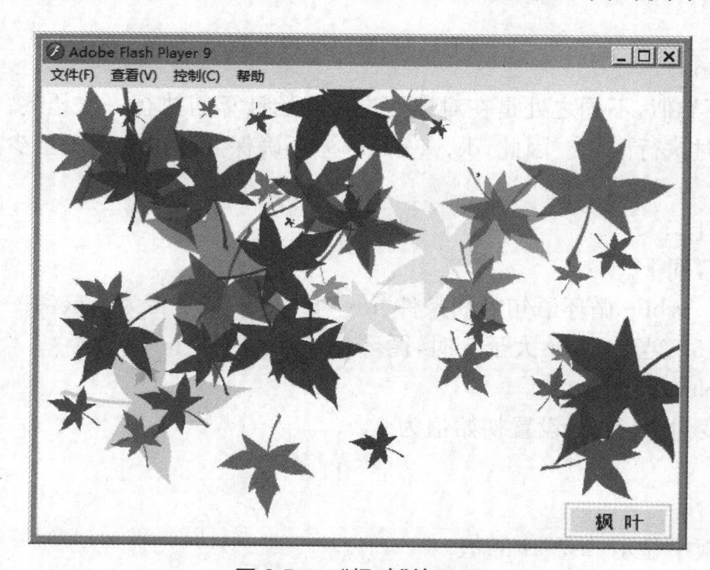

图 9-5-1 "枫叶"效果图

设计思路

(1) 导入枫叶图片，完成枫叶影片剪辑制作。

(2) 制作按钮，添加动作，完成多个枫叶特效动画。

范例解题引导

Step1 我们首先导入枫叶图片，完成影片剪辑。

(1) 创建一个新的 Flash 文档，选择类型为 ActionScript 2，设置舞台大小为 550×400 像素，背景为白色。

(2) 新建影片剪辑，元件名称为"枫叶"。

(3) 导入枫叶图“9.5.2gif”，并将图片拖入影片剪辑“枫叶”内，如图 9-5-2 所示。

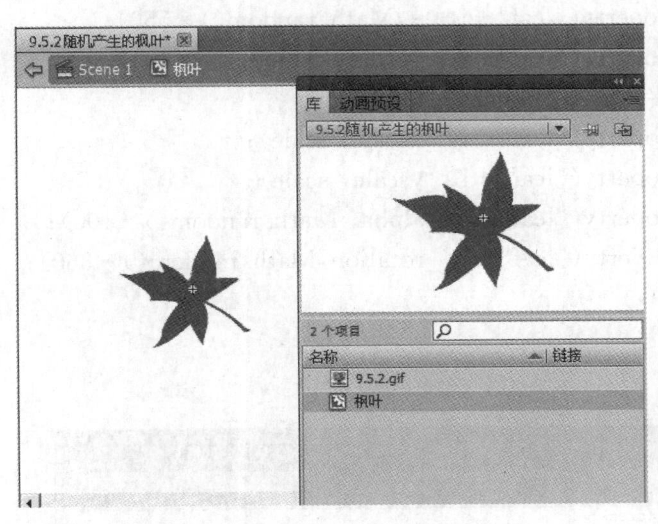

图 9-5-2　导入图片

Step2　下面在主场景中制作按钮，添加动作，完成多个枫叶特效动画。

(1) 返回主场景，将影片剪辑“枫叶”拖入主场景，并设置影片剪辑“枫叶”的实例名称为“leaf”，如图 9-5-3 所示。

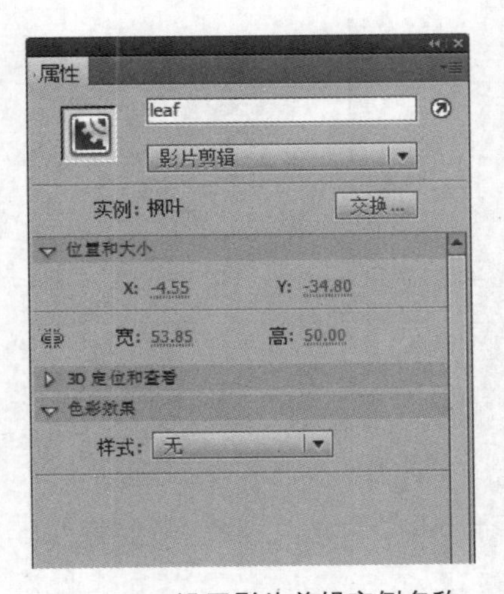

图 9-5-3　设置影片剪辑实例名称

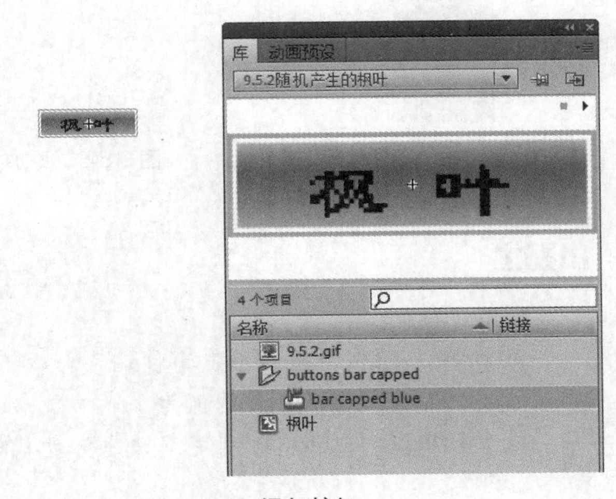

图 9-5-4　添加按钮

(2) 在主场景插入公用库中按钮“bar blue”，并在按钮编辑状态下修改按钮文本为“枫叶”，如图 9-5-4 所示。

(3) 选取按钮，添加按钮动作，代码如下，如图 9-5-5 所示。

```
on(press){
    i=1;
    while(i<=50){
```

```
            duplicateMovieClip(leaf,"leaf"+i,i);
            setProperty("leaf"+i, _x,Math.random() * 550);
            setProperty("leaf"+i, _y,Math.random() * 400);
            scale=Math.random() * 150
            setProperty("leaf"+i, _xscale, scale);
            setProperty("leaf"+i, _yscale, scale);
            setProperty("leaf"+i, _alpha, Math.random() * 100);
            setProperty("leaf"+i, _rotation,Math.random() * 360);
            i++;
        }
    }
```

动作 - 按钮

```
1  on (press) {
2      i=1;
3      while(i<=50) {
4          duplicateMovieClip(leaf,"leaf"+i,i);
5          setProperty("leaf"+i, _x,Math.random()*550);
6          setProperty("leaf"+i, _y,Math.random()*400);
7          scale=Math.random()*150
8          setProperty("leaf"+i, _xscale, scale);
9          setProperty("leaf"+i, _yscale, scale);
10         setProperty("leaf"+i, _alpha, Math.random()*100);
11         setProperty("leaf"+i, _rotation,Math.random()*360);
12         i++;
13     }
14 }
15
```

图 9-5-5　添加按钮动作

小贴士

语句注释：

on(press){//按下按钮触发事件。

i=1;//设置变量 i 的值为 1。

while(i<=50){//判定条件为变量 i 的值小于等于 50，如果满足条件，则执行大括号内语句。

duplicateMovieClip(leaf,"leaf"+i,i);//复制影片剪辑 leaf，影片剪辑副本名称为“leaf”+i，即第一次执行该动作，影片剪辑副本名为 leaf1。第二次执行该动作，影片剪辑副本名为 leaf2，以此类推。

setProperty("leaf"+i, _x,Math.random() * 550);//设置影片剪辑副本的 x 坐标为 0～550。

```
        setProperty("leaf"+i, _y,Math.random() * 400);//设置影片剪辑副本的y坐标为0～400。
        scale=Math.random() * 150;//设置变量scale的值为0～150。
        setProperty("leaf"+i, _xscale, scale);//设置影片剪辑副本的宽度缩放比为0%～150%。
        setProperty("leaf"+i, _yscale, scale);//设置影片剪辑副本的高度缩放比为0%～150%。
        setProperty("leaf"+i, _alpha, Math.random() * 100);//设置影片剪辑副本的透明度为0%～100%。
        setProperty("leaf"+i, _rotation,Math.random() * 360);//设置影片剪辑副本的旋转角度为0～360。
        i++;//变量i累加1。
    }
}
```

(4) 测试动画，并以文件名“枫叶”保存。

9.5.3 小试身手——螺旋

设计结果

制作屏保中的螺旋效果特效，如图9-5-6所示。

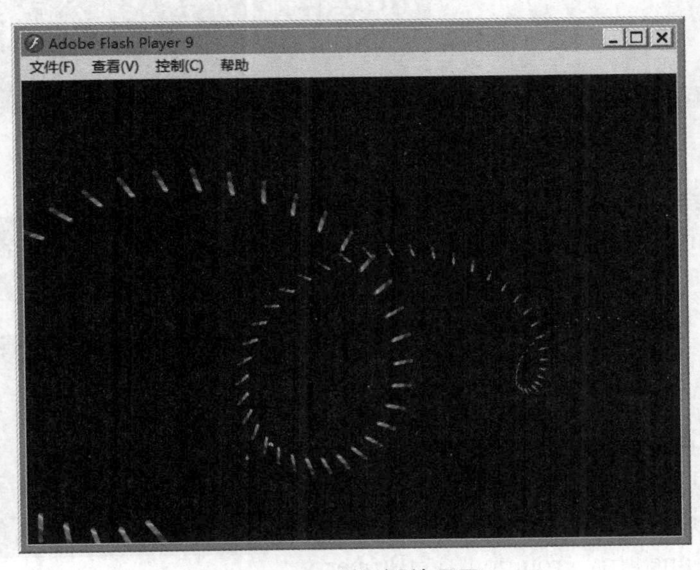

图9-5-6 “螺旋”效果图

设计思路

(1) 绘制彩色直线，并设置为影片剪辑。

(2) 复制多个影片剪辑并设置旋转一定角度。

(3) 设置影片剪辑副本属性,完成特效。

图 9-5-7 绘制直线

操作提示

(1) 创建一个新的 Flash 文档,设置舞台大小为 550×400 像素,背景为黑色。

(2) 新建影片剪辑,设置影片剪辑名为"line"。

(3) 在影片剪辑"line"的编辑状态绘制直线,并设置直线的笔触颜色为彩虹色,如图 9-5-7 所示。

(4) 返回主场景,新建图层 2,将绘制的影片剪辑"line"拖入主场景左侧,并设置影片剪辑的实例名称为"line",如图 9-5-8 所示。

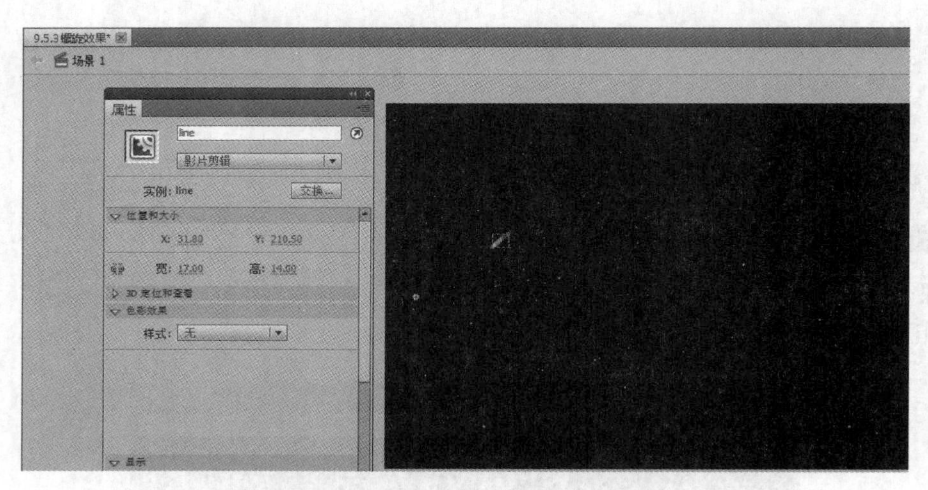

图 9-5-8 设置实例名称

(5) 利用快捷键 F5,在图层 2 设置影片剪辑动画持续三帧。利用快捷键 F6 在图层 1 设置三帧空白关键帧,如图 9-5-9 所示。

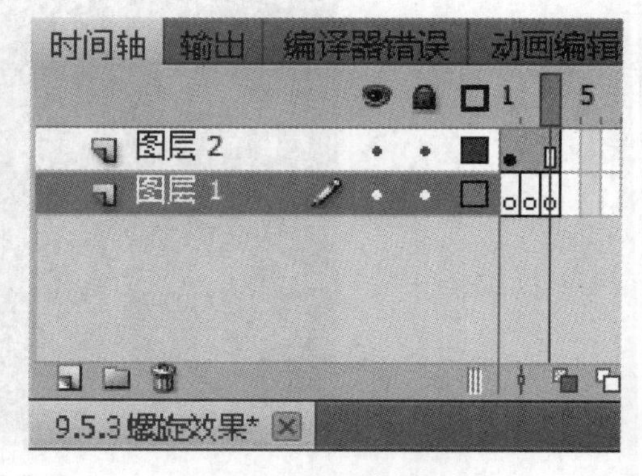

图 9-5-9 设置实例名称

(6) 在图层 1 的第一帧添加动作,代码如下,如图 9-5-10 所示。

```
i=1;
setProperty(line, _visible , 0);
while(i<100){
duplicateMovieClip(line,"line"+i,i);
setProperty("line"+i, _rotation ,getProperty
("line"+(i-1), _rotation)+10);
i++;
}
```

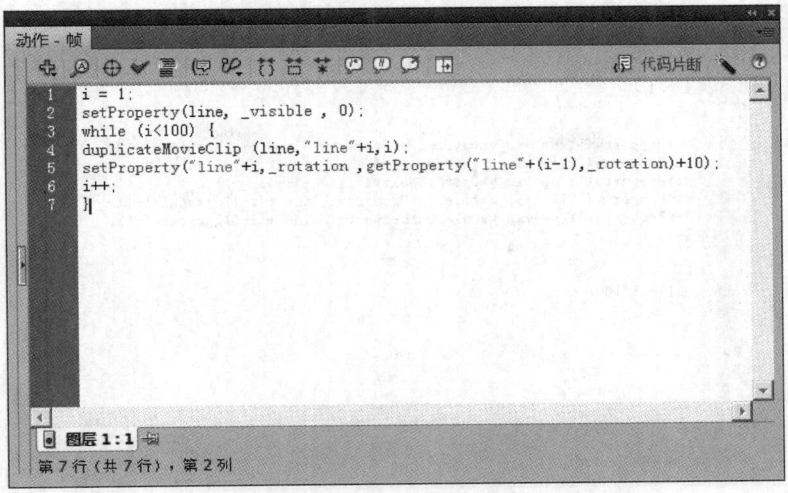

动作 - 帧

```
1  i = 1;
2  setProperty(line, _visible , 0);
3  while (i<100) {
4  duplicateMovieClip (line,"line"+i,i);
5  setProperty("line"+i,_rotation ,getProperty("line"+(i-1),_rotation)+10);
6  i++;
7  }
```

图层 1 : 1

第 7 行 (共 7 行), 第 2 列

图 9-5-10　添加帧动作

小贴士

语句注释：

i=1;//设置变量 i 的值为 1。

setProperty(line, _visible , 0);//设置影片剪辑 line 为不可见。

while(i<100){//判定变量 i 是否小于 100,如果小于 100,则执行大括号中命令,反之则跳出循环。

duplicateMovieClip(line,"line"+i,i);//复制影片剪辑 line,影片剪辑副本名称为"line"+i,即第一次执行该动作,影片剪辑副本名为 line1。第二次执行该动作,影片剪辑副本名为 line2,以此类推。

setProperty("line"+i, _rotation ,getProperty("line"+(i-1), _rotation)+10);//设置影片剪辑副本的旋转角度比前一个影片剪辑原有角度增加 10 度,如 line0 为 0 度,则 line1 为 10 度,line2 为 20 度,以此类推。

i++;//变量 i 累加 1。

}

(7) 在图层 1 的第二帧添加动作,代码如下,如图 9-5-11 所示。

```
i=1;
do {
setProperty("line"+i, _rotation,getProperty("line"+i, _rotation)+10);
setProperty("line"+i, _x,getProperty("line"+(i-1), _x)+5);
setProperty("line"+i, _y ,getProperty("line"+(i-1), _y));
setProperty("line"+i, _xscale,getProperty("line"+(i-1), _xscale)-1);
setProperty("line"+i, _yscale,getProperty("line"+(i-1), _xscale)-1);
i++;
```

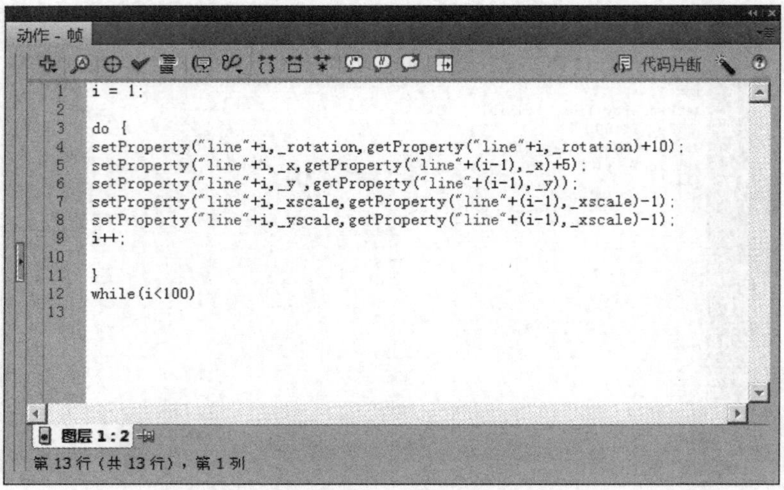

```
动作 - 帧
代码片断
1   i = 1;
2
3   do {
4   setProperty("line"+i,_rotation,getProperty("line"+i,_rotation)+10);
5   setProperty("line"+i,_x,getProperty("line"+(i-1),_x)+5);
6   setProperty("line"+i,_y ,getProperty("line"+(i-1),_y));
7   setProperty("line"+i,_xscale,getProperty("line"+(i-1),_xscale)-1);
8   setProperty("line"+i,_yscale,getProperty("line"+(i-1),_xscale)-1);
9   i++;
10
11  }
12  while(i<100)
13
图层 1 : 2
第 13 行 (共 13 行), 第 1 列
```

图 9-5-11　添加帧动作

```
}
while(i<100)
```

小贴士

语句注释：

i=1;//设置变量 i 的值为 1。

do {//先执行循环语句,后判定条件。即使条件不符合,也会执行一遍循环语句。

setProperty("line"+i, _rotation,getProperty("line"+i, _rotation)+10);//设置影片剪辑副本在原有角度上增加 10 度。如 line1 原为 10 度,执行命令后变为 20 度。

setProperty("line"+i, _x,getProperty("line"+(i−1), _x)+5);//设置影片剪辑副本比前一个影片剪辑副本向右平移 5 像素。如 line0 的 x 坐标为 20,则 line1 的 x 坐标为 25,line2 的_x 坐标为 30,以此类推。

setProperty("line"+i, _y ,getProperty("line"+(i−1), _y));//设置影片剪辑副本的 y 坐标为前一个影片剪辑副本的 y 坐标。如 line0 的 y 坐标为 100,则 line1 的 y 坐标为 100。

setProperty("line"+i, _xscale,getProperty("line"+(i−1), _xscale)−1);

setProperty("line"+i, _yscale,getProperty("line"+(i−1), _yscale)−1);//设置影片剪辑副本比前一个影片剪辑副本的宽与高缩小 1%。

i++;//变量 i 累加 1。

}

while(i<100)////判定变量 i 是否小于 100,如果小于 100,则再次执行大括号中命令,反之则跳出循环。

(8) 在图层 1 的第三帧添加动作,代码如下,如图 9-5-12 所示。

```
gotoAndPlay(2);
```

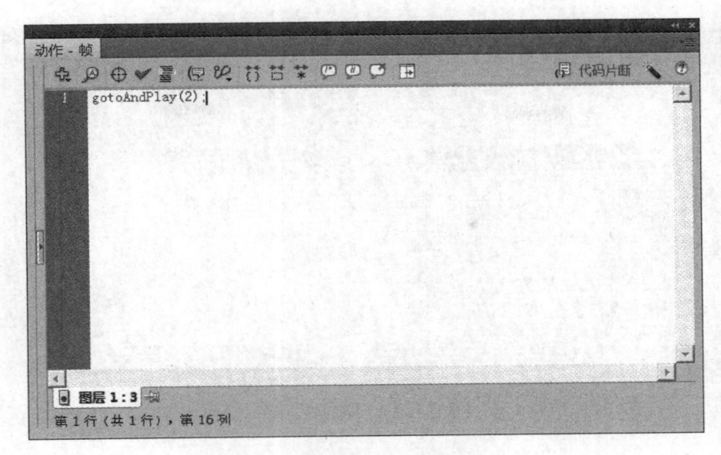

图 9-5-12　添加帧动作

(9) 测试动画,并以文件名“螺旋. fla”保存。

9.5.4　初露锋芒——滚动相册

设计结果

制作滚动相册,照片随着鼠标位置的变化发生改变,如图 9-5-13 所示。

图 9-5-13　“滚动相册”效果图

设计思路

(1) 导入背景图及相册图,完成背景与照片影片剪辑的制作。

(2) 完成场景中照片影片剪辑的设置,通过动作实现相册滚动效果。

操作提示

(1) 创建一个新的 Flash 文档,选择类型为 ActionScript 2,设置舞台大小为 960×540 像素,背景为白色。

(2) 将背景图及照片素材图“9. 5. 4a”～“9. 5. 4k”导入到库,将背景图拖入主场景,设置背景图持续三帧显示,并设置坐标为(0, 0),如图 9-5-14 所示。

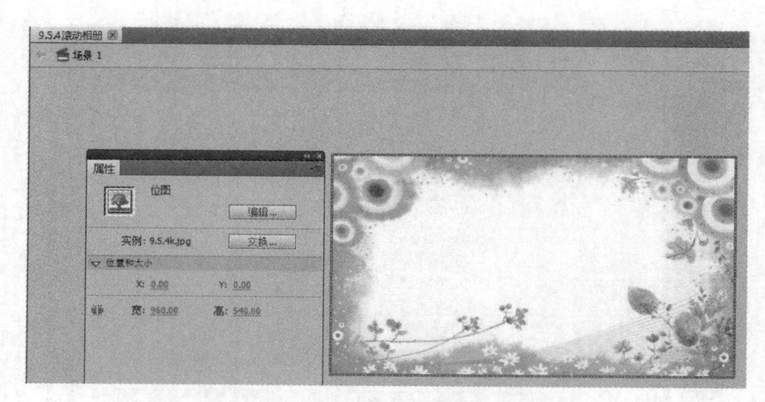

图 9-5-14　制作背景

（3）新建影片剪辑“P0”，将素材图“9.5.4a”拖入当前影片剪辑的编辑窗口，并设置居中对齐，如图 9-5-15 所示。

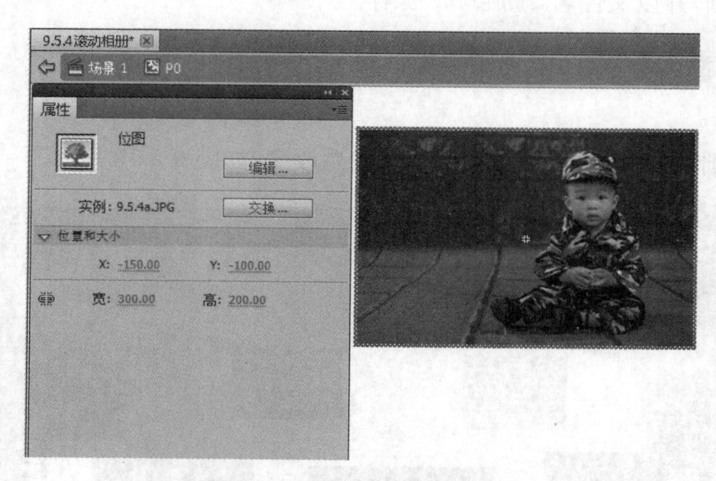

图 9-5-15　制作影片剪辑“P0”

（4）同理完成影片剪辑“P1—P9”的制作，如图 9-5-16 所示。

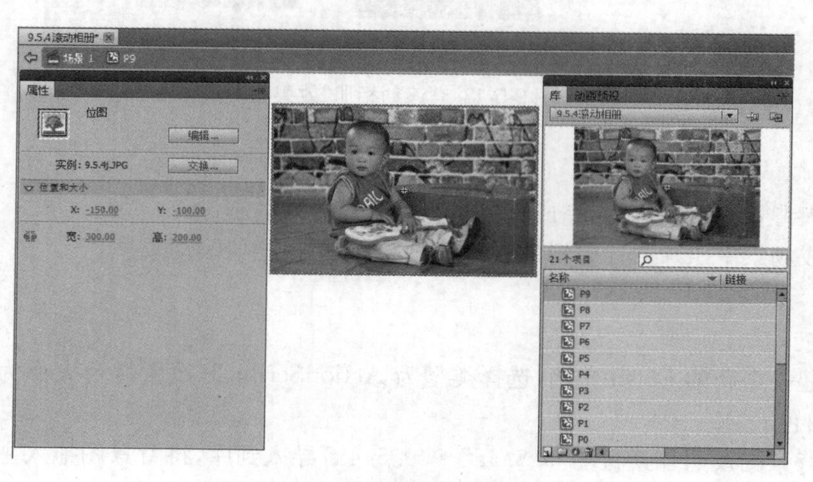

图 9-5-16　制作影片剪辑“P1—P9”

(5) 返回主场景，新建图层 2，设置第一帧为空白关键帧，在第二帧拖入影片剪辑“P0—P9”，分别设置影片剪辑的实例名称为“P0—P9”，影片剪辑位于舞台外，且持续显示至第三帧，如图 9-5-17 所示。

图 9-5-17　设置影片剪辑

(6) 返回主场景，新建图层 3，设置第一帧为空白关键帧，在第二帧拖入影片剪辑“P0—P9”，分别设置影片剪辑的实例名称为“P10—P19”，影片剪辑位于舞台外，且持续显示至第三帧，如图 9-5-18 所示。

图 9-5-18　设置影片剪辑

(7) 新建图层 3，在第 1—3 帧分别插入空白关键帧，并分别在此三个空白帧中添加帧动作，代码如下，如图 9-5-19～9-5-21 所示。

第 1 帧：

```
fscommand("allowscale", "false");
var a=-90;
var m=300;
var n=60;
var s=1;
var scale=0.2;
```

第 2 帧：

```
s1=getProperty(_root, _xmouse)
s2=getProperty(_root, _ymouse)
s3=(300-s2)/400+1
s=((s1-500)/100) * 2
a=a-s;
if(a<-360){
    a=a+360;
}
for(i=0;i<=19;i++){
str="p"+i;
b=a+36 * i;
setProperty(str, _xscale,
s3/2 * Math.sin(Math.PI * b/180) * 100 * (1-(1+Math.sin(Math.PI * b/180)) * scale));
x1=s3 * m * Math.cos(Math.PI * b/180);
y1=s3 * n * Math.sin(Math.PI * b/180);
setProperty(str, _x, x1+500);
setProperty(str, _y, 300-y1);
setProperty(str, _yscale, s3/2 * 100 * (1 - (1 + Math.sin(Math.PI * b/180)) * scale));
setProperty(str, _alpha, 80-Math.sin(Math.PI * b/180) * 20);
if((Math.sin(Math.PI * b/180)>0 and i<10)or(Math.sin(Math.PI * b/180)<=0 and i>=10)){
    _root.str._visible=false;
} else {
    _root.str._visible  =true;
}
}
```

第 3 帧：

```
gotoAndPlay(2);
```

```
fscommand("allowscale", "false");
var a = -90;
var m = 300;
var n = 60;
var s = 1;
var scale=0.2
```

图层 4:1

第 7 行（共 7 行），第 1 列

图 9-5-19　第 1 帧动作

```
s1=getProperty ( _root, _xmouse )
s2=getProperty ( _root, _ymouse )
s3=(300-s2)/400+1
s=((s1-480)/100)*2
a = a-s;
if (a<-360) {
    a = a+360;
}
for (i=0; i<=19; i++) {
    str = "p"+i;
    b = a+36*i;
    setProperty (str, _xscale, s3/2*Math.sin(Math.PI*b/180)*100*(1-(1+Math.sin(Math.PI*b/180))*scale));
    x1 = s3*m*Math.cos(Math.PI*b/180);
    y1 = s3*n*Math.sin(Math.PI*b/180);
    setProperty (str, _x, x1+500);
    setProperty (str, _y, 300-y1);
    setProperty (str, _yscale, s3/2*100*(1-(1+Math.sin(Math.PI*b/180))*scale));
    setProperty (str, _alpha, 80-Math.sin(Math.PI*b/180)*20);
    if ((Math.sin(Math.PI*b/180)>0 and i<10) or (Math.sin(Math.PI*b/180)<=0 and i>=10)) {
        _root.str._visible = false;
    } else {
        _root.str._visible  = true;
    }
}
```

图层 4:2

第 23 行（共 25 行），第 3 列

图 9-5-20　第 2 帧动作

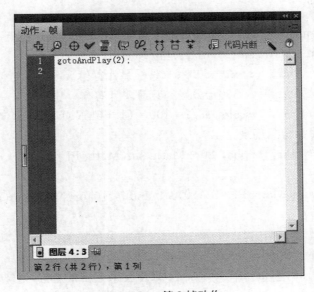

图 9-5-21　第 3 帧动作

小贴士

语句注释：

第 1 帧：

```
fscommand("allowscale", "false");//设置播放窗口不能缩放。
var a=-90;
var m=300;
var n=60;
var s=1;
var scale=0.2;//设置多个变量初始值。
```

第 2 帧：

```
s1=getProperty(_root, _xmouse)//获取鼠标 x 坐标。
s2=getProperty(_root, _ymouse)//获取鼠标 y 坐标。
s3=(300-s2)/400+1
s=((s1-500)/100)*2
a=a-s;//设置多个变量值。
if(a<-360){
    a=a+360;
}
for(i=0; i<=19; i++){//通过循环语句设置影片剪辑 P0-P19 的属性。
    str="p"+i;
    b=a+36*i;
    setProperty(str, _xscale,
s3/2*Math.sin(Math.PI*b/180)*100*(1-(1+Math.sin(Math.PI*b/180))
*scale));//设置影片剪辑宽度
    x1=s3*m*Math.cos(Math.PI*b/180);
    y1=s3*n*Math.sin(Math.PI*b/180);
    setProperty(str, _x, x1+500);//设置影片剪辑 x 坐标
    setProperty(str, _y, 300-y1);//设置影片剪辑 y 坐标
    setProperty(str, _yscale, s3/2*100*(1-(1+Math.sin(Math.PI*b/180))
*scale));//设置影片剪辑高度
    setProperty(str, _alpha, 80-Math.sin(Math.PI*b/180)*20);//设置影片
剪辑透明度。
    if((Math.sin(Math.PI*b/180)>0 and i<10)or(Math.sin(Math.PI*b/180)
<=0 and i>=10)){
        _root.str._visible=false;如果变量超出限定值,则影片剪辑不可见。
    } else {
        _root.str._visible  =true;如果变量未超出限定值,则影片剪辑可见。
```

```
    }
}
第 3 帧：
gotoAndPlay(2);//跳转到第 2 帧播放。
```

(8) 测试动画，并以文件名"滚动相册.fla"保存。

9.6 鼠标特效

9.6.1 知识点和技能

1. startDrag(target, [lock, left top, right, bottom)

使 target 影片剪辑在影片播放过程中可拖动。一次只能拖动一个影片剪辑。执行 startDrag()操作后，影片剪辑将保持可拖动状态，直到用 stopDrag()明确停止拖动为止，或直到对其它影片剪辑调用了 startDrag()动作为止。

参数：

Target：要拖动的影片剪辑的目标路径。

Lock：可选参数，一个布尔值，指定可拖动影片剪辑是锁定到鼠标位置中央(true)，还是锁定到用户首次单击该影片剪辑的位置上(false)。

left, top, right, bottom：可选参数，相对于该影片剪辑的父级的坐标的值，用以指定该影片剪辑的约束矩形，约束矩形是用来确定影片剪辑可被拖动的范围。一般来说相对于影片剪辑的父级坐标的值也就是相对于主场景左上角的值。

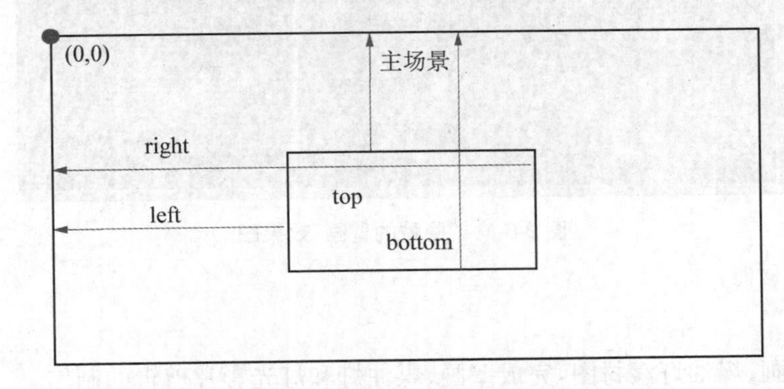

如：

startDrag("_root.aa",true,50,50,200,200)

//在所定义的矩形范围内拖动主场景中的影片剪辑实例"aa"，并且将"aa"锁定到鼠标中央。

2. target.stopDrag()

停止当前的拖动操作。

参数：

Target：要停止拖动的影片剪辑的目标路径。

如：

```
on(release){
this.stopDrag();
}
//松开鼠标后，停止拖动该影片剪辑。
```

3. Mouse.hide()

如：

```
Mouse.hide();
//隐藏鼠标。
```

9.6.2 范例——隐藏的壁画

设计结果

移动煤油灯照亮了隐藏的壁画，如图 9-6-1 所示。

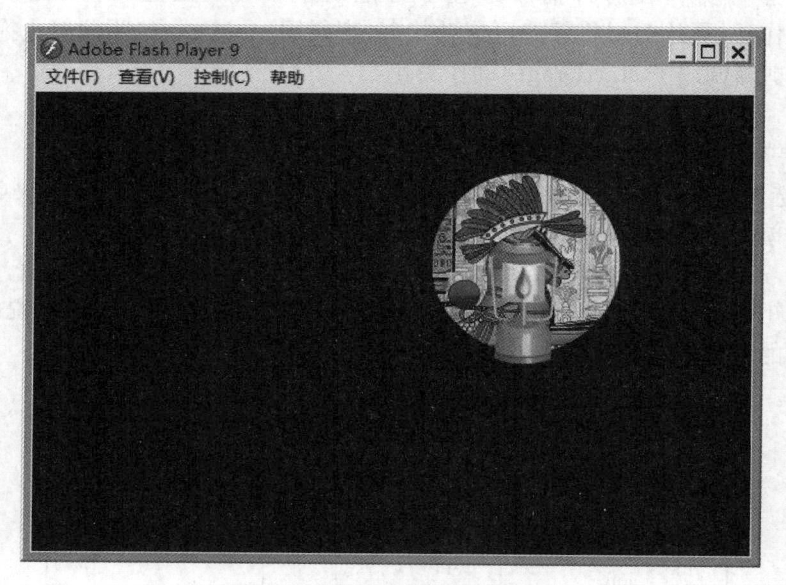

图 9-6-1 "隐藏的壁画"效果图

设计思路

(1) 导入壁画、煤油灯素材图，完成壁画、煤油灯和灯光影片剪辑的制作。

(2) 返回主场景，完成隐藏壁画特效动画的制作。

范例解题引导

Step1 我们首先导入壁画、煤油灯素材图片，完成多个影片剪辑的制作。

(1) 创建一个新的 Flash 文档，选择类型为 ActionScript 2，设置舞台大小为 512×341 像素，背景为黑色。

（2）新建影片剪辑，元件名称为“煤油灯”。

（3）导入煤油灯图“9.6.2a.png”，并将图片拖入影片剪辑“煤油灯”内，如图 9-6-2 所示。

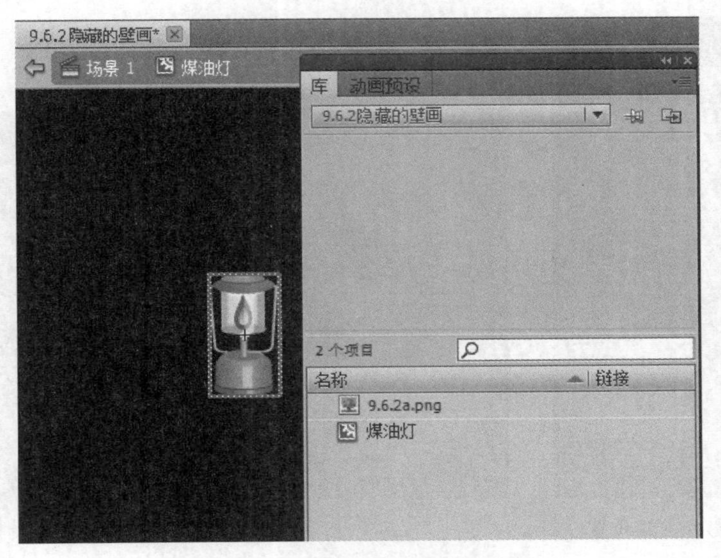

图 9-6-2　制作“煤油灯”影片剪辑

（4）同理完成影片剪辑“壁画”的制作，设置图片壁画的 x，y 坐标为（0，0），如图 9-6-3 所示。

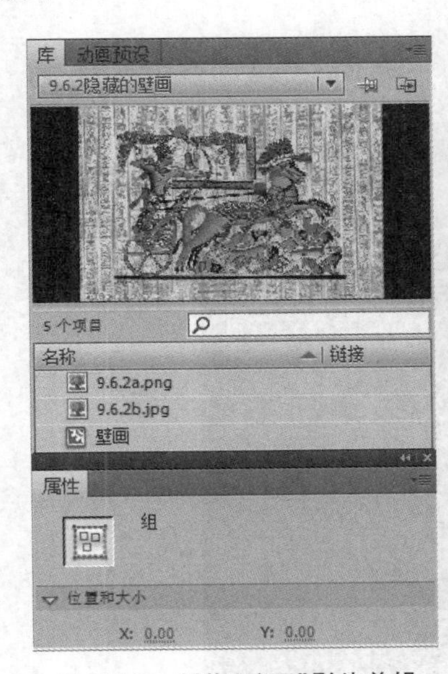

图 9-6-3　制作“壁画”影片剪辑

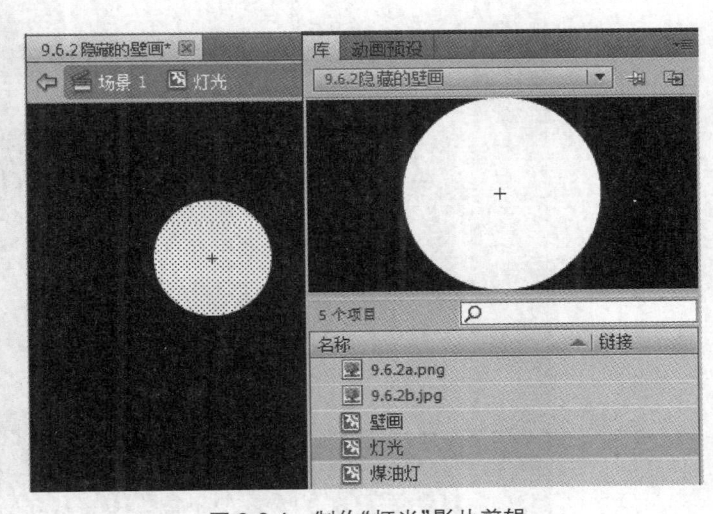

图 9-6-4　制作“灯光”影片剪辑

（5）新建影片剪辑“灯光”，在灯光影片剪辑编辑状态绘制白色圆形，如图 9-6-4 所示。

Step2　下面在主场景中制作遮罩效果并添加动作，完成隐藏壁画效果动画。

（1）返回主场景，将影片剪辑“壁画”拖入主场景，并设置影片剪辑“壁画”的 x，y 坐标为（0，0），如图 9-6-5 所示。

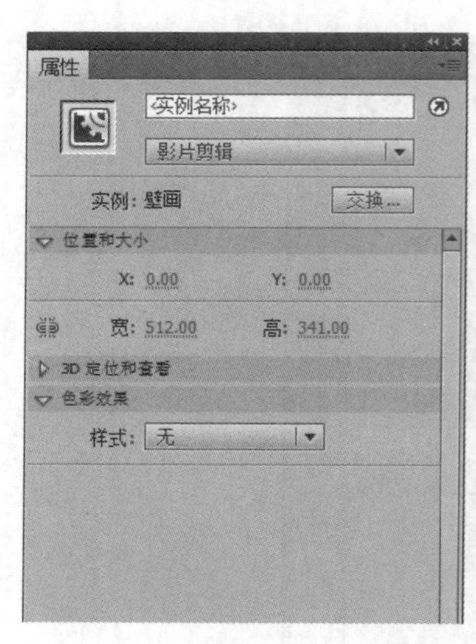

图 9-6-5　设置影片剪辑位置

图 9-6-6　设置实例名称

（2）新建图层 2，将影片剪辑“灯光”拖入，并设置该影片剪辑的实例名称为“light1”，如图 9-6-6 所示。

（3）设置图层 2 为图层 1 的遮罩层，如图 9-6-7 所示。

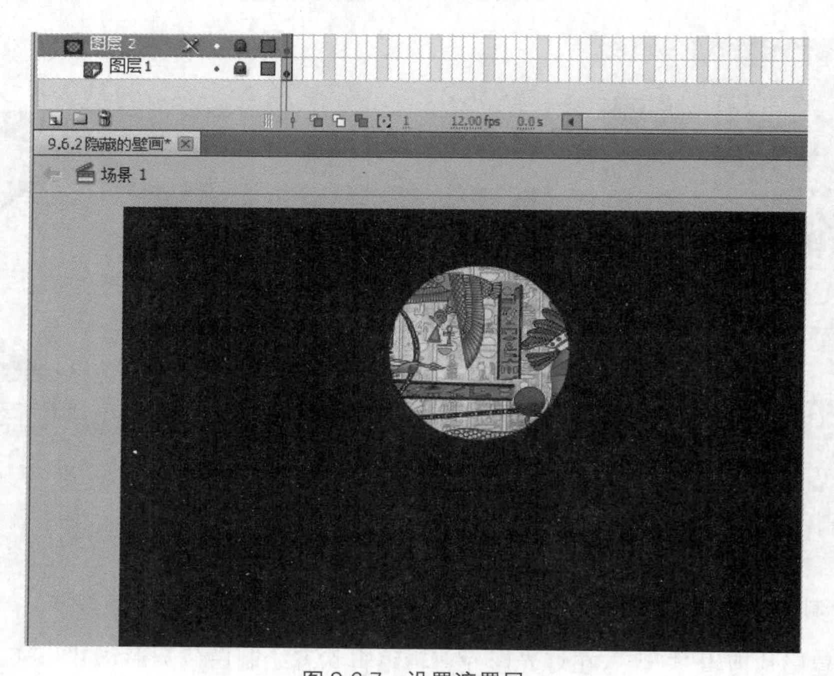

图 9-6-7　设置遮罩层

（4）新建图层 3，将影片剪辑“煤油灯”拖入主场景，并设置该影片剪辑的实例名称为“light2”，如图 9-6-8 所示。

图 9-6-8　设置影片剪辑

（5）新建图层 4，添加帧动作，代码如下，如图 9-6-9 所示。

```
Mouse.hide()
_root.light1.startDrag(true);
```

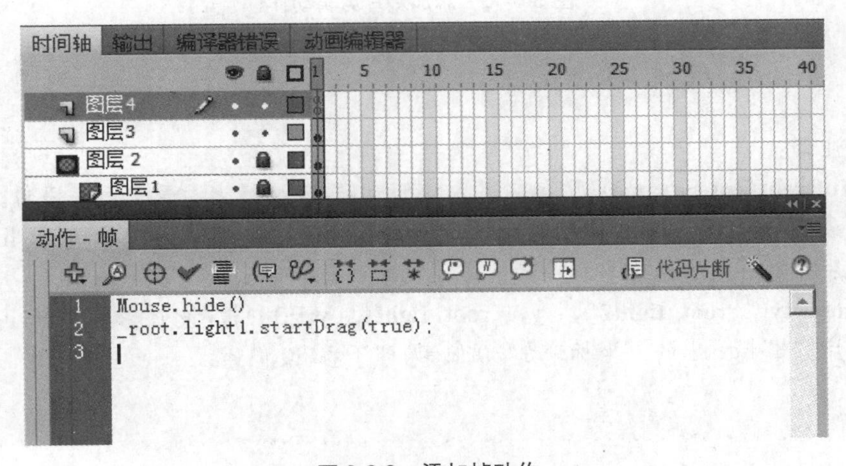

图 9-6-9　添加帧动作

小贴士

语句注释：

Mouse. hide()//隐藏鼠标。

- root. lightl. startDrag(true)；影片剪辑“light1”跟随鼠标移动。

（6）选取图层 3 中的影片剪辑“light2”，添加影片剪辑动作，代码如下，如图 9-6-10 所示。

```
onClipEvent(enterFrame){
    setProperty("_root.light2", _x, _root.light1._x);
    setProperty("_root.light2", _y, _root.light1._y+30);
}
```

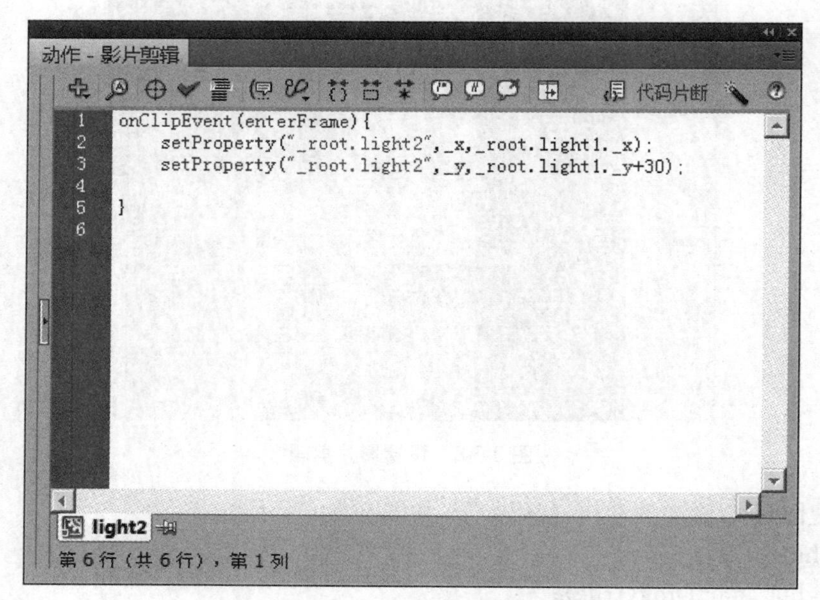

图 9-6-10　添加影片剪辑动作

小贴士

语句注释：

onClipEvent(enterFrame){//每当进入帧的时候，就执行大扣号里面的语句。

setProperty("_root.light2", _x, _root.light1._x);//设置影片剪辑 light2 的 x 坐标与影片剪辑 light1 的 x 坐标一致。

setProperty("_root.light2", _y, _root.light1._y+30);//设置影片剪辑 light2 的 y 坐标比影片剪辑 light1 的 y 坐标增加 30 像素，即下移 30 像素。

}

（7）测试动画，并以文件名“隐藏的壁画”保存。

9.6.3　小试身手——跟随鼠标旋转的眼睛

设计结果

卡通人物的眼睛会随着鼠标的移动而旋转，如图 9-6-11 所示。

图 9-6-11 “跟随鼠标旋转的眼睛”效果图

设计思路

(1) 导入卡通头像素材图,绘制眼睛影片剪辑。

(2) 在影片剪辑中加入帧动作,完成两个眼睛的制作。

操作提示

(1) 创建一个新的 Flash 文档,设置舞台大小为 550×400 像素,背景为白色。

(2) 将“9. 6. 3. jpg”导入到舞台中央,如图 9-6-12 所示。

图 9-6-12 导入背景图

(3) 新建影片剪辑,影片剪辑名为“eye”。

(4) 在影片剪辑“eye”的编辑状态中,绘制填充色为白色的圆形,大小为 70×70 像素,水平垂直居中,如图 9-6-13 所示。

(5) 新建图层 2,绘制填充色为黑色的圆形,大小为 29×29 像素,如图 9-6-14 所示。

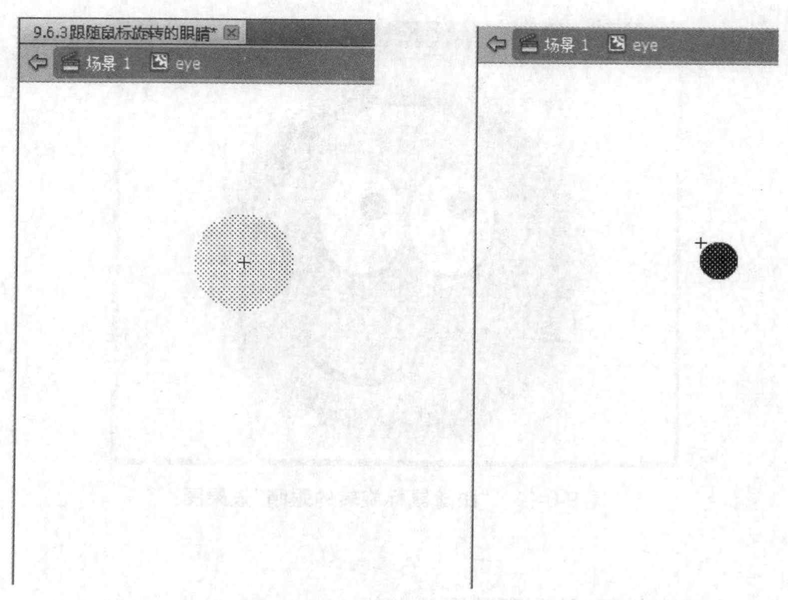

图 9-6-13　绘制圆形　　图 9-6-14　绘制圆形

(6) 新建图层 3,添加帧动作,代码如下,如图 9-6-15 所示。

```
this.onMouseMove=function(){
eyeX=_root._xmouse-this._x
eyeY=_root._ymouse-this._y
angle=Math.atan2(eyeY,eyeX) * 180/Math.PI
this._rotation=angle
}
```

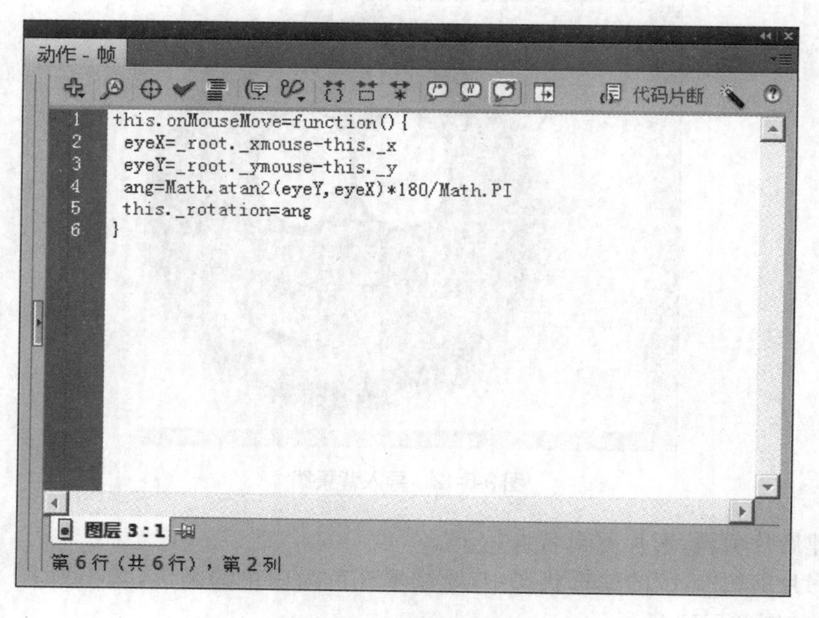

图 9-6-15　添加帧动作

小贴士

语句注释：

this. onMouseMove=function(){//鼠标移动触发事件，执行大括号内代码。

eyeX=_root. _xmouse-this. _x//变量 eyeX 的值为鼠标当前的 x 坐标值减去影片 6。

(7) 返回主场景，将影片剪辑"eye"，拖入卡通头像的眼眶中，如图 9-6-16 所示。

图 9-6-16　拖入影片剪辑

(8) 在测试动画，并以文件名"跟随鼠标旋转的眼睛. fla"保存。

9.6.4　初露锋芒——跟随鼠标旋转的星星

设计结果

制作跟随鼠标转动的星星特效，如图 9-6-17 所示。

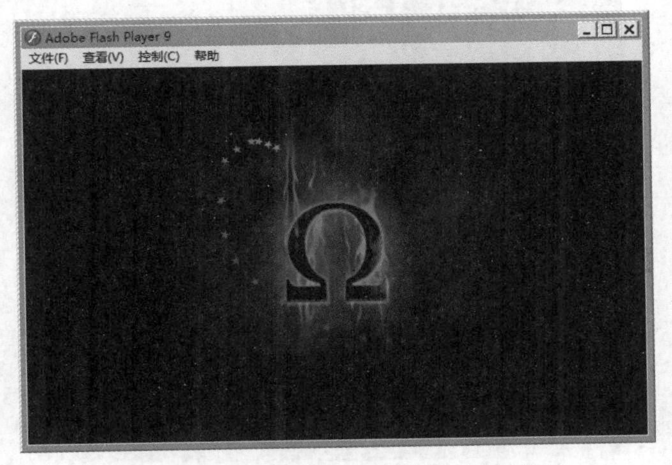

图 9-6-17　"跟随鼠标转动的星星"效果图

设计思路

(1) 制作星星渐隐动画的影片剪辑。

(2) 制作代码影片剪辑,完成三帧动画代码。

(3) 导入背景图,完成鼠标特效。

操作提示

(1) 创建一个新的 Flash 文档,选择类型为 ActionScript 2,设置舞台大小为 600×375 像素,背景为黑色。

(2) 新建影片剪辑“star”,在影片剪辑编辑状态,绘制蓝色五角星,如图 9-6-18 所示。

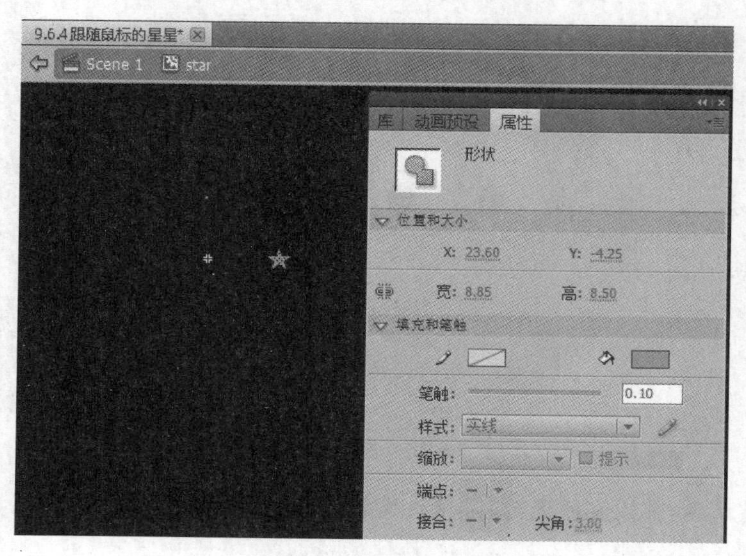

图 9-6-18 绘制五角星

(3) 在第 20 帧处插入关键帧,设置五角星的颜色为白色,Alpha 为 0,如图 9-6-19 所示。

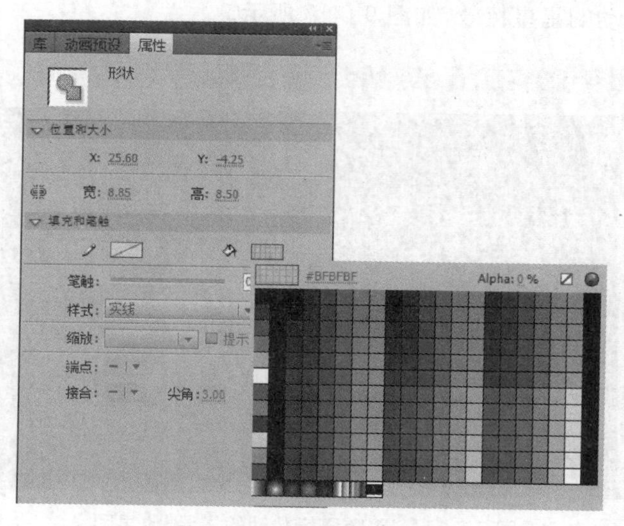

图 9-6-19 设置五角星属性

(4) 创建补间形状动画，并在第 20 帧添加动作，代码如下，如图 9-6-20 所示。

```
stop();
```

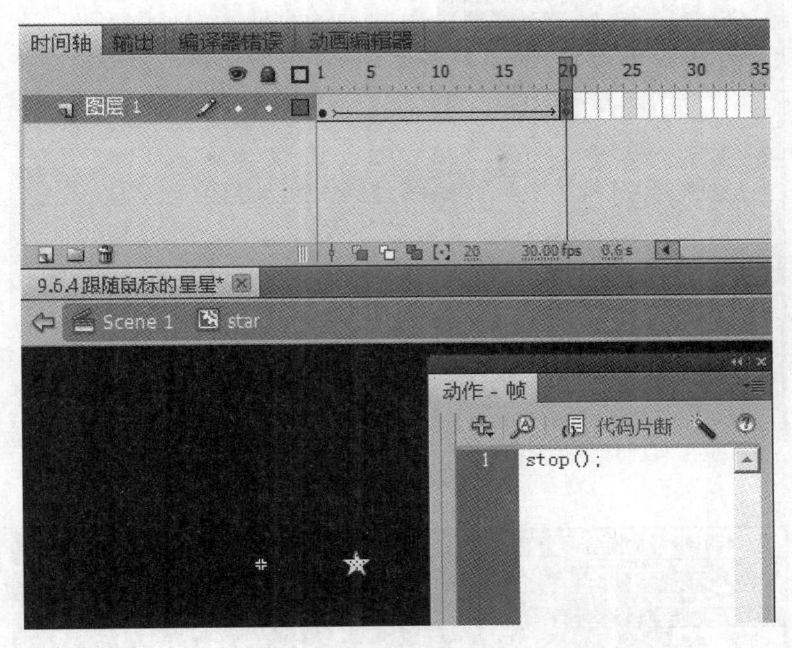

图 9-6-20　完成渐隐动画

(5) 新建影片剪辑“action”，在影片剪辑编辑状态，插入三个空白关键帧，并分别在这三帧中添加帧动作，代码如下，如图 9-6-21～9-6-23 所示。

第 1 帧：

```
i=0;
```

第 2 帧：

```
startDrag("/b", true);
setProperty("/a", _rotation, b);
b=Number(b)+15;
if(Number(b)==360){
    b=0;
}
i=i+1;
duplicateMovieClip("/a", "a"+i, i);
if(i==30){
    i=0;
}
setProperty("/a", _x, getProperty("/b", _x));
setProperty("/a", _y, getProperty("/b", _y));
```

第 3 帧：

```
gotoAndPlay(2);
```

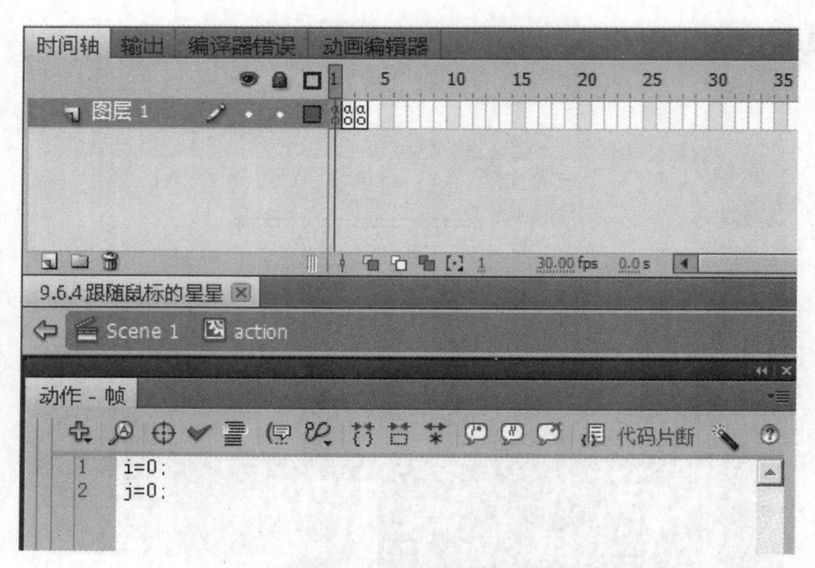

图 9-6-21　第 1 帧动作

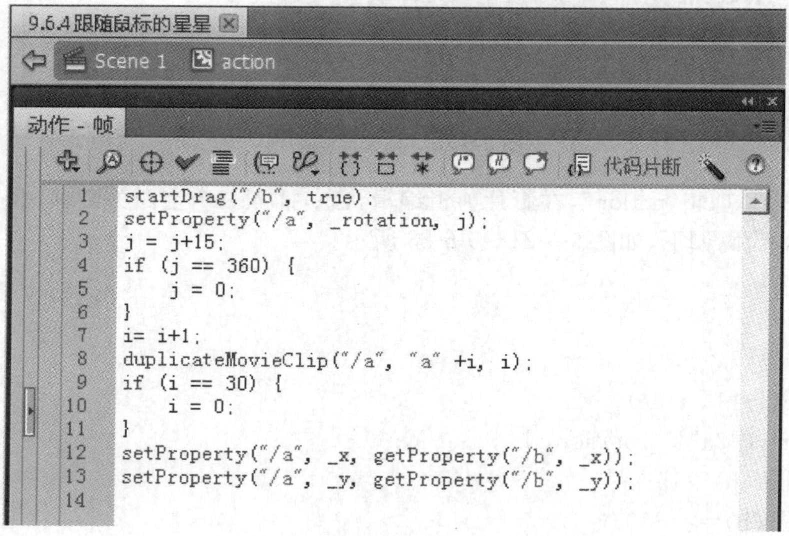

```
startDrag("/b", true);
setProperty("/a", _rotation, j);
j = j+15;
if (j == 360) {
    j = 0;
}
i= i+1;
duplicateMovieClip("/a", "a" +i, i);
if (i == 30) {
    i = 0;
}
setProperty("/a", _x, getProperty("/b", _x));
setProperty("/a", _y, getProperty("/b", _y));
```

图 9-6-22　第 2 帧动作

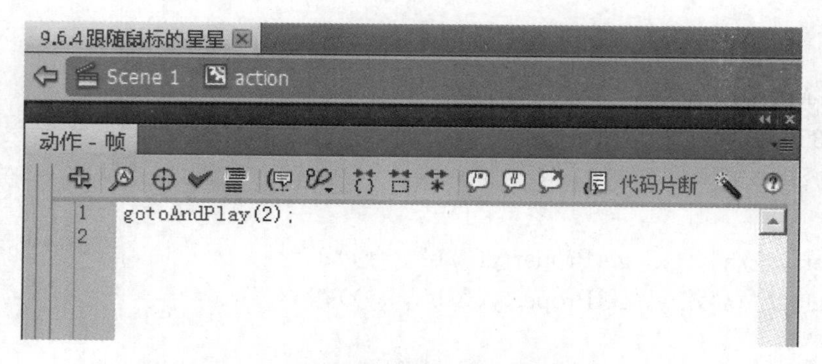

图 9-6-23　第 3 帧动作

小贴士

语句注释：

第 1 帧：

i=0;//设置变量 i 初始值为 0。

j=0;//设置变量 j 初始值为 0。

第 2 帧：

startDrag("/b", true);//设置影片剪辑 b 跟随鼠标移动。

setProperty("/a", _rotation, j);设置影片剪辑 a 的旋转角度为变量 j 的值。

j=j+15;//设置变量 j 的值每执行一次，累加 15，即相邻星星的角度相差 15 度。

if(j==360){

j=0;

}//如果变量 j 的值等于 360，则变量 j 的值变为 0。

i=i+1;//变量 i 累加 1。

duplicateMovieClip("/a", "a"+i, i);复制影片剪辑 a。

if(i==30){

i=0;

}//如果变量 i 的值等于 30，则变量 i 的值变为 0，即可复制 30 个星星。

setProperty("/a", _x, getProperty("/b", _x));//设置影片剪辑 a 的 x 坐标与影片剪辑 b 的 x 坐标一致。

setProperty("/a", _y, getProperty("/b", _y));//设置影片剪辑 a 的 y 坐标与影片剪辑 b 的 y 坐标一致。

第 3 帧：

gotoAndPlay(2);//跳转到第 2 帧播放。

(6) 返回主场景，导入背景素材图“6. 5. 4. jpg”，将完成的影片剪辑“star”和“action”拖入主场景，如图 9-6-24 所示。

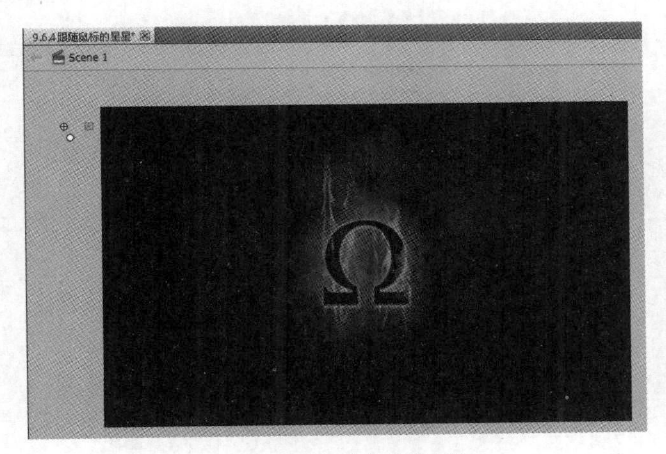

图 9-6-24　完成主场景制作

（7）选取影片剪辑“star”，设置影片剪辑的实例名称为“a”，选取影片剪辑“action”，设置影片剪辑的实例名称为“b”，如图 9-6-25、9-6-26 所示。

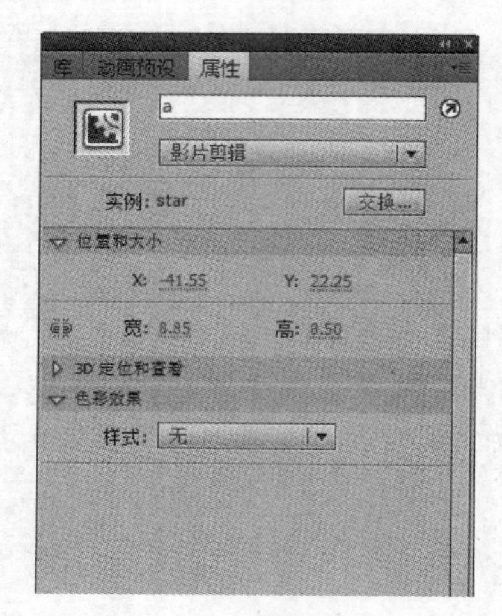

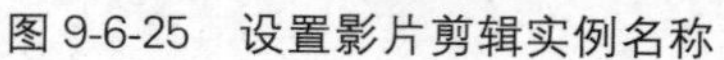
图 9-6-25　设置影片剪辑实例名称

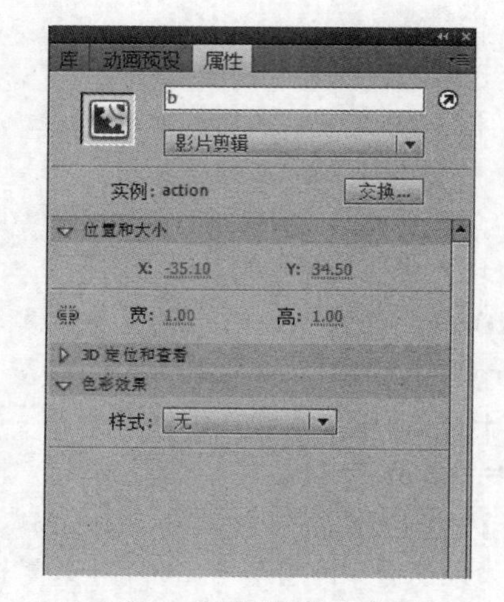

图 9-6-26　设置影片剪辑实例名称

（8）测试动画，并以文件名“跟随鼠标旋转的星星. fla”保存。

第10章 组 件

10.1 组件应用(一)

10.1.1 知识点和技能

Adobe Flash Professional CS5 组件可创建网络上丰富的交互式应用程序的构件块。通过提供行为一致、随时可用并且可以自定义的复杂控件，组件大幅减少了从头开始开发应用程序所需的时间和工作。Adobe Flash Professional CS5 包含 ActionScript 2 和 ActionScript 3 组件。本章所介绍的组件是 ActionScript 2 组件，它包含 3 大分类，分别为 Media，UserInterface，Video，如图 10-1-1 所示。

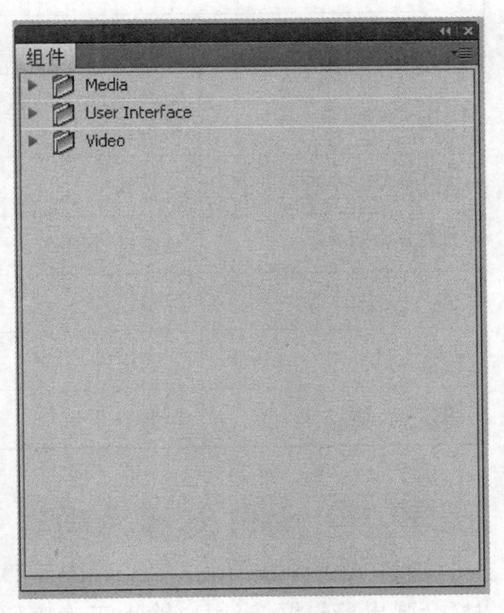

图 10-1-1　组件面板

组件类别	功能说明
Media	用于控制媒体流的播放
User Interface	用于应用程序的交互
Video	用于控制视频的播放

我们可以通过执行“窗口/组件”命令打开“组件”面板，将所需要的组件拖入到舞台上即可。由于组件具有封装好的结构，因此，我们只要设置“属性”面板的参数选项卡中相关接口参数就可使用了，如图 10-1-2 所示，不同的组件拥有各自不同的属性和方法，具体的参数使用，我们将在实例中详细说明。

属性	值
editable	☑
password	☑
text	
maxChars	20
restrict	
enabled	☑
visible	☑
minHeight	0
minWidth	0

图 10-1-2　组件参数选项卡

在本小节中我们主要使用 User Interface 类中的组件，下面的表格是对该类型中的一些常用组件的简单说明。

组件名称	组件说明	组件名称	组件说明
Accordion	折叠面板组件	Menu	菜单组件
Alert	提示框组件	MenuBar	菜单栏组件
Button	按钮组件	NumericStepper	增减调整组件
CheckBox	复选框组件	ProgressBar	进度条组件
ComboBox	组合框组件	RadioButton	单选按钮组件
DataGrid	将数据库中的数据以表格的形式	ScrollPane	滚动窗格组件
DateChooser	日历组件	TextArea	文本区域组件
DateField	日期选择组件	TextInput	文本输入组件
Label	标签组件	Tree	树形菜单组件
List	列表组件	UIScrollBar	文字滚动条组件
Loader	容器组件	Window	窗口组件

10.1.2 范例——登录系统

通过 Alert，Button，TextInput，Datachooser 组件制作登录系统，当用户输入错误密码时，会弹出警告框，当用户输入正确密码后，能进入系统桌面，桌面上显示日历，如图 10-1-3、10-1-4 所示。

图 10-1-3　开机界面

图 10-1-4　系统桌面

设计思路

(1) 导入图片,添加组件。

(2) 添加代码实现弹出警告框效果。

范例解题引导

Step1 我们首先要进行的工作导入图片,添加组件。

(1) 创建一个新的 Flash 文档,选择类型为 ActionScript 2,设置舞台大小为 549×384 像素,背景为白色。

(2) 将素材图"10.1.2a.jpg"导入到舞台。

(3) 使用文本工具输入文字"开机密码"

(4) 执行"窗口/组件"命令,将"组件"面板打开,展开 User Interface 大类,将 Button,TextInput 组件拖入舞台,将 alert 组件拖入库,如图 10-1-5 所示。

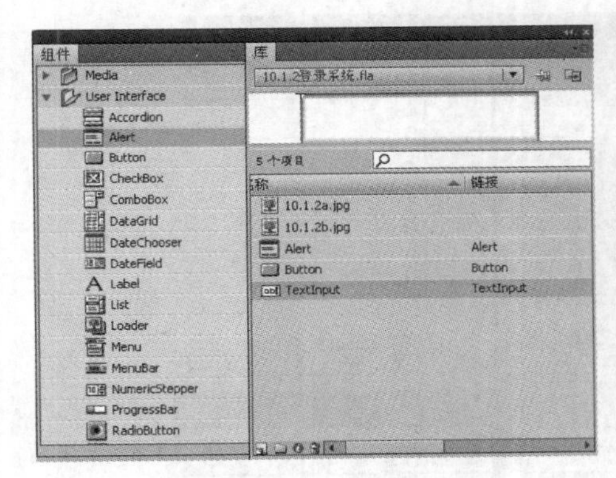

图 10-1-5 添加组件

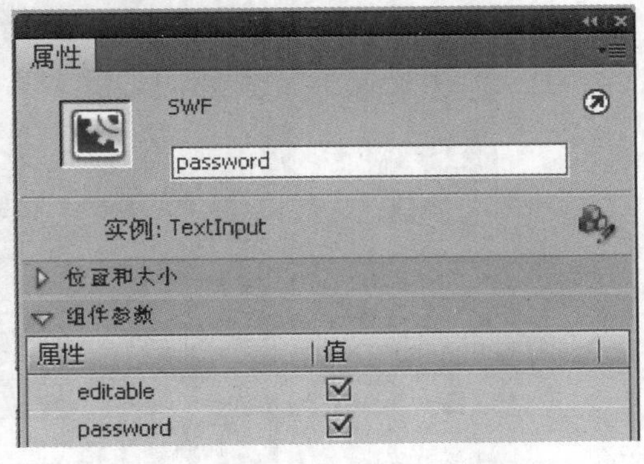

图 10-1-6 实例名和组件参数设置

(5) 选择舞台上的 TextInput 组件,展开"属性"面板,设置实例名为"password";设置组件参数,勾选"password"复选框,如图 10-1-6 所示。

(6) 选择舞台上的 Button 组件,展开属性面板,设置组件参数,设置 label 值为"登录",如图 10-1-7 所示。

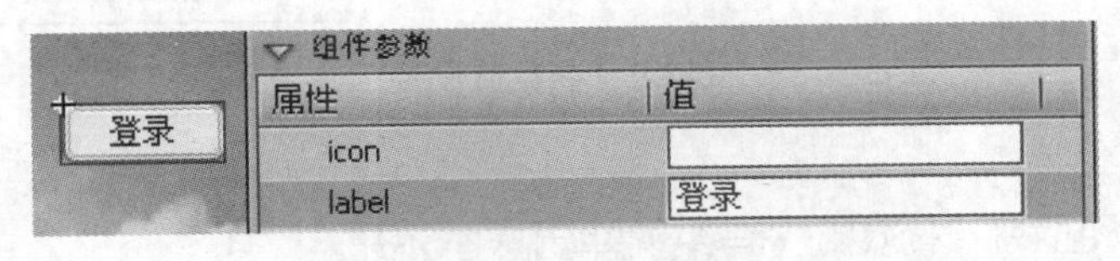

图 10-1-7 label 值设置

(7) 选择第 2 帧插入空白关键帧,将素材图"10.1.2b.jpg"导入到舞台。

(8) 将 User Interface 大类下的 Datachooser 组件拖至舞台左下角,如图 10-1-8 所示。

(9) 展开"属性"面板,设置组件参数,将 dayNames 的值汉化为"日"~"六",将 monthNames 的值汉化为"一月"~"十二月",如图 10-1-9 所示。

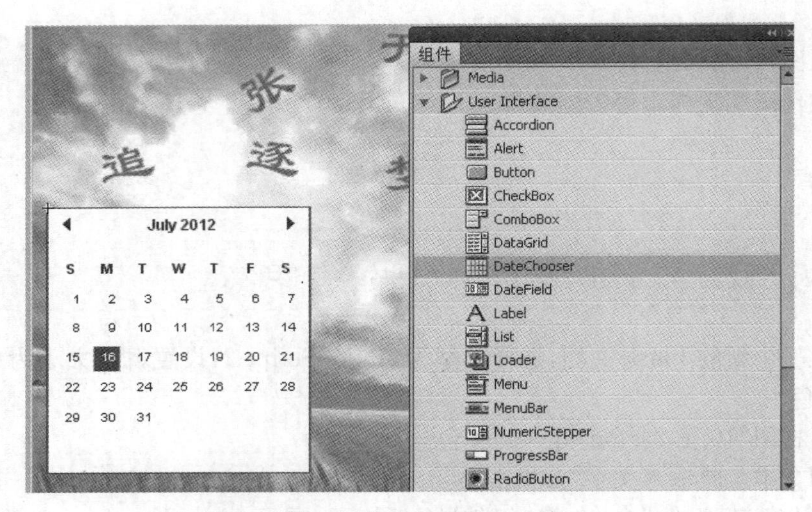

10-1-8　添加 Datachooser 组件

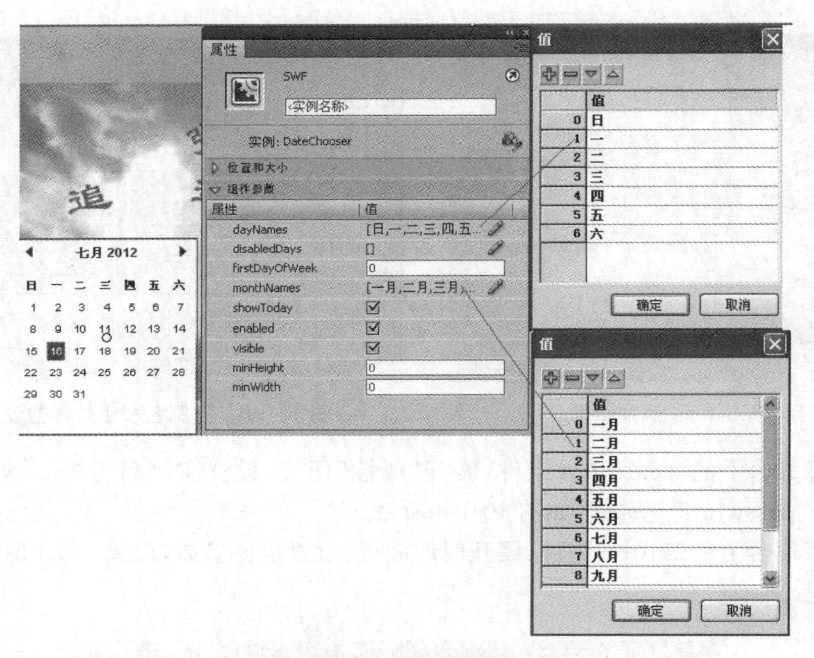

10-1-9　参数值设置

Step2　下面我们来添加代码实现弹出提示效果。

(1) 回到第 1 帧，选择“登录”按钮，打开动作面板，并添加代码如下：

```
on(click){
    if(_root.password.text <>"123"){
    import mx.controls.Alert
    Alert.show("密码输入有误请重新输入")}
```

```
    else{
    _root. gotoAndStop(2);}
}
```

小贴士

语句注释：

on(click) 当用户点击按钮后触发该事件。当事件触发后，将执行该事件后面大括号{}中的语句。

```
if(_root. password. text<>"123"){
//利用 if 进行判断，如果文本框中输入的内容不是 123。
import mx. controls. Alert
//那么引入 alert 组件。
Alert. show("密码输入有误请重新输入")
//设置警告框的文本内容为"密码输入有误请重新输入"。
}
    else{
    _root. gotoAndStop(2);}
}
//如果输入的内容是 123，直接跳转到第 2 帧，显示系统桌面。
```

(2) 测试动画，并以文件名“登录系统. fla”保存。

10.1.3 小试身手——查看器

设计结果

点击菜单栏上的片头动画能在下方面板中看到动画效果，点击品牌介绍下的子菜单能看到对应汽车品牌介绍，如图 10-1-10、图 10-1-11 所示。

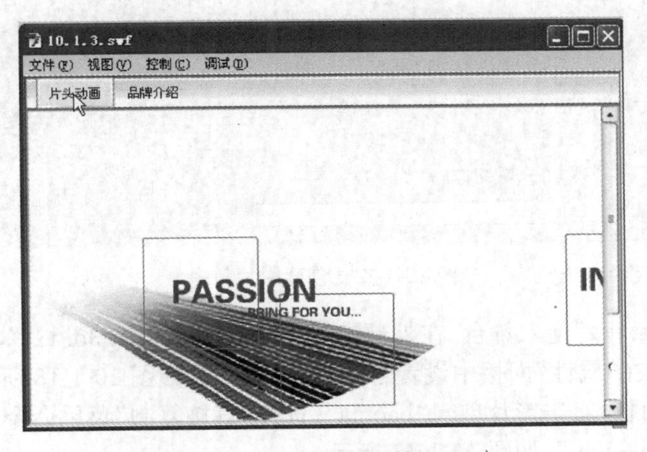

图 10-1-10 “查看器”效果图 1

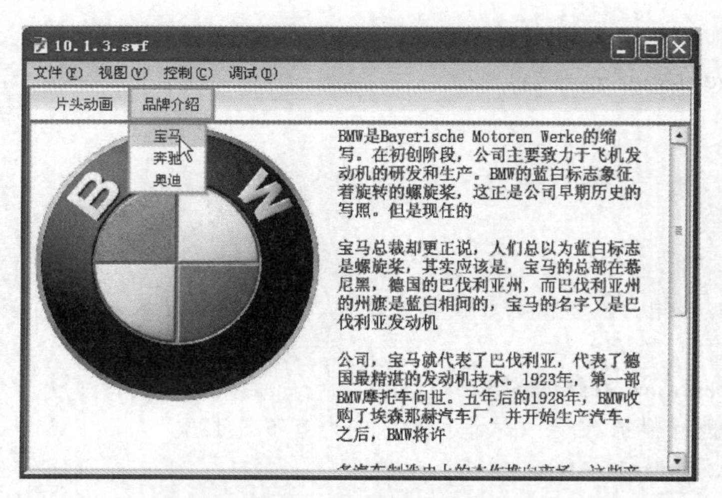

图 10-1-11 “查看器”效果图 2

设计思路

(1) 利用 MenuBara 组件制作菜单栏。

(2) 利用 ScrollPane 组件来加载动画和影片剪辑。

操作提示

(1) 创建一个新的 Flash 文档，设置舞台大小为 550×330 像素，背景为白色。

(2) 将图片“10. 1. 3a. jpg”，“10. 1. 3b. jpg”，“10. 1. 3c. jpg”导入到库。

(3) 新建影片剪辑，设置实例名和标识符为“baoma”，如图 10-1-12 所示。

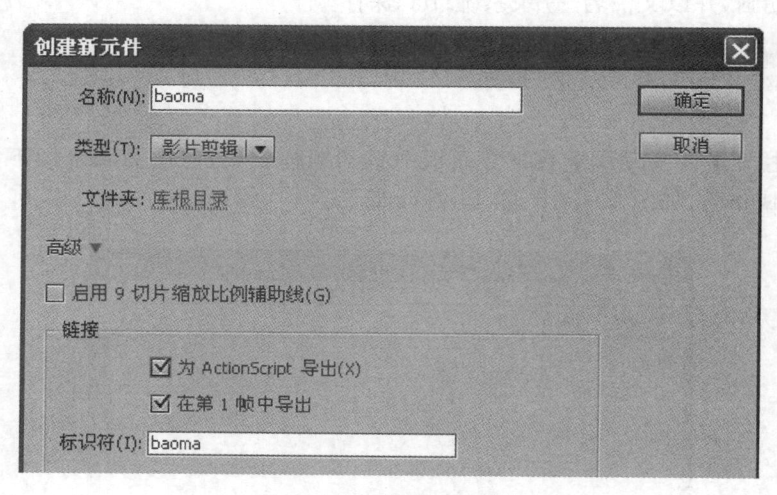

图 10-1-12 创建影片剪辑

(4) 将“10. 1. 3a. jpg”拖入舞台，在外部打开文本文档”10. 1. 3d. txt”，将相关介绍文字复制到图片的右侧，并在“属性”面板中设置合适的字体格式，如图 10-1-13 所示。

(5) 展开“库”面板，右击影片剪辑“baoma”，选择“直接复制”菜单命令，在弹出面板中设置实例名和标识符为“benchi”，如图 10-1-13 所示。

(6) 将舞台中原有的图片和文字替换为新的内容，如图 10-1-15 所示。

BMW是Bayerische Motoren Werke的缩写。在初创阶段，公司主要致力于飞机发动机的研发和生产。BMW的蓝白标志象征着旋转的螺旋桨，这正是公司早期历史的写照。但是现任的

宝马总裁却更正说，人们总以为蓝白标志是螺旋桨，其实应该是，宝马的总部在慕尼黑，德国的巴伐利亚州，而巴伐利亚州的州旗是蓝白相间的，宝马的名字又是巴伐利亚发动机

公司，宝马就代表了巴伐利亚，代表了德国最精湛的发动机技术。1923年，第一部BMW摩托车问世。五年后的1928年，BMW收购了埃森那赫汽车厂，并开始生产汽车。之后，BMW将该

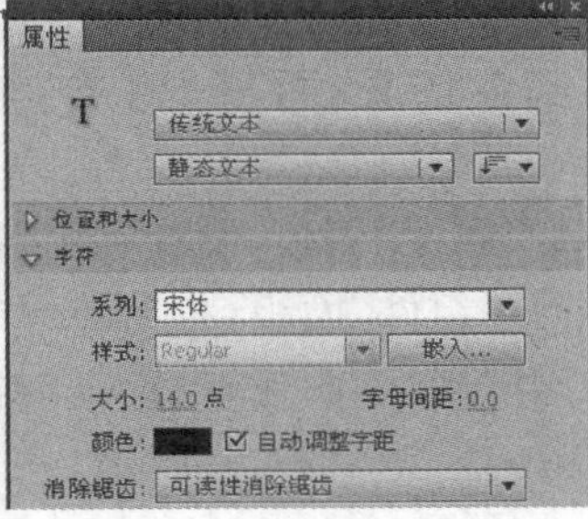

图 10-1-13　添加图片和文字对象

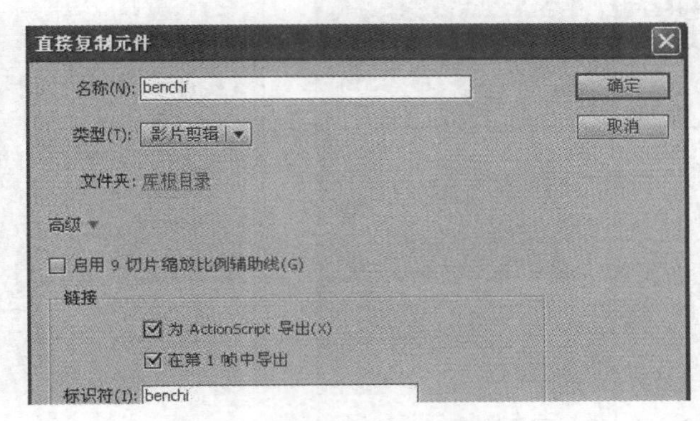

图 10-1-14　复制影片剪辑

梅赛德斯-奔驰（Mercedes-Benz），德国汽车品牌，被认为是世界上最成功的高档汽车品牌之一。

梅赛德斯-奔驰其完美的技术水平、过硬的质量标准、推陈出新的创新能力、以及一系列经典轿跑车款式令人称道。在国际上，该品牌通常被简称为梅赛德斯（Mercedes），而中国内地称其为“奔驰”，台湾译为“宾士”，香港译为“平治”。

自1900年12月22日戴姆勒汽车公司（Daimler-Motoren-Gesellschaft，DMG）向其客户献上了世界上第一辆以梅赛德斯（Mercedes）为品牌的轿车开始，奔驰汽车就成为汽车工业的楷模。其品牌标志已成为世界上最著名的汽车品牌标志之一，100多年来，奔驰品牌一直是汽车技术创新的先驱者。

自从奔驰制造了第一辆世界公认的汽车后，一百多年过去了，奔驰汽车早已度过了他的百岁寿辰，而在这一百多年来，随着汽车工业的蓬勃发展，曾涌现出很多的汽车厂家，也有显赫一时的，但最终不过是昙花一现。到如今，能够经历风风雨雨而最终保存下来的，不过三四家，而百年老店，仅有奔驰一家。

图 10-1-15　更新图片和文字

(7) 参考5,6两步,完成影片剪辑“aodi”的制作。

(8) 回到主场景,打开“组件”面板,将 User Interface 大类下的 MenuBar 组件拖至舞台。

(9) 打开“属性”面板,设置实例名为 mymenu,宽为 550,高为 30,如图 10-1-16 所示。

(10) 打开“组件”面板,将 User Interface 大类下的 ScrollPane 组件拖至舞台。

(11) 打开“属性”面板,设置实例名为 nr,宽为 550,高为 300,如图 10-1-17 所示。

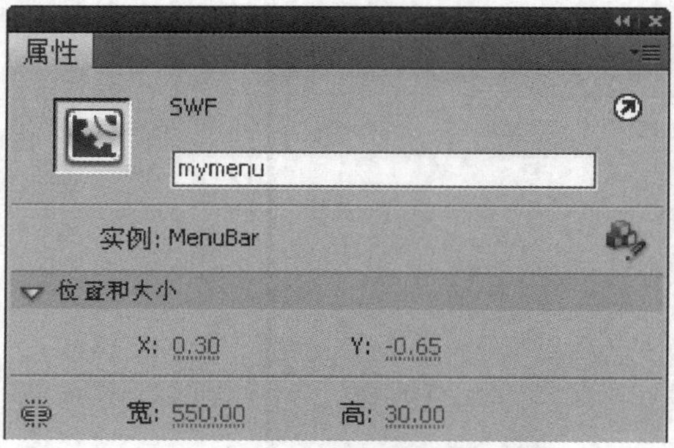

图 10-1-16 MenuBar 属性设置

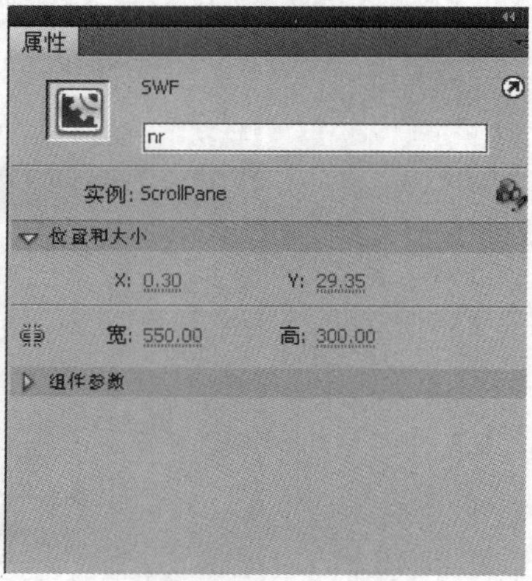

图 10-1-17 ScrollPane 属性设置

(12) 选择第1帧,打开动作面板,并添加代码如下:

```
var menu1=mymenu. addMenu("片头动画");
var menu2=mymenu. addMenu("品牌介绍")
//为 mymenu 菜单栏添加主菜单"片头动画"和"品牌介绍"
menu2. addMenuItem("宝马")
menu2. addMenuItem("奔驰")
menu2. addMenuItem("奥迪")
//为"品牌介绍"菜单添加3个子菜单分别为"宝马","奔驰","奥迪"
var listen=new Object();
listen. change=function(obj){
 if(obj. menuItem. attributes. label=="宝马")
 {
 _root. nr. contentPath="baoma"
 }
else if(obj. menuItem. attributes. label=="奔驰")
 {
    _root. nr. contentPath="benchi"
 }
    else
    {
```

```
            _root. nr. contentPath="aodi"
        }
    }
    menu2. addEventListener("change",listen);
```

//建立组件监听器,当选择"品牌介绍"下某个子菜单时,ScrollPane 组件内部显示相应影片剪辑的内容

```
    mymenu. __menuBarItems[0]. onPress=function(){
            _root. nr. contentPath="10. 1. 3f. swf"
        }
```

//当点击"片头动画"菜单时,ScrollPane 组件内部播放动画。

小贴士

属性 menuItem. attributes. label 表示子菜单项的文本内容。

属性 contentPath 用于设置要加载的图像,swf 文件的相对路径以及影片剪辑的链接标识符。

属性__menuBarItems 是一个数组集合,通过它可以控制一级菜单。

(13) 以文件名"查看器. fla"保存,保证素材动画"10. 1. 3f. swf"和 Flash 原文件在同一路径下,测试动画。

10. 1. 4 初露锋芒——用户注册表

设计结果

设计制作用户注册表,当用户点击提交按钮后,就能看到自己注册的信息,如图 10-1-18～10-1-20 所示。

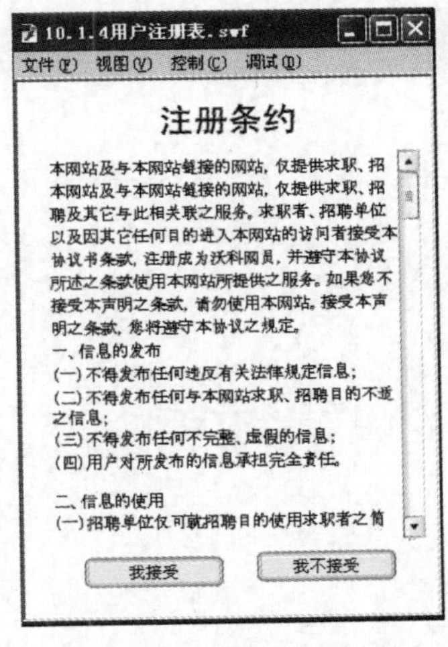

图 10-1-18 "用户注册表"效果图 1

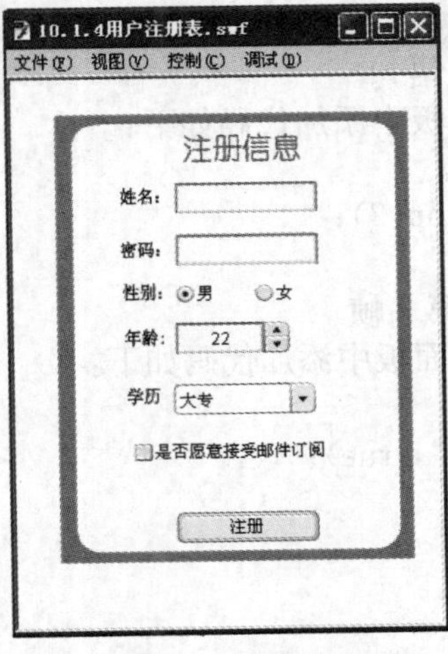

图 10-1-19 "用户注册表"效果图 2

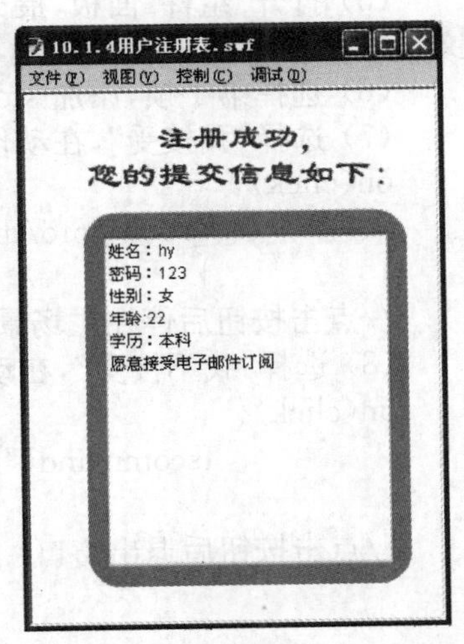

图 10-1-20 "用户注册表"效果图 3

设计思路

(1) 利用绘图工具完成界面绘制。

(2) 添加相应的组件。

(3) 使用代码完成交互功能。

操作提示

(1) 创建一个新的 Flash 文档,选择类型为 ActionScript 2,设置舞台大小为 300×400 像素,背景为白色。

(2) 在舞台中输入文字“注册条约”。

(3) 利用文本工具创建动态文本,在外部打开文本文档“10. 1. 4a. txt”,将文字内容复制粘贴到文本框中,适当调整文字的大小及文本框的宽度并设置动态文本的实例名为 txt,如图 10-1-21所示。

(4) 打开“组件”面板,展开 User Interface 大类,将 UISrollBar 组件拖入舞台并吸附在文本框的右侧;展开“组件”参数面板,将_targetInstanceName 设置为 txt,如图 10-1-22 所示。

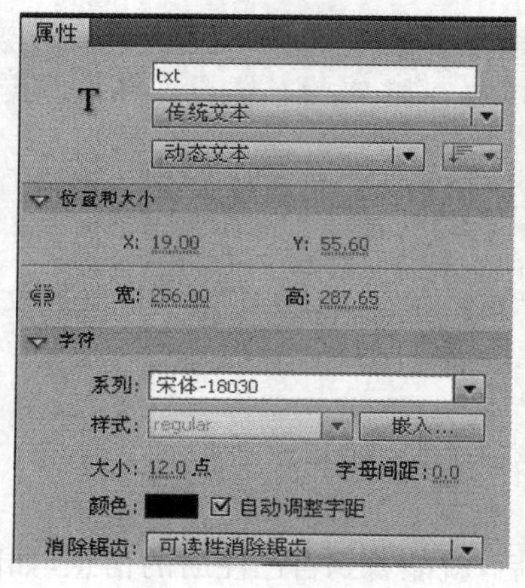

图 10-1-21　添加文本

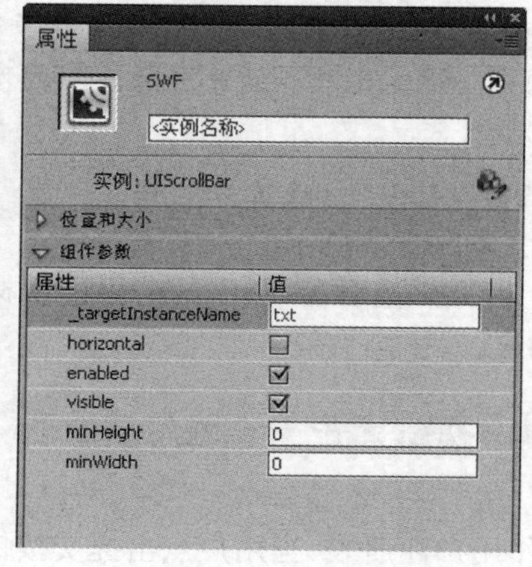

图 10-1-22　UISrollBar 组件

(5) 打开“组件”面板,展开 User Interface 大类,将 Button 组件拖入舞台,分别将按钮上文本内容改为“我接受”和“我不接受”,如图 10-1-23 所示。

(6) 选择第 1 帧,添加 stop()语句。

(7) 选择“我接受”,在动作面板中添加代码如下:

```
on(click){
        _root.gotoAndStop(2);
        }
//点击按钮后停在主场景的第 2 帧
```

(8) 选择“我不接受”,在动作面板中添加代码如下:

```
on(click){
        fscommand("quit",true);
        }
//点击按钮后退出窗口
```

注册条约
在本网站所登录的任何信息，均有可能被任何本网站的访问者浏览，也可能被错误使用。本网站对此将不予承担任何责任。
四、信息的准确性
任何在本网站发布的信息，均必须符合合法、准确、及时、完整的原则。但本网站将不能保证所有由第三方提供的信息，或本网站自行采集的信息完全准确。使用者了解，对这些信息的使用，需要经过进一步核实。本网站对访问者未经自行核实误用本网站信息造成的任何损失不予承担任何责任。
五、信息更改与删除
除了信息的发布者外，任何访问者不得更改或删除他人发布的任何信息。本网站有权根据其判断保留修改或删除任何不适信息之权利。
六、版权、商标权
我接受
我不接受

图 10-1-23　添加 Button 组件

注册信息

姓名:

密码:

性别:

年龄:

学历

图 10-1-24　注册界面

(9) 在第 2 帧插入空白关键帧，利用绘图和文本工具绘制注册界面，如图 10-1-24 所示。

(10) 在注册界面上添加若干组件并设置其属性，具体设置如表格所示。

内容	组件类型	属性设置
姓名	TextInput	实例名：name_txt
密码	TextInput	实例名：password_tx 勾选 password 复选框
性别：男	RadioButton	data：男 groupName：sex label：男 勾选 selected 复选框
性别：女	RadioButton	data：女 groupName：sex label：女
年龄	NumericStepper	实例名：myage maximum：100 minimux：22 value：22
学历	Combox	实例名：xueli data：大专，本科，硕士，博士 label：大专，本科，硕士，博士
是否愿意接受邮件订阅	CheckBox	实例名：mail label：是否愿意接受邮件订阅
注册	Button	label：注册

(11) 选择第 2 帧，在动作面板中添加代码如下：

```
_root.nianling="年龄："+myage.value
```

```
//创建主时间轴变量 nianling,保存年龄值
var listenObject=new Object()
        listenObject. change=function(evt_obj){
        _root. nianling==="年龄:"+evt_obj. target. value
        }
myage. addEventListener("change", listenObject);
//为 myage 组件创建侦听器,若所选值发生变化,则将所选年龄值赋给主时间轴变量 nianling
```

(12) 选择注册按钮,在动作面板中添加代码如下:

```
on(click){
        if(_root. mail. selected==true)
            {
            xingming="姓名:"+_root. name_txt. text
            mima="密码:"+_root. password_txt. text
            xingbie="性别:"+_root. sex. getValue()
            xueli="学历:"+_root. xueli. getValue()
            _root. outtext=xingming+"\r"+mima+"\r"+xingbie+"\r"+_root.
nianling+"\r"+xueli+"\r 愿意接受电子邮件订阅"
            }
            else
            {
            xingming="姓名:"+_root. name_txt. text
            mima="密码:"+_root. password_txt. text
            xingbie="性别:"+_root. sex. getValue()
            xueli="学历:"+_root. xueli. getValue()
            _root. outtext=xingming+"\r"+mima+"\r"+xingbie+"\r"+_root.
nianling+"\r"+xueli+"\r 不愿意接受电子邮件订阅"
    }
```

//创建变量 xing, ming, mima, xingbie, xueli 存储对应的选项值,用 if 语句判断用户是否勾选复选框,根据不同的判断结果将相应的注册信息赋给主时间轴变量 outtext,其中"+"为连接符,"\r"为换行符。

```
_root. gotoAndStop(3)
//
}
```

停在主场景的第 3 帧

(13) 在第 3 帧插入空白关键帧,利用绘图和文本工具绘制注册成功界面,如图 10-1-25 所示。

图 10-1-25 注册成功界面

(14) 打开"组件"面板,展开 User Interface 大类,将 TextArea 组件拖入舞台,在"属性"面板中设置实例名为 reslut,并适当调整组件的大小,如图 10-1-26 所示。

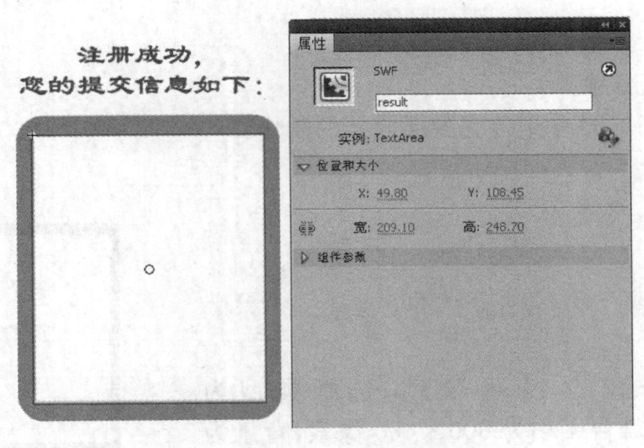

图 10-1-26 添加 TextArea 组件

(15) 选择第 3 帧，在动作面板中添加代码如下：

```
_root. result. text＝_root. outtext
//将主时间轴变量 outtext 的值赋给 result 组件，使得提交的注册内容能在面板中显示。
```

(16) 测试动画，并以文件名"用户注册表. fla"保存。

10.2 组件应用(二)

10.2.1 知识点和技能

上一小节我们学习了 User Interface 类中的一些常用组件的应用；本小节主要给大家介绍如何利用 Media 和 Video 组件轻松实现对多媒体文件的控制。

10.2.2 范例——视频播放器

设计结果

通过 FLVPlayback 组件制作视频播放器，如图 10-2-1 所示。

图 10-2-1 "视频播放器"效果图

设计思路

(1) 导入电视机图片。

(2) 利用 FLVPlayback 组件完成播放器的制作。

范例解题引导

图 10-2-2 导入图片

Step1 首先我们将电视机图片导入舞台。

(1) 创建一个新的 Flash 文档，选择类型为 ActionScript 2，设置舞台大小为 600×400 像素，背景为白色。

(2) 将“10.2.2a.jpg”素材导入舞台，使用“对齐”面板使其相对舞台中心对齐，如图 10-2-2 所示。

Step2 下面我们利用 FLVPlayback 组件完成播放器的制作。

(1) 打开“组件”面板，将 Video 大类下的 FLVPlayback 组件拖至舞台。

(2) 展开“属性”面板，设置宽和高分别为 350 和 235；设置 contentPath 参数值为 10.2.2b.f4v，skin 参数值为 MojaveExternalNoVol.swf，如图 10-2-3 所示。

图 10-2-3 FLVPlayback 组件参数设置

小贴士

属性 contentPath 用于设置要播放的视频文件路径。

属性 skin 用于设置播放器的外观。

（3）以文件名“视频播放器.fla”保存，保证视频文件“10.2.2b.f4v”和 Flash 原文件在同一路径下，测试动画。

10.2.3 小试身手——MP3 播放器

设计结果

利用 MediaPlayback 组件制作 MP3 播放器，如图 10-2-4 所示。

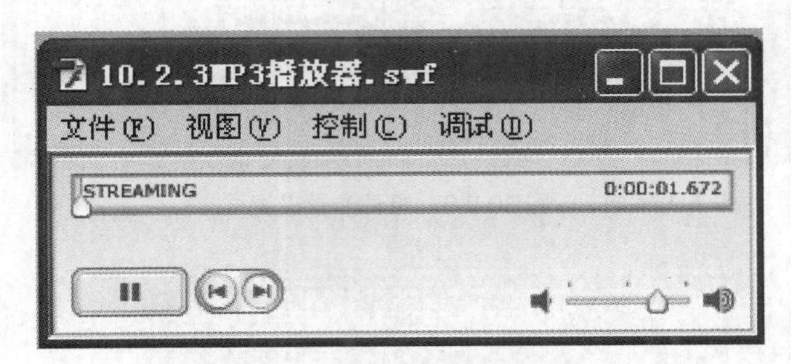

图 10-2-4 “MP3 播放器”效果图

设计思路

（1）添加 MediaPlayback 组件。

（2）添加代码完成单曲循环播放的功能。

操作提示

（1）创建一个新的 Flash 文档，选择类型为 ActionScript 2，设置舞台大小为 300×80 像素，背景为白色。

（2）打开“组件”面板，将 Media 大类下的 MediaPlayback 组件拖至舞台；在“属性”面板中设置实例名为 musicplayer，组件宽和高为 300 和 40，如图 10-2-5 所示。

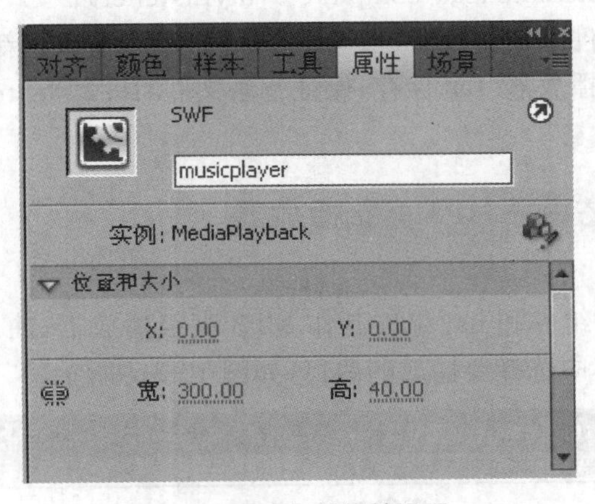

图 10-2-5 组件属性设置

（3）打开“组件检查器”面板，类型选择 MP3，URL 设为 10.2.3a.mp3，Control Visibility 选择 On，如图 10-2-6 所示。

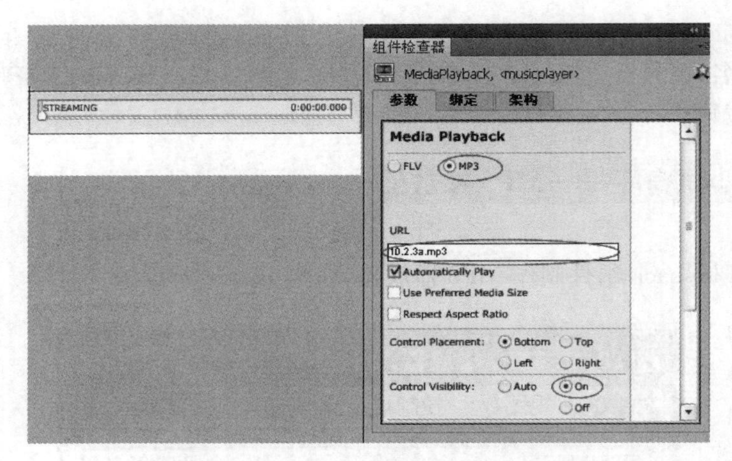

图 10-2-6　组件参数设置

小贴士

参数 URL 用于设置要播放的 MP3 文件路径。

参数 Control Visibility 用于设置控制器的可见性。

(4) 选择第 1 帧,添加代码实现单曲循环播放,代码如下:

```
var myListener:Object=new Object();
myListener. complete=function(eventObj:Object){
musicplayer. stop()
musicplayer. contentPath="10. 2. 3a. mp3"
musicplayer. play()
}
musicplayer. addEventListener("complete", myListener);
//为 musciplayer 组件添加侦听器,当音乐播放完以后,再次重新播放。
```

(5) 以文件名"MP3 播放器. fla"保存,保证音乐文件"10. 2. 3a. mp3"和 Flash 原文件在同一路径下,测试动画。

10. 2. 4　初露锋芒——MP3 高级播放器

设计结果

利用 MediaPlayback 组件和 list 组件制作 MP3 高级播放器,曲目可以自动循环播放,用户也可以在歌曲列表菜单中选择要播放的曲目,如图 10-2-7 所示。

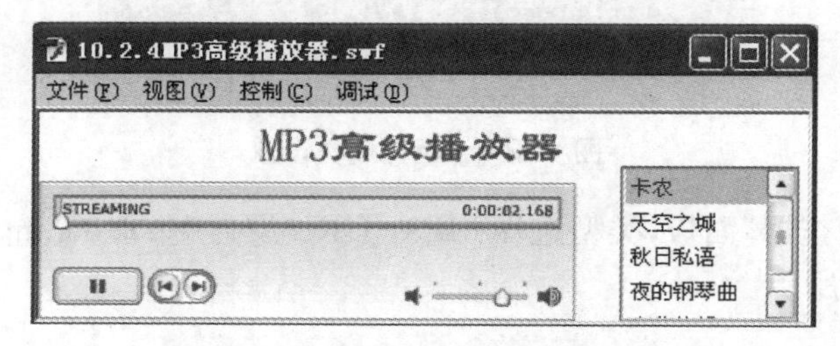

图 10-2-7　"MP3 高级播放器"效果图

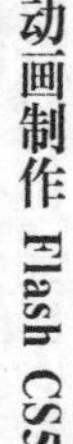

设计思路

(1) 添加 MediaPlayback 组件和 list 组件。

(2) 通过代码实现其功能。

操作提示

(1) 创建一个新的 Flash 文档,选择类型为 ActionScript 2,设置舞台大小为 430×120 像素,背景为白色。

(2) 使用文本工具输入标题"MP3 高级播放器"。

(3) 打开"组件"面板,将 Media 大类下的 MediaPlayback 组件拖至舞台;在"属性"面板中设置实例名为 musicplayer,组件宽和高为 300 和 40。

(4) 打开"组件检查器"面板,类型选择 MP3, URL 设为 10.2.4a.mp3, Control Visibility 选择 On,如图 10-2-8 所示。

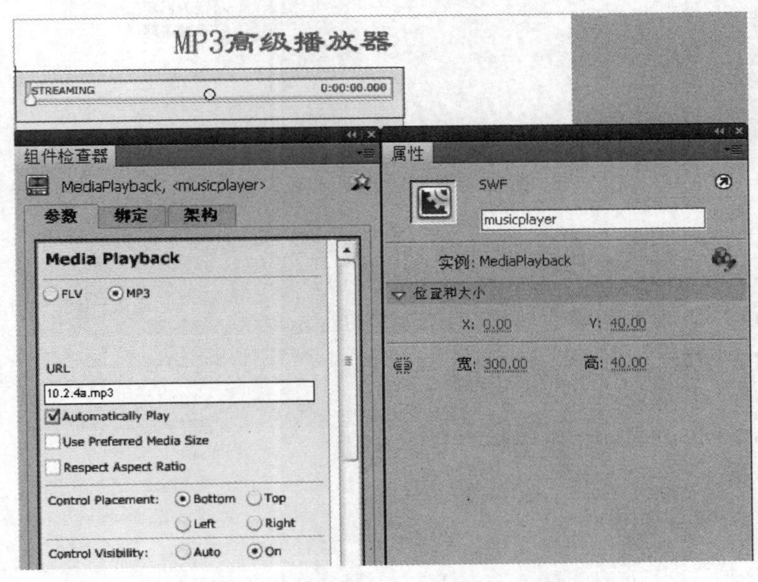

图 10-2-8 MediaPlayback 组件属性和参数设置

(5) 打开"组件"面板,将 User Interface 大类下的 list 组件拖入舞台。

(6) 展开"属性"面板,设置实例名为 mp3list,宽和高为 100 和 90;data 值为"10.2.4a.mp3","10.2.4b.mp3","10.2.4c.mp3","10.2.4d.mp3","10.2.4e.mp3",label 值为"卡农","天空之城","秋日私语","夜的钢琴曲","夜曲萧邦",如图 10-2-9 所示。

(7) 选择第 1 帧,添加代码如下:

```
mp3list.selectedIndex=0
//设置列表指针停留在第一项
listener=new Object()
listener.change=function()
{
_root.musicplayer.contentPath=mp3list.selectedItem.data
```

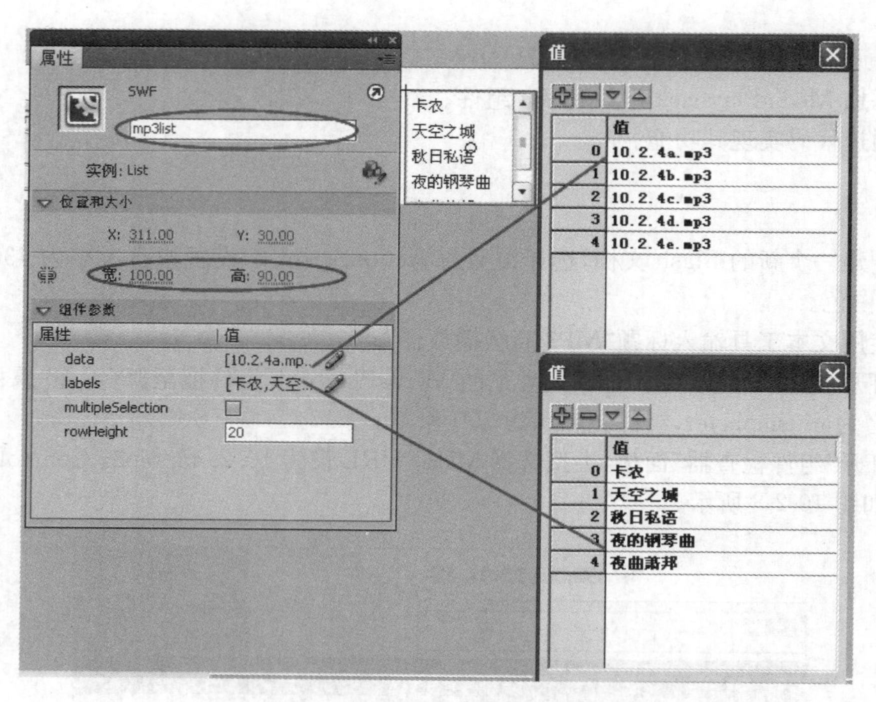

图 10-2-9　list 组件参数设置

```
    }
    mp3list.addEventListener("change", listener);
    //创建侦听器,播放器能够播放用户所选择的音乐
    listener.complete=function()
    {
      if(mp3list.selectedIndex==4)
        {
          mp3list.selectedIndex=0
        }
      else
        {
          mp3list.selectedIndex=mp3list.selectedIndex+1
        }
    musicplayer.stop()
    musicplayer.contentPath=mp3list.selectedItem.data
    musicplayer.play()
    }
    musicplayer.addEventListener("complete", listener);
```

//创建侦听器,若当前曲目播放完,则列表指针加 1,播放器自动播放下首曲目;若当前曲目已是列表中的最后一首,那么播放完后列表指针归零即重新指向第 1 首播放。

(9) 以文件名"MP3 高级播放器.fla"保存,保证音乐文件 10.2.4a.mp3","10.2.4b.mp3","10.2.4c.mp3","10.2.4d.mp3","10.2.4e.mp3"和 Flash 原文件在同一路径下,测

试动画。

10.3 行为应用

10.3.1 知识点和技能

行为是一些预定义的 ActionScript 函数，您可以将它们附加到您的 Flash 文档中的对象上，而无须自己创建 ActionScript 代码，轻松实现交互功能。

在 Flash 文档中添加行为是通过“行为”面板来实现的。默认情况下，“行为”面板组合在 Flash 窗口右边的浮动面板组中。执行“窗口/开发面板/行为”命令可以开启和隐藏“行为”面板，如图 10-3-1 所示。

点击“行为”面板上的“添加”按钮 可以添加行为，如图 10-3-2 所示。

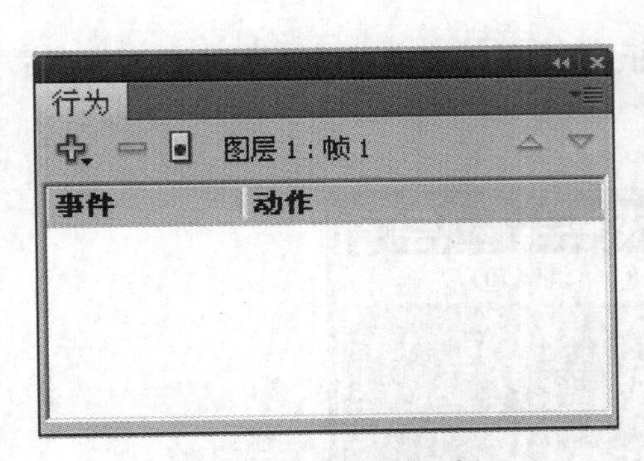

图 10-3-1 “行为”面板

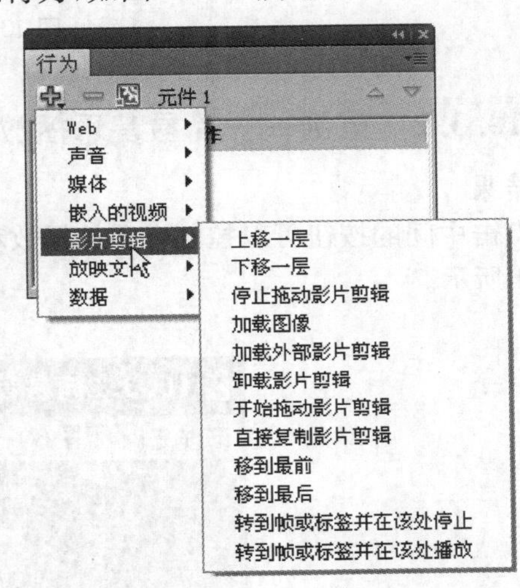

图 10-3-2 添加行为

Flash 提供了 7 大类行为，具体如表格所示。

行为名称	功能
web	可跳转到网页
声音	可加载，播放，停止声音
媒体	可将 MediaController 组件与 MediaDisplay 组件关联； 可将动作放到 MediaDisplay 或 MediaPlayback 实例上，通知指定的影片剪辑导航到与给定的提示点名称相同的帧
嵌入的视频	可对视频进行播放，停止，暂停，后退，前进控制
影片剪辑	可对影片剪辑进行多样的控制
放映文件	作为放映文件播放时，可在全屏模式与原模式间进行切换
数据	可触发数据源

添加完行为后，我们还可根据实际情况对事件进行设置，事件是触发行为的条件，通常和鼠标或键盘的操作有关，如图 10-3-3 所示。

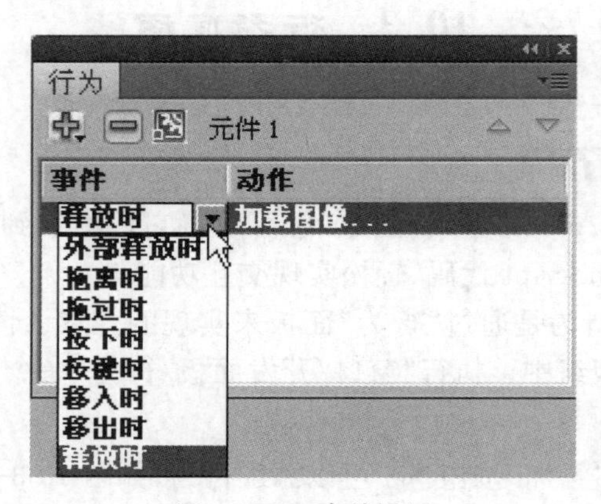

图 10-3-3　事件设置

10.3.2　范例——简易音乐播放器

设计结果

点击中间的按钮可以控制音乐的播放和停止，点击下方文本可以链接到相应的网站，如图 10-3-4 所示。

图 10-3-4　“简易音乐播放器”效果图

设计思路

（1）绘制音乐播放器的界面。

（2）创建按钮元件并添加行为实现功能。

范例解题引导

Step1 我们首先要绘制音乐播放器的界面。

(1) 创建一个新的 Flash 文档，选择类型为 ActionScript 2，设置舞台大小为 260×265 像素，背景为白色。

(2) 使用矩形工具绘制背景图形并通过颜料桶工具调整渐变方向为自上而下，如图 10-3-5 所示。

(3) 使用矩形工具和椭圆工具绘制耳机，如图 10-3-6 所示。

Step2 接着我们就要创建按钮元件并添加行为。

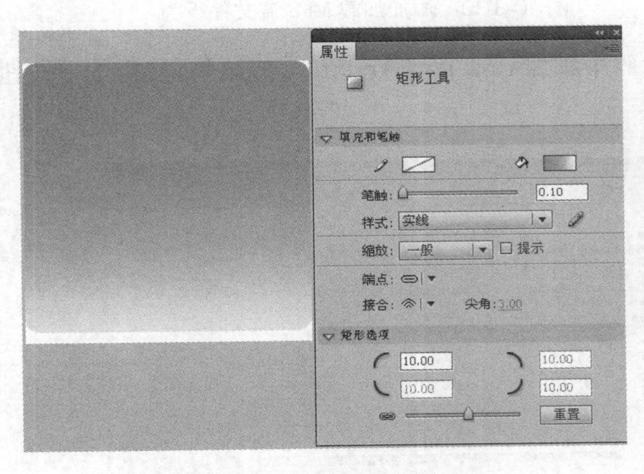

图 10-3-5 绘制背景图形

图 10-3-6 耳机效果图

(1) 新建一个类型为“按钮”，名称为“play”的元件。

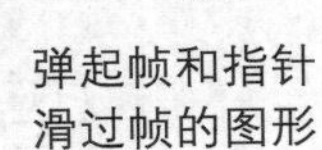

图 10-3-7 弹起帧和指针滑过帧的图形

(2) 使用椭圆工具和多角星工具在弹起帧绘制播放按钮；在指针滑过帧插入关键帧，将圆的颜色改为蓝色，如图 10-3-7 所示。

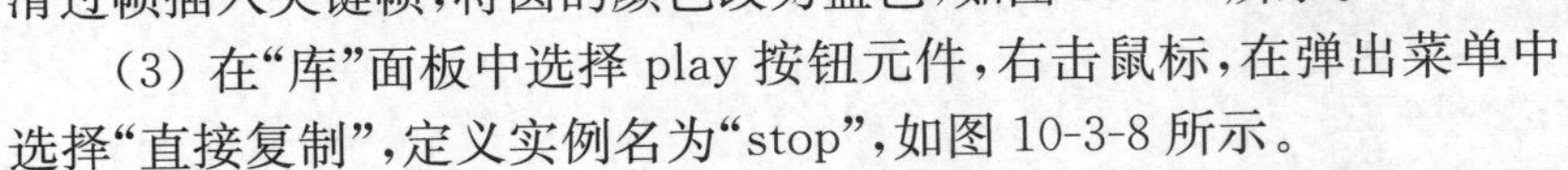

(3) 在“库”面板中选择 play 按钮元件，右击鼠标，在弹出菜单中选择“直接复制”，定义实例名为“stop”，如图 10-3-8 所示。

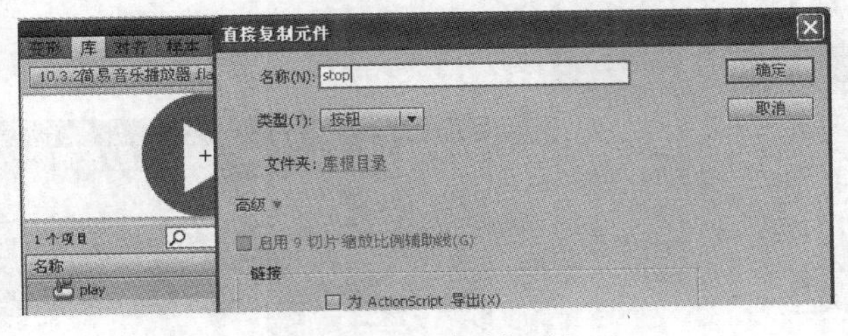

图 10-3-8 复制元件

(4) 在“库”面板中双击 stop 元件进入元件编辑状态，使用矩形工具分别将两个关键帧中的三角形替换成正方形，如图 10-3-9 所示。

(5) 新建一个类型为"影片剪辑",名称为"switch"的元件。

(6) 将 play 按钮元件拖入舞台,打开"行为"面板,执行"声音/加载 MP3 流文件"命令,设置 URL 为 10. 3. 2a. mp3,声音实例名为 music,如图 10-3-10 所示。

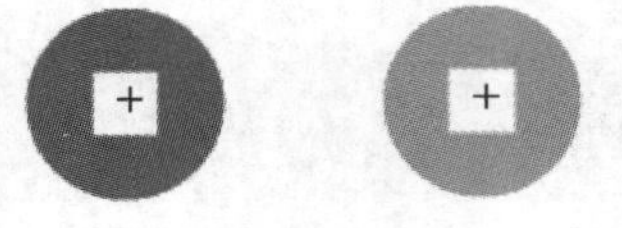

图 10-3-9　修改图形

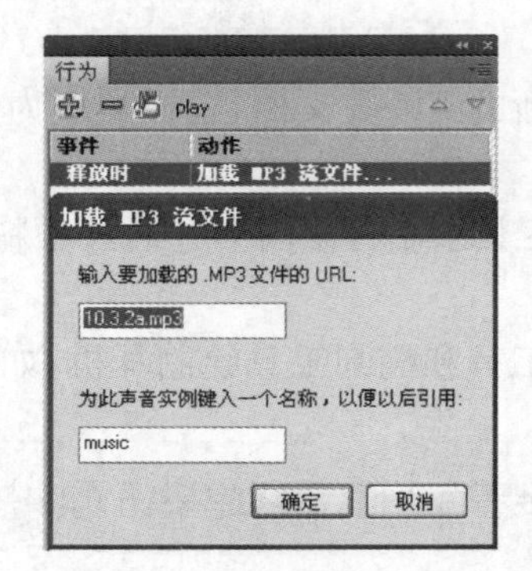

图 10-3-10　添加加载 MP3 流文件行为

(7) 打开"动作"面板,在已有的代码中添加 this. gotoAndStop(2)语句,使得按下按钮后,能停止在第 2 帧,如图 10-3-11 所示。

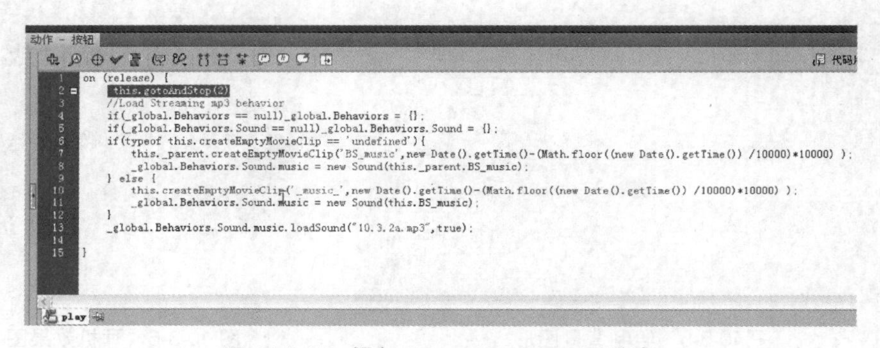

图 10-3-11　添加 this. gotoAndStop(2)语句

(8) 在第 2 帧插入关键帧,点击"属性"面板中的交换按钮,将 stop 按钮导入,如图 10-3-12 所示。

图 10-3-12　交换按钮元件

图 10-3-13　添加停止所有声音行为

(9) 打开"行为"面板,执行"声音/停止所有声音"命令,设置 URL 为"10. 3. 2a. mp3",声音实例名为"music",如图 10-3-13 所示。

(10) 打开“动作”面板，在已有的代码中添加 this. gotoAndStop(1)语句，使得按下按钮后，能停止在第 1 帧，如图 10-3-14 所示。

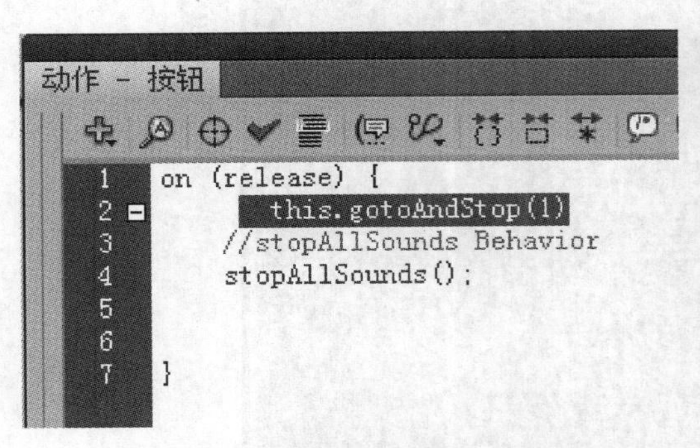

图 10-3-14　添加 this. gotoAndStop(1)语句

图 10-3-15　元件拖入舞台

(11) 回到主场景，将影片剪辑 switch 拖入舞台，如图 10-3-15 所示。

(12) 新建一个类型为“按钮”，名称为“web”的元件。

(13) 使用文本工具输入网址 www. xiami. com；在指针滑过帧插入关键帧，调整文字的颜色为橘红色(＃FF6633)；在点击帧插入关键帧，使用矩形工具绘制一个覆盖文字区域的矩形条，如图 10-3-16 所示。

www.xiami.com　www.xiami.com

10-3-16　按钮三帧的效果图

(14) 将按钮元件 web 拖入舞台，打开“行为”面板，添加转到 Web 页行为，如图 10-3-17 所示。

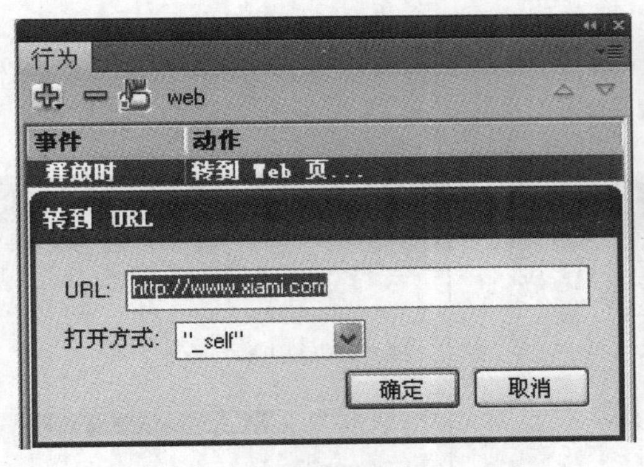

图 10-3-17　添加转到 web 页行为

图 10-3-18　添加静态文本

(15) 使用文本工具，在按钮元件 web 上方输入静态文本“more music”，如图 10-3-18 所示。

(16) 以文件名“简易音乐播放器”保存，保证音乐文件“10. 3. 2a. mp3”和 Flash 原文件在同一路径下，测试动画。

10.3.3　小试身手——行为控制视频

设计结果

通过 5 个控制按钮可以控制视频的播放、停止、暂停、倒退和快进，如图 10-3-19 所示。

图 10-3-19 “行为控制视频”效果图

设计思路

(1) 导入视频。

(2) 为按钮添加行为实现控制功能。

操作提示

(1) 创建一个新的 Flash 文档,选择类型为 ActionScript 2,设置舞台大小为 355×330 像素,背景为白色。

(2) 选择“文件/导入/导入视频”命令,通过浏览选择视频文件,点击选择“在 swf 中嵌入 flv 并在时间轴中播放”,如图 10-3-20 所示。

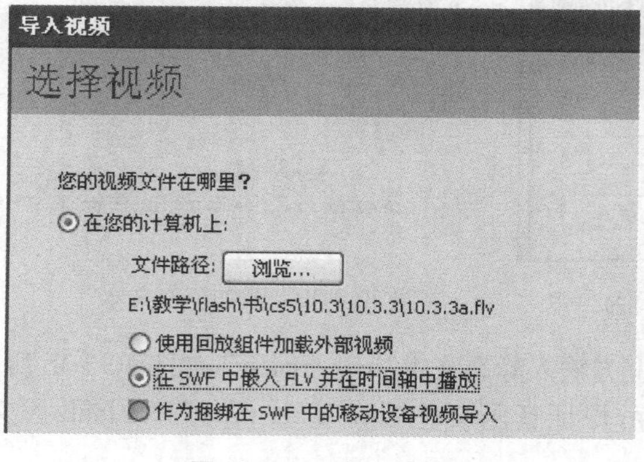

图 10-3-20 导入视频

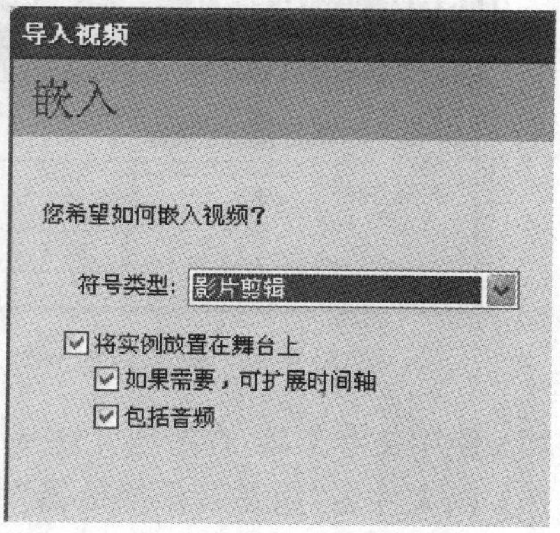

图 10-3-21 选择符号类型

(3) 单击“下一步”,设置符号类型为影片剪辑,如图 10-3-21 所示。

(4) 在“属性”面板中设置影片剪辑实例名为“video”;在舞台上双击影片剪辑,进入编辑窗口,在“属性”面板中设置嵌入的视频名称为“驼队”,如图 10-3-22、图 10-3-23 所示。

图 10-3-22　设置实例名

图 10-3-23　设置视频名称

(5) 执行"窗口/公共库/按钮"命令，在面板中点击打开"playback rounded"文件夹，分别将"rounded grey play"，"rounded grey stop"，"rounded grey pause"，"rounded grey forward"，"rounded grey back"拖入舞台。

(6) 使用自由变形工具适当调整元件的大小，如图 10-3-24 所示。

图 10-3-24　调整元件大小

(7) 选择按钮"rounded grey play"，执行"修改/转化为元件"命令，设置实例名为"播放"，类型为影片剪辑，如图 10-3-25 所示。

(8) 使用同样的方法将其余的按钮都转为影片剪辑，如图 10-3-26 所示。

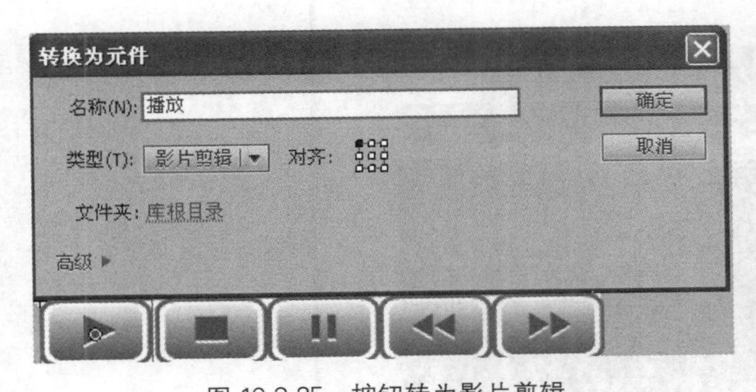

图 10-3-25　按钮转为影片剪辑

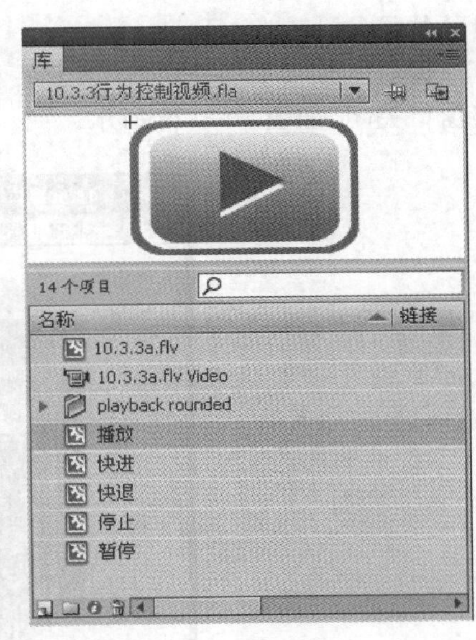

图 10-3-26　库面板

(9) 在舞台上选择影片剪辑"播放"，打开"行为"面板，添加"播放嵌入的视频"行为，如图 10-3-27 所示。

(10) 使用同样的方法，分别为其余影片剪辑添加"停止"，"暂停"，"后退"，"快进"的行为。

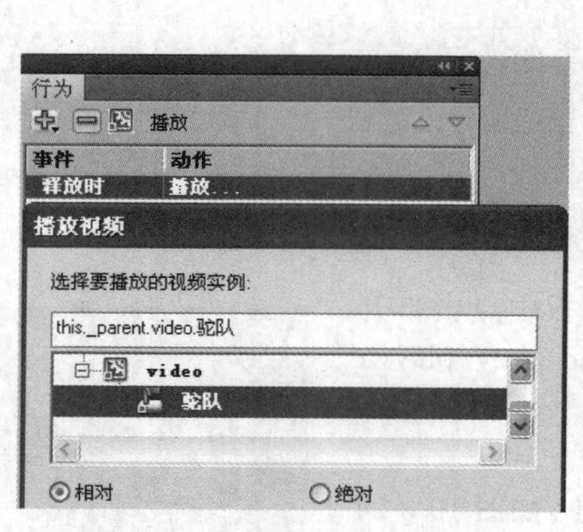

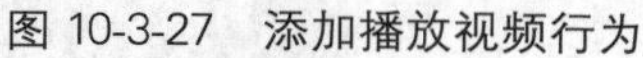
图 10-3-27 添加播放视频行为

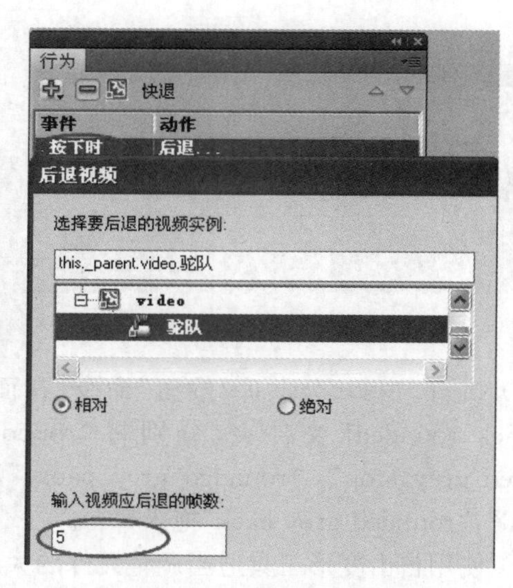

图 10-3-28 设置触发事件及后退帧数

（11）输入适当的后退和前进的帧数，调整“后退”和“快进”的触发事件为“按下时”，如图 10-3-28 所示。

（12）测试动画，并以文件名“行为控制视频. fla”保存。

10.3.4 初露锋芒——层叠窗口

设计结果

舞台上有 4 个层叠窗口，点击某个窗口能将它移到最前方，点击窗口右上角的关闭按钮就将窗口关闭，如图 10-3-29 所示。

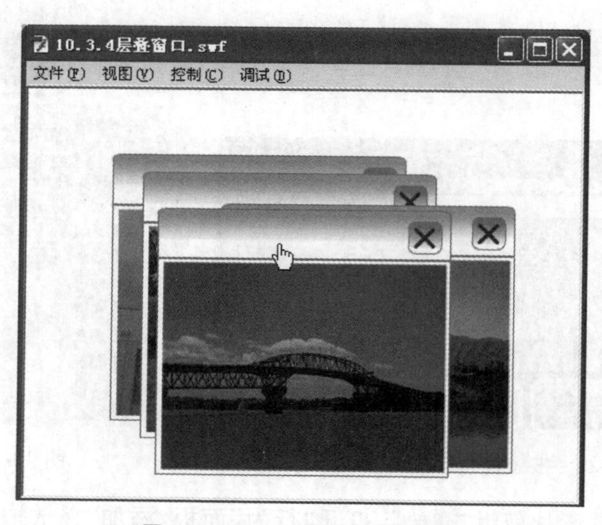

图 10-3-29 “层叠窗口”效果图

设计思路

（1）创建影片剪辑绘制窗口。

（2）添加行为实现拖动和关闭的功能。

操作提示

(1) 创建一个新的 Flash 文档，选择类型为 ActionScript 2，设置舞台大小为 435×330 像素，背景为白色。

(2) 将图片“10. 3. 4a. jpg”，“10. 3. 4b. jpg”，“10. 3. 4c. jpg”，“10. 3. 4d. jpg”导入到库。

(3) 新建影片剪辑取名为“pic1”，使用绘图工具绘制窗口；将图片“10. 3. 4a”从库中拖入舞台，如图 10-3-30 所示。

图 10-3-30　绘制窗口

图 10-3-31　关闭窗口按钮

(4) 新建影片剪辑取名为“pic11”，将影片剪辑“pic1”从库中拖入舞台。

(5) 使用绘图工具绘制关闭窗口图形并将该图形转化为按钮元件，如图 10-3-31 所示。

(6) 回到主场景，将影片剪辑“pic11”拖入舞台。

(7) 双击该影片剪辑，选择舞台上的窗口，打开“行为”面板，添加“开始拖动影片剪辑”，“移到最前”，“停止拖动影片剪辑”的行为，如图 10-3-32 所示。

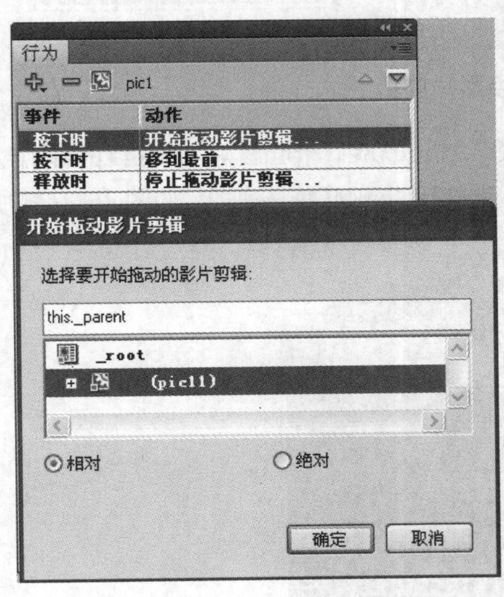

图 10-3-32　添加行为

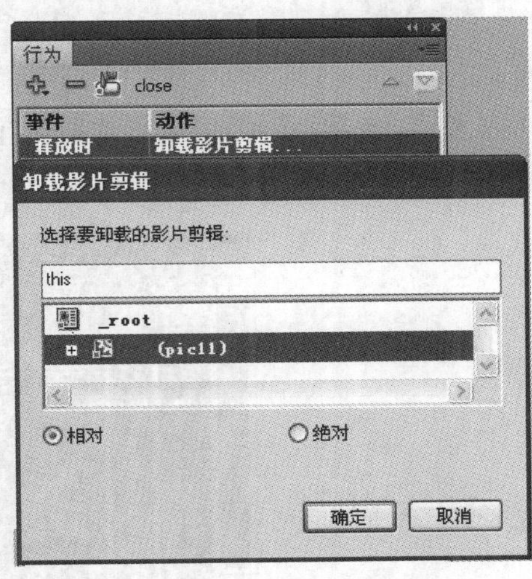

图 10-3-33　添加行为

(8) 选择“关闭”按钮，打开“行为”面板，添加“卸载影片剪辑”行为，如图 10-3-33 所示。

(9) 在“库”面板中选择影片剪辑“pic1”，点击鼠标右键，选择“直接复制”命令，设置实例名为“pic2”。

(10) 在“库”面板中双击打开影片剪辑“pic2”，利用“属性”面板中的“交换”按钮将图片替换为“10.3.4b.jpg”，如图 10-3-34 所示。

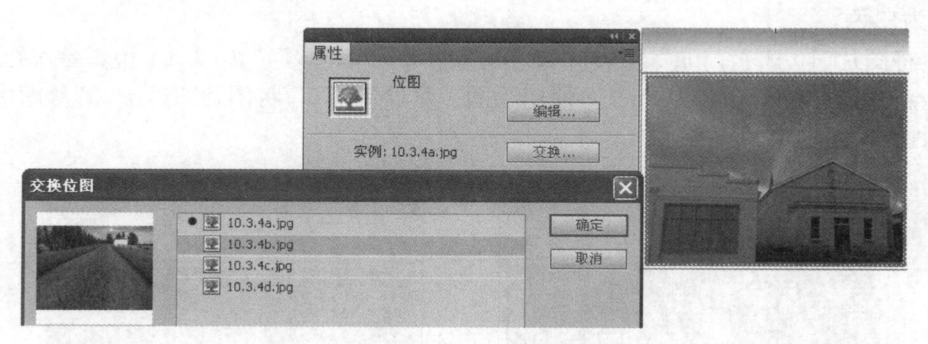

图 10-3-34 交换图片

(11) 在“库”面板中选择影片剪辑“pic11”，点击鼠标右键，选择“直接复制”命令，设置实例名为“pic22”。

(12) 在“库”面板中双击打开影片剪辑“pic22”，利用“属性”面板中的“交换”按钮将影片剪辑“pic1”替换为“pic2”，如图 10-3-35 所示

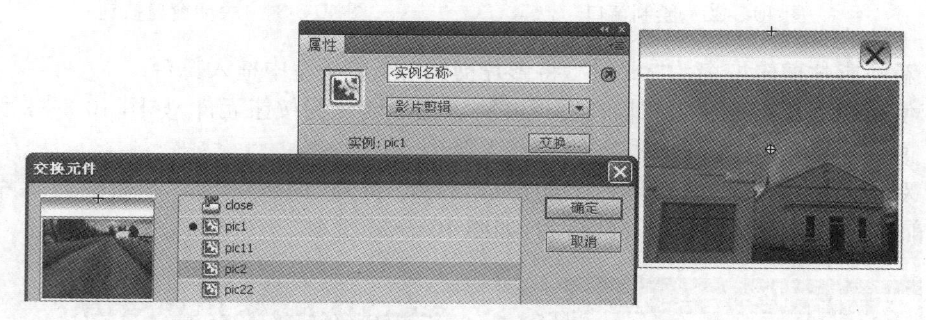

图 10-3-35 交换影片剪辑

(13) 参考第 9～第 12 步，完成影片剪辑“pic3”，“pic33”，“pic4”，“pic44”的制作。

(14) 回到主场景，从“库”面板中将“pic22”，“pic33”，“pic44”拖入舞台，如图 10-3-36 所示。

图 10-3-36 影片剪辑排列图

(15) 测试动画，并以文件名“层叠窗口”保存。